Das Buch

Wir leben in einem wissenschaftlich-technischen Zeitalter, doch die Naturwissenschaften sind immer noch nicht Teil des Bildungskanons. Auch wer gebildet ist und sich beispielsweise in Literatur und Kunst auskennt, weiß oft wenig über die Naturwissenschaften. Dabei lässt sich unsere Welt ohne Kenntnis der Grundlagen und Entwicklungen in den wichtigsten wissenschaftlichen Fächern immer weniger begreifen. Als mündige Bürger wollen wir uns zu Biotechnologie, Atomkraft und Klimaveränderungen äußern und bei der Forschungs-, Gesundheits- und Bildungspolitik mitbestimmen – doch das Grundwissen für verantwortungsvolle Entscheidungen fehlt uns nur allzu oft.
Ernst Peter Fischer schließt mit seinem Buch diese Wissenslücke. *Die andere Bildung* vermittelt auf prägnante und zugleich unterhaltsame Weise jene Kenntnisse, die man braucht, um sich ein Bild von den heutigen Naturwissenschaften machen zu können. Fischer beschreibt die Grundlagen der wichtigsten Wissenschaftsdisziplinen, zeigt, welche Durchbrüche und Umwälzungen sie im 20. Jahrhundert erlebt haben, erläutert zentrale naturwissenschaftliche Fragestellungen und gibt Einblicke in das Denken genialer Forscher wie Newton, Darwin und Einstein. Zur »anderen Bildung« gehört aber auch, dass der Leser entdeckt, welche Lust das Nachvollziehen und Begreifen naturwissenschaftlicher Zusammenhänge bereiten kann.

Der Autor

Ernst Peter Fischer, geboren 1947, studierte Mathematik und Physik in Köln sowie Biologie am California Institute of Technology. Er ist Professor für Wissenschaftsgeschichte an der Universität Konstanz und daneben als Wissenschaftspublizist tätig. Fischer lebt mit seiner Familie am Bodensee.

In unserem Hause ist von Ernst Peter Fischer bereits erschienen:

Kritik des gesunden Menschenverstandes

Ernst Peter Fischer

Die andere Bildung

Was man von den Naturwissenschaften wissen sollte

Ullstein

Besuchen Sie uns im Internet:
www.ullstein-taschenbuch.de

Umwelthinweis:
Dieses Buch wurde auf chlor- und säurefreiem Papier gedruckt.

Ullstein Verlag
Ullstein ist ein Verlag des Verlagshauses
Ullstein Heyne List GmbH & Co. KG.
1. Auflage Juni 2003
© 2003 by Ullstein Heyne List GmbH & Co. KG
© 2001 by Econ Ullstein List Verlag GmbH & Co. KG/Ullstein Verlag
Umschlaggestaltung: Thomas Jarzina, Köln
(unter Verwendung einer Vorlage von Atelier 59, München)
Titelabbildung: Getty Bavaria, PhotoDisc
Satz: LVD GmbH, Berlin
Druck und Bindearbeiten: Ebner & Spiegel, Ulm
Printed in Germany
ISBN 3-548-36448-9

Für Klaus Wiegandt, der es wirklich wissen will

Inhalt

1 Einblick: Wissenschaft als Fenster denken 9
2 Die doppelte Bildung 25
3 Die Geburt der modernen Wissenschaft in Europa 48
4 Die Aktualität der Alchemie und die Hartnäckigkeit der Astrologie 82
5 Der Kosmos und seine Grenzen 109
6 Eine verschränkte Welt – Die Lektion der Atome 160
7 Was ist Leben? 214
8 Der Ursprung des Lebens 272
9 Die Idee der biologischen Evolution 298
10 Wie weit trägt der evolutionäre Gedanke? 332
11 Revolutionen in der Naturwissenschaft 364
12 Besonderheiten der Wissenschaft im 20. Jahrhundert 391
13 Ausblick: Wissenschaft als Kunst denken 416

Danksagung 436
Anmerkungen 437
Literatur zum Weiterlesen 456
Personenregister 461

1 Einblick: Wissenschaft als Fenster denken

Es ist zwar schon länger her, aber ich erinnere mich noch gut an den Tag, an dem ich mein Abiturzeugnis bekam. Ich hatte mich so auf ihn und das Fest in der Aula gefreut, nach dessen Abschluss mir die Universität offen stand und das Studium der Naturwissenschaften beginnen konnte. Doch dann gelang es dem Direktor unseres Gymnasiums, der als Theologe promoviert war und Philosophie mit christlichem Einschlag unterrichtete, meine gute Stimmung durch einen merkwürdigen Satz zu verderben: »Gute Leistungen in Physik, Chemie oder Biologie sind ja nicht unerwünscht«, so verkündete er, »und gute Noten in den Naturwissenschaften sind durchaus erfreulich, aber ob jemand reif ist«, fügte er nach einer kleinen rhetorischen Pause hinzu, den Blick fest auf mich gerichtet, »ob jemand reif ist, das erkennt man erst an seiner Deutschnote.«

Also sprach der Direktor. Ich sah ihn verlegen an und fand den Mut nicht, mich zu verteidigen. Am liebsten hätte ich ihn gefragt, woher er das wisse, ob es für das, was er da gesagt hatte, eine Grundlage gäbe, ob es möglich wäre, seine Meinung mit objektiven Mitteln zu prüfen. Doch ich traute mich nicht, denn die geschilderte Szene spielte sich im Jahre 1966 ab, und noch ging es ruhig zu an Schulen und Universitäten. Die Abiturienten dankten brav für das Zeugnis, das man ihnen in die Hand drückte, und stiegen vom Podium herab. Keiner machte eine Ausnahme.

Nach diesem Abschied brauchte ich mich zwar nicht mehr um die Schule und ihre Leitung zu kümmern, aber seither reagiere ich etwas gereizt auf literarisch oder künstlerisch versierte Leute, die sich verächtlich über die Naturwissenschaften äußern. Ich ärgere mich vor allem dann, wenn sie erstens nichts von ihnen verstehen, wenn sie zweitens daran nichts ändern wollen, und wenn sie dies drittens auch noch mit leichtfertiger Koketterie zugeben. Ein Beispiel aus jüngster Zeit bietet der ehemalige Literaturprofessor Dietrich Schwanitz, der sich als erfolgreicher Autor einen Namen machen konnte. Schwanitz hat sich von der Seele geschrieben, was er unter »Bildung« versteht, und seine Bilanz mit großem stilistischem Geschick in einem dicken Buch mit diesem Titel präsentiert. Was da zu lesen ist, wirkt über viele hundert Seiten clever und witzig, und ich habe mich lange Lesestunden hindurch amüsiert. Doch im Laufe seiner Arbeit am Text muss Schwanitz aufgefallen sein, dass sein Wissen mindestens eine riesige Lücke aufweist und er nicht wirklich »alles, was man wissen muss« – wie sein Untertitel vorgibt – parat hat. In seiner Not greift er zu einem Trick und erklärt einfach das zur Bildung, was seinen Horizont nicht übersteigt, und auf Seite 482 spricht er es offen und unverblümt aus:

> »Die naturwissenschaftlichen Kenntnisse werden zwar in der Schule gelehrt; sie tragen auch einiges zum Verständnis der Natur, aber wenig zum Verständnis der Kultur bei. [...] [Und] so bedauerlich es manchem erscheinen mag: Naturwissenschaftliche Kenntnisse müssen zwar nicht versteckt werden, aber zur Bildung gehören sie nicht.«

Da war er wieder, der Hochmut eines literarisch und philosophisch Gebildeten gegenüber den Leistungen der Naturwissenschaften. Tatsächlich gelingt dem Autor der *Bildung* spielend leicht der Nachweis, dass er selbst von solchen Gedanken der Wissenschaft unberührt geblieben ist, die ungeheuer populär und direkt auf ihn – auf seinen Ort im Universum – bezogen sind. So meint Schwanitz zum Beispiel, die »entscheidende Pointe« der Relativitätstheorie von Albert Einstein mit dem Satz ausdrücken zu können: »Alles ist irgendwie relativ«.[1] Die früher übliche Floskel »Alles ist relativ« war schon schlimm genug, doch Schwanitz überbietet sie mit einer postmodernen Variante.

Wer auch nur das mildeste Interesse an Einstein und seinen Einsichten in die Struktur von Raum und Zeit zeigt und anzunehmen bereit ist, dass in den Relativitätstheorien mehr als mathematischer Formelkram oder technisch verwertbarer Krimskrams steckt, kann aus vielen Büchern erfahren, worin Einstein selbst die »entscheidende Pointe« seiner Arbeiten gesehen hat. Er hat sie sogar einmal selbst auf Bitten von Reportern kurz und bündig zusammengefasst: »Früher hat man geglaubt«, so Einstein in den zwanziger Jahren des 20. Jahrhunderts, »wenn alle Dinge aus der Welt verschwinden, so bleiben noch Raum und Zeit übrig; nach der Relativitätstheorie verschwinden aber Zeit und Raum mit den Dingen.«[2]

Wie viel Stoff zum Nachdenken wird hier geliefert. Warum schaut der gebildete Mensch, der offenbar souverän die abendländische Literatur und Kunst im Griff hat und goutiert, beharrlich in die falsche Richtung, wenn es um Naturwissenschaft geht?

Schwanitz offenbart eine bezeichnende Ahnungslosigkeit, wenn er – wohl ohne innere Überzeugung – dann doch den Versuch unternimmt, wenigstens auf ein paar Seiten seinen bildungshungrigen Lesern etwas von Einsteins Einsichten zu vermitteln. Bei diesem Vorhaben schwant ihm plötzlich, dass es mit den Naturwissenschaften vielleicht doch etwas Besonderes auf sich haben mag. Sie zeichnen sich nämlich durch die Möglichkeit aus, ihre Theorien durch Experimente – durch Fragen an die Natur also – überprüfen zu können. Im Fall der Relativitätstheorie ist dies bekanntlich nachhaltig gelungen. Einstein hat sich nicht verrechnet, und der Fachmann für die Bildung teilt seinem Publikum dies wie folgt mit: »Einsteins Theorien sind empirisch bestätigt worden«, denn »er hatte Voraussagen gemacht, die inzwischen eingetroffen sind.«[3]

Schwanitz tut so, als ob Einstein so etwas wie das Wetter vorhergesagt hätte. Erstens treffen Voraussagen – anders als Postpakete – höchstens *zu* und nicht *ein*, und zweitens hat Einstein etwas getan, das viel raffinierter und entsprechend schwieriger ist und nicht mit leichtfertigen Formulierungen der zitierten Art erfasst werden kann. Einstein hat durch seine Theorien nicht nur experimentelle Befunde erklären können, die bis dahin und ohne seine Hilfe unverständlich geblieben waren, sondern auch auf bislang unbeachtete Eigenschaften des Lichtes und der Materie hingewiesen, die aus seiner Theorie abzuleiten waren und sich auch messen ließen (wobei dies zumeist technisch sehr aufwendig ist). Einstein hat also qualitative und quantitative Voraussagen über die möglichen Ergebnisse gezielter Experimente gemacht, die in allen Details und ohne Ausnahme bestätigt worden sind. (Solch eine Situation gibt dann im Rückschluss Auskunft über die Qualität einer Theorie und ihrer Voraussetzungen.)

Doch so viel Raffinesse vermuten viele »Kulturtheoretiker« nicht in den Naturwissenschaften, und auf diese Weise übersehen sie auch die Qualität des Denkens, die in der Wissenschaft gefordert wird, um etwas eine »Theorie« nennen zu dürfen. Im Alltag wird ebenso leichtfertig mit diesem Begriff umgegangen wie mit »Philosophie«. Wenn jeder Manager seine Firmenphilosophie und jeder Trainer seine Fußballphilosophie hat, wird der Begriff bis zur Unkenntlichkeit abgewertet. So ergeht es leider auch der »Theorie«, die uns zum Beispiel als Romantheorie oder als Friedenstheorie entgegenkommt. In solchen Fällen wird aber kaum mehr gemeint, als dass man versucht, Zusammenhänge zwischen einzelnen Beobachtungen herzustellen und abstrakt zu beschreiben. Natürlich sind Darstellungen dieser Art wichtig und lohnend, aber sie erklären nichts aus sich heraus und vermögen deshalb gerade nicht, was eine Theorie der Physik kann. Eine Relativitätstheorie ist unendlich weit von einer Medientheorie entfernt, und zu den Bildungsmängeln unserer Gesellschaft gehört, dass sie wissenschaftliche Theorien mit der gleichen Elle bewertet wie ihre weniger entwickelten Schwestern.

Naturwissenschaft für gebildete Menschen

Viele deutsche Geistesgrößen geben sich häufig weder gedanklich noch sprachlich Mühe, wenn sie auf die Naturwissenschaften eingehen. Irgendwie scheinen ihnen die Ergebnisse von Physik, Chemie und Biologie nicht wert zu sein, genau bedacht zu werden. Man achte einmal darauf, wie wenig Code und Information unterschieden werden, wenn es um Genetik geht, wie leichtfertig vom Gleichgewicht der Natur geredet wird, obwohl sie sich permanent entwickelt, oder wie rasch von einem Beweis gesprochen wird, wenn tatsächlich nur etwas plausibel gemacht worden ist. Da unterscheiden sich unsere Denker sehr von ihren amerikanischen Kollegen, für die der Philosoph John Searle stellvertretend genannt sei. Ihm zufolge gehört es zur selbstverständlichen Aufgabe eines gebildeten Menschen unserer Zeit, mit dem Konzept der biologischen Evolution sowie mit der physikalischen Theorie der Atome vertraut zu sein.

Das vorliegende Buch möchte alle, die gleicher Meinung sind, in die Naturwissenschaften einführen und auch zeigen, dass naturwissenschaftliche Erkenntnisse einen auf die menschlichen Lebensverhältnisse bezogenen Sinn ergeben, wenn wir geeignet mit ihnen umgehen. Es möchte den Leser in die Lage versetzen, in den Naturwissenschaften ein wenig Kennerschaft zu erwerben, um über aktuelle wissenschaftliche Entwicklungen mitdiskutieren zu können.

Natürlich wird zur Zeit schon viel über die Wissenschaft und die von ihr zur Verfügung gestellten Möglichkeiten gesprochen und gestritten, aber dies geschieht vornehmlich unter ethischen und gesellschaftlichen Aspekten. Das Gespräch dreht sich nur wenig um die Wissenschaft selbst und ihre Einsichten für den Menschen. Viele Debatten um die Anwendungen könnten jedoch ruhiger geführt werden, wenn es bessere Kenntnisse von jener Kultur gäbe, die all die Aufregung verursacht – von der Kultur der Wissenschaft.

Überblick

Dieses Buch geht von der Annahme aus, dass es naturwissenschaftlich gebildete Zeitgenossen geben kann (Kapitel 2). Sie lassen sich durch zwei Eigenschaften charakterisieren: Sie verfügen über ausreichende Kenntnisse, um sich verantwortungsvoll über wissenschaftliche Zusammenhänge äußern zu können, und sie können begreiflich machen, warum in diesen Tagen die Frage nach der Verantwortung der Wissenschaft zu einem so aktuellen und notwendigen Thema geworden ist.

Die heutzutage häufig anzutreffende Furcht vor der Wissenschaft erscheint verwunderlich, wenn man einen Blick in die Geschichte wirft, die in der Schule (und anderswo) meist ignoriert wird, und sich vor Augen hält, dass die Ausgangsidee aller heutigen Wissenschaft darin bestand, die Lebensbedingungen der Menschen zu verbessern. Dieser Gedanke wird besonders in den Jahrzehnten deutlich, in denen die Geburt der modernen Wissenschaft in Europa stattfand, wie unter anderem am Beispiel von Nikolaus Kopernikus und Johannes Kepler dargestellt werden wird (Kapitel 3). Damals tauchte – vor allem bei dem Briten Francis Bacon – erstmals der Begriff des Neuen in der Wissenschaft und die Idee des Fortschritts auf, doch gerade sie scheint heute an ihr Ende gelangt zu sein. Was damals neu war, ist eben heute alt geworden. Was damals mit Zustimmung rechnen konnte, trifft heute auf Ablehnung. Wenn die Wissenschaft wieder die Anerkennung will, die sie einst hatte, muss sie das Neue neu erfinden. Das heißt aber zunächst, dass es sich lohnt, das Alte kennen zu lernen, um zu sehen, wie es neu werden kann. Es wird dabei zu lernen sein, dass das Alte nie völlig verschwindet. Für das, was vor der Geburt der modernen Wissenschaft war, stehen die Bereiche Alchemie und Astrologie, die lehrreich und unterhaltsam zugleich sein können. Zu häufig werden sie entweder denunziert oder von falschen Propheten einem unwissenden Publikum vorgeführt.

Es lohnt sich, die Aktualität der Alchemie und die Hartnäckigkeit der Astrologie zu verstehen (Kapitel 4). Sie sind auch in einer aufgeklärten Gesellschaft populärer als jede Wissenschaft, und man sollte fragen, warum dies der Fall ist. Lieben die Menschen das Astrologische, weil der Kosmos hierdurch den Sinn bekommt, den die Astronomie ihm verweigert? Gerade unter diesem zur Wissenschaft gehörenden Aspekt gilt es, den Kosmos und seine Geometrie kennen zu lernen, so wie sie von der Physik Einsteins erklärt werden (Kapitel 5). Es lohnt sich, mehr vom Weltraum zu erfahren und ihn als den Ort zu begreifen, in dem wir leben und der in uns lebt. Der Raum hat von Newton über Kant bis hin zu Einstein eine spannende Geschichte hinter sich und viele offene Fragen vor sich, die kaum etwas über die uns umgebende Natur und viel über die Entwicklung des menschlichen Geistes und die von uns gestaltete Kultur sagen.

Die moderne Physik zeigt, dass ein Verständnis des riesig Großen nur gelingen kann, wenn man sich im winzig Kleinen auskennt – also in der Welt der Atome (Kapitel 6). Es gibt im 20. Jahrhundert kein wichtigeres philosophisches Ereignis als die Entstehung der Atomphysik namens Quantenmechanik, die uns die Wirklichkeit als eine seltsam verschränkte Welt vorstellt, als ein Ganzes, in dem es genau genommen keine Teile gibt. Die entsprechenden Einsichten konnten nur als Gemeinschaftsleistung erreicht werden. Im Zentrum stand dabei Niels Bohrs Institut in Kopenhagen.[4]

So seltsam es klingt – aber es war diese abstrakte Physik, die zur Voraussetzung für die neue Biologie wurde. Die Frage »Was ist Leben?« (Kapitel 7) konnte erst sinnvoll gestellt und auf molekularer Ebene behandelt werden, als die Gründe für die Stabilität der nicht lebenden Materie verstanden waren. Damit stand zugleich ein neuer Zugang zu einem uralten Thema der Biologie offen, der Frage nach dem Ursprung des Lebens. (Kapitel 8) Es kann in diesem Zusammenhang nützlich sein, diese neuen Ideen mit den alten Zweifeln zu vergleichen, die etwa Thomas Mann im *Zauberberg* äußert, wenn er seinen Helden Hans Castorp Forschungen treiben und Ergebnisse der Biologie seiner Zeit Revue passieren lässt.

Natürlich muss sich das Leben nach seiner Entstehung entwickelt haben. Hier setzt mit der Idee der biologischen Evolution das fundamentale theoretische Konzept der Biologie ein (Kapitel 9). Es ist wichtig, Darwins Gedankengang und seine Unterscheidung von natürlicher und sexueller Selektion genau zu verstehen, um auf Argumente der auch heute noch zahlreichen Gegner der Evolutionstheorie eingehen, aber auch um den Missbrauch der Idee verhindern zu können.

Aus diesem Grund gilt es, die Frage sorgfältig zu beantworten, wie weit der evolutionäre Gedanke trägt (Kapitel 10). Wie genau passt er für die Biologie? Ist er nur hier anzuwenden? Oder trägt er auch zur Philosophie in Form einer evolutionären Erkenntnislehre bei? Hilft uns eine evolutionäre Medizin? Und wie steht es um eine evolutionäre Psychologie? Und die Hauptfrage: Muss wirklich alles als Ergebnis einer natürlichen Selektion erklärt werden? Gibt es keine Tatbestände in der Welt des Lebendigen, die sich solch einem Zugriff entziehen?

Darwin selbst hat sein Konzept der Evolution als Beispiel für eine mögliche Revolution in der Naturwissenschaft bezeichnet. Was ist mit diesem Begriff gemeint, der seit den sechziger Jahren durch Thomas Kuhn so ungemein populär geworden ist (Kapitel 11)? Kuhn wollte verstehen, wie Wissenschaft funktioniert, und er hat dabei das normale Treiben im Laboralltag vom Eingreifen wahrhaft kreativer Individuen unterschieden. Doch wie kann man festlegen, was eine revolutionäre Wissenschaft ist? Könnte es sein, dass bei den entsprechenden Umwälzungen ein Stilwechsel der Wissenschaft erfolgt, wie wir es aus der Geschichte der Kunst kennen?

Zahlreiche als revolutionär verstandene Änderungen charakterisieren die Wissenschaft im 20. Jahrhundert; als Stichworte seien Unbestimmtheit (Quantentheorie), Unentscheidbarkeit (Gödel-Theorem und Turing-Maschine) und Unvorhersagbarkeit (Chaostheorie) genannt, die das Weltbild der Wissenschaft entscheidend prägen (Kapitel 12). Mit ihrer Kenntnis kann auch die Frage nach dem öffentlichen Verständnis für Wissenschaft gestellt werden. Wie kommt es, dass trotz aller

Bemühungen hierzulande von einem »public understanding of science« keine Rede sein kann? In einem Ausblick wird am Ende aller Erklärungen und Darstellungen dargelegt, dass sich diese missliche Lage erst ändert, wenn wir »Wissenschaft als Kunst denken«, wie es Goethe einmal in seiner »Farbenlehre« formuliert hat.[5] Wissenschaft wird erst verstanden, so vermute und behaupte ich, wenn sie wie ein Kunstwerk gestaltet wird, das eine bestimmte wahrnehmbare Form bekommen soll, die ein offenes Geheimnis tragen und zur Schau stellen kann. Genau dann werden naturwissenschaftliche Bildung und der verantwortungsvolle Umgang mit dem größten Kapital der Menschheit möglich sein.[6]

»Fenster sein, nicht Spiegel«

Man kann diese Grundidee auch anders – nämlich poetisch – formulieren, wenn man sich vor Augen hält, dass es zu den Aufgaben der Wissenschaft gehört, die Dinge zu durchschauen, sie also für uns durchsichtig zu machen. »Durchblick zu haben« gehört zu den Zielen vieler Menschen, und diese erwünschte Transparenz beschreibt Rainer Maria Rilke bildlich mit den Worten: »Fenster sein, nicht Spiegel«.[7] Rilke dachte dabei an die Dichtkunst, doch seine Forderung kann auch für die Wissenschaft gelten. Tatsächlich spiegeln die Naturwissenschaften ja nicht die Natur. Sie zeigen nicht das, was sichtbar ist. Vielmehr zeigen sie das, was unsichtbar bleibt. Sie erklären etwas, das wir sehen – zum Beispiel das Fallen eines Apfels oder die variable Vielfalt der Lebensformen –, durch etwas, das wir nicht sehen, also durch die Schwerkraft der Erde oder die natürliche Selektion der Natur und ihre molekulare Grundlage. Die Naturwissenschaften bringen im Bereich des Sichtbaren Fenster an, um uns die Möglichkeit zu geben, die Natur in diesem Rahmen zu durchschauen. Und folglich sollten auch die Wissenschaften selbst als Fenster vor- und dargestellt werden, um durchschaubar zu werden. Wenn dies gelungen ist, kann man sich schließlich an die Frage wagen, was für ein Welt- und Menschenbild dabei als offenes Geheimnis sichtbar wird.

Offene Fragen und innere Zwecke

Die in diesem Buch anvisierten Fenster erfassen nicht das gesamte Panorama der Wissenschaft. Sie öffnen sich nur zu dem Teil, den man »äußere Wissenschaft« nennen könnte. Damit ist gemeint, dass es um die Realität geht, die außerhalb von uns angelegt ist. Daneben gibt es noch die immer spannender werdende »innere Wissenschaft«, die sich mit Wahrnehmungen und Gefühlen, mit seelischen und geistigen Regungen, mit unserer Erlebnisfähigkeit, mit dem Bewussten und Unbewussten beschäftigt. Doch sie kommt an dieser Stelle – bei diesen ersten Schritten zu einer anderen Bildung – noch nicht zur Sprache.

Bei der inneren Wissenschaft wird verstärkt auffallen, was bei der äußeren auch schon zu merken ist, dass nämlich Wissenschaft heute nicht mehr ein Instrument ist, mit dem sich Fragen eindeutig klären und abschließend beantworten lassen. Wissenschaft ist vielmehr ein offen bleibendes Abenteuer des Suchens, so wie es bereits Wilhelm von Humboldt festgestellt hat, als er zu Beginn des 19. Jahrhunderts die Berliner Universität (neu) gründete. Wissenschaft ist das nie Vollendete, das immer neu Gebildete, mit dem wir nie aufhören können, weil wir sie aus innerer Notwendigkeit betreiben, wie Alexander von Humboldt es ausdrückte, Wilhelms stärker naturwissenschaftlich interessierter Bruder. Alexander von Humboldt erklärte auch, dass die eigentliche Aufgabe der Wissenschaft die Förderung der Humanität sei und dass dies sich bis in die Ausdrucksweise und Wortwahl zeigen müsse.

Auch solche Einsichten gehören zur naturwissenschaftlichen Bildung, und die Tatsache, dass sie zum ersten Mal in der Zeit formuliert wurden, die wir als Romantik eher zwiespältig betrachten, kann ich nur als passend bezeichnen. Es waren nämlich die Romantiker, die in aller Deutlichkeit erkannt haben, dass man zwei Arten von Fragen unterscheiden muss. Da sind zum einen Fragen, die sich nach Tatsachen erkundigen: Wie findet die Seife den Schmutz in meinem Hemd?[8] Warum bildet sich stets ein feiner Nebel, wenn ich eine Flasche Champagner öffne? Warum funkeln Sterne? Und warum färbt der Sonnenuntergang den Himmel rot, der doch tagsüber blau ist?

Fragen dieser Art lassen sich durch Informationen und theoretische Abwägungen eindeutig beantworten (wobei diese Tätigkeit keineswegs einfach ist). Es gibt aber auch Fragen, die sich nicht nach Tatsachen, sondern nach Werten und Zielen erkundigen: Wie soll ich mein Leben führen? Wie erziehe ich meine Kinder? Warum bin ich manchmal so fröhlich?

Fragen dieser Art lassen sich nicht in einem wissenschaftlich verbindlichen Sinn beantworten, wie die Romantiker zuerst für politische und gesellschaftliche Fragen festgestellt haben. Es hat dann bis zum 20. Jahrhundert gedauert, bis die Physiker erkannten, dass diese romantische Erkenntnis auch auf ihre exakte Wissenschaft zutrifft. Wir müssen lernen, dass das Unternehmen Forschung seine Spannung genau aus dieser Offenheit bezieht. Wenn die wichtigen Fragen ohne eindeutige Antwort bleiben, können wir uns an ihnen bilden – auch und vor allem naturwissenschaftlich. Wir bilden die Wissenschaft, die uns bildet, und wir bilden die Natur, die uns bildet.

Wertfragen in der Wissenschaft

Ich betone diesen Aspekt deshalb mit Nachdruck, weil die Wissenschaft damit in ein neues Licht gerückt wird, so dass auch traditionell gebildete und bisher vor allem kulturell interessierte Leserinnen und Leser Gefallen an ihr finden könnten. Viele glauben noch immer, dass die Wissenschaft nichts als eine Reihe von Fortschritten in einzelnen Disziplinen darstellt, allen Fragen empirisch auf den Leib rückt und dabei beantwortet: Da wird das humane Genom sequenziert (und verstanden, was der Mensch ist), da wird ein weiterer Wachstumsfaktor für das Nervensystem entdeckt (und verstanden, wie unser Gehirn zusammenwächst), da wird mit einer neuen Messung die Wahrscheinlichkeit für die Existenz schwarzer Löcher erhöht (und verstanden, wie die Welt enden wird), da wird eine neue metallorganische Verbindung hergestellt, die als Katalysator dient (und verstanden, wie die Materie funktioniert), und so weiter und so fort. So muss es jedem erscheinen, der einen Blick in die naturwissenschaftlichen Seiten der Zeitungen riskiert. Doch daneben bemerkt die Öffentlichkeit auch etwas anderes. Wenn jemand die Wissenschaft etwas fragt, was über den Horizont eines Faches hinausgeht, und wissen will, was ein Messergebnis für ihn selbst bedeutet, herrscht plötzlich beredtes Schweigen unter den Experten: Fragen wie: »Welche Lebensmittel sind gesund?«, »Welche Bestandteile in der Luft sind schädlich?« und »Welche Energiequellen sollen wir in Zukunft nutzen?« übersteigen ganz rasch ihre Kompetenz.

Wenn Wissenschaftler versuchen, Fragen dieser Art zu beantworten, müssen sie über ihre Fachgrenzen hinausgehen. Wenn man einen Genetiker und einen Informatiker nach den Daten der humanen Genomsequenz oder einen Chemiker und einen Botaniker nach der Verteilung von Schwermetallen im Wald fragt, werden die Antworten der genannten Forscherpaare übereinstimmen. Wenn man sich aber erkundigt, was aus den Daten zu lernen ist, welche Bedeutung eine bestimmte Gensequenz für das Zusammenleben der Menschen hat und welche Menge an Metallen für den Wald schädlich ist, dann wird die Grenze der wissenschaftlichen Methode erreicht. Wenn sich die Experten darüber äußern, muss es zu Widersprüchen kommen. Dies ändert nichts am eigentümlichen Charakter von Wissenschaft. Es zeigt nur, dass sie Grenzen hat, und zwar zunächst die ihrer Disziplinen.

Die Wissenschaft kann besonders genau vor allem die Fragen beantworten, die sie sich selbst ausgedacht hat: Wie groß ist die Geschwindigkeit des Lichtes im Vakuum? Wie viele Bausteine gehören zu dem Genom einer menschlichen Zelle? Wie sieht die Konzentration von Magnesium in Baumwurzeln aus? Wie sorgen Fluorkohlenwasserstoffe für den Abbau von Ozon-Molekülen?

Präzise Antworten sind hier möglich, weil die Fragen innerhalb eines Bereiches auftauchen, der durch das definiert ist, was man die wissenschaftliche Methode nennt. Zu ihr gehört immer ein Experiment und ein Messverfahren. Um sie zuverlässig anwenden zu können, hat sich die moderne Wissenschaft vom Moment ihrer Entstehung an in einzelne Fachgebiete geordnet. Dabei blieb lange unbemerkt, dass sich die zu lösenden Probleme nicht unbedingt an diese Einteilung halten und die Reihenfolge umzudrehen ist. Es sind nicht die Probleme, die sich nach den Disziplinen richten, es sind vielmehr die Disziplinen, die sich nach den Problemen richten müssen. Doch dieses Umdenken muss erst noch vollzogen werden. Die Forscher bemühen sich zwar nach Kräften, interdisziplinär zu arbeiten, aber vollständig gelungen ist dieser Schritt noch keineswegs.

Der Grund, warum sich die Wissenschaft so gern in viele kleine Fachgebiete aufteilt, hat mit der Idee der Objektivität zu tun. Tatsächlich kennt jede Disziplin ihre besonderen Objekte bzw. Gegenstände. Die Astronomie beschäftigt sich mit den Sternen, die Chemie mit den Stoffen und die Biologie mit den Organismen. Sie alle können sauber vermessen werden. Wissenschaft funktionierte objektiv, solange es möglich ist, sich einen Gegenstand auszusuchen und über ihn Fragen zu stellen, ohne ihn selbst in Frage zu stellen: Wie bewegen sich Planeten? Welche Verbindungen gehen Stoffe ein? Wie vermehren sich Organismen?

Doch sobald sich die ersten Fragen (in Form von Problemen) unabhängig von den Disziplinen aufdrängten, fiel auf, dass das Ideal der Objektivität brüchig wurde. Als die Öffentlichkeit nämlich wissen wollte, wie der Zerstörung der Natur Einhalt geboten bzw. wie die Gesundheit der Menschen gefördert werden kann, merkten die Wissenschaftler, dass es nun um Dinge ging, die alles Mögliche, nur keine Objekte waren. Die Natur ist immer auch etwas, das uns hervorgebracht hat, und den

Menschen rein objektiv – also als Objekt – zu sehen, verletzt seine Würde.

Die Physik hat zum Beispiel mit Steinen zu tun, die einen Berg hinunterrollen oder -fallen. Daran hat der Mensch nur geringen Anteil, und die Forscher haben seit den Tagen von Galilei keine Schwierigkeiten, mit genauen Auskünften zu dienen, warum und wie schnell der Stein fällt. Die dabei gefundenen Gesetze reichen bis heute aus, um zum Mond zu fliegen. Bei der Biologie ist dies aber anders. Sie hat mit der lebendigen Natur zu tun, zu der wir gehören und die wir gestalten. Natürlich kann man Gegenstände daraus im Laboratorium isolieren, Zellen oder Moleküle zum Beispiel, und darüber objektiv berichten. Aber wer die Teile wieder zu einem Ganzen zusammenfügt, wer also Aussagen über die Natur insgesamt machen will, kann dies nur tun, wenn er angibt, was er unter Natur versteht. Natur ist für Menschen kein leeres Wort, sondern ein emotional besetztes, ideologisch aufgeladenes Konzept, dessen Inhalt sich historisch ändert. War die Natur früher das, was die Menschen beherrschen wollten, ist sie heute das, was wir wieder in ein Gleichgewicht bringen wollen.

Zwar lässt sich die Natur nach wie vor teilweise objektiv vermessen, indem ich zum Beispiel Tierarten zähle, deren Zellen isoliere und ihre Genome sequenziere, aber ich kann die dadurch erzielten Ergebnisse nicht ebenso objektiv bewerten. Da spielt der jeweilige Zeitgeist mit, und der kann ungeheuer wirksame Scheuklappen verteilen, wie sich am Beispiel von Krebs zeigen lässt. Heute wird jeder wissenschaftliche Vortrag zu diesem Thema Krebsgene vorstellen und mit der Behauptung anfangen: »Krebs ist eine genetische Krankheit«. In den sechziger Jahren tönte dies vollkommen anders. Damals glaubte man fest an die Bedeutung der Umwelt, die noch Milieu hieß, und von Genen war nirgendwo die Rede.

Nun könnte man meinen, dass unter den Forschern zuvor keiner die Idee hatte, an genetische bzw. biochemische Faktoren für Krebs zu denken, aber das trifft nicht zu. Erste Vorschläge dazu hat es bereits 1904 gegeben. Sie fügten sich nur nicht in das wissenschaftliche Weltbild, und so mussten sie warten, bis die Gentechnik entwickelt und das genetische Denken populär wurde. Die Gentechnik hat die Forscher mit neuen Objekten ausgestattet – mit den Genen –, und nun versucht die Wissenschaft, damit objektiv Auskunft zu geben.

Dies sollte niemand als Vorwurf verstehen, denn ist es nicht eher selbstverständlich, dass Wissenschaft viele subjektive Komponenten hat? Schließlich wird sie von Menschen gemacht. Wer diesen schlichten Tatbestand so ernst nimmt, wie es die Wissenschaft verdient, wird im Übrigen Verständnis für die Grenzen dieses mutigen Unternehmens haben. Sie berühren uns nämlich alle, wie im Folgenden gezeigt werden soll.

Der Mensch als Dividuum

Menschen lassen sich bekanntlich dadurch charakterisieren, dass zwei Seelen in ihrer Brust wohnen. Die moderne Wissenschaft kann dies präzisieren. Spätestens den Physikern, die sich mit den Atomen beschäftigt haben, ist aufgefallen, dass sie zwei Arten von Dingen unterscheiden müssen. Es gibt zum einen Dinge, über die sich Menschen einigen können – zum Beispiel die Wellenlänge des Lichtes, das dem Himmel seine blaue Farbe gibt, oder die Zahl der Vögel, die in einem Schwarm aufsteigen. Und es gibt zum anderen Dinge, die Menschen etwas bedeuten – zum Beispiel die Erinnerung an das prächtige Blau des Himmels über dem Mittelmeer oder das sinnliche Erlebnis, das mit dem Aufstieg einer großen Vogelschar verbunden ist.

Tatsächlich leben Menschen in zwei unterschiedlichen Welten, zwischen denen sie mühelos wechseln können. In der einen Welt sichten sie Fakten und sammeln Daten, wobei diese Tätigkeit durch immer neue technische Hilfsmittel unterstützt wird. Und in der anderen Welt lieben und leiden sie, und wenn sie gerade ihr Leben genießen, kommt ihnen ihr genetischer Bauplan weder in die Quere noch in den Sinn.

Anders ausgedrückt: In der einen Welt treiben die Menschen

Wissenschaft, und in der anderen Welt spielen sie Flöte oder lesen Gedichte. In der einen Welt lassen sich Fragen durch Informationen beantworten und in der anderen Welt nicht. Wer diesen Unterschied nicht beachtet, gerät in Schwierigkeiten – vor allem, wenn er oder sie sich auf die Methoden der Wissenschaft berufen will. Sie haben nämlich nur in einer der Sphären etwas zu sagen, und diese ist nicht unbedingt die spannendere. Tatsächlich interessieren sich die meisten Menschen für Fragen, die gerade nicht durch Fakten zu klären sind. Sie wollen wissen, woher sie kommen und was ihre Bestimmung ist. Die meisten Menschen wollen und können autonome Subjekte sein, die über ihr Leben selbst entscheiden, und ernsthafte Naturwissenschaft hat hier zu schweigen. Man überfordert sie, wenn man von ihr Antworten auf Wertfragen erwartet. Wissenschaft hat genug mit Fragen nach Tatbeständen zu tun, die zwar allgemein gegeben, zugleich aber deutlich eingegrenzt sind.

So kann die Wissenschaft sehr genau sagen, wie die Struktur eines Virus aussieht – etwa die von HIV. Sie kann vielleicht sagen, wie das Vorhandensein eines Virus mit dem Auftreten einer Krankheit zusammenhängt. Sie kann fast nichts zu der Frage sagen, was das Erscheinen eines neuartigen Virus für das Zusammenleben der Menschen bedeutet. Und sie kann überhaupt nicht sagen, wie mit Menschen umzugehen ist, die infiziert sind.

Wir haben diese Begrenzung der Wissenschaft lange übersehen, weil sie ihren ursprünglichen Auftrag glänzend ausgeführt und unsere Existenzbedingungen deutlich verbessert hat. Und die moderne Wissenschaft hat ihre Grenzen übersehen, weil sie zu einer Zeit geboren wurde, als viele glaubten, dass es nur Tatsachenfragen gibt. Auf die Frage, wie viel Sterne am Himmel stehen, musste es ebenso eine eindeutige Antwort geben wie auf die Frage, welches Leben für einen Menschen das beste ist. Entsprechend ist die Wissenschaft angetreten. Die Menschen fragten, und die Wissenschaftler antworteten. Diese Zeiten sind vorbei. Heute sind wir selbst gefragt, und Antworten werden nur möglich, wenn wir uns wenigstens darauf einigen können.[9]

2 Die doppelte Bildung

Naturwissenschaft und Bildung gehören in Deutschland nicht unbedingt zusammen. Mir sind jedenfalls viele Menschen bekannt, die sich als gebildet bezeichnen, die so genannte Intelligenzblätter wie die *Zeit* oder den *Spiegel* lesen, die ins Theater gehen, etwa in die Schaubühne am Halleschen Ufer, die nur klassische Musik auf dem CD-Player spielen und Romane zum Beispiel von Martin Walser, nicht aber von Rosamunde Pilcher lesen, während sie zugleich gerne und bereitwillig zugeben, von den Naturwissenschaften nichts zu verstehen. Sie kennen Gedichte, aber keine Gesetze der Natur, und sie halten dies für keinen Mangel. Sie können Namen von Schriftstellern und Malern aufzählen und kennen ihre Werke, aber Physiker und Biologen kennen sie nicht oder nur dann, wenn sie auch außerhalb und unabhängig von ihrer Wissenschaft auffällig sind – wie Albert Einstein durch seine langen Haare, wie der amerikanische Physiker Richard Feynman durch sein Trommelspiel und seinen spektakulären Auftritt vor dem Untersuchungsausschuss des Challenger-Unglücks von 1986, wie der britische Kosmologe Stephen Hawking, dessen verkrüppelter Körper nur noch mit Hilfe eines Computers kommunikationsfähig ist und der seinen Geist direkt durch eine Maschine sprechen lässt, oder wie der amerikanische Softwareingenieur Billy Joy, der in Harlekinverkleidung nicht Auskunft über seine wissenschaftlichen Ideen, sondern über seine Ansicht gibt, dass die Zukunft die Menschen nicht braucht, weil sich schon bald die neuen Maschinen breit machen – *Robo sapiens* statt *Homo sapiens*.[1]

Eine Frage der Bildung

Zugegeben, man kann nicht wirklich behaupten, dass die Naturwissenschaften aus bloßem Selbstzweck betrieben, noch dass sie die Menschen jenseits ihrer Berufe miteinander verbinden und ihnen geistigen Genuss bereiten würden. Mit diesen Merkmalen aber hat der Altphilologe Manfred Fuhrmann in einem 1995 erschienenen Aufsatz, der »Von den Ursachen des Verfalls der Allgemeinbildung« handelte, das umrissen, was wir in der abendländischen Kultur Bildung nennen.[2] Es geht bei Bildung um die Fähigkeit zur Kommunikation und zum Dialog, um den Prozess, der einem Individuum zu Selbstständigkeit und Freiheit verhelfen und die Möglichkeit zur Teilhabe am Kulturganzen bringen soll.

Fuhrmann erklärt, warum Bildung in Deutschland lange Zeit keine Konjunktur hatte. Dazu verweist er auf die sechziger Jahre des 20. Jahrhunderts, in deren Verlauf es zu einem Durchbruch des gesellschaftspolitischen Denkens gekommen sei, der mit einer radikalen Abkehr von der klassischen Bildungstradition einherging. Es ging vielen Menschen von da an nicht mehr um Geist, Ideen und Kultur, sondern um Gesellschaft, Macht und soziale Gerechtigkeit. Zwar wurden nach dem berühmten Jahr 1968 erst ein »Strukturplan für das Bildungswesen« (1970) und dann der »Bildungsgesamtplan« (1973) vorgelegt, aber beide Entwürfe enthielten keinen allgemein verbindlichen Kanon mehr, mit dessen Hilfe eine Orientierung im vielfältigen Angebot der europäischen Kultur möglich wurde. Gymnasien und Universitäten kümmerten sich stattdessen vermehrt um individuelle Neigungen und übernahmen die Aufgaben der Berufsvorbereitung. Studierende sollten ausgebildet werden und konnten dabei ungebildet bleiben.

Es ist nicht zuletzt diese nun als schmerzhaft empfundene Lücke, die von den aktuellen Bemühungen um Bildung – etwa der von Dietrich Schwanitz – gefüllt werden soll. Literarischen oder künstlerischen Angeboten steht dabei ein Weg offen, etwa über die Romanlektüre oder die Betrachtung von Kunstwerken, genau das zu erzielen, was der gebildete Mensch anstrebt, nämlich Reflexion und geistigen Genuss auf einer wachsenden Grundlage von Kennerschaft. Dieser Weg scheint den Wissenschaften versagt.

Ich vermute, dass es vor allem für Laien schwierig ist, sich vorzustellen, dass beim Erreichen oder Nachvollziehen naturwissenschaftlicher Einsichten auch von Genuss die Rede sein kann. Dabei bringt schon ein kurzer Blick in die Lebensgeschichten von Forschern genau diesen Tatbestand an den Tag.[3]

Max Delbrück, der Wegbereiter der Molekularbiologie, der 1969 mit dem Nobelpreis ausgezeichnet worden ist, hat zum Beispiel unermüdlich und nachdrücklich die »Freude am Denken« betont, die er empfindet, wenn er versucht, die Rätsel zu lösen, die von der Natur vor unseren Augen ausgebreitet werden. Viktor Weisskopf, einer der produktivsten Physiker unseres Jahrhunderts, der lange Zeit als Direktor des CERN (Conseil Européen pour la Recherche Nucléaire) die europäische Kernforschung organisiert hat, weist in seiner Autobiographie *Mein Leben* darauf hin, dass es das große geistige Vergnügen seines Lebens sei, »Mozart und die Quantenmechanik« zu kennen – mit Betonung auf dem »und«. Albert Einstein hat häufig zu verstehen gegeben, dass er das Privileg habe, sich dem reinen Nachdenken über wissenschaftliche Zusammenhänge hingeben und dabei ungetrübten Genuss erleben zu können, weil er mit Gewissheit spüre, der Natur einiges an Schönheit entlocken zu können.

Mit anderen Worten: Von ihren geistigen Qualitäten her könnten die Naturwissenschaften genauso wie die Musik oder die Literatur zur Bildung gehören – und damit einen völlig anderen Stellenwert in der öffentlichen Diskussion und Einschätzung bekommen –, doch scheint dieser intellektuell-lustvolle Aspekt der Wissenschaften kaum wahrgenommen zu werden. Der Grund für diesen Mangel liegt unter anderem darin, dass es kaum Institutionen gibt, die Menschen so ausbilden, dass sie selbst jenes Vergnügen an den Naturwissenschaften erfahren, das deren Schöpfern selbstverständlich ist.

Mehr als Missverstehen

Leider gehört es vor allem in Deutschland zu dem Ritual einiger Geisteswissenschaftler, den Naturwissenschaften die geistigen Qualitäten abzusprechen, die sie in Wirklichkeit besitzen und die man viel stärker propagieren sollte, um das Verständnis für diese immer noch geheimnisvolle Macht zu verbessern, die das Leben in unserer Gesellschaft stärker bestimmt, als vielen selbst gut informierten Beobachtern klar zu sein scheint. So kann man immer wieder die ebenso weit verbreitete, wie falsche Ansicht lesen, dass die Naturwissenschaften deshalb keinerlei Bildungswert besitzen, »weil sie ihrem methodischen Erkenntnisgewinn nach technisch und ihrer Verwertung nach praktisch orientiert sind«.[4] Natürlich gehören systematisches Experimentieren und technischer Nutzen zum Grundvermögen der Naturwissenschaften, aber sie lassen sich keinesfalls darauf reduzieren. Hier wird ein Teil mit dem Ganzen verwechselt, das doch voller Phantasie und Kreativität steckt, wie bei einigermaßen vorurteilsfreiem Blick für jeden Menschen nachvollziehbar sein müsste. Aber genau der scheint oft nicht vorhanden zu sein, wie das Beispiel von Jürgen Habermas zeigt, der im Jahre 1968, auf dem Höhepunkt der Studentenbewegung, folgendes vollkommen unzulängliche Bild von den gesellschaftlichen Auswirkungen der Naturwissenschaft entworfen hat:[5]

> »Die Erkenntnisse der Atomphysik bleiben, für sich genommen, ohne Folgen für die Interpretation unserer Lebenswelt. […] Erst wenn wir mit Hilfe der physikalischen Theorien Kernspaltungen durchführen, erst wenn die Informationen für die Entfaltung produktiver oder destruktiver Kräfte verwertet werden, können ihre umwälzenden *praktischen Folgen* in das literarische Bewusstsein der Lebenswelt eindringen – Gedichte entstehen im Anblick von Hiroshima und nicht durch die Verarbeitung von Hypothesen über die Umwandlung von Masse und Energie.«

Wissenschaftliche Weltbilder

Habermas beschrieb hier eher seinen eigenen engen Horizont als den der Wissenschaft. Bedauerlich sind solche Thesen durch die enorme Wirkung, die jemand wie Habermas bei zahlreichen soziologisch und politisch orientierten Studenten hatte, wodurch sie in der deutschen Öffentlichkeit eine weite Verbreitung gefunden haben. Wie haltlos die Ansicht ist, wissenschaftliche Erkenntnisse blieben literarisch und gesellschaftlich folgenlos, belegt eine Auskunft, die der Romancier Wolfgang Koeppen in einem Interview gegeben hat. Als er nach seinen Anregungen oder gar Lehrmeistern gefragt wurde, antwortete er mit einem überraschenden Hinweis, der bislang wenig Beachtung gefunden hat. Koeppen sagte nämlich:[6]

»Sie fragten nach literarischen Vorbildern und Einflüssen auf mich – jetzt möchte ich Ihnen sagen, dass die neuen Erkenntnisse der Physik, besonders der modernen Physik, einen Einfluss auf meine Entwicklung gehabt haben. [...] Ich empfange da ganz deutlich ein Weltbild, das meinen Ahnungen entspricht in vielem.«

Eine solche produktive Rezeption von Wissenschaft hat es natürlich auch schon vor Koeppen gegeben, etwa bei Rainer Maria Rilke, der das, was die Physik seiner Zeit über die Atome und das Universum neu erkannte, in sein Dichten und Denken aufgenommen hat. Verkürzt könnte man sagen, dass die Dichter die Wissenschaften als Fenster benutzt haben, um das Unsichtbare zu erleben, in das die physikalischen Theorien die sichtbaren Ergebnisse der Forschung verwandelt haben. Die Frage, wie den Poeten dieses Wahrnehmen und Empfangen gelungen ist, bleibt bislang ohne Antwort. Koeppen betonte im weiteren Verlauf des zitierten Gesprächs, dass dies keineswegs trivial sei. Er merkt etwas an, was vielen wissenschaftlich interessierten Zeitgenossen schon länger schmerzhaft bewusst ist, nämlich die Tatsache, dass es Außenstehenden äußerst schwer fällt, alle Details der neuen Physik zu verstehen, weil ihnen zumeist die entsprechenden Voraussetzungen fehlen. Auf diesen Punkt ist vielfach hingewiesen worden, besonders deutlich hat ihn Karl Schwedhelm formuliert:[7]

> »Für uns, die wir nicht Naturwissenschaftler sind, werden die Veränderungen der klassischen Physik seit wenig mehr als einem halben Jahrhundert in ihren Ursachen und Folgerungen auch künftig weitgehend undurchschaubar bleiben. [...] Der Künstler ist von diesem esoterischen Bereich nebelhaft schwieriger Funktionen und Differentialgleichungen genauso wie wir anderen ausgeschlossen.«

Ungleiche Bewertung

Hier wird ein wichtiges Problem angesprochen. Ich möchte dazu einen Vorschlag unterbreiten, allerdings erst, nachdem die ärgerliche Asymmetrie der kulturellen Bewertung deutlich geworden ist, die Karl Schwedhelm zum Ausdruck gebracht hat.

Niemand wird bestreiten, dass die Einsichten der modernen Wissenschaften sich weit von dem entfernt haben, was dem gesunden Menschenverstand problemlos zugänglich ist. Man kann wissenschaftliche Einsichten wahrscheinlich sogar durch ihre Eigenart charakterisieren, dem »common sense« zu widersprechen.[8] Aber statt aus diesem Tatbestand die Notwendigkeit abzuleiten, sich auf die Geschichte der Wissenschaft einzulassen, um zu verstehen, wie es im Laufe der Jahrhunderte gelingen konnte, die biologisch bedingte und damit natürlich gegebene Barriere des Erkennens zu überspringen, spielt man allzu oft den dummen Bauern, der nicht frisst, was er nicht kennt. Die Verwendung von Begriffen wie »esoterisch« oder »nebelhaft« scheint typisch für die Bewertung zu sein, die viele Intellektuelle beim Blick auf die Naturwissenschaften vornehmen. Physik und Biologie soll es offenbar zum geistigen Nulltarif geben – nach dem Motto »Relativitätstheorie leicht gemacht«

oder »Genetik in bunten Bildchen«. Gedanklich anstrengend und geistig verzwickt darf es wohl nur werden, wenn philosophische oder geistesgeschichtliche Themen verhandelt werden.

Diese Asymmetrie durchzieht die ganze heutige Debatte um Bildung. Jeder weiß, dass er etwas von Picassos Rosa Periode oder vom Blauen Reiter und seinen Malern wissen sollte. Aber wer ahnt, dass es sich lohnt, ebenso über die Doppelhelix oder die Theorie der Quarks informiert zu sein? Wer Arthur Schopenhauer nicht kennt oder nie von ihm gehört hat, gilt als ungebildet. Wer hingegen Ludwig Boltzmann nicht unterbringen kann, macht sich über diese Lücke keine Sorgen – und kaum jemand wird ihm dies übel nehmen.

Auf diese unterschiedliche Gewichtung von Wissen hat der britische Physiker, Dichter und Staatsmann Charles P. Snow bereits 1959 hingewiesen, als er seine zwar vielfach verworfene, sich aber hartnäckig behauptende These von den zwei Kulturen einführte.[9] Snow unterschied die literarische Intelligenz (Autoren, Kritiker) von den Repräsentanten der naturwissenschaftlichen Fächer (Forscher, Ingenieure).[10] Dann fragte er nach dem allgemeinen Verständnis der Themen, die in genannten Kreisen erörtert werden, und dabei fiel ihm das erwähnte Ungleichgewicht auf. Snow machte die fehlende Symmetrie an den Sonetten Shakespeares und dem Zweiten Hauptsatz der Thermodynamik fest, indem er bemerkte, dass jeder nickt, wenn von den Sonetten die Rede ist, während die gleichen Leute verständnislos den Kopf schütteln, wenn die Wärmelehre und einer ihrer Hauptsätze angesprochen werden.

Bislang hat noch jedes Publikum so reagiert, wie es Snow beschrieben hat, ohne zu merken, dass an dieser Stelle etwas nicht stimmt. Es trifft meiner Erfahrung nach nämlich überhaupt nicht zu, wie oft zu lesen ist, dass jeder die Sonette und niemand die Hauptsätze kennt. Es trifft bestenfalls zu, dass zwar jeder von Shakespeares Sonetten gehört hat, dass diese erstaunlichen Texte aber trotzdem nur wenige kennen bzw. verstehen, und zwar eher noch weniger als den Zweiten Hauptsatz der Thermodynamik.

Der eingebildete Gelehrte

Das Problem des physikalischen Lehrsatzes besteht darin, dass er am besten in einer Sprache zu formulieren ist, die vom Publikum weder geschätzt noch gesprochen wird. Gemeint ist die Mathematik, deren Beherrschung zu den ursprünglichen Zielen der Wissenschaft gehört, wie sie zum Beispiel von Galileo Galilei formuliert worden sind. Doch genau davor scheuen viele Menschen zurück, die stärker poetisch als analytisch begabt sind. Berühmt sind die Verse, die Novalis für seinen unvollendet gebliebenen Roman *Heinrich von Ofterdingen* vorgesehen hatte. Ihre ersten und letzten vier Zeilen lauten:

> Wenn nicht mehr Zahlen und Figuren
> Sind Schlüssel aller Kreaturen,
> Wenn die so singen, oder küssen
> Mehr als die Tiefgelehrten wissen,
> [...]
> Und man in Märchen und Gedichten
> Erkennt die wahren Weltgeschichten,
> Dann fliegt vor Einem geheimen Wort
> Das ganze verkehrte Wesen fort.

Was die Wissenschaft hervorbringt, kommt vielen künstlerisch empfindenden oder sich so gebenden Menschen tatsächlich oft als »verkehrtes Wesen« vor. Ein berühmtes Beispiel liefert Alfred Döblin, der die Welt nicht mehr verstand, nachdem Einstein den Kosmos neu beschrieben hatte. Der Autor des Romans *Berlin Alexanderplatz* protestierte lautstark, als er erfuhr, dass die Allgemeine Relativitätstheorie bzw. die damit verbundenen Gleichungen der Gravitation den Kosmos und seine raumzeitliche Wirklichkeit offenbar besser beschreiben konnten als alle physikalischen Ansätze zuvor, die mit Isaac Newton begonnen hatten und mit seinem Namen verbunden geblieben sind. Das Newtonsche Universum stellte den Raum wie einen riesengroßen Schuhkarton mit geraden Linien und rechten Winkeln dar, den eine gleichmäßig träge fließende Zeit durchströmte, ohne irgendeine Wechselwirkung mit ihm eingehen zu können. So etwas konnte man sich leicht vorstellen und anschaulich vor Augen führen. Doch mit Einsteins Universum ging dies nicht mehr. Mit ihm tauchten seltsame Verzerrungen und Krümmungen des Kartons auf, den es erstens gar nicht mehr ohne seinen Inhalt geben konnte, der zweitens gerade durch den Inhalt aus der vertrauten Rechtwinkligkeit gerissen wurde und der drittens auch mit dem Strom der Zeit ins Gehege kam und ihn umleitete und verzögerte.

Döblins Problem steckte nicht in dieser Akrobatik der vertrackten Anschauung, der zufolge Raum und Zeit nicht bloß entleert werden, sondern selbst verschwinden, wenn man versucht, die Dinge aus ihnen zu entfernen. Seine Klage richtete sich vielmehr gegen die Tatsache, dass Einstein sein Wissen und seine Kenntnisse über den Kosmos mit Hilfe komplizierter mathematischer Verfahren gewonnen hatte, in denen es unter anderem um Kovarianz, Tensoranalysis und Differentialgleichungen ging, also um Hervorbringungen des analytischen Verstandes, die für Döblin und die meisten Menschen unzugänglich bleiben. Für sie gab und gibt es in dieser so abstrakt wirkenden Formelwelt nichts zu verstehen, und der eigentliche Skandal steckt darin, dass sie dazu verurteilt scheinen, in einem Kosmos zu leben, der nur noch den wenigen Eingeweihten zugänglich ist, die mit der Sprache der höheren Mathematik vertraut sind. Döblin lehnte sich dagegen auf, dass der Erfolg des Forschers den Dichter vom Verständnis der Welt ausschloss, in der doch beide gemeinsam lebten. Wie konnte es einem großen Teil der Menschen verwehrt sein, etwas über die Strukturen ihrer Welt – über die Geometrie ihres Universum – zu wissen?

Einsteins Durchblick

Gewöhnlich bedauert man an dieser Stelle die Schwierigkeiten der mathematischen Sprache und weist auf die vielen populären Darstellungen hin, die sich mutig an die Allgemeine Relativitätstheorie wagen und dabei versuchen, mit ihren gebogenen Räumen und gedehnten Zeiten fertig zu werden. Tatsächlich findet der Interessierte in der entsprechenden Literatur viele unmittelbar anschauliche Darstellungen der vierdimensionalen Raumzeit und ihrer gekrümmten Geometrie, in der wir nach Einsteins Theorie leben. Doch können die Leserinnen und Leser damit wissen, was Einstein gemeint hat?

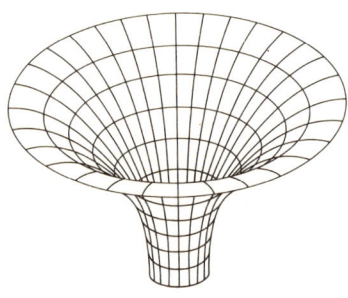

Abb. 2-1: Die Krümmung des Raumes. Nach Einsteins Theorie krümmt die Masse den Raum; je mehr Masse vorliegt, desto stärker die Krümmung. Die höchste Konzentration von Masse findet sich in bislang nur theoretisch anvisierten Schwarzen Löchern. Die Abbildung zeigt, welch eine verzerrte Raumstruktur in der Nähe solch eines Gebildes zu erwarten wäre. Auf die damit zusammenhängenden kosmischen Fragestellungen wird in späteren Kapiteln genauer eingegangen.

Wer versucht, diese Frage zu beantworten, wird feststellen, dass das Hauptproblem im Nachsatz steckt. Wissen wir überhaupt, was Einstein wusste? Wir wissen, wie seine Formel in Lehrbüchern aussieht, und wir wissen aus Experimenten, dass damit bessere Vorhersagen über den Ausgang von Messungen in den Weiten des Weltraums zu machen sind, als alle konkurrierenden Theorien dies können. Aber wissen wir deshalb, was Einstein verstanden hat?

$$G_{\mu\nu} - 8\pi k \tau_{\mu\nu} = 0$$

Abb. 2-2 Eine mathematische Fassung von Einsteins Gravitationsgleichung; sie ist in der Sprache der Tensoranalysis verfasst, die von einem Laien nicht ohne ausführliche Erläuterungen und Übungen zu verstehen ist. Um die Sprache geht es hier nicht, wohl aber um die Zeichen bzw. Symbole, die dem Kenner dieser Sprache den Durchblick erlauben.

Einsteins Ziel bestand primär sicher nicht darin, eine Formel zu finden. Er wollte vielmehr etwas über die Raumzeitstruktur der Welt wissen, und er hat dies mit Hilfe seiner Formel bewerkstelligt. Aber wenn wir nun sagen, dass Einstein durch seine Gleichung etwas über das Universum erfahren hat, dann sollten wir uns darüber im Klaren sein, dass dies nicht oberflächlich gemeint ist. Wie dieses »durch« zu verstehen ist, hat Werner Heisenberg in seiner Autobiographie *Der Teil und das Ganze* beschrieben.[11] Er stellt dort den Augenblick dar, in dem einige mathematische Zeichen auf einem Blatt Papier ihm plötzlich ihre Bedeutung offenbaren und er in ihnen die Grundgesetze der Atome erkennt:

»Ich hatte das Gefühl, durch die Oberfläche der atomaren Erscheinungen hindurch auf einen tief darunter liegenden Grund von merkwürdiger innerer Schönheit zu schauen, und es wurde mir fast schwindlig bei dem Gedanken, dass ich nun dieser Fülle von mathematischen Strukturen nachgehen sollte, die die Natur da vor mir ausgebreitet hatte.«

Es ist wichtig, sich klarzumachen, was Heisenberg bei diesem Erlebnis eigentlich erblickt. Vor ihm auf dem Papier befinden sich doch nur einige mathematische Formeln und Strichgebilde (wie in Abb. 2–2), und aus diesen Zahlen und Figuren kann nur dann das Wissen werden, das Heisenberg erregt, wenn die Zeichen den Charakter von Symbolen annehmen.

Dies gilt auch für Einstein, denn auch ihm sagen die mathematischen Gebilde nur dann etwas über die Welt und den Kosmos, wenn er sie nicht bloß als Abkürzungen für real gegebene Größen versteht – G für Gravitation oder R für Raum –, sondern wenn er sie als Symbole wahrnimmt und deutet, die nicht nur seine rationalen Fähigkeiten ansprechen, sondern ihm auch durch Gefühle Wissen über die Welt verschaffen, wie Heisenberg es beschrieben hat. Kennen wir nicht alle ein Wissen, das zunächst auf Emotionen beruht?

Mathematische Formeln sind eben nicht das Wissen selbst, um das es geht, sondern sie liefern nur den symbolischen Schlüssel dazu, und es ist anzunehmen, dass es auch noch andere Schlüssel zu demselben Wissen gibt. Worauf es dann bei der Weitergabe von wissenschaftlichem Wissen ankommt, lässt sich mit einfachen Worten so ausdrücken: man muss dafür sorgen, den entsprechenden Schlüssel für Menschen wie den Dichter Döblin zu finden, die in mathematischen Formeln keine Symbole erkennen können. Für mathematisch Unkundige muss man Bilder oder Symbole finden, die das Wissen über die Wirklichkeit vermitteln, das Einstein und Heisenberg dadurch bekommen, dass sich für sie die mathematischen Zahlen und Figuren in Symbole verwandeln. In beiden Fällen können schließlich die inneren Bilder entstehen, die zum Verstehen führen und zu jener Erinnerung werden, die wir zuletzt als Wissen bezeichnen. Wir können alle dasselbe wissen, müssen aber nicht versuchen, dies mit denselben Symbolen zu erreichen.

Wissen durch Einbildung

Der Schlüsselbegriff ist in diesem Zusammenhang »Bild«, was nicht wie »picture« (etwa eine Photographie), sondern wie »image« (etwa ein Gemälde) zu verstehen ist. Unser Denken endet mit Bildern, und es beginnt als malendes Schauen, wie die Psychologie weiß. Am Beispiel Einsteins lässt sich das verdeutlichen.[12] Einstein hat einmal in einem Gespräch mit einem Psychologen erzählt, dass sein wissenschaftliches Denken mit Bildern einsetzt, die in ihm weitere Bilder generieren und zu einem Strom werden lassen, den er dann (mühsam) in Worte und Formeln übertragen muss, um sie mitteilen zu können. Diese Erfahrung haben viele Naturforscher gemacht, wie man immer wieder feststellen kann, wenn man sich ihre Lebensgeschichten ansieht.

Der Beitrag der Bilder zum Wissen ist schon bei Einsteins berühmtem Vorgänger Johannes Kepler zu erkennen, der im 17. Jahrhundert nicht nur die drei nach ihm benannten Planetengesetze entdeckte, sondern auch beschrieben hat, wie seinen Erfahrungen zufolge Wissen überhaupt entsteht. Für Kepler kommt Erkennen durch Bilder zustande, genauer: durch Bilder, die ein Betrachter in sich zur Deckung bringt. Das ihm von außen durch die Sinne Zugeleitete verwandelt seine Wahrnehmung in Bilder, die dann – so Kepler – mit anderen Bildern (Imaginationen) verglichen werden, und zwar mit solchen, die in seinem Inneren entstanden sind. Kepler vermutet, dass beide Bilderströme an einer Stelle zueinander finden, die man früher Seele nannte. Wenn eine Passung gelingt, wird man wach und die Seele leuchtet auf. Moderner formuliert: Glück empfindet, wer etwas erkennt.

Was Kepler sagt, lässt sich auch so ausdrücken, dass wir dann etwas über die Welt wissen, wenn wir sie uns durch Bilder zu eigen gemacht haben, wenn wir sie uns also – im Wortsinn – eingebildet haben. Nun heißt das alte lateinische Wort für diesen Vorgang der Einbildung »informatio«, und es ist unschwer zu erkennen, dass davon zwar der Begriff der Information abgeleitet ist, den sich die heutige Gesellschaft gerne als Vornamen gibt, dass aber die geläufige Verwendung dieses Wortes nichts mehr mit dem Bild zu tun hat, das ursprünglich gemeint war. Wer heute informiert ist, hat vielleicht viele Daten auf seiner Festplatte oder einige Nachrichten auf der Mailbox, aber keine Bilder mehr im Kopf. Informiert im sinnvollen und Wissen anstrebenden Gebrauch dieser Idee ist aber nur der »eingebildete« Mensch. Seine Bilder stellen die humane Ebene des Wissens dar. Sie sind dessen primäre Form.

Wissen durch Wahrnehmen

Bilder sind eine Wissensform vor den Begriffen, und sie entstehen durch die menschliche Fähigkeit der Wahrnehmung, die weder philosophisch noch physiologisch ausreichend erkundet ist. Anders ausgedrückt: Wissen beginnt mit Wahrnehmung, und bei diesem Satz kann man sich auf Aristoteles berufen. Seine *Metaphysik* beginnt mit der berühmten Feststellung, dass die Menschen ihrer Natur gemäß nach Wissen streben, und sie tun dies – so Aristoteles –, weil sie Freude an der Wahrnehmung haben.

Wissen macht also Freude, wenn die Wahrnehmung geeignete und gefällige Formen erfasst, die sowohl natürlicher als auch künstlerischer oder mathematischer Art sein können. Wahrnehmung verwandelt gestaltetes Außen in Gestalten innen. Äußere Formen werden innere und finden dabei das Bild, das unser Wissen wird, weil wir uns daran erinnern können.

Der hier vorgestellte Reigen bezieht sich nicht nur auf die komplizierte Wissenschaft, sondern hat seine Anwendung auch im Alltag und wahrscheinlich vor allem dort. Wer zum Beispiel mit einem anderen Menschen zusammentrifft, versucht, sich ein Bild von ihm zu machen, und er kann dies ganz selbstverständlich und sofort mit den Mitteln der Wahrnehmung tun. Wer einem Menschen begegnet, wird vielleicht irgendwann auch seine Haarfarbe oder die Linie seiner Augenbrauen bemerken. Er wird sein Gegenüber aber zunächst in seiner Gesamtheit wahrnehmen, und das heißt, er verschafft sich ein Wissen, das die Person als Ganzes erfasst.

Mit anderen Worten, wenn Döblin sich beklagt, dass er den Kosmos nicht verstehen kann, weil er mit den mathemati-

Wissen durch Wahrnehmen 39

schen Begriffen nicht zurechtkommt, dann formuliert er ein grundlegendes Bedürfnis, verbindet es aber mit einem unpassenden Argument. Man muss ihm keinen Nachhilfeunterricht in Tensoranalysis geben. Man muss ihm ein Symbol oder ein Kunstwerk vorlegen, das seine Wahrnehmung anspricht, und zwar so, dass dabei das Bild des Kosmos *ent*steht, wie ihn Einstein *ver*steht.

Solch ein Bild oder Symbol zu finden, ist keine Aufgabe, die sich nebenbei erledigen lässt. Man könnte sie Wissenschaftsgestaltung nennen, und für diese Formung des Wissens braucht man mindestens so viel Geschick wie für die Wissenschaft selbst. Bedarf an Wissenschaftsgestaltung besteht in unserer Gesellschaft genug, denn schließlich wollen wir alle die Welt so verstehen wie Einstein den Kosmos.

Zum Wissen brauchen die Menschen beides, die Zahlen und Figuren ebenso wie das wahrnehmende Erleben. Die oben zitierten Zeilen von Novalis sind also ebenso einseitig (und damit ebenso falsch) wie die Überzeugung, die Natur teile sich uns allein in der Sprache der Mathematik mit. Vielleicht darf man die alten Verse modern öffnen, um in dieser Wendung das Zauberwort hörbar zu machen:

> Wenn nicht nur Zahlen und Figuren
> Sind Schlüssel aller Kreaturen,
> Wenn die so singen oder küssen
> So viel wie Tiefgelehrte wissen,
>
> Und auch in Bildern und Gedichten
> Sich zeigen wahre Weltgeschichten,
> Dann fliegt das Wissen ohne Wort
> Dem Menschen zu an seinem Ort.

Eine neue Wissenschaft

Den Ort des Menschen kann die Naturwissenschaft alleine weder bestimmen noch erfinden. Sie ist vielmehr auf den Bereich angewiesen, den der italienische Philosoph Giambattista Vico als einer der Ersten erschlossen hat, als er 1725 seine Vorstellungen von der *Neuen Wissenschaft* veröffentlichte, bei denen es ihm darauf ankam, den sich entfaltenden Geist der menschlichen Wissenschaft zu verstehen. Ausgangspunkt seiner Bemühungen waren die Renaissance und die Revolution der Naturwissenschaften, die im 17. Jahrhundert stattgefunden hatte. Sie ist mit den Namen Francis Bacon, Johannes Kepler, Galileo Galilei und Réne Descartes verbunden und wird noch ausführlich vorgestellt und geschildert werden. Es ging Vico um eine Geschichte der geistigen Abenteuer, auf die sich die Menschen eingelassen hatten, und aus diesem Bemühen heraus ist das entstanden, was wir heute mit einem etwas schwerfälligen Wort als Geisteswissenschaften bezeichnen. Es dauerte übrigens bis zur Mitte des 19. Jahrhunderts, bevor dieser letztlich technische Ausdruck in der deutschen Sprache auftauchte, und zwar als Übersetzung des englischen Ausdrucks »moral sciences«, den John Stuart Mill verwendete. Ihre moderne Rolle begannen die Geisteswissenschaften in dem Augenblick zu spielen, in dem der Berliner Physiker und Physiologe Hermann von Helmholtz sie 1862 als »weiche« Wissenschaften von den methodisch »harten« Naturwissenschaften abzusetzen versuchte und damit ein Gerangel auslöste, das bis heute anhält. Gut zwanzig Jahre nach Helmholtz verfasste der Philosoph Wilhelm Dilthey seine berühmte *Einführung in die Geisteswissenschaft,* wobei er deren besondere Qualität in der Fähigkeit zum intuitiven Verstehen (»Einfühlung«) sah. Weitere zehn Jahre später (1894) führt der Philosoph Wilhelm Windelband die systematische Unterscheidung ein, die bis heute als gültig anerkannt wird, indem er die gesetzgebenden – die so genannten nomothetischen – Naturwissenschaften wie Physik und Biologie von den mit Einzelerlebnissen und ihrer beschreibenden Analyse befassten – so genannten idiographischen – Geisteswissenschaften wie Philosophie und Literaturwissenschaft unterschied.

Diese kompliziert klingenden Ausdrücke erfassen einen markanten Unterschied. Denn tatsächlich versuchen die Naturwissenschaften alles, um individuelle Besonderheiten auszuschließen. Im theoretischen Bereich nehmen sie statistische Methoden zu Hilfe und bilden Mittelwerte, und im experimentellen Bereich bestehen sie auf der möglichst genauen Reproduzierbarkeit von Ergebnissen, das heißt, sie übersehen und übergehen gerade das, was Einzelereignisse unverwechselbar macht. Auf diese Weise gewinnt zum Beispiel eine naturwissenschaftlich vorgehende Medizin zwar immer mehr Kenntnisse etwa über Herzkrankheiten im Allgemeinen, ein entsprechend *aus*gebildeter Arzt nimmt zugleich aber immer weniger Rücksicht auf die individuellen Eigenschaften des jeweils vor ihm sitzenden Patienten. Das Kunststück besteht darin, diese Ausbildung durch Bildung zu ergänzen und die allgemeinen Kenntnisse des Organischen und die individuelle Wahrnehmung des Patienten als komplementär anzusehende Zugänge zusammenzubringen.

Die Idee der Komplementarität, deren Bedeutung den Physikern beim Eindringen in die Welt der Atome aufgefallen ist, drückt den im Alltag wohl bekannten Tatbestand aus, dass es Zugänge zu einem Problem gibt, die sich zwar oberflächlich betrachtet widersprechen und in die Quere kommen, die aber in der Tiefe zusammengehören und in gleichberechtigter Form das Ganze *(completum)* ergeben, das angestrebt wird.

Über die Zeit

Naturwissenschaftliche und literarisch orientierte Vorgehensweisen sind komplementäre Zugänge zur Welt. Man sollte daher nicht nur das Trennende zwischen diesen Möglichkeiten menschlichen Erkenntnisstrebens betonen, wie es C. P. Snow getan hat. Man sollte vielmehr auf die Gemeinsamkeiten hinweisen, die zum Beispiel in den Themen und Inhalten bestehen, um die es geht. Tatsächlich bemühen sich selbst Shakespeares Sonette und der Zweite Hauptsatz der Wärmelehre um eine gemeinsame Sache, nämlich die Zeit und unser Verständnis für diese Dimension. Während der Dichter auf vielen verschiedenen Wegen zur Sprache bringt, dass er den Dingen Dauer zu verleihen und die Zeit anzuhalten wünscht, drückt der Zweite Hauptsatz die unvermeidliche physikalische Tatsache aus, dass dies in der so genannten Wirklichkeit nicht geht. Die Zeit bleibt nicht stehen, und rückwärts läuft sie erst recht nicht. Sie eilt nur nach vorne und uns davon. Nur im Kunstwerk – zum Beispiel in Gedichten – kann man die Zeit anhalten, und Shakespeare sagt dies ausdrücklich, etwa in seinem Sonett XVIII, in dem die letzten Zeilen lauten:

> Dir soll dein Sommer ewig nicht vergehn,
> nie, was die Schönheit je verheißt,
> niemals wirst du in Todes Schatten stehn,
> wenn meine Schrift dich deiner Zeit entreißt.
>
> Solange Menschen leben, stirbt sie nie,
> unsterblich ist dein Liebreiz so durch sie.

Und das Sonett LXXXI schließt mit folgenden Zeilen:

> Denn meine Kunst verleiht dir Ewigkeit,
> Auf dass dich fernste Nachwelt einst noch kennt,
> bricht sie die Allmacht der Vergänglichkeit,
> schafft allen Sterblichen ein Monument.
>
> Solange schenkt dir Dauer mein Gedicht,
> wie Menschen atmen, eine Zunge spricht.

Folgen der Entropie

Die Sonette erlauben es, eine andere Form der Komplementarität ins Auge zu fassen, die zwischen dem literarischen und dem wissenschaftlichen Erfassen von Wirklichkeit besteht. Während der Dichter beschreibt und in viele elegante Worte fasst, was er sagen will, versucht der Forscher das eine fachliche Wort zu finden, mit dem er ausdrücken kann, was er verstanden und erkannt hat. Literarisch bemühen wir uns um eine Beschreibung und wissenschaftlich um eine Benennung, wobei der zweite Fall auf den ersten Blick für einen Außenstehenden wenig Vergnügen mit sich bringt. Dies kann erst nach und nach entstehen, wie hier am Beispiel des Zweiten Hauptsatzes der Thermodynamik angedeutet werden soll, bei dem das entscheidende Wort »Entropie« lautet.

In ihm steckt allein schon deshalb eine spannende Geschichte, weil man bis heute nicht genau sagen kann, was damit gemeint ist, und weil sich niemand von diesem Mangel hat hindern lassen, den Ausdruck kräftig zu gebrauchen und oft zu missbrauchen. Die Idee zur Entropie tauchte nach 1850 auf, als die Wissenschaftler versuchten, die Leistungsfähigkeit von Maschinen zu beschreiben, die sie mit einem möglichst hohen Wirkungsgrad funktionieren lassen wollten. Sie merkten bald, dass das Konzept der Energie nicht ausreicht, um Maschinen theoretisch zu erfassen, denn es gab Energie, die in Arbeit umgewandelt werden konnte, und es gab Energie, die sich nicht dazu eignete. Die erste Form der Energie nannte man »freie Energie«, und sie unterschied sich von der Gesamtmenge durch eine Größe, die man mit dem Wort »Entropie« bezeichnete.

Die Physiker hatten kurz vor 1850 ein grundlegendes Gesetz der Natur gefunden, als sie beobachtet hatten, dass Energie weder gewonnen werden noch verloren gehen kann und in allen Prozessen nur verwandelt wird – von Bewegungsenergie in Wärmeenergie, von Wärmeenergie in chemische Energie, und so weiter. Sie fassten diese Einsichten in einem Hauptsatz der Thermodynamik zusammen, demzufolge die Energie der Welt konstant ist. Sie sprachen vom Ersten Hauptsatz, als es um 1870 gelang, nicht nur mit der Energie, sondern auch mit der Entropie eine Gesetzmäßigkeit zu formulieren, die folglich als Zweiter Hauptsatz in die Lehrbücher einging. Er besagt, dass die Entropie der Welt im Verlauf physikalischer Vorgänge immer nur zunimmt, und zwar so lange, bis sie das Maximum erreicht hat.

Das Besondere an diesem Gesetz der Physik ist nun, dass es der Zeit eine Richtung gibt. Zeit läuft in unserer Welt so ab, dass die Entropie wächst, wobei die Frage, was Entropie ist, bis heute immer noch neue Antworten zulässt. Dass man Entropie messen kann, lässt sich in jedem Physiklehrbuch nachlesen, aber dies ändert nichts an der Tatsache, dass die meisten Menschen bei diesem Begriff mit den Schultern zucken. Er besitzt keinerlei Anschaulichkeit und löst nicht die geringste Vorstellung aus. Mit der Energie verhält es sich da ganz anders. Offenbar kann auch ein der Physik fern stehender Laie mit diesem Terminus unmittelbar etwas anfangen, und er scheint vielen so vertraut wie der Begriff der Temperatur zu sein, obwohl es sich in allen drei Fällen – Energie, Entropie und Temperatur – um Begriffe handelt, die einen Physiker technisch vor vergleichbare Probleme stellen.

Es gibt viele Vorschläge, Entropie anschaulich zu machen. Da ist von einem »Maß für die Unordnung« in einem System die Rede, da denkt man an den »Vorrat an Zufälligkeit«, die es beherbergt, es wird vom »Grad der Unkenntnis« gesprochen, den Physiker nie ganz zum Verschwinden bringen können. Entsprechend wird Entropie oft als Gegenteil bzw. Gegenstück zur Information – als »Neg-Information« – verstanden, als die Information, die nicht verfügbar ist. So verdienstvoll all diese Vorschläge sind, in dem wundersam erfolgreichen und inflationär gebrauchten Konzept der Entropie schwingen stets noch andere Aspekte mit, die es nach und nach offen zu legen gilt, was aber an dieser Stelle nicht passieren soll (abgesehen von dem Hinweis, dass man sich davor hüten sollte, den Zweiten Hauptsatz der Thermodynamik auf eine Trivialität der Art »Die Unordnung der Welt wächst ständig« zu reduzieren).[13]

Zeitreisen

Hier geht es um die Verbindung zwischen der als Gesetz formulierten Entropiezunahme und den poetischen Versuchen, sie zu verhindern. Es geht also um die Frage nach dem Verständnis von Zeit, und es scheint, dass man als Wissenschaftler nur behaupten sollte, etwas von der Zeit verstanden zu haben, wenn man seine Einsichten so formulieren kann, dass sich Menschen dafür interessieren, die nicht Physiker sind. Ein Weg, dies zu lernen, besteht darin, nachzulesen, was etwa Dichter dazu sagen, und ein Beispiel dafür lässt sich in dem Reich der Phantasie finden, in dem sich ab und zu auch Wissenschaftler aufhalten.

Obwohl der Zweite Hauptsatz von der Entropiemaximierung die Richtung der Zeit festlegt – ihr Pfeil fliegt nur nach vorne –, denken Physiker immer mal wieder über die Möglichkeit einer Zeitmaschine nach, die es Menschen erlauben würde, in die Vergangenheit zu reisen.[14] Natürlich gibt es rein physikalische Argumente (aus der Relativitätstheorie), die dagegen sprechen. Auch scheint man sich bei solchen Zeitreisen in (bio)logische Kalamitäten zu begeben, denn wenn man nur weit genug zurück kommt, könnte man immerhin seinen Vater erschlagen, bevor man geboren wird. Doch unabhängig davon wissen wir intuitiv, dass die Zeitreise eine reale Erfahrung sein kann. Der Romancier und Essayist Cees Nooteboom hat dies in seinem Buch *Umweg nach Santiago* geschildert. Auf einer Reise durch Spanien besucht er ein Kloster, und lässt sich in eine Zelle führen. Dabei wird ihm plötzlich klar: »Es gibt die Zeitmaschine wirklich: In einer Kapsel bin ich, gegen Tod und Unheil geschützt, in die Tiefen des für immer entschwundenen Mittelalters hinabgelassen worden.«

Nooteboom ist als Dichter von dem Phänomen der Zeit ebenso fasziniert wie ein Physiker, und er teilt den Lesern einige seiner Einsichten mit, zum Beispiel in dem Roman *Die folgende Geschichte:*

»Uhren hatten meiner Ansicht nach zwei Funktionen. Erstens, den Leuten zu sagen, wie spät es ist, und zweitens, mich mit dem Geheimnis zu durchdringen, dass die Zeit ein Rätsel ist, ein zügelloses, maßloses Phänomen, das sich dem Verständnis entzieht und dem wir, mangels besserer Möglichkeiten, den Schein der Ordnung gegeben haben. Zeit ist das System, das dafür sorgen soll, dass nicht alles gleichzeitig geschieht.«

Das Schöne an solchen Darstellungen, die auch einem Naturwissenschaftler gefallen, steckt darin, dass sie das enthalten, was Alexander von Humboldt in seinen Vorlesungen über den Kosmos einmal den »Hauch des Lebens« genannt hat. Wenn es gelingen könnte, den naturwissenschaftlichen Entwürfen diesen Hauch zu geben, dann würde auch für Außenstehende einsichtiger, dass hier geistige Genüsse zu gewinnen sind, die einem gebildeten oder bildungswilligen Menschen offen stehen. Wissenschaft kann zugänglich und erlebbar werden, wenn sie dabei von den Künsten unterstützt wird, wie Heinrich Koch bereits 1946/47 festgehalten hat, als er in einem Aufsatz mit dem provozierend gemeinten Titel »Chaplin und die Atomphysik« notierte:[15]

»Was hat der Mensch von heute mit der modernen Atomphysik zu tun? Diese Wissenschaft wird ein neues Weltbild entwerfen, und da die Philosophie sich die neuen Erkenntnisse noch nicht gültig zu eigen gemacht hat, so ruht die Last, dieses Weltbild zu formen, allein auf den Schultern des Künstlers.«

Wissenschaftliche Bildung

Wie viel Wissenschaft braucht also ein gebildeter Mensch? Wie kann er (oder sie) Kennerschaft auch auf dem Gebiet der exakten Wissenschaften erlangen? Auf diese Fragen lässt sich antworten: Erstens: Er braucht soviel wissenschaftliches Wissen, um verstehen zu könen, wie die Wissenschaft den Ort und das Bild des Menschen bestimmt. Und er sollte dadurch in der Lage sein, die Betrachtung und Diskussion ihrer Inhalte zu genießen. Zweitens: Er sollte begreifen können, dass Wissenschaft in ihm steckt und zu ihm gehört. Nur aus dieser Verbindung können Teilnahme und Dialogbereitschaft entstehen, die nötig sind, damit alle die Verantwortung übernehmen können, die Wissenschaft heute benötigt.

Humanistisch gebildete Menschen werden in dieser Antwort das griechische Modell erkennen, an dem sich der Begriff der Bildung orientiert. Im antiken Verständnis konnte sich nur der gebildete Bürger an der Demokratie beteiligen. Aktive Teilhabe an Kultur und Gesellschaft verlangen heute mehr denn je ständiges Lernen und kritische Reflexion. Mit dem Festhalten an Traditionen und der Bewahrung von vorhandenem Wissen ist es nicht getan. Entscheidend ist es daher, Bildung als unabschließbaren Prozess zu begreifen und nicht als Zustand, als Tätigkeit von Menschen, die in einer Kultur leben, die ohne Wissenschaft nicht zu denken ist. Darum geht es in den kommenden Kapiteln – um die Kultur und die Menschen.

3 Die Geburt der modernen Wissenschaft in Europa

»Es gibt in Europa keinen bestimmten Ort, an dem jene komplexe historische Realität entstand, die wir heute als *moderne Wissenschaft* bezeichnen. Europa selbst ist dieser Ort. Rufen wir uns ruhig eine allgemein bekannte Tatsache in Erinnerung: Kopernikus war Pole, Bacon, Harvey und Newton waren Engländer, Descartes, Fermat und Pascal Franzosen, Tycho Brahe Däne, Paracelsus, Kepler und Leibniz Deutsche, Huygens Holländer, Galilei, Torricelli und Malpighi Italiener. Alle diese Persönlichkeiten trugen dazu bei, eine Welt der Ideen zu schaffen, in der es keine Grenzen gab, eine Gelehrtenrepublik, die sich nun mühsam einen eigenen Raum schuf inmitten politisch-sozialer Gegebenheiten, die immer schwierig, oft dramatisch, zuweilen tragisch waren.«

Mit dieser Beobachtung leitet der italienische Wissenschaftshistoriker Paolo Rossi[1] seine Beschreibung einer der aufregendsten Epochen der europäischen Geschichte ein, in der die moderne Wissenschaft entstand und die wir heute *die* Wissenschaftliche Revolution nennen. Sie beginnt sich kurz nach der Renaissance im 16. Jahrhundert zu regen – als Repräsentant dieser Phase kann Nikolaus Kopernikus genannt werden –, und sie vollzieht ihre entscheidende Wendung mit dem Beginn des 17. Jahrhunderts – als Repräsentanten dieser Zeit seien Johannes Kepler und Galileo Galilei angeführt. Während die Politiker, Militärs und andere wissenschaftlich ungebildete Menschen mit brutalen Religionskriegen beschäftigt waren und Länder und Städte verwüsteten, wandelte sich das Denken in Europa grundlegend, und der Kontinent schlug einen Weg ein, der in den kommenden Jahrhunderten den Wohlstand hervorbringen sollte, den alle schätzen, die in den westlichen Breiten leben. Niemand kann im Detail sagen, aus welchen Quellen dieses neue Denken entsprungen ist, dessen Erfinder und Be-

Die Geburt der modernen Wissenschaft in Europa 49

gründer leider nur wenig bekannt und kaum im Bewusstsein der Öffentlichkeit sind. Die Grundzüge der neuen Zugangsweise zur Welt lassen sich dabei in aller Kürze so beschreiben:

Während die Menschen in Europa vor der Wissenschaftlichen Revolution versuchten, Gewissheit durch Glauben zu erlangen, probierten sie es nun durch selbstständiges Denken und systematische Versuche. Während sie vorher Wert auf Traditionen legten und darin ihr Wissen suchten, stieg nun der Wert der Erfahrung, die man selbst gemacht hatte. Während sich die Gelehrten vor dem 17. Jahrhundert bemühten, möglichst umfassend Einsichten aus vorgegebenen, vermeintlich ewigen Prinzipien abzuleiten, das heißt auf deduktive Weise zu Wissen zu kommen, lernten sie nun, in die andere Richtung zu denken und induktive Fähigkeiten unter Beweis zu stellen. Es galt die schwierige Frage zu beantworten, wie aus der singulären Beobachtung und einzelnen Messung, die man im Rahmen eines Experimentes machte, der allgemein gültige Schluss auf alle Erscheinungen gezogen werden konnte, für die man sich interessierte. Woher weiß ich, dass die Samenflüssigkeit von Männern farblos ist, wenn ich nur meine eigene kenne? Woher weiß ich, auf welcher Bahn sich ein massiver Körper im Allgemeinen bewegt, wenn ich nur die eine Kugel habe, die ich selbst abgeschossen habe und deren gekrümmten Weg ich nach ihrem Abschuss verfolgen und aufzeichnen kann? Woher weiß ich, wie sich Licht an Grenzflächen verhält, wenn ich nur das Sonnenlicht sehe, das gerade vor mir in das Wasser eindringt und meine Beine geknickt erscheinen lässt?

Nach wie vor zählt der umfassende Wandel, den die Menschen in Europa mit der neuen Wissenschaft im 17. Jahrhundert vollziehen und ohne den unsere Gegenwart vollkommen anders aussähe, zu den erstaunlichsten Ereignissen unserer Geschichte. Die angelsächsische Welt hat dafür seit einigen Jahrzehnten den Begriff der Wissenschaftlichen Revolution[2] – mit großem W – geprägt. Seither durchzieht die Idee des Neuen die europäische Geschichte und prägt unsere Kultur.

»Der Begriff *novus* erscheint in nahezu obsessiver Weise in den Titeln von hunderten wissenschaftlicher Bücher, die im 17. Jahrhundert gedruckt werden«, schreibt Rossi, ihre Autoren »einte ein starkes Band – das Bewusstsein, dass durch ihr Werk etwas *Neues* entstehe«. Beispiele sind *Novum Organum* (1620) und *Neu-Atlantis* (1626) von Francis Bacon, *Nova de universis philosophia* von Francesco Patrizi (1591), *De mundo nostro sublunari* von William Gilbert (1651), *Astronomia nova* von Kepler (1609), *Discorsi intorno a due nuove scienze* von Galilei (1638) und Robert Normans *The Newe Attractive* (1581).

Die wichtigsten »Revolutionäre« im Überblick

Nikolaus Kopernikus (1473–1543), polnischer Astronom, bekannt vor allem in Zusammenhang mit der Kopernikanischen Revolution, von denen es aber zwei gibt.

Paracelsus, eigentlich *Theophrastus Bombastus von Hohenheim* (1493–1541), in Basel wirkender Arzt und Naturforscher, der kein tradiertes Wissen anerkannte und vielfach wie ein Alchemist dachte und agierte, um Heilmittel zu finden; Reformator der Medizin.

Francesco Patrizi (1529–1597), italienischer Naturforscher, der als Professor für Platonische Philosophie tätig war und die Aristotelischen Lehren überwinden wollte.

William Gilbert (1544–1603), englischer Naturforscher, der die Erde als großen Magneten deutete und dies in Form einer *Neuen Naturlehre vom Magneten* publizierte.

Tycho Brahe (1546–1601), dänischer Astronom, der noch ohne Fernrohr auskommen musste; er entdeckte, dass neue Sterne geboren werden (Supernovae), und bemerkte, dass Himmelssphären für Kometen durchlässig sind.

Francis Bacon (1561–1626), englischer Wissenschaftsphilosoph, der das induktive Vorgehen propagierte, der den Zusammenhang »Wissen ist Macht« erkannte und zu nutzen riet und dabei die Welt in Subjekte und Objekte aufteilte.

Galileo Galilei (1564–1642), italienischer Naturforscher und Mathematiker, der das Fernrohr verbesserte und damit unter anderem entdeckte, dass es Berge auf dem Mond gibt. Er ging davon aus, dass das Buch der Natur in der Sprache der Mathematik geschrieben ist.

Johannes Kepler (1571–1630), deutscher Astronom und Mathematiker, bekannt durch die drei Keplerschen Gesetze der Planetenbewegung; überzeugt von einer Harmonie der Welt und von der Erkenntnisfähigkeit durch Bilder, die aus der Seele aufsteigen.

William Harvey (1578–1657), englischer Physiologe, Leibarzt von Karl I., der sich mit den Bewegungen des Blutes beschäftigte und seinen geschlossenen Kreislauf entdeckte.

Robert Norman (2. Hälfte 16. Jh.), englischer Instrumentenbauer; entdeckte die Neigung einer Magnetnadel gegen die Horizontale und baute ein dazugehörendes Inklinatorium.

René Descartes (1596–1650), französischer Philosoph und Mathematiker, der eine »Methode, den Verstand recht zu gebrauchen« angegeben hat und Körper und Geist getrennt sah; viele Bemühungen, als mathematischer Physiker den Regenbogen zu erklären.

Pierre de Fermat (1601–1665), französischer Mathematiker, dessen »letztes Theorem« erst jüngst bewiesen wurde und der das Prinzip der kürzesten Zeit ersonnen hat, um zu verstehen, wie die Natur ihre Abläufe regelt.

Evangelista Torricelli (1608–1647), italienischer Physiker, der den Luftdruck mit Quecksilber untersuchte und den »horror vacui« bekämpfte, die Angst vor der Leere (Vakuum), die von Menschen aller Zeiten empfunden wurde und wird.

Blaise Pascal (1623–1662), französischer Mathematiker, Physiker und Religionsphilosoph, der zahlreiche barometrische Versuche (Luftdruck) durchführte, *Gedanken über die Religion* publizierte und an das »Wissen des Herzens« glaubte.

Marcelle Malpighi (1628–1694), italienischer Anatom und Physiologe, der zu den Begründern der mikroskopischen Anatomie gehört und die nach ihm benannten Malpighischen Gefäße entdeckt hat.

> *Christiaan Huygens* (1629–1695), niederländischer Mathematiker, Physiker und Astronom, der die Wellennatur des Lichtes propagierte und die erste Penduluhr konstruierte.
>
> *Isaac Newton* (1642–1726), englischer Physiker und Mathematiker, der als Alchemist tätig war und als Begründer des Newtonschen Weltbilds berühmt wurde; jede Disziplin träumt von ihrem Newton. Newton erscheint als Erzfeind in Goethes »Farbenlehre«.
>
> *Gottfried Wilhelm von Leibniz* (1646–1716), deutscher Naturforscher und Philosoph, der eine Rechenmaschine für alle Grundrechenarten entwarf, eine Universalsprache suchte und von der formalen (rechnerischen) Beweisbarkeit aller Sätze überzeugt war.

Das Neue war damals wirklich ein neues Konzept, das bei Francis Bacon wohl seinen deutlichsten Ausdruck findet. Er gibt seinem späten Werk den Titel *Neu-Atlantis* und will damit an das alte Atlantis erinnern, von dem bei den alten Griechen, allen voran bei Platon, die Rede war. Mit seinem Titel will Bacon außerdem auf eine neue Blickrichtung hinweisen. Während seine Vorgänger von den antiken Autoren bis zu den Vertretern der Renaissance den Zustand des Glücks – das goldene Zeitalter der Menschen – in der Vergangenheit suchten und ihren Blick nach hinten richteten, dreht Bacon den Spieß um und empfiehlt seinen Mitbürgern, nach vorne zu schauen. So banal und vertraut dieser Satz heute klingt, so revolutionär war er für die Zeitgenossen Bacons, der so laut wie möglich verkündete, dass Fortschritte möglich sind, dass die Menschen noch im Verlauf ihres Erdendaseins ihre Lebensbedingungen verbessern können, und zwar dadurch, dass sie sich der Wissenschaft und ihren Methoden zuwenden und sie einsetzen. Bacons Grundeinsicht lautet, dass man die Natur und ihre Kräfte bzw. Gesetze nutzen und für sich arbeiten lassen kann. Damit dies gelingt, muss man natürlich wissen, wie die Natur funktioniert, und auch bereit sein, sich diesen Einsichten gemäß zu verhalten. Es ist sinnlos, gegen die Natur zu sein, man kann jedoch gegen die Natur kämpfen.

Auf dieser Basis entsteht der zentrale dialektische Gedanke Bacons: Ich kann mir die Natur unterwerfen, wenn ich mich zuvor der Natur unterwerfe. Ich kann die Natur nutzen, wenn ich ihre Gesetze kenne. Wissen gibt mir Macht. Wissen ist Macht.

Der aufregende neue Gedanke, der damit in die Welt kommt und uns bis heute an- und umtreibt, lässt sich wie folgt ausdrücken: Verbesserungen der Lebensbedingungen sind durch Erforschung der Natur möglich, und zwar noch im Laufe eines individuellen Lebens und nicht erst nach dessen Ende. Diese Tätigkeit kann derjenige am besten durchführen, der sich der Natur unterwirft. Das lateinische Wort für diesen Vorgang heißt »subicere«, was erkennen lässt, was wirklich damals wichtig war: Der Mensch tritt jetzt aus der Natur heraus, er tritt ihr von nun an als Subjekt entgegen. Die Natur selbst steht ihm – mir und uns – gegenüber, sie wird im wörtlichen Sinne für die Menschen zum Gegenstand, zum »Objekt«.

Die Kopernikanischen Wenden

Das Subjekt und das Objekt, die Idee des Objektiven und des Subjektiven – sie wurden mit der europäischen Wissenschaft geboren, und da sie nicht gestorben sind, machen sie uns noch heute Schwierigkeiten. Sie gilt es zu verstehen, wobei das Überraschende darin liegt, dass die eigentliche Trennung zwischen den beiden Bereichen, die Bacon aus praktischen Gründen mit dialektischem Raffinement vorschlägt und die seine Mitwelt begeistert und in nützlicher Erwartung vollzieht, schon früher in einem anderen Zusammenhang aufgetreten ist. Gemeint ist eine Konsequenz aus der wissenschaftlichen Tätigkeit, der ein polnischer Domherr mit Namen Nikolaus Kopernikus nachging.

Um Missverständnissen vorzubeugen: die Domherrenstelle, die Kopernikus 1510 durch Vermittlung eines Onkels in Frauenburg (Ermland) antreten konnte, brachte fast keine geistlichen Aufgaben mit sich. Kopernikus war mehr mit juristischen, politischen und medizinischen Aufgaben beschäftigt. Doch sie ließen ihm Zeit für astronomische Beobachtungen. Kopernikus nimmt dabei gewissermaßen die Lebensführung von Einstein vorweg, der ab 1900 als Angestellter am Patentamt in Bern einen ruhigen Job hatte, der ihm ausreichend Zeit für das Nachdenken über wissenschaftliche Fragen ließ.

Ein paar Jahre nach Amtsantritt stellte Kopernikus seine Ideen über die Himmelsbewegungen der Planeten und Sterne in einer kurzen Abhandlung (einem »Commentariolus«) zusammen, mit insgesamt sieben Hauptpunkten.[3] Uns interessieren nur zwei davon, die sich in Kürze wie folgt formulieren lassen: Erstens dreht sich nicht die Sonne um die Erde, sondern die Erde um die Sonne; und zweitens drehen sich nicht die Sterne um die Erde, sondern die Erde um sich selbst.

So schlicht diese Aussagen auf den ersten Blick scheinen, so ungeheuer folgenreich sind sie gewesen. Bevor dies im Detail erläutert wird, gilt es, zur Kenntnis zu nehmen, dass es für die Ansicht des Kopernikus zwar viele menschliche Motive und sogar technische Gründe wie die mangelhaften Vorhersagen von Mondfinsternissen gab, dass ihm aber *selbst der geringste wissenschaftliche Beweis für seine Erkenntnis fehlte* (darauf musste man noch mehr als dreihundert Jahre warten). Es ist weiter wichtig, sich klarzumachen, dass Kopernikus die Sonne mehr aus ästhetischen und weniger aus theoretisch physikalischen Gründen in die Mitte der Welt setzen wollte; und es ist zwar richtig, dass er im Titel seines 1543 erschienenen Hauptwerkes von »Revolutionen« spricht, doch hatte er dabei nicht die Bedeutung im Sinn, die der moderne und meist mit politischem Anstrich versehene Gebrauch des Wortes bei uns auslöst. Unter einer Revolution verstand Kopernikus schlicht und einfach eine Umdrehung bzw. eine »Umwälzung« am Himmel, wobei es in seinem Verständnis nicht die Planeten oder Sterne waren, die sich drehten bzw. wälzten. Das konnten sie allein deshalb nicht, weil eine Ursache dafür weder bekannt noch vorstellbar war. Die Ursache der Himmelsbewegungen hat erst

Newton – nach Vorarbeiten und Vorschlägen von Kepler – verstanden, und die beiden Herren waren noch gar nicht geboren, als Kopernikus die Sonne in das Zentrum der Welt rückte, weil es ihm so besser gefiel und weil sich die beobachtbaren Bewegungen am Himmel damit besser beschreiben ließen. Kopernikus wich dabei nicht von den uralten Vorstellungen ab, denen zufolge alle Bewegungen um die Sonne durch so genannte Sphären zustande kamen. Die Sphären drehten sich und nahmen dabei die Planeten mit, die zu ihnen gehörten und von ihnen gehalten wurden.

Mit der Idee der Sphären wollten die Menschen den Kosmos ausfüllen. Man sah am Himmel die Planeten und fragte, was zwischen ihnen sein sollte. Es konnte nicht Nichts sein, und daher füllten die Alten den Zwischenraum mit Sphären an. Die moderne Physik hat lange Zeit im Prinzip dasselbe getan. Auch sie hatte Angst vor dem leeren Raum und füllte ihn mit einem sonderbaren Phantasieprodukt. Man nannte es Äther, und es brauchte einen Einstein, um mit solchen Vorstellungen aufzuräumen.

Kehren wir zu den Sphären und ihren Planeten zur Zeit des Kopernikus zurück. Ihre Existenz war so selbstverständlich wie die Tatsache, dass ihre Bewegungen auf Kreisbahnen verliefen. Dieser Gedanke bzw. diese Form war bequem, denn zum einen brauchten Kreise in einer als göttlich angesehenen Ordnung keine weitere Begründung, und zum anderen kommt man mathematisch mit ihnen am leichtesten zurecht. Das Weltbild war somit in sich stimmig, es war geschlossen und handhabbar.

Doch so schön die Kopernikanische Ordnung mit einer kreisenden Erde auch ist und so aufregend ihre Etablierung im historischen Rückblick wirkt – die Zeitgenossen des Kopernikus haben an dem heliozentrischen Schema weder besonderen Gefallen gefunden noch darauf ängstlich abwehrend reagiert. Es hat sie weder gestört noch beeindruckt, und gehalten haben sie sich erst recht nicht daran. Es hörte sich zwar ganz nett an, was der Domherr da vortrug, aber erstens war es nicht neu – bereits

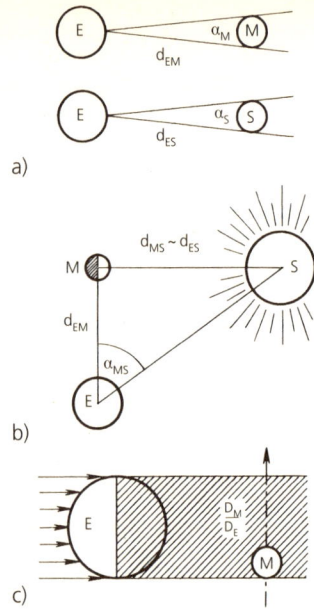

a)

b)

c)

Abb. 3-1 Aristarch von Samos hat sich von der Erde (E) aus vor allem mit dem Mond (M) und der Sonne (S) beschäftigt. Von ihm ist eine Abhandlung mit dem Titel »Von der Gestalt und den Entfernungen der Sonne und des Mondes« erhalten geblieben. Darin gibt Aristarch die Durchmesser von Sonne und Mond und deren Entfernungen zur Erde in Einheiten des Erddurchmessers an. Diesen letzten Wert hatte Eratosthenes mit Hilfe von Schatten bestimmt (vgl. Abb. 3-2). Aristarch erfasst unter anderem die Winkel, unter denen Mond und Sonne zu sehen sind (α_M und α_S). Er bemerkt weiter, dass wir von der Erde aus genau eine Hälfte des Mondes beleuchtet sehen, wenn die Richtungen Mond-Sonne und Mond-Erde senkrecht aufeinander stehen (wie es in der Abbildung gezeigt ist). Bestimmt jemand zu diesem (praktisch nur schwer auszumachenden) Zeitpunkt den Winkel α_{MS}, der durch die Richtungen Mond-Erde und Sonne-Erde festliegt, dann lässt sich aus dem Dreieck EMS das Verhältnis der beiden Entfernungen Erde-Sonne und Erde-Mond berechnen. Diese Messung ist leider sehr schwierig (sprich: ungenau), da α_{MS} in Wirklichkeit ein nahezu rechter Winkel ist und kaum von diesem Wert abweicht. Die heute bekannte tatsächliche Abweichung von 8' konnte Aristarch bestenfalls abschätzen, aber nicht messen. Besser bestimmen konnte er das Verhältnis des Monddurchmessers zum Erddurchmesser. Dazu ermittelte er die Zeit, die der Mond bei einer Mondfinsternis in dem Schatten der Erde verbringt, wobei diesem Schatten die Gestalt eines Zylinders zugeschrieben wird. Weiter ist die Zeit zu bestimmen, die vom Eintreten des Mondes in den Schattenbereich der Erde bis zum völligen Verschwinden vergeht. Aus dem Verhältnis dieser beiden Zeiten ergibt sich ein anderes, nämlich das aus Mond- und Erddurchmesser (D_M/D_E). Damit sind die Messungen beendet, und nun gilt es zu rechnen.

Aus dem zuletzt genannten Quotienten und dem Sehwinkel des Mondes (α_M) lässt sich die Entfernung Erde Mond (d_{EM}) in Vielfachen von D_E berechnen (genau ergibt sich: $d_{EM}/D_E = D_M/\alpha_M D_E$); aus dem Quotienten, den die Entfernung Erde-Mond und der Erddurchmesser bilden, ergibt sich die Entfernung Erde-Sonne (allerdings nur als komplizierte Formel, die hier nicht notiert wird); und aus dem Sehwinkel der Sonne und der nun bestimmten Sonnenentfernung ergibt sich zuletzt die Größe der Sonne. Ihr Durchmesser D_S in Einheiten des Erddurchmessers D_E beträgt $D_S/D_E = \alpha_S d_{ES}/D_E$.

Károly Simonyi hat in seiner *Kulturgeschichte der Physik* die Werte zusammengestellt, die Aristarch angegeben hat. Dem Monddurchmesser ist er ziemlich nahe gekommen, bei den anderen Entfernungen hat er sich um zwei Größenordnungen vertan. Seine Daten zeigten die Welt kleiner, als sie ist. Aristarch wusste aber deutlich, dass die Sonne sehr viel größer sein musste als die Erde, und zwar etwa um den Faktor 7. Deshalb stellt er sie in die Mitte. Wir wissen heute, dass er recht daran getan hat, und wenn man früher gewusst hätte, dass die Sonne tatsächlich mehr als einhundertmal größer ist als die Erde, wäre man ihm sicher früher gefolgt. Auf jeden Fall zeigt die Denk- und Messarbeit von Aristarch, wie schwer es Wissenschaft hat, wenn sie zu zwar einfachen, aber wirkungsvollen Aussagen gelangen will. Sein Vorbild und seine Mühe haben den festen Boden geschaffen, auf dem die Naturwissenschaft Jahrhunderte hindurch gut und sicher stehen konnte.[5]

in der Zeit vor Christi Geburt hatte jemand namens Aristarch den Gedanken geäußert, dass sich die Erde bewegt, während die Sonne ruht[4] (Abb. 3–1). Zweitens brachte das System des Kopernikus keine größere Genauigkeit bei der täglichen Arbeit oder der Vorhersage von Planetenbahnen, und drittens war das, was er behauptete, mindestens in einer Hinsicht (offen)barer Unsinn. Es widersprach jeder Sinneserfahrung. Wir alle sehen am Morgen mit unseren eigenen Augen, wie die Sonne aufgeht, und wir alle sehen am Abend in gleicher Weise, wie sie untergeht. Wir erleben und genießen doch Sonnenauf- und Sonnenuntergänge – und warum sollen wir uns die von Kopernikus nehmen lassen?

Die Kopernikanische Konsequenz

Damit ist die entscheidende und bis heute unverdaute Konsequenz des Kopernikanischen Weltbilds benannt, und ich halte sie für so wichtig, dass ich wünschte, der Ausdruck »Kopernikanische Konsequenz« käme dafür in Gebrauch und würde die wesentlich ungenaueren und nahezu nichtssagenden Ausdrücke ablösen, die als Kopernikanische Wende oder Kopernikanische Revolution sowohl in der Literatur als auch im allgemeinen Sprachgebrauch umhergeistern. Beide Konstruktionen scheinen zwar dasselbe zu meinen, nämlich die Verdrängung des Menschen aus der Mitte der Welt bzw. die Verlegung unseres Ortes im Kosmos aus dem Zentrum in eine Umlaufbahn. Dennoch erfassen beide etwas, das seinerzeit nur wenige Menschen bewegt hat und noch heute kaum jemanden erreicht.

Mir scheint, dass »Kopernikanische Wende« bzw. die »Kopernikanische Revolution« leere Begriffe ohne jede Anschauung geworden sind, wobei das Vertrackte eben darin liegt, dass die Naturforschung seit den Tagen des Kopernikus die sinnlich zugängliche Welt aus den Augen verloren hat. Offenbar muss sich der rational vorgehende Physiker, der die Welt »richtig« beschreiben will, den sinnlichen Zugang zur Welt untersagen, um eine stimmige Weltbeschreibung zu erhalten. Sie ist dann aber, wörtlich verstanden, nicht mehr sinnvoll, und dies ist ein wesentlicher Aspekt der Kopernikanischen Konsequenz.

Sie wirkt im Verborgenen viel stärker als die gewöhnlich im Rampenlicht stehende Verdrängung des Menschen aus der Mitte der Welt. In diesen Worten klingt die Terminologie der Psychoanalyse durch, und in der Tat war es Sigmund Freud,

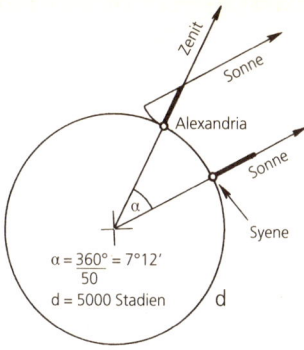

Abb. 3-2: Das Prinzip der Messung des Erdradius geht auf Eratosthenes zurück, der ausnutzte, dass die Sonne zur Sommersonnenwende in Syene (Assuan) mittags im Zenit steht. (Diese Feststellung ergab sich aus der Beobachtung, dass sich zu dieser Zeit das Bild der Sonne in den tiefen Brunnen der Stadt spiegelte.) Eratosthenes machte weiter die mutige geometrische Annahme, dass die Strahlen der Sonne parallel einfallen. Er kannte die Entfernung bis zur Stadt Alexandria, die er auf dem gleichen Meridian vermutete (was in etwa stimmt), was für ihn hieß, dass die Sonne hier zur gleichen Zeit ihren Höchststand erreicht wie in Syene. Durch Messung des Winkels, unter dem das Sonnelicht in Alexandria einfällt und unter Einbeziehung der Geometrie, die beweist, dass dieser Winkel α in der Mitte der Zeichnung wiedergefunden werden kann, lässt sich der Erdumfang als Vielfaches der Entfernung der beiden Städte bestimmen. Die Erde (bzw. ihre für diesen Zweck geeignete Projektion) wurde als Kreis gedacht, und wenn der Kreisumfang bekannt ist, lässt sich der Radius berechnen. Dies hat Eratosthenes getan. Seine Werte kommen den heute bekannten sehr nahe.

der die These des Kopernikus als eine der großen Kränkungen deutete, die der Mensch durch die Wissenschaft erfahren musste.[6] Er verlor anscheinend seine Sonderstellung, um fortan unbeachtet und ungetröstet am Rande einer großen Leere zu zirkulieren.

Doch stimmt das überhaupt? Verlor der Mensch seine privilegierte Stellung? Hat der Urheber der Kopernikanischen

Wende, der eine (äußere) kosmologische Sichtweise in einen (inneren) philosophischen Gedanken verwandeln wollte, das Bild vor Augen gehabt, mit dem uns der spätere wissenschaftliche Entdecker des Unbewussten Angst einjagen will? Die Antwort lautet Nein. Der Erfinder der Kopernikanischen Wende wollte nämlich das genaue Gegenteil. Sein Name ist Immanuel Kant, und er hat mehr als 200 Jahre nach Kopernikus und mehr als 200 Jahre vor Freud einen nachhaltigen Standortwechsel im Bereich der Philosophie vorgeschlagen und sich um Fragen der Erkenntnis bemüht. Er brach in seiner *Kritik der reinen Vernunft* mit der alten Vorstellung, dass sich unsere Erkenntnis nach den Gegenständen richtet, und er probierte es stattdessen mit der Idee, dass sich umgekehrt die Gegenstände nach dem menschlichen Erkenntnisvermögen richten. Es stimmt nicht, so stellte er fest, dass wir die Gesetze aus der Natur gewinnen. Es ist genau anders herum: Wir schreiben der Natur die Gesetze vor. Und Kant illustriert diesen wahrlich revolutionären Gedanken an Kopernikus. Er schreibt 1787 (in der zweiten Auflage der *Kritik*):

> »Es ist hiermit ebenso als mit den ersten Gedanken des Kopernikus bewandt, der, nachdem es mit der Erklärung der Himmelsbewegungen nicht gut fort wollte, wenn er annahm, das ganze Sternenheer drehe sich um den Zuschauer, versuchte, ob es nicht besser gelingen möchte, wenn er die Zuschauer sich drehen und dagegen die Sterne in Ruhe ließe. In der Metaphysik kann man nun, was die Anschauung der Gegenstände betrifft, es auf ähnliche Weise versuchen.«

Mit anderen Worten: Die Kopernikanische Wende hat nichts mit der Frage zu tun, ob die Sonne oder die Erde (und mit ihr der Mensch) im Zentrum des überschaubaren Universums steht. Sie hat vielmehr mit der anderen Bewegung der Erde zu tun, die Kopernikus einführt, also der Drehung unseres Planeten um sich selbst. Dies aber heißt, dass – im Verständnis von Kant – Kopernikus den Menschen gerade nicht aus der

Mitte geholt, sondern im Gegenteil, gerade dorthin gestellt hat, und zwar deshalb, weil es ihm so gefiel.

Alles andere ergäbe auch im Hinblick auf die nachfolgende Geschichte keinen Sinn. Wie sollte denn bei Bacon und seinen Zeitgenossen der Mensch den Mut finden, als stolzes Subjekt einer objektiven Natur entgegenzutreten, die er für sich nutzen will, wenn er vorher durch seinesgleichen erniedrigt und beleidigt worden wäre? Wie sollten Menschen plötzlich aus sich heraus den Mut finden, nach Naturgesetzen zu suchen, wenn sie nicht schon lange mit dem Gefühl lebten, sie bei sich und in sich finden zu können?

Die Kopernikanische Spaltung des Menschen

Wer von der Kopernikanischen Wende bzw. Revolution redet und damit den Umzug der Sonne meint, verpasst Wichtiges nur dann nicht, wenn er dabei die Spaltung im Auge behält, die mit dieser kosmischen Konstellation unweigerlich und unvermeidlich einhergeht. Gemeint ist die Spaltung zwischen der sinnlichen und der begrifflichen Erkenntnis, zwischen der Welt der Erscheinungen und der Welt der Theorien, zwischen dem ästhetischen und dem rationalen Zugang zur Wirklichkeit: Ich sehe zwar, wie die Sonne sich dreht, aber ich weiß, dass sich die Erde dreht, und zwar um sich und um die Sonne.

Der letzte Satz müsste eigentlich folgendermaßen lauten: Ich kann wissen, dass sich die Erde dreht. Dieses Wissen ist seit der Mitte des 19. Jahrhunderts möglich, als die astronomischen Geräte so präzise wurden, dass mit Hilfe von optischen Messungen gezeigt werden konnte, dass die Erde zum Beispiel im Frühjahr einen anderen Ort einnimmt als im Herbst. Die Erde dreht sich also, so lernen wir es in der Schule.

Noch immer fällt es aber vielen Menschen schwer, die Erde sich drehen zu lassen, wenn sie gebeten werden, ihre Vorstellung vom physikalischen Himmel zu schildern. In Umfragen, die sich nach dem öffentlichen Verständnis für wissenschaftliche Themen erkundigen, gibt ein hoher Prozentsatz der Befragten auch heute noch an, dass es die Erde ist, die ruht, und dass die Sonne um sie kreist. Verwunderlich ist dies eigentlich nicht, da das Sinneserlebnis uns eine wandernde Sonne zeigt: »Im Osten geht die Sonne auf, im Süden ist ihr Mittagslauf, im Westen wird sie untergehn, im Norden ist sie nie zu sehn.« Diese Zeilen mussten wir in der Schulzeit auswendig lernen, und sie fallen mir heute noch spielend leicht ein, weil »es so ist« (zumindest auf der nördlichen Halbkugel, auf der sich Europa befindet).

Wie sehr die Sinneserfahrung aber auch darüber hinaus unser Denken beeinflusst, zeigt sich in derselben Umfrage, wenn das Erkunden einen Schritt weitergeht und die Personen, die korrekt die Erde auf einer Umlaufbahn um die Sonne sehen, um Auskunft gebeten werden, wie lange unser Planet für eine Runde braucht. Die richtige Antwort (nämlich: ein Jahr) geben die wenigsten. Die meisten votieren stattdessen für einen Tag, was nichts anderes heißt, als dass sie erneut ihren Sinnen vertrauen.

Es führt kein Weg an der Tatsache vorbei, dass Kopernikus und die Wahrheit seiner heliozentrischen Ordnung ein Problem mit sich bringen, nämlich, wie ich die Welt des Erklärens – ausgedrückt in den Wissenschaften – und die Welt des Erlebens – ausgedrückt in den Künsten – in dem einen Kopf zusammenbringe, den ich habe und der verstehen will. Seit Kopernikus in den Himmel geschaut hat, leben wir in zwei Sphären. Da ist die Sphäre, in der man messen und rechnen kann, und da ist die Sphäre, in der man erleben und werten kann. Das Konzept der Kopernikanischen Konsequenz erfasst diese Zweiteilung, die sich durch die folgenden Jahrhunderte ziehen wird und die bis heute besteht. Leider gelingt es der Dualität nicht, so ins Bewusstsein zu treten, wie sie es verdient hätte. Denn natürlich bringt sie nicht nur Schaden mit sich, sondern auch etwas Neues hervor, und zwar den Menschen, der sich als Subjekt von der Natur trennt, die dabei zu seinem Gegenüber, zu seinem Gegenstand wird. Er kann nun wahrhaft objektiv untersucht werden, und zwar mit Hilfe von Experimenten, die methodisch sorgfältig vorzubereiten, und Theorien, die mathematisch abgerundet zu formulieren sind. Den dafür verantwortlichen Personen und ihren Ideen wenden wir uns jetzt zu.

Die Hypothese und ihre Prüfung

Wer fragt, wie sich wissenschaftlich gewonnene Erkenntnisse von anderen unterscheiden, wird als Antwort den Hinweis auf deren experimentelle Überprüfbarkeit bekommen. Die Einsicht, dass Pflanzen Licht von der Sonne benötigen, um zu wachsen, kann man bestätigen, indem man sie eine Zeit lang in einen lichtlosen Raum sperrt und anschließend ihre Größe bestimmt, um sie mit dem Ausgangswert zu vergleichen. Natürlich weiß man auch ohne solch ein Experiment, dass die Sonne von Bedeutung ist, aber es könnte ja auch die von ihr produzierte Wärme sein, die von den Pflanzen benötigt wird, und die könnte in der Dunkelheit von einer Heizung geliefert werden. Um herauszufinden, ob die unsichtbare Wärme oder das sichtbare Licht maßgeblich sind, muss man ein Experiment machen, und obwohl diese Idee heute ganz selbstverständlich klingt, irgend jemand muss sie im Laufe der Geschichte als Erster geäußert und vorgeschlagen haben, wie dabei vorzugehen ist.

Die Erfindung des Experiments verdanken wir vermutlich Francis Bacon, der erkannt hat, weshalb dabei Einsichten möglich werden. Ein Wissenschaftler beginnt mit einer Hypothese wie »Schlangen orten ihre Beute (z. B. ein Kaninchen) mit Hilfe ihrer Augen«, das heißt, er beginnt mit einer Annahme, die in einem Versuch überprüfbar sein muss. Nur solch eine Hypothese kann als wissenschaftlich gelten. Die Vermutung »Krankheiten werden von Gott gesandt« gehört ebenso wenig dazu wie die Behauptung »die Benzinpreise sind nicht marktgerecht«, und beide finden im Rahmen der Naturwissenschaften zum Glück keinen Platz.

Wissenschaftliche Hypothesen müssen nicht kompliziert klingen wie der Satz »Das lichtsensitive Pigment von Zygomyceten besteht aus zwei kovalent verbundenen Vitamin-A-Molekülen.« Vielmehr klingen sie oft ganz einfach, zum Beispiel »Metall dehnt sich bei Erwärmung aus.« Wichtig ist nur, dass sich die Behauptungen testen lassen. Was das Metall angeht, so braucht man nur einen Ofen als Wärmequelle, ein Thermometer und ein Lineal. Und was die Schlange angeht, so benötigt man, abgesehen von Lampen und Instrumenten, mindestens zwei Tiere mit den entsprechenden Käfigen, um herauszufinden, dass sichtbares Licht nur eine Nebenwirkung spielt, wenn eine Schlange ihr Mittagessen ortet, und es mehr auf die Infrarotstrahlen ankommt, die das Kaninchen dank seiner Körperwärme aussendet und für die es im Schlangenkopf neben den Augen besondere Empfangsorgane gibt.

Bacon bemühte sich nun darum, die Logik zu formulieren, die diesem Vorgang der Hypothesenbildung und ihrer Überprüfung zugrunde liegt. Er bemerkte dabei etwas Seltsames, nämlich, dass eine einzige Beobachtung, die einer Hypothese widerspricht, ausreicht, um sie hinfällig sein zu lassen. Diese *Logik der Forschung* hat der Philosoph Karl Popper im 20. Jahrhundert wieder entdeckt, und im Anschluss an seine Arbeiten hat sich dafür der Begriff der Falsifizierung eingebürgert, den wir am Ende des Buches erneut aufgreifen werden.

Diese Idee führt zu einigen merkwürdigen Konsequenzen. Zum Ersten folgt aus ihr, dass es in der Wissenschaft kein sicheres, sondern nur hypothetisches Wissen gibt. Selbst wenn sich eine Hypothese in tausend Fällen bewährt hat, kann es ja einen 1001sten Fall geben, an dem sie scheitert. Zum Zweiten teilt uns Poppers bzw. Bacons Logik mit, dass mein Wissen nicht weiterkommt, wenn das Experiment gut verläuft und meine Vermutung verifiziert, sondern nur dann, wenn das Experiment schief geht und meine Hypothese falsifiziert. Jetzt bin ich nämlich gezwungen, mir etwas Neues einfallen zu lassen, und damit darf ich die Hoffnung haben, einen Schritt näher an die Wahrheit heranzukommen.

Die Frage lautet jetzt natürlich, woher die (alten und neuen) Hypothesen kommen, die meine Erkenntnisse über die Natur ausdrücken und über banale Tatbestände hinausgehen (wie etwa, dass Sonnenstrahlen die Haut röten). Popper kümmert sich seltsamerweise um diese Frage nicht, was heißt, dass er sie durch eine Unterscheidung von sich wegschiebt, die Unterscheidung zwischen den Bedingungen einer Entdeckung (»context of discovery«) und dem Rahmen ihrer Begründung (»context of justification«). Er betrachtet nach dieser Vorgabe nur den zweiten Punkt und lässt die Quellen unbeachtet, aus denen die Ideen und das Vermögen zur Entdeckung fließen.[7]

Bacon bemühte sich, genauer zu verstehen, was Wärme ist. Zu diesem Zweck schlug er vor, erst einmal die Tatbestände zu sichten, was konkret heißt, auf einer Tafel (oder einem Blatt Papier) alles zu notieren, was mit Wärme verbunden ist: Sonnenstrahlen, Feuer, Pfeffer (auf der Zunge), Schnaps (im Magen), Reibung (auf der Haut), Erröten (im Gesicht) und was einem sonst noch einfällt. Auf einer zweiten Tafel wird festgehalten, was zwar nach Wärme aussieht, aber keine liefert bzw. eher das Gegenteil, nämlich Kälte: das Mondlicht, ein Kellerraum, ein heftiger Wind, Wasser auf der Haut und ähnliche Erscheinungen. Auf einer dritten Tafel wird zuletzt notiert, welche Abhängigkeiten man bei der Herkunft der Wärme findet, also die Hitze des Tages vom Stand der Sonne, das Brennen im Mund von der Art des Pfeffers, die Wirkung der Reibung von der Trockenheit der Haut und vieles mehr. Und daraus, so Bacon, formt ein Wissenschaftler seine Hypothese über die Natur der Wärme, was in seinem historisch dokumentierten Fall bedeutet, dass er eine glänzende Idee vorschlägt, die spätere Generationen von Physikern als völlig korrekt identifizieren werden. Bacon stellt nämlich die Hypothese auf, dass Wärme kein Stoff ist, sondern eine Form von Bewegung darstellt und nur als solche verstanden werden kann.

Eine Welt in Bewegung

Bewegung? Bewegung von was? Bewegung wodurch? Alles Fragen, die offen bleiben. Und wer sich an dieser Stelle wundert, wie Bacon auf Bewegung kommt und was dieser Schluss mit Logik zu tun hat, und überrascht auf die Tafeln starrt und sich fragt, wie der Schreiber diesen Gedankensprung vollzieht, der tut völlig recht daran. Ohne Bacon zu nahe treten zu wollen und ohne damit einen Vorwurf im Sinne zu haben – aber von Logik kann bei seiner Hypothese keine Rede sein. Wieso soll dieses induktive Vorgehen auch logisch funktionieren? Wer wird danach fragen? Hauptsache ist doch, dass eine Hypothese zustande kommt, die getestet werden kann, und die hat Bacon geliefert (wenn es auch noch einige Zeit dauern sollte, bis die geeigneten Theorien und Geräte zu ihrer Überprüfung verfügbar waren). Wer will etwas von Logik wissen, wenn man etwas hat, womit sich argumentieren und weiter forschen lässt?

Spannend bleibt natürlich die Frage, wie Bacon den kühnen Schritt von seinen drei Tafeln zu der Deutung mit der Bewegung vollzogen hat. Es wäre zu einfach, die direkte Beziehung zwischen dem erhitzten Zustand meines Körpers und seiner vollzogenen körperlichen Bewegung – zum Beispiel in Form eines Marathonlaufs – als Basis von Bacons Vorschlag zu erwägen. Mir scheint es insgesamt wahrscheinlicher, dass sich hier weniger eine originelle Idee und mehr ein modisches und in der Luft liegendes Thema seiner Zeit zu erkennen gibt. So hatte Kopernikus zum Beispiel die Erde in Bewegung versetzt, und spätestens seit dieser Zeit interessierte sich die damalige intellektuelle Welt für dieses Thema. Begonnen hatte diese Neigung schon zuvor, und zwar im Bereich der Kunst und zu den Zeiten von Leonardo da Vinci. Das große Universalgenie steht nämlich im Zentrum einer grundlegenden Tendenz der Renaissance, die Historiker als das »Bewusstsein von der Bewegtheit der Welt« charakterisieren.[8] Bewegung kommt zu dieser Zeit sowohl in die Kunst (Malerei und Skulptur) als auch in die (mechanische) Wissenschaft. In dem berühmten Quattrocento wird das als statisch und geschlossen verstandene Weltbild der Antike – man bezog sich dabei vor allem auf die Schriften des Aristoteles – nach und nach aufgegeben und die Beweglichkeit der Welt und des Menschen als eine wesentliche Eigenschaft begriffen, die von beiden nicht zu trennen ist. Bewegung wird als das verstanden, was die Welt und die Menschen ausmacht, und die Wärme, die uns gefällt, sollte dazugehören.

Dieser Grundgedanke bereitet Bacons Wissen-ist-Macht-Konzept vor, denn mit ihm werden das Handeln von Menschen im Allgemeinen und ihre (technischen) Eingriffe in die Natur im Besonderen aufgewertet. Leonardo verwandelt die statische Geometrie Euklids in eine dynamische Wissenschaft von den Figuren. Denn Linien werden als bewegte Punkte, Flächen als bewegte Linien und Körper als bewegte Flächen verstanden. Leonardo liest die *Metamorphosen* des Ovid, der in Buch XV von Pythagoras erzählt; dieses geheimnisumwitterte Genie der Antike beschreibt eine Welt, die sich in einem ständigen Werden befindet: »Flüchtig ist jede gestaltete Bildung«, wie es bei Pythagoras heißt. Fest stehen für ihn nur Zahlen (»alles ist Zahl«), aber vermutlich nur, um mit ihrer Hilfe zählen und dann auch erzählen zu können.

Für Leonardo stand »am Ursprung von allem [...] als allumfassendes Prinzip« die Bewegung als »erste Antriebskraft«. Er versuchte, Formen über den Prozess der Formwerdung zu verstehen, und er begriff alle seine Figuren in Bewegung. Leonardo bemühte sich, die »Formen aus ihren Ursachen« zu erfassen, er richtete sein Augenmerk auf »den Übergang von den Formen, die aus der Bewegung entstehen« und führte »morphologische Merkmale auf Kräftesysteme« zurück, wie es Paul Valéry einmal ausgedrückt hat.[9] In Leonardos Weltbild gehen Raum, Zeit und Körper gemeinsam aus einer ursprünglichen Bewegung hervor. Diesem Gedanken hängen wir heute noch an, wenn wir uns einen Urknall vorstellen, mit dem der Kosmos, in dem wir leben, in Bewegung versetzt worden ist.

Leonardo nahm das Leben der Natur als steten Prozess eines unendlichen Werdens wahr, und er verstand auch das, was das

Auge tut, als aktives Schaffen. Wie sehr die Vorstellung von einer universalen Bewegung Leonardos Denken beherrscht, zeigt sich in der Wiederkehr einer Form, die als »symbolische Form« seiner Weltsicht zu betrachten ist: die rotierende Spirale. Sie organisiert die Bewegung der Vögel am Himmel, die der Luftblasen im Wasser, die des Blutes in den Aortenklappen.

Wer Leonardos Denken untersucht, wird feststellen, dass er wie Aristoteles argumentierte, indem er einen *primo motore* – einen Ersten (unbewegten) Beweger – postulierte, der alles in Bewegung hält, ohne selbst bewegt zu sein. Diesen Beweger scheint Leonardo in Gestalt der Sonne gefunden zu haben. Diese Entscheidung hat eine seltsame Konsequenz, nämlich die, dass sich Leonardo für ihre Bewegung nicht weiter interessiert. Und diesen Gedanken drückt er durch die prophetisch klingenden Worte aus, dass sich die Sonne nicht bewegt, weil sie uns bewegt. Leonardo entwickelt also als Künstler mit seiner morphologisch zu nennenden Weltsicht die Kopernikanische Umwälzung, bevor sie von den Wissenschaftlern selbst erkannt wird. Leonardos Blick bleibt dabei wissenschaftlich und poetisch zugleich. Er verstand die Welt noch auf eine ganzheitliche Weise, in der begriffliches und sinnliches Erkennen, Denken und Erleben, Erkenntnistheorie und Ästhetik nicht gespalten sind, sondern einander tragen und bedingen. Möglicherweise verehren wir ihn deshalb so sehr. Menschen aller Zeiten empfinden ein Verlangen nach einer Einheit, die uns Leonardo als bewegte Form zeigt. Die Einheit ist das, was sich uns entzieht, weil sie als Bewegung erscheint. Wir können sie nur in Gedanken festhalten.

Gesetze der Bewegung

Mit der Publikation von Kopernikus' Hauptwerk wird Leonardos Welt geschlossen. Nach der wissenschaftlich korrekt wirkenden Beschreibung der Himmelsbewegungen spaltet sich die Welt, und seit dieser Zeit wohnen zwei Seelen – ach! – in unserer Brust, ob wir das wollen oder nicht. Wissenschaft und Poesie, die Wissenschaften und die Künste beginnen, getrennte Wege zu gehen und auch anders über das Phänomen der Bewegung nachzudenken. Den größten Anteil daran von naturwissenschaftlicher Seite hatte Galileo Galilei, der sich gezielt darum bemüht, Gesetze für die Bewegung zu finden. Wörtlich genommen klingt dies paradox, denn Galilei will Bewegung fixieren, er will sie festsetzen und festhalten, und zwar durch eine mathematische Form.

Galilei glaubt zwar nicht unbedingt an einen großen Gott, aber falls es eine solche Macht gibt, dann glaubt Galilei, dass Gott ein Mathematiker ist. Denn Galileis feste und berühmt gewordene Überzeugung, die er in seinem *Dialog über die beiden Weltsysteme* verkündet, lautet:

»Das Buch der Natur kann man nur verstehen, wenn man vorher die Sprache und die Buchstaben gelernt hat, in denen es geschrieben ist. Es ist in mathematischer Sprache geschrieben, und die Buchstaben sind Dreiecke, Kreise und andere geometrische Figuren, und ohne diese Hilfsmittel ist es Menschen unmöglich, auch nur ein Wort davon zu begreifen.«

An diesem Satz erstaunen mehrere Dinge zugleich. Vor allem fragt sich der Leser, woher Galilei die Gewissheit hat, dass sich die Natur mathematisch beschreiben lässt. Natürlich wissen wir heute, etwa nach den Triumphen der Relativitätstheorie und anderen Erfolgen von Einstein und seinen Kollegen, dass Galilei auf verblüffende Weise Recht hat. Doch zu seiner Zeit gab es kein einziges überzeugendes Beispiel für seine These bzw. Hypothese. Es dauerte noch etwas, bis Sir Isaac Newton seine Mechanik formulierte, die Galilei in das rechte Licht rückte (Galilei starb in dem Jahr, in dem Newton geboren wurde). Galilei selbst hatte sich vergeblich bemüht, ein Gesetz für den freien Fall zu formulieren.

Woher kommt dann die Gewissheit? Überhaupt: Wie kommt die unglaubliche Qualität der Mathematik zustande, die Natur so beschreiben zu können, dass selbst quantitative Vorhersagen möglich werden?

Hinter diesen zwar alten, nach wie vor aber unbeantworteten Fragen verbergen sich sowohl wunderbare Ansichten als auch wunderliche Vermutungen. Die wunderbaren Ansichten stammen von dem schon erwähnten Pythagoras, der den meisten als Urheber eines mathematischen Satzes bekannt ist, bei dem es um die Seiten eines rechtwinkligen Dreiecks geht. Viel weiß man zwar nicht über die Person des Pythagoras, aber es ist bekannt, dass er eine felsenfeste Überzeugung hatte, nämlich die, dass alles Zahl sei. Anders ausgedrückt, alles, was ist – alles Leben, alles Land, alles Wasser –, verdankt seine Existenz den Zahlen. Wir mögen zwar denken, dass erst die Menschen auf der Welt erscheinen mussten, um die Zahlen zu erfinden, doch Pythagoras sah die Sache genau anders herum: Für ihn waren es die Zahlen, die uns Menschen erfunden haben, und das Einzige, was unserer Spezies bleibt, besteht darin, diese Zahlen zu finden. (Mit anderen Worten, wer Mathematik betreibt, lernt nicht nur die natürliche Sprache Gottes, er macht sich auch daran, sich selbst auf die Spur zu kommen und seine eigene Herkunft zu erkunden.)

Es kommt an dieser Stelle nicht darauf an, die Frage zu entscheiden, ob Pythagoras Recht hat, wenn er die Zahlen vor den Menschen auftreten lässt, oder ob der gesunde Menschenverstand es besser trifft, der die Menschen als Erfinder der Zahlen betrachtet.[10] Es kommt hier nur darauf an, die Möglichkeit zu erkennen, den Zahlen die Qualität zuzuweisen, die Raum und Zeit schon haben. Vielleicht ist die Zahl dasselbe wie der Raum bzw. die Zeit, nämlich eine Grundvoraussetzung des menschlichen Denkens. So wie wir nichts denken können, ohne ihm Raum und Zeit zu geben, können wir nichts denken, ohne ihm Zahl zu geben. Ist es nicht so, dass wir nur wissen, was wir uns und anderen erzählen – was wir also zählen – können?

Das kleine Wortspiel mit dem Zählen bzw. Erzählen geht tiefer, als man beim ersten Hören meinen könnte, denn tatsächlich steckt hierin ein Hinweis auf einen gemeinsamen Ursprung von Sprache und Zahl. Die Verwandtschaft zeigt sich nicht nur im Deutschen, sondern auch im Englischen, wo im »to tell« (»erzählen«) das althochdeutsche »tellen« (plattdeutsch »vertellen«) sichtbar wird, das auf Teilen bzw. Verteilen hinweist. Im Französischen erkennt man in dem Wort »raconter« (»erzählen«) das »compter« (»zählen«), und selbst im lateinischen »numerus« (»Zahl«) tritt uns das »nomen« entgegen, also das Benennen bzw. das Benannte. »Erzählen« heißt dann wohl, die Vergangenheit zeitlich so auszubreiten, dass sie wie eine Folge (aus Zahlen) erscheint. In einer Erzählung reihen sich die Episoden des Lebens wie Zahlen in einer Folge aufeinander, und wer diesen Faden aufnimmt, könnte ihn sicher bald benutzen, um die literarische und die wissenschaftliche Erfassung der Wirklichkeit zusammenzubinden. Und Galileis Idee einer mathematisch durchtränkten Natur würde damit so selbstverständlich wie sympathisch. Nachvollziehbar war sie schon immer, also auch bei seinen Zeitgenossen, die sein Programm dann auch viel erfolgreicher umgesetzt haben, als er erwarten konnte. Ein Beispiel soll uns an dieser Stelle näher beschäftigen.

Die Bewegung des Lichtes

In dem Theaterstück *Leben des Galilei* lässt Brecht seinen Helden stöhnend die Klage ausrufen, dass er nicht nur nicht wisse, was Licht ist, sondern zudem bereit wäre, sich in ein tiefes Kellerloch einsperren zu lassen, wenn er es dadurch erfahren würde. So überzeugend dies auf der Bühne klingt, vermutlich war Galilei mehr an einer anderen Frage interessiert. Er wollte nicht so sehr wissen, was Licht ist, sondern herausfinden, wie sich Licht bewegt, und er wollte vor allen Dingen mit mathematischen Argumenten beweisen, dass es sich so bewegen muss, wie es in der Natur zu beobachten ist.

Licht, das die Welt durcheilt, verläuft geradlinig, wenn man es nicht stört. Eine Gerade ist nun eine übersichtliche geometrische Figur, und in diesem einfachsten Fall ist alles klar ersicht-

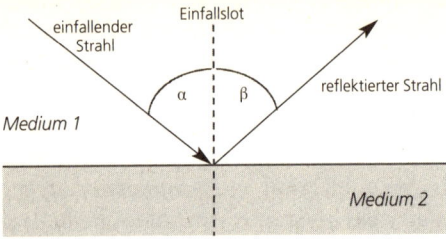

Abb. 3-3 Reflexion eines Lichtstrahls; der Einfallswinkel ist stets gleich dem Ausfallswinkel.

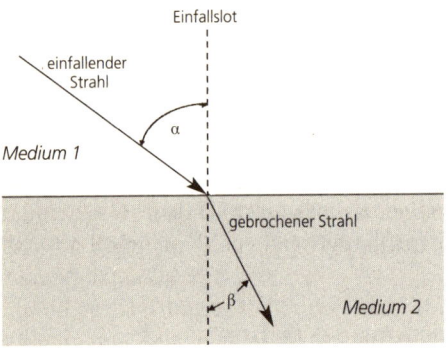

Abb. 3-4 Die Lichtbrechung an einer glatten Oberfläche, die Medien unterschiedlicher Dichte trennt, zum Beispiel Luft und Wasser. Der Strahl ändert seine Richtung und erscheint geknickt.

lich. In ihm steckt keine Notwendigkeit eines Beweises. Sie tritt erst auf, wenn das Licht auf einen Gegenstand fällt und von ihm reflektiert wird, wie man sagt. In dem Fall treten neben der geraden Linie zwei messbare Größen in Erscheinung, und zwar der so genannte Einfallswinkel und sein Gegenstück, der Ausfallswinkel. Beide sind offenbar gleich, und die Frage lautet, wie die mathematische Sprache der Natur dies vorschreibt bzw. festlegt.

Die Bewegung des Lichtes 73

Vielleicht kommt dem heutigen Leser diese simple Frage lächerlich vor, und er kann an dem Reflexionsverhalten des Lichts mit den beiden gleichen Winkeln nichts Besonderes erkennen. Tatsächlich haben sich die Wissenschaftler schon zu Galileis Zeiten mehr mit einem anderen Verhalten des Lichtes beschäftigt, nämlich mit seiner Eigenschaft, beim Übergang etwa von Luft in Wasser seine Richtung zu ändern und, wie man sagt, »gebrochen« zu werden (Abb. 3–4). Es gibt dabei wieder zwei Winkel, einen Einfalls- und einen Brechungswinkel, aber diesmal sind sie nicht gleich. Dass eine (mathematische) Beziehung zwischen ihnen besteht, war offensichtlich, denn immer wieder durchlief das Licht die gleiche Bahn, das heißt, es machte den gleichen Knick. Doch welche Beziehung dieses Verhalten regelte, war lange Zeit nicht herauszufinden. Johannes Kepler dachte zum Beispiel, dass die Brechung durch eine Materialeigenschaft des dichteren Mediums – in unserem Fall Wasser – naturgesetzlich geregelt wird, und zwar derart, dass diese Größe das Verhältnis der Winkel festlegt. Wir sprechen heute zum Beispiel vom Brechungsindex des Wassers, und dieser Parameter taucht tatsächlich in dem Naturgesetz auf, das dem Licht seinen Weg weist, aber in einer komplizierteren Form. Der Brechungsindex bestimmt nicht das Verhältnis der Winkel, sonder das Verhältnis ihrer so genannten Sinuswerte.

Zwar wäre es schön, wenn es in Deutschland zur Bildung gehören würde, etwas über den Sinus bzw. den Cosinus eines Winkels zu wissen. Doch leider kann dies weder vorausgesetzt noch erwartet werden (weshalb es in dem Kasten zu Sinus nachgeholt wird). Aber unabhängig von solchen mathematischen Details lässt sich am Beispiel von Reflexion und Brechung zeigen, wie sehr Galilei Recht hat. Das Buch der Natur ist mit den Buchstaben der mathematischen Sprache geschrieben, also mit Sinuswerten von Winkeln und anderen geometrischen Figuren und Eigenschaften. Wenn dies aber der Fall ist, dann sollte man das dazugehörige mathematische Gesetz auch beweisen können, und dies ist kurz nach Galileis Tod durch den Franzosen Pierre de Fermat tatsächlich gelungen.

Sinus

Die Winkelfunktionen – auch als trigonometrische Funktionen bekannt – werden am einfachsten in einem rechtwinkligen Dreieck definiert. In solch einem Dreieck mit den Seiten a, b und c treffen die beiden Seiten a und b im rechten Winkel aufeinander (a). Sie heißen Katheten, wobei sich das Wort von dem griechischen Ausdruck für »Herabgelassene« ableitet, was an den praktischen Hintergrund der Geometrie erinnert. Die Katheten werden auf die so genannte Hypotenuse herabgelassen; diese ist, was die griechische Benennung besagt, nämlich »die sich unten hinziehende Linie« oder Seite. Der Winkel, der gegenüber der Seite a liegt, heißt α, und seine so genannte Sinusfunktion wird durch das Verhältnis der Seite a zur Hypotenuse c definiert, also sin α = a/c. Das Wort »sinus« stammt aus dem Lateinischen, wo es ursprünglich »Krümmung« bedeutet. Die Sinusfunktion spielt eine große Rolle in der

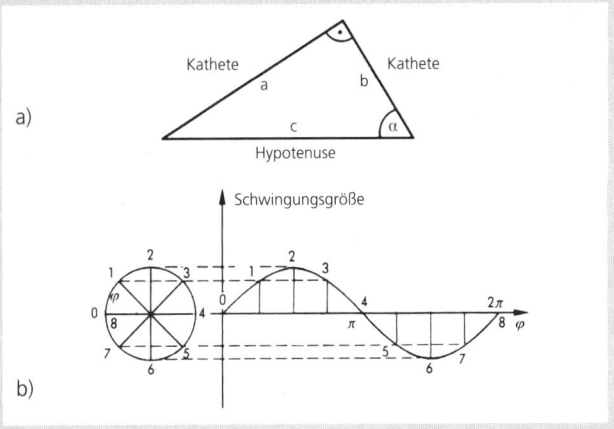

Sinusgröße: Die Zeitabhängigkeit einer sinusförmigen Schwingungsgröße und deren Zusammenhang mit einer gleichförmigen Kreisbewegung; dargestellt in Abhängigkeit vom Phasenwinkel φ = ω und mit Kennzeichnung einiger Schwingungsphasen (1 bis 8); ω ist Kreisfrequenz, t steht für Zeit.

> Akustik, wo von Sinusschwingungen die Rede ist. Sie stellt den zeitlichen Verlauf einer gleichförmigen Kreisbewegung dar (b). Die Sinusfunktion ist nur ein Teil der Firma Sinus & Co., und den Partner kennen die Mathematiker als Cosinusfunktion, die sie durch die andere Seite in dem rechtwinkligen Dreieck festlegen: $\cos \alpha = b/c$. Bekanntlich gilt in dem betrachteten Dreieck der Satz des Pythagoras, der besagt, dass die Summe der Quadrate über den Katheten gleich dem Quadrat über der Hypotenuse ist. Oder anders ausgedrückt: $a^2 + b^2 = c^2$. Daraus folgt nach kurzer Rechnung ein wunderbarer Zusammenhang von Sinus und Cosinus: $\sin^2\alpha + \cos^2\alpha = 1$.

Fermats Beweis der Brechung ist zwar lohnend, aber zugleich auch ein wenig kompliziert (siehe Kasten Brechung). Wir können die Macht seiner Methode aber schon an dem einfacheren Beispiel der Reflexion erkennen. Die schwierigste Aufgabe besteht in beiden Fällen darin, die physikalische Wirklichkeit in die mathematische Konstruktion zu bringen, und Fermat ersann zu diesem Zweck ein einfaches Prinzip, das nicht nur ihm und seinen Zeitgenossen sehr überzeugend vorgekommen ist, sondern bis in unsere Tage die Wissenschaftler begeistert. Fermat schlug vor, dass sich die Bewegung des Lichtes durch die Annahme erklären lässt, seinen Weg nach der Zeit auszusuchen, die es dafür benötigt. Er nahm an, dass Licht immer den schnellsten Weg nimmt. Fermat stellte ganz allgemein das Prinzip auf, dass Vorgänge in der Natur stets mit dem geringstmöglichen Aufwand ablaufen.

Wissenschaftler sind immer bemüht, Begriffe zu verwenden, die so genau wie möglich zu definieren und mit Messungen zu erfassen sind. »Aufwand« ist nicht besonders geeignet für dieses Vorhaben, und an seine Stelle tritt bald der Begriff der »Wirkung«, der in anderen europäischen Sprachen besser heißt, nämlich »action«. Der Ausdruck »Wirkung« ist aber verwirrend, weil sie erstens in diesem Zusammenhang ohne Ursache gesehen werden muss und weil sie gerne im Alltag benutzt wird, aber eben ziemlich anders als in der Wissenschaft. In ihrem Einzugsbereich bedeutet Wirkung (Aktion) das Produkt aus Energie und Zeit, und in dieser Form wird sie noch eine wichtige Rolle spielen.[11] Wie die Physiker nämlich Anfang des 20. Jahrhunderts feststellen mussten, erfüllt gerade die Wirkung nicht die Annahme einer stetigen Natur, die scheinbar ohne Sprünge auskommt. Die Wirkung gibt es nur in Quanten, wie Max Planck im Jahr 1900 als Erster erkannte, um daraufhin seine Wissenschaft zu revolutionieren.

Bleiben wir vorerst bei der klassischen und noch übersichtlichen Physik und dem Prinzip der kürzesten Zeit für das Licht. Mit seiner Hilfe lässt sich unmittelbar die bekannte Tatsache ableiten und erklären, dass Licht sich geradlinig ausbreitet. Es kann aber auch gefolgert werden, dass bei der Reflexion der Einfallswinkel gleich dem Ausfallswinkel ist, wobei sich die Argumentation einer kleinen Konstruktion bedient. Sie verläuft wie folgt:

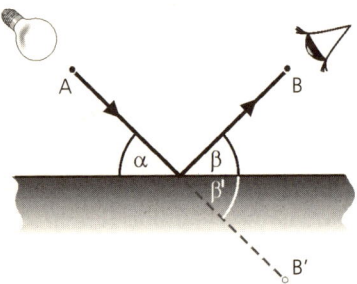

Abb. 3–5 Zeichnung für den Beweis des Gesetzes der Reflexion, der im Text vollzogen wird.

Das Licht fällt von einer Quelle (bei A) auf einen Spiegel und wird zum Auge (B) hin gelenkt. Man zeichnet nun den Spiegelpunkt (B′) des Auges und verbindet ihn mit der Lichtquelle durch eine gerade Linie. Diese Linie AB′ ist die kürzeste Verbindung zwischen den beiden Punkten, und daher ist der eingezeichnete Weg des Lichtes der Weg, für den das Licht die kürzeste Zeit braucht – so, wie Fermat es will. Die Spiegeloberfläche und die eben gezeichnete Gerade AB' kreuzen sich, was die beiden gegenüberliegenden Winkel (α und β') gleich macht, von denen einer (α) der Einfallswinkel ist. Durch die Konstruktion der Spiegelung sind die benachbarten Winkel β und β' ebenfalls gleich, wobei Ersterer der Ausfallswinkel ist (β). Wenn aber zwei Winkel einem dritten gleich sind, sind sie auch untereinander gleich, damit gilt α=β, und genau dies sollte bewiesen werden. Früher drückten die Mathematiker dies lateinisch aus: *quod erat demonstrandum*, eben »was zu beweisen war«.

Die lateinische Formulierung wird gerne QED abgekürzt, wobei es einem Physiker aus dem 20. Jahrhundert passieren kann, dass er die drei Buchstaben anders zurückübersetzt, nämlich als Quantenelektrodynamik. Die Wissenschaft, die sich hinter diesem Wortungetüm verbirgt, gehört zu den genauesten Beschreibungen der Natur, die Menschen hervorgebracht haben. Es geht in dieser Theorie um die Wechselwirkung von Licht und Materie. Genauer heißt dies, dass die Quantenelektrodynamik auf zwar wunderbare, aber zugleich höchst komplizierte Weise beschreibt, wie die Quantenteilchen (die elementaren Energieeinheiten) des Lichtes mit den Elektronen in Verbindung treten, die zu den Atomen gehören, aus denen die Materie besteht.[12]

Es gehört dabei zu den größten Leistungen der QED bzw. ihres wichtigsten Schöpfers, des amerikanischen Physikers Richard P. Feynman, im Mikrobereich bewiesen zu haben, was das 17. Jahrhundert zum ersten Mal konstatiert und dargelegt hat, dass nämlich Einfallswinkel und Ausfallswinkel übereinstimmen, wenn Licht auf Materie trifft und zurückgeworfen wird. Das Problem steckt darin, dass die wunderschöne Geradlinigkeit der klassischen Bilder nicht mehr gilt, wenn die Atomphysiker hinsehen. Dann ist die Oberfläche eines Spiegels nicht mehr glatt und ruhig, dann schwirren da vielmehr

Brechung

Bei der Brechung tritt Licht im einfachsten Fall von einem dünnen in ein dichtes Medium, zum Beispiel von Luft in Wasser. Das dichtere Medium lässt sich durch einen so genannten Brechungsindex charakterisieren, der gewöhnlich mit dem Buchstaben n gekennzeichnet wird und größer als 1 ist, weil er die Mühe des Durchquerens im Vergleich zur Luft ausdrückt. Man kann sich vorstellen, dass sich die Geschwindigkeit des Lichtes im dichten Medium dadurch ergibt, dass man die Geschwindigkeit in Luft durch den Brechungsindex dividiert.

Das im 17. Jahrhundert gefundene Gesetz der Brechung kann zwar nicht mit den Winkeln selbst, dafür aber mit ihren Sinusfunktionen und dem Brechungsindex ausgedrückt werden. Es besagt (a): $\sin \alpha_1 = n \sin \alpha_2$. Wie kann diese Relation bewiesen werden? Die Idee besteht darin, neben dem geknickten Weg ACB noch den geraden Weg AB einzuführen (a) und zwischen beiden eine weitere Hilfslinie zu konstruieren, von der man annimmt, sie stelle in erster Näherung den Weg dar, für den die kürzeste Zeit benötigt wird (b). Wer sich die Thematik an einem praktischen Fall veranschaulichen will, kann sich vorstellen, dass jemand (an einem Strand) bei A steht und eine Person bei B (im Meer) beobachtet, die nicht schwimmen kann und untergeht. Welchen Punkt am Strand muss der Lebensretter anvisieren, um so schnell wie möglich zu Hilfe eilen zu können?

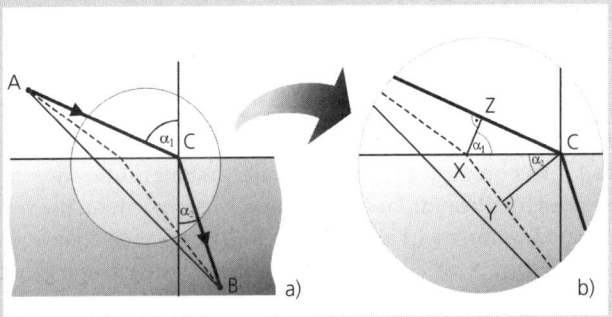

Berechnung des Brechungswinkels (α)

> Dieser Weg wird vom Brechungsgesetz festgelegt, das nun zu beweisen ist. Mit den gestrichelten Hilfslinien in dem großen Dreieck ABC entstehen zwei kleine Dreiecke AXC und XCB. Von X bzw. von C aus werden in diesen Dreiecken die Höhen XZ und YC eingezeichnet. Dabei entstehen noch kleinere Dreiecke, in denen die interessanten Winkel erneut auftauchen, wie sie in der Abbildung eingezeichnet worden sind. Wenn für die Hilfslinie in erster Näherung genauso viel Zeit benötigt werden soll wie für den tatsächlichen Weg ACB, dann muss die kürzere Strecke in der Luft genau so viel gewinnen, wie die längere im Wasser verliert. Also muss gelten, ZC = n XY, und wer dies mit den entsprechenden Sinusfunktionen umsetzt und beachtet, dass $ZC = XC \sin \alpha_1$ und $XY = XC \sin \alpha_2$ ist, erhält genau, was er will, nämlich $\sin \alpha_1 = n \sin \alpha_2$. QED.

scheinbar regellos riesige Mengen von Elektronen umher. Und das Licht kann dann auch nicht mehr der einfache Strich bleiben, durch den es gewöhnlich dargestellt wird. Wenn Licht reflektiert wird, dann sieht ein Atomphysiker so etwas wie Tennisbälle, die auf eine schlecht gepflasterte Straße treffen, und kein Mensch versteht ohne Zuhilfenahme der modernsten Physik (und einiger genialer Tricks von Feynman), wieso sich dann eine so einfache Gesetzmäßigkeit ergibt, wie die, dass Einfalls- und Ausfallswinkel gleich sind.

Glauben an Naturgesetze

Die moderne Physik zeigt auf die geschilderte Weise nicht nur, wie schwer das Selbstverständliche ist. Sie zeigt auch, wie schön es sein kann, wenn das Schwere verstanden wird. Allen Bemühungen der wissenschaftlichen Forschung liegt dabei »der Gedanke zugrunde, dass alles Geschehen durch Naturgesetze bestimmt sei«, wie Albert Einstein einmal in einem Brief schrieb, der an ein Schulmädchen gerichtet war. Einstein vergleicht diesen Leitgedanken mit einem Glauben, der ergänzt wird durch einen zweiten, nämlich die Überzeugung, dass sich die Naturgesetze erkunden und formulieren lassen.

Westliche Menschen orientieren sich daran, seit Bacon vorgeschlagen hat, dass es sich lohnt, die Naturgesetze zu kennen. In unserer Kultur wird darunter eine mathematische Formulierung verstanden, vor allem im Gefolge von Newton, der das Charakteristische der Wissenschaft darin sieht, »die Erscheinungen der Natur auf mathematische Gesetze zurückzuführen«. Charles Darwin geht sogar noch einen Schritt weiter, indem er erklärt, dass er unter dem schwierigen Begriff »Natur« »die vereinigte Wirkung und Leistung vieler Naturgesetze« sieht, wobei er unter einem Gesetz »die nachgewiesene Aufeinanderfolge der Ereignisse« versteht.

Bei so viel Gesetzestreue darf der Hinweis auf den Experimentalphysiker Georg Christoph Lichtenberg nicht fehlen, der sich gegen jede Fixierung wandte und wiederholt betonte, dass ihm alle mathematischen Gesetze trotz ihrer Schönheit »verdächtig« seien. Lichtenberg sieht in ihnen bloße Hilfsmittel, und »in ihrer Nähe ist alles nicht wahr«. Tatsächlich ist die Mathematik nur sicher, wenn sie sich nicht auf die Wirklichkeit bezieht, wie Einstein einmal gesagt hat. Einstein bestätigt damit indirekt die Kritik, die der Philosoph Ludwig Wittgenstein in seinem *Tractatus logico-philosophicus* übte, wo es im Abschnitt 6.3 heißt:

> »Der ganzen modernen Weltanschauung liegt die Täuschung zugrunde, dass die so genannten Naturgesetze die Erklärungen der Naturerscheinungen seien. So bleiben sie bei den Naturgesetzen als bei etwas Unantastbarem stehen, wie die älteren bei Gott und dem Schicksal.«

Kennerschaft der Naturwissenschaft heißt nicht, möglichst viele ihrer Gesetze zu kennen, sondern zu verstehen, welche Sicht der Natur dabei ins Spiel kommt. Die Gesetze behaupten zwar vom Wort her, dass sie das Geschehen der realen Welt festlegen, aber wir sollten lernen, sie anders zu verstehen, nämlich

Glauben an Naturgesetze

als ein System von Zeichen, mit dem die Naturforscher ein bestimmtes Bild der Welt entwerfen bzw. einen Ausschnitt der Wirklichkeit darstellen. Naturgesetze sind keine Antworten auf Fragen, die danach nicht mehr gestellt werden dürfen. Naturgesetze sind eher Angebote, um einen Überblick über die Möglichkeiten zu finden, die sich uns bieten. Sie sind ein Fenster in dem Sinne, der Rilke vorschwebte. Ein Kenner wird den Blick durch sie genießen.

4 Die Aktualität der Alchemie und die Hartnäckigkeit der Astrologie

Die neue Wissenschaft, die sich in Europa bildete, kam nicht aus dem Nichts. Ihr vorangegangen waren jahrhundertelange Bemühungen, die sich unter den Stichworten Alchemie und Astrologie zusammenfassen lassen. Historisch ist dabei von besonderem Interesse, dass der große Astronom Johannes Kepler als Astrologe sehr erfolgreich tätig war und dass der noch größere Astrophysiker Newton fleißig Alchemie getrieben hat, wenn auch weniger erfolgreich. Zwar gibt sich – zumindest auf den ersten Blick – heutzutage kein moderner Forscher mehr eine derartige Blöße. Weder die Alchemie noch die Astrologie haben es auch jemals zu akademischen Ehren gebracht und einen Lehrstuhl an einer Universität erhalten, doch wer daraus den Schluss zieht, dass es nicht lohnt, alchemistische Ansätze oder astrologische Bemühungen zu verfolgen, der irrt gewaltig. So seltsam es auch erscheinen mag, aber das alchemistische Gedankengut bildet einen wichtigen Bestandteil der modernen Wissenschaft. Und die Popularität der Astrologie kann nur übersehen, wer das Publikumsinteresse für völlig nebensächlich hält und wirklich niemanden kennt, der von Steinböcken und Fischen spricht und sich Gedanken über deren Zusammenpassen macht, ohne dabei die Tiere zu meinen.

Wer die modernen Wissenschaften verstehen will, ist gut beraten, wenn er ernst nimmt, was Friedrich Nietzsche 1882 in seiner *Fröhlichen Wissenschaft* geschrieben hat, dass nämlich die Physik, Chemie und Biologie nicht »entstanden und groß geworden wären, wenn ihnen nicht die Zauberer, Alchemisten, Astrologen und Hexen vorangelaufen wären«, die dabei vor allem die Funktion erfüllten, »mit ihren Verheißungen und Vorspiegelungen erst Durst, Hunger und Wohlgeschmack an verborgenen Mächten« zu schaffen. Dass zumindest in der Alchemie aber noch mehr steckt als die von Nietzsche anvisierten Verführungen, soll im Folgenden beschrieben werden.

Ansichten zur Alchemie

Viele Anhänger streng rationaler Wissenschaftlichkeit betrachten alles, was mit dem Namen der Alchemie in Verbindung gebracht wird, bestenfalls als harmlosen Aberglauben und schlimmstenfalls als groben Unfug und Beutelschneiderei. Die Alchemie wird allzu häufig als »eine verbreitete und hartnäckige Verirrung der Kulturgeschichte« abgetan, die man längst überwunden glaubt, wobei die zitierte Formulierung von Hermann Kopp stammt, einem Chemiehistoriker aus dem 19. Jahrhundert. Tatsächlich setzen viele Wissenschaftler und andere gebildete Menschen bis heute die Alchemie mit der ebenso mühsamen wie vergeblichen Goldmacherei in dunklen Laboratorien gleich. Sie denken, dass die moderne Physik mit ihrer Kenntnis vom Aufbau der Materie und der daraus entwickelten Fähigkeit, Elemente umwandeln zu können, die alte Wunschvorstellung der Alchemisten, unedle Metalle wie Blei in edle Stoffe wie Gold zu verwandeln, längst als Phantasmagorie entlarvt habe.[1] Und man ist sicher, dass in unseren Tagen niemand

---

Was ist Alchemie?[2]

Alchemisten bemühen sich um die Herstellung von unvergänglichem Gold, und als Mittel zu diesem Zweck dient der Stein der Weisen. Der Stein bewirkt die Transmutation. Als Ausgangsmaterial des alchemistischen Prozesses dient das unedle Blei, das dem Saturn zugeordnet ist. Griechisch steht dafür *Kronos*, der mit der Zeit in Verbindung gebracht wird und also die Vergänglichkeit darstellt. Damit erklärt sich eine andere Definition der Alchemie. Sie findet sich zum Beispiel in der französischen *Encyclopedia universalis* (Paris 1968), in der es heißt: »Die Alchemie stellt den Menschen die Möglichkeit vor Augen, über die Zeit zu triumphieren, sie ist die Suche nach dem Absoluten. Der Weg dazu ist die Vervollkommnung dessen, was vor dem Menschen geschaffen, aber von der Natur unvollkommen gelassen wurde.«

mehr sinnlos seine Zeit mit solchen abstrusen Vorhaben vergeuden wolle.

Ist die Alchemie aber tatsächlich überholt und bestenfalls ein Relikt aus der Mottenkiste der Wissenschaftsgeschichte? Oder sollte man etwas vorsichtiger sein mit »der sehr lächerlichen Selbstüberschätzung, mit der viele auf das Zeitalter der Alchemie zurückblicken«, wie Justus von Liebig meinte?

Justus von Liebig hat wie kein Zweiter die wissenschaftlich werdende Chemie des 19. Jahrhunderts geprägt. Seine Formulierung macht uns darauf aufmerksam, dass die Alchemie womöglich bis heute untergründig betriebene Forschung prägt, auch wenn sie selbst keine anerkannte Wissenschaft ist.

Es lohnt sich tatsächlich, die Alchemie genauer zu betrachten und ihre Wirksamkeit bzw. Wirklichkeit nicht daran zu messen, ob sich ihre Vorgehensweise einer rein rational definierten Form von Wissenschaftlichkeit einfügt – etwa im Sinne einer Logik der Forschung, die von reproduzierbaren Versuchen und den Schlüssen handelt, die man aus ihnen ziehen kann. Genauso wenig wie die Wirklichkeit selbst logisch ist, muss ein menschliches Tun logisch sein, um wirksam zu werden und etwas Wirkliches zu ergeben.

Die erste Wirklichkeit

Moderne Zeitgenossen denken, dass wir spätestens seit der Aufklärung die Magie in den Zirkus oder das Varieté verbannt haben, und sie meinen, dass dieser philosophische Entwurf nicht auf die alltägliche Welt zu übertragen ist – zum Beispiel nicht auf die Sphäre der Wirtschaft. Tatsächlich lässt sich aber die Ökonomie vielfach nur als alchemistischer Prozess deuten, und ausgebreitet findet man diesen Zusammenhang im zweiten Teil von Goethes *Faust*. Der Dichter versteht die Idee der Alchemie besser als viele seiner wissenschaftlichen Kollegen. Goethe sieht nämlich, dass für einen Alchemisten nicht entscheidend ist, Blei in Gold zu verwandeln, sondern dass es darauf ankommt, aus einer wertlosen Substanz wie Papier eine wertvolle Sache wie Geld zu machen. Mit anderen Worten, die Versuche, künstliches Gold herzustellen, wurden nicht deshalb aufgegeben, weil sie nicht gelingen wollten, sondern weil das mühsame Herumwerkeln in stinkigen Laboratorien nicht mehr nötig war, nachdem die Wertschöpfung in anderer Form viel erfolgreicher zu praktizieren war.

Das ökonomisch vertraute Wort von der Wertschöpfung gewinnt im alchemistischen Kontext einen unheimlichen Klang, bemerkt der Leser doch auf einmal den Anspruch des Schöpferischen und damit des Gottähnlichen, der in diesem Ausdruck steckt. Man scheut davor zurück, und muss zunächst doch einsehen, dass Goethe mit seiner im *Faust* explizit vor Augen geführten Behauptung Recht hat, dass der Ursprung des Wohlstands unserer Gesellschaft nicht nur die Leistung arbeitender Hände ist, sondern sich auch der »Magie verdankt, im Sinne der Schaffung von Mehr-Werten, die nicht durch Leistung erklärt werden können«.

Dieses Zitat ist dem Buch *Geld und Magie* (1985) von Hans Christoph Binswanger entnommen, einem ökologisch orientierten Volkswirtschaftler. Binswanger weist auf die alchemistische Grundstruktur von Goethes Weltspiel hin, das in seinem zweiten Teil die Verwandlung von Papier in Geld geschehen lässt und auf diese Weise für die Wiederherstellung der Kaufkraft sorgt. Als Vorbild für Fausts Wirtschaftsmagie mit ihrem schnellen Reichtum diente übrigens ein Schotte namens John Law, der 1715 in Frankreich die Genehmigung zur Gründung einer Notenbank erhielt, und zwar durch den Herzog von Orléans. Gleichzeitig wurden die Hofalchemisten aus dem Dienst entlassen, denn mit der Erfindung der Banknoten – so der Herzog – stand eine bessere und sichere Methode zur Verfügung, zu Reichtum zu kommen.

Indem Goethe die Wirtschaft als alchemistischen Prozess deutet, gelingt ihm auch die Lösung eines der zentralen Probleme für die Praxis. So klar die Vorgabe für einen Alchemisten auch war – nämlich etwas Wertvolles zu schaffen bzw. zu schöpfen –, so unklar war, wie dies im Einzelfall gelingen sollte. Das Mittel dazu nannte man den Stein der Weisen, und für seine Herstellung gab es eine Menge komplizierter Vorschriften, die leicht misslingen konnten.

In der Ökonomie gab es dieses Problem nicht, wie Goethe erkannte. Hier ergab sich ganz von selbst, was der Stein der Weisen war, nämlich das Kapital. Es schafft bekanntlich neues Geld aus sich selbst, ohne eine Leistung zu erbringen.

Es steht somit außer Frage, dass die Wirtschaft voller Alchemie steckt (auch wenn dies Ökonomen nicht gern zugeben), doch es steht ebenso außer Frage, dass die magische Vermehrung des Reichtums im wirklichen Leben nicht ohne Gegenleistung zustande kommt. Zuletzt muss doch bezahlt werden. Goethe nennt im *Faust* drei Verluste, die Menschen erleiden. Im Zuge der alchemistischen Wertschöpfung geht ihnen erstens der Sinn für die Schönheit der Welt verloren, zweitens verlieren sie das Gefühl der Sicherheit, und drittens machen sie sich bei allem Wohlstand immer mehr Sorgen um die Zukunft – vor allem um die ihres Kapitals und seiner möglichen Gewinne. Sie büßen so ihre Fähigkeit, Genuss und Glück zu erfahren, immer mehr ein.

Es wird ein Mensch gemacht

Der Vorschlag, Goethes *Faust* als alchemistisches Drama zu lesen, stammt ursprünglich von dem Psychologen C. G. Jung, der im ersten Teil die Verwandlung von Faust durch den Hexentrank – mit der für den Verlauf der Tragödie nötigen Wiederherstellung der gelehrten Manneskraft – und im zweiten Teil die Verwandlung von wertlosem Papier in wertvolles Geld – mit der Wiederherstellung der Kaufkraft – als wesentliche Punkte der Handlung ausmachte. Im zweiten Teil des *Faust* taucht aber noch ein weiteres alchemistisches Meisterstück auf, und zwar im zweiten Akt, wenn »ein Mensch gemacht« wird. So nennt ein Dr. Wagner das, was er in seinem Laboratorium versucht, als Mephisto und Faust vorbeischauen. Der Wissenschaftler Wagner verwendet die damals traditionellen Methoden der Alchemie; auf Nachfrage erläutert er, wie er konkret im technischen Detail vorgeht:

Den Menschenstoff gemächlich komponieren.
In seinen Kolben verlutieren,
Und ihn gehörig kohobieren,
So ist das Werk im Stillen abgetan.

Niemand braucht die überholten Verfahren der Alchemisten im Einzelnen zu kennen, die uns unter vielen Seltsamkeiten mindestens einen bis heute ergiebigen und zum allgemeinen Wohlgefallen genutzten Prozess hinterlassen haben, und zwar den der Destillation. Was damals »verlutieren« und »kohobieren« hieß und gewiss kompliziert zu handhaben war, nennen wir heute vielleicht »chromatographieren« und »sequenzieren«, und niemand kann sagen, wann wiederum diese Wörter und die damit bezeichneten technischen Vorgehensweisen in Vergessenheit geraten werden. Sehr bekannt war zur Goethezeit der Arbeitsgang der »Putrefactio«, womit auf die Verwesung bzw. die Fäulnis von modernden Körpern bzw. organischen Stoffen hingewiesen wurde. In diesem Vorgang sah man vielfach die Trennung von Geist und Körper, wobei Letzterer als Rückstand in der Retorte verbleibt.

Die als Putrefaktion bezeichnete Scheidung bzw. Läuterung steht im Zentrum einer Anweisung zur Herstellung von »chymischen Menschen«, die auf Paracelsus zurückgeht und in einer Schrift von 1666 ausgeführt wird, die Goethe vorlag. Der Autor, ein gewisser J. Praetorius, gibt ganz allgemein für die Umwandlung folgende Anweisung: »Stete feuchte werme bringet putrefacionem und transmutiert alle natürliche ding«, unter anderem den Menschen. Es ist nun aufschlussreich, dass Goethe lange den Gedanken in sich getragen hat, das alchemistische Experiment gelingen und ein »chemisch Menschlein« auf die Bühne treten zu lassen. Es soll dies »als wohlbewegliches Zwerglein« tun, nachdem es den Glaskolben zersprengt hat, in dem es erzeugt (und nicht gezeugt) worden ist. An diesem Plan hat Goethe mindestens bis 1826 festgehalten, und die Frage stellt sich, warum der Homunculus in der endgültigen Textfassung von 1829 in der Phiole stecken bleibt und erst noch erkunden muss, »wie man entstehn und sich verwandeln kann«.

Die Antwort hat mit einer berühmten und maßgeblichen Entwicklung in der Naturwissenschaft zu tun, über die Goethe genau informiert war. (Nebenbei gesagt verfügte er über ein großes Netz von Korrespondenten, die ihm zuarbeiteten; heute würde Goethe das Internet nutzen.) 1828 ist dem Chemiker Friedrich Wöhler ein Experiment gelungen, wodurch er im Reagenzglas einen Stoff herstellen konnte, der sonst nur in lebenden Körpern bzw. in deren Organen zu finden war und dessen Entstehung eigentlich auch nur da möglich sein sollte. Gemeint ist die Synthese von Harnstoff, und zwar ohne Hilfe einer Niere, nur mit ein wenig Wärme und einem anorganischen Ausgangsmaterial. Nachdem er von dieser wundersamen Herstellung eines organischen Stoffes aus anorganischen Vorstufen erfahren hatte, wandte Goethe seinen Blick von der alten Alchemie weg und zur neuen Chemie hin, die im 18. Jahrhundert erste souveräne Schritte unternahm. Die Scheidung zwischen Chemie und Alchemie, die sich zunächst noch als die würdigere und erhabenere Form der Stoffverwandlung betrachtete, lässt sich ziemlich genau datieren. 1753 trägt Diderot in seiner *Encyclopédie* beide Stichworte ein und unterscheidet sie gründlich: »alchimie« ist jetzt nur noch die Kunst, Metalle zu schmelzen und zu wandeln, während »chimie« die Lehre von den Prinzipien ist, nach denen sich Substanzen trennen und verbinden (vereinen) lassen.

In diese Zeit fällt auch die erste Großtat der Chemiker, die stark zum Selbstbewusstsein der neuen Disziplin beiträgt. Ihnen gelingt die Herstellung eines beliebten und viel verwendeten Stoffes, der bis dahin von sehr weit her (etwa von Ägypten) eingeführt werden musste. Gemeint ist Soda, das Chemiker als Natriumkarbonat bzw. als kohlensaures Natrium kennen und das bis heute als Ausgangssubstanz für die Herstellung von Wasch- und Reinigungsmitteln verwendet wird. Die Synthese von Soda gelingt erst im kleinen Maßstab – im Reagenzglas – und bald in Riesenmengen, so dass der begehrte Stoff plötzlich in neuer Form erscheint – nämlich billiger, besser und selbst gemacht. Mit Wöhlers Harnstoffsynthese taucht gegen Ende von Goethes Leben der Gedanke auf, dass nicht nur die anorganischen, sondern alle Stoffe, und auch die der Natur, den Chemikern zugänglich sind und von ihnen hergestellt, und dann auch angeboten und verkauft werden können. Tatsächlich nimmt im 19. Jahrhundert die Zahl der künstlich herstellbaren Substanzen derart rasch zu, dass eine chemische Industrie entsteht, die in den folgenden Jahrzehnten umfassende gesellschaftliche und politische Folgen zeitigt (wobei diese von Historikern meist nur am Rande zur Kenntnis genommen und so gut wie nie in den Schulbüchern erwähnt werden und damit unbekannt bleiben).

Die Entwicklung der auf wissenschaftlicher Grundlage stehenden Industrie beginnt nach Goethe. Er spürt jedoch, dass die Versuche der Alchemie den Erfolgen der Chemie weichen. Goethe verzichtet also darauf, einen Menschen aus der Retorte steigen zu lassen, auch deshalb, weil er sich insgesamt den Vorstellungen der damaligen Naturforscher anschließt, die – noch bevor die Idee der Evolution weite Verbreitung findet – den Ursprung des Lebens ins Meer legen und annehmen, dass die Reihe der Organismen von den Anfängen bis zur Gegenwart sehr lang ist und es lange dauert, bevor sie beim Menschen ankommt. »Bis zum Menschen hast du Zeit«, heißt es im *Faust*, wobei man sich fragt, ob diese Frist überhaupt schon abgelaufen ist und wir nicht eher die Zwischenstufe auf dem Weg dorthin sind.

Im Schattenreich der Wissenschaft

Es wird oft behauptet, dass im 18. Jahrhundert die Alchemie dort angekommen ist, wo die Astrologie schon war, nämlich im Schattenreich der Wissenschaften. Zwar sank Alchemie immer mehr zum Schimpfwort herab, da sie als »Goldmacherei« jede Würde verloren zu haben schien. Aber selbst wenn manche Tätigkeiten oder einzelne Scharlatane einen Berufsstand in Misskredit bringen, können die grundlegenden Ideen im Verborgenen weiter wirken. Sie taten dies schon bei Newton, der den alchemistischen Grundsatz »Was unten ist, ist so, wie das, was oben ist« genutzt hat und der dadurch auf die Idee kam, dass für den fallenden Apfel auf der Erde (unten) und den kreisenden Mond am Himmel (oben) dieselben Gesetze gelten.[3] Im Übrigen hat Newton mindestens zwölf Jahre lang mehrere Wochen im Jahr in seinem Laboratorium die Rezepte und theoretischen Vorgaben der Alchemisten ausprobiert und dann zu verbessern versucht. (Er muss dabei stark toxische Substanzen verwendet haben, vor allem Blei und Quecksilber, die seiner Gesundheit nachhaltig geschadet haben.)

Die alchemistischen Ideen wirkten besonders nachhaltig bei Gregor Mendel, auch wenn dies keiner seiner heutigen Verehrer zur Kenntnis nimmt. Vermutlich haben die meisten von ihnen seine Originaltexte nicht gelesen. Würden sie dies tun, könnten sie erfahren, dass der Mönch aus Brünn gar nicht gefunden hat, was in der offiziellen Sprache der Lehrbücher die Gesetze der Vererbung genannt wird. Bei seinen Versuchen hatte Mendel nämlich etwas anderes im Sinn. De facto hat er die Verwandlung einer Pflanze untersucht und beschrieben. Es ging Mendel auch um Hybriden und Bastarde, konzeptionell ging es ihm aber vor allem darum, eine alchemistische Frage zu beantworten, und zwar die Frage, wie in den Erbsen die eigene Natur in eine fremde verwandelt wird, wie ihre Farbe und ihre Form verändert werden kann. Ihn interessierte dabei, was zeitlos war und sich gerade nicht entwickelte. Dies nannte er die Stammform der Pflanzen, und alle seine Daten sollten mit aller Genauigkeit zeigen, dass sämtliche Varianten immer die Neigung haben, zu diesem für die Ewigkeit geschaffenen Zustand zurückzukehren.

Newton und andere Außenseiter

Der Wissenschaftshistoriker Federico Di Trocchio hat in seinem Buch *Newtons Koffer* ausführlich geschildert, wie Newton als Alchemist gedacht hat.[4] Den Koffer hat es dabei tatsächlich gegeben, er ist von dem großen Physiker bei seinem Tode hinterlassen worden. In dem Koffer befand sich, sehr zum Leidwesen von Newtons Enkelin und Erbin Catherine Barton, kein Geld, sondern nur Papier, das nicht nur ausführlich, sondern seltsam beschrieben war. Newton hatte in dem Koffer große Mengen an Aufzeichnungen und Notizen hinterlassen, die insgesamt 25 Millionen Wörter umfassen. Es dauerte zwar sehr lange, bis sich jemand ernsthaft mit Newtons verpacktem Vermächtnis beschäftigte, doch als dies so weit war, erkannte man, dass nach dem Blick in den Koffer unser Bild von Newton vollständig neu anzulegen war. In den Manuskripten wimmelte es nämlich von alchemistischen Argumenten und theologischen Texten, und im Grunde muss man sagen, dass der wahre Newton weniger ein Mathematiker und mehr ein Alchemist und Theologe war. Die Formulierung der Physik, die ihn für uns so berühmt macht, ist ihm quasi als einfache Anwendung einer grundlegenderen Idee gelungen. Newton hat den Kern seiner wissenschaftlichen Methode wahrscheinlich vor allem deshalb ausgearbeitet, um die Sprache der Heiligen Schrift, besonders der Apokalypse, zu interpretieren:

> »Newton war überzeugt, dass es nur eine Wahrheit gibt und Gewissheit nur auf einem Weg zu erlangen ist: durch die Beherrschung der Bildsprache der Prophezeiungen. Er fand den Schlüssel zu dieser Sprache in 70 Definitionen und 16 Regeln, die er [...] aus einem Logikhandbuch von Robert Sanderson

übernahm, das er als Student gelesen hatte. Die wissenschaftliche Methode, die in der Physik verwendet wird, ist nichts anderes als eine Vereinfachung und Reduktion dieser Regeln, weil die Welt der Physik für Newton den am leichtesten zu begreifenden Aspekt der Realität darstellte. Komplizierter dagegen war die Chemie, wo seiner Meinung nach eine direktere Verwendung der Bild- und Symbolsprache der Propheten erforderlich war.«

Für diese Deutung Di Trocchios ist die Tatsache nicht unerheblich, dass Newton seine für die moderne Physik grundlegenden *Principia mathematica* erst geschrieben hat, nachdem er Jahre als Magier, Alchemist und Theologe verbracht hatte. Und an dieser Stelle darf einmal spekuliert werden, dass wir uns jeden Wissenschaftler damit beschäftigt denken müssen, einen entsprechenden Koffer zu packen – und sei es nur im Kopf.

Solche Koffer spielen so lange keine Rolle, solange sie verschlossen bleiben und ihr Inhalt nicht veröffentlicht wird. Schwierig wird es, wenn Wissenschaftler es anders als Newton halten und ihre hintergründigen Gedankenspielereien zur Diskussion stellen, mit denen sie die etablierte Forschung in Schwierigkeiten bringen können. Was hätte die Wissenschaft des 18. und 19. Jahrhunderts denn zu Newtons alchemistischen Ansichten sagen sollen? Wie hätte sie mit ihren akzeptierten Methoden und einsichtigen Gedanken etwas dafür oder dagegen vorbringen sollen?

Heute können wir uns aus weiter historischer Distanz relativ risikolos mit Newtons »unphysikalischen« Bemühungen beschäftigen. Wir können seine alchemistischen Versuche als unverständliche Spielerei abtun, ohne ernsthaft zu überlegen, an welcher Stelle das aufhört, was wissenschaftlich ist, und das beginnt, was nicht mehr dazugerechnet werden kann. Eine genaue Unterscheidung scheint in keiner Gegenwart möglich zu sein, bestenfalls kann ein Historiker nachträglich bestimmen, ob ein Problem in einem gegebenen Moment der Wissenschaftsgeschichte wissenschaftlich behandelbar geworden war oder nicht: »In jeder Epoche gibt es Probleme, die nicht wissenschaftlich behandelt werden können und folglich unentscheidbar sind. In diesen Fällen müssen sich die Wissenschaftler vor jeder Art von Urteil hüten und sich darauf beschränken, die Grenzen ihrer eigenen Kompetenz zu präzisieren.«[5]

Dies gilt natürlich auch für unsere Zeit, und was den italienischen Historiker Di Trocchio in diesem Zusammenhang ärgert, ist die Tatsache, dass heutige Berühmtheiten aus diesem Rahmen ausbrechen und oft leichtfertig allzu starke Behauptungen aufstellen. Er verweist zum Beispiel auf Stephen Hawking, der behauptet, die Physik stehe kurz davor, eine allumfassende Theorie des Kosmos zu formulieren. Damit machen Hawking und seine Kollegen aber nur deutlich, dass sie noch nicht verstanden haben, »dass ihre eigene immer nur die vorletzte Version der Wahrheit ist«, wie der Schriftsteller Jorge Luis Borges es ausdrücken würde. Tatsächlich neigen viele Forscher heute wieder gerne dazu, sich »den Mantel des Magiers und die Stola des Priesters« anzuziehen, um den Wahrheiten, die sie verkünden, den Schein totaler und endgültiger Sicherheit zu geben. Wir sollten sie nicht zu ernst nehmen und stattdessen fragen, was sie in ihrem Koffer haben.

Die Traumsymbole

Ungefähr zu der Zeit, in der Gregor Mendel in seinem Klostergarten an alchemistische Traditionen anknüpfte und die durch Kreuzung neu entstandenen Erbsen Hybride mit den Stammformen bilden ließ (Rückkreuzung), träumte ein Chemiker den wohl berühmtesten Traum der Wissenschaftsgeschichte. Gemeint ist August Kekulé, der sich zwar mit den meisten Verbindungen auskannte, die Kohlenstoff eingeht, der in den sechziger Jahren des 19. Jahrhunderts aber lange Wochen hindurch nicht wusste, wie er sechs Atome dieser Art in Gemeinschaft mit Wasserstoff so verknüpfen sollte, dass eine stabile Verbindung entsteht (Abb. 4–1). Eines Abends muss

Kekulé wohl vor einem Kamin eingeschlummert sein, und beim trüben Blick in die beweglichen Flammen sah er innerlich plötzlich klar. In seinen eigenen Worten:

> »Wieder gaukelten Atome vor meinen Augen. Kleinere Gruppen hielten sich diesmal bescheiden im Hintergrund. Mein geistiges Auge, durch wiederholte Gesichte ähnlicher Art geschärft, unterschied jetzt größere Gebilde von mannigfaltiger Gestaltung. Lange Reihen, vielfach dichter zusammengefügt; alles in Bewegung, schlangenartig sich drehend. Und siehe, was war das? Eine der Schlangen erfasste den eigenen Schwanz und höhnisch wirbelte das Gebilde vor meinen Augen. Wie durch einen Blitzstrahl erwachte ich; auch diesmal verbrachte ich den Rest der Nacht, um die Konsequenzen der Hypothese auszuarbeiten.«

Im Zentrum des Traumes windet sich eine Schlange, die zu einem Ring verbogen ist, weil sie sich in den Schwanz beißt. Diese Figur gehört zu den ältesten Symbolen der Alchemie. Sie war schon viele Jahrhunderte vor Christi Geburt bekannt und heißt Ouroboros oder Uroboros. In diesem Zusammenhang genügt es, das Symbol als Kreisform zu deuten. Ein Kreis ist in sich geschlossen, und er scheidet ein Innen von einem

 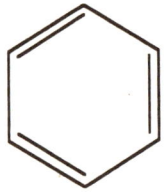

Abb. 4–1 Die geschlossene Struktur, die Kekulé in seinem Traum erschienen ist und zu der sechs Kohlenstoffe gehören, heißt in der Fachsprache Benzol. Das Bild zeigt eine moderne Darstellung des Benzolrings und eine Darstellung des Ouroboros, von denen es zahlreiche Varianten aus allen Epochen der Geschichte gibt.

Außen. Aber es gibt noch eine weitere Besonderheit, denn die Kreislinie trennt, was eigentlich eins ist und was wieder eins werden will. Hier steckt der Grund für das, was oft etwas dunkel das Einheitserlebnis der Alchemie genannt wird und das der modernen Naturwissenschaft leider völlig abhanden gekommen ist.

Für uns am deutlichsten getrennt, und zwar seit den Zeiten von Descartes, sind Geist und Körper. Diese Vorstellung ist den Alchemisten fremd. Sie behandeln Körper und Geist gleichgewichtig und stellen sich vor, dass der Geist im Inneren von Körpern sitzt und darauf wartet, befreit zu werden (zum Beispiel durch geeignete Erziehung bzw. Bildung). Überhaupt gilt, dass die Umwandlungsaktionen der Alchemisten nicht darauf abzielten, etwas Neues zu schaffen, sondern nur dazu dienten, etwas Vorhandenes zu befreien. Alchemisten folgen der Natur, um sie zu vollenden und dadurch zu befreien. Die moderne Form der Naturwissenschaft tut unter der Führung von Bacon etwas anderes. Sie unterwirft sich die Natur, um sie zu beherrschen. Genau an dieser Stelle steckt auch der Unterschied zu der Biotechnologie unserer Tage, die durch genetische Eingriffe nach Wandel strebt. Doch während die Alchemie das Innere befreien wollte, bemüht sich die Biotechnologie, das Innere (genetisch verstanden) zu beherrschen. Die Frage, welche die den Menschen angemessenere Art ist, scheint zwar noch nicht entschieden zu sein, wir können aber trotzdem versuchen, eine Antwort zu geben. Sie gelingt am besten, wenn wir voraussetzen, dass etwa der russisch-amerikanische Dichter Joseph Brodsky Recht hat, der Menschen dadurch charakterisiert, dass er sie als primär ästhetische Wesen bezeichnet. Erst wissen wir, was schön ist, bevor wir lernen, was gut ist. Mit anderen Worten, Menschen streben nach Schönheit, und wenn wir an dieser Stelle einen weiteren Poeten zu Rate ziehen – nämlich Friedrich Schiller – und an seine Einsicht erinnern, dass Schönheit Vollkommenheit in Freiheit ist, dann erkennt man ein Problem der Biotechnologie, das die Alchemie nicht hatte. Mit genetischen Manipulationen wird Vollkommenheit in Unfreiheit geschaffen. Existierende Organismen sollen verbessert und auf einen Nutzen hin perfektioniert werden, und zwar durch Vorgaben von außen. Bei solchen Vorgängen wird nichts befreit und verwandelt, sondern alles nur bestimmt. Vielleicht sollte die Biotechnologie von der Alchemie lernen.

Die zweite Wirklichkeit

Wem die an *Faust* angelehnte und kurz angedeutete Diagnose moderner und kapitalistischer Gesellschaften vertraut vorkommt, ahnt nicht nur etwas von der Aktualität, die Goethes Dichtung auszeichnet, sondern auch etwas von der Wirklichkeit der Alchemie in unseren Tagen bzw. in unserem Alltag. Vielleicht werden unter diesem Eindruck die eingangs zitierten Anhänger strenger Wissenschaftlichkeit bereit sein, den bislang ins Auge gefassten Teil der Realität als alchemistisch durchdringbar zu akzeptieren. Sie werden vermutlich aber immer noch eine Grenze vor ihrem eigenen Territorium ziehen wollen und der Alchemie keinen Bewegungsspielraum im wissenschaftlichen Denken selbst einräumen.

Doch das erwähnte Schattenreich existiert auch hier und die Abwehrmauern lassen sich auf unterschiedlichen Wegen ganz schnell überwinden. Man braucht nur das Modell der Weltentstehung zu nennen, das die Wissenschaft heute bevorzugt und gerne als Urknall (Big Bang) bezeichnet. Wenn die Theorien der Physiker zutreffen, wird die materiell gegebene Wirklichkeit durch vier Qualitäten charakterisiert, die als Raum, Zeit, Energie und Masse bekannt sind. Sie hängen sehr eng zusammen, wie seit den Tagen Albert Einsteins geläufig ist, und zwar so eng, dass es sogar möglich ist, sie gemeinsam aus einer Quelle und in einer Zustandsform entspringen zu lassen. Details erfasst die Theorie des Urknalls, bei der ein Urstoff entsteht, aus dem die Dinge und ihre Kräfte sich so herausbilden, wie sie sich uns heute zeigen.

Anders haben sich die Alchemisten die Wirklichkeit auch

nicht vorgestellt. Seit Urzeiten sahen sie die Realität durch vier Elemente bestimmt, die sie Feuer, Erde, Wasser und Luft nannten. Sie waren als Zustandsformen einer Ursubstanz zu denken, die in entsprechenden Texten als »prima materia« (Urmaterie) bezeichnet wurde.

Wer die Welt in Urknall-Kategorien begreift – und sich dabei korrekt auf die physikalischen Theorien beruft –, denkt in bewährten alchemistischen Traditionen, in denen sich eine Sehnsucht nach Einheit ausdrückt. Tatsächlich lässt sich vieles von dem, was in alchemistischen Laboratorien geschieht, besser verstehen, wenn man es unter diesem Aspekt des Einheitswunsches betrachtet. Er beschäftigt die Wissenschaft nach wie vor, weil es offenbar zum menschlichen Wesen gehört, in dieser Form zu denken. Unser Denken strebt gewissermaßen nach dieser Form.

Wer das Einheitsverlangen der Alchemisten so ernst nimmt wie den Willen zur Wissenschaftlichkeit, wird bald bemerken, dass in der immer wieder angeführten Goldmacherei mehr steckt, als sich auf den ersten Blick erschließt. Die Aufgabe des Alchemisten, unvergängliches Gold herzustellen, bedeutet nämlich nicht, das unedle Blei zu ersetzen. Es geht vielmehr darum, das in dem unvollkommenen Stoff schon vorhandene Gold heranreifen und frei werden zu lassen. Diese Verwandlung nennt man die Transmutation, die der Stein der Weisen ermöglichen soll. Es geht in der Alchemie also um die Freisetzung einer Qualität. An dieser Stelle lässt sich auch sagen, was falsch war an der Alchemie. Ihre Betreiber verharrten mit ihrem Denken in der konkret sichtbaren Wirklichkeit. Sie trennten den Körper nicht vom Geist, was beiden einen irdischen Charakter verlieh. Genau dies aber sieht die moderne Wissenschaft anders. Denn wenn ein heutiger Biochemiker unedle Stoffe (Rohmaterialien und Homogenate) nimmt, um zum Beispiel wertvolle Arzneimittel daraus herzustellen, dann geht er zwar formal wie sein alchemistischer Vorläufer vor – als Stein der Weisen dient dabei ein Katalysator –, aber er weiß, dass die Moleküle, die er dabei aus dem Rohstoff herauslöst, keine konkret sichtbare Realität haben, sondern einer sinnlich nicht direkt wahrnehmbaren Wirklichkeit entstammen.

Im Gegensatz zur Alchemie kennt die moderne Wissenschaft eine unsichtbare Wirklichkeit, von der sichtbare Wirkungen ausgehen, und sie kennt diese zweite Wirklichkeit sowohl im physischen als auch im psychischen Bereich. Im ersten Fall sind die Atome gemeint, und im zweiten Fall ist vom Unbewussten die Rede. Zwar wissen wir alle, dass es dieses Schattenreich des Denkens gibt, aber die Anhänger der Wissenschaft tun immer noch so, als ob es in ihrer Sphäre keine Rolle spielte und die wissenschaftliche Erkenntnis unberührt ließe.

Die Wirklichkeit der Alchemie zeigt aber, dass dies nicht zutrifft, und es scheint, dass eine der wichtigsten Verpflichtungen der modernen Naturforschung darin bestehen könnte, die Rolle des Unbewussten in der Wissenschaft zu erkunden.[6] Dabei könnte das Glück gewonnen werden, das im ökonomischen Bereich als verloren gemeldet worden ist. Auf diese Konsequenz hat Adolf Portmann bereits 1949 hingewiesen, als er in seinem Essay »Biologisches zur ästhetischen Erziehung« schrieb: »Unser geistiges Leben wird nur dann eine neue, glücklichere Form finden, wenn der Mensch ebensosehr erstrebt, stark und groß zu sein im Denken wie im Träumen.«[7]

Diese Wandlung steht uns noch bevor. Sie ist möglich und nötig – und zwar der Kreativität wegen, auf die wir so angewiesen sind.

Gestirne und Gesellschaft

Der sehr deutsche Dichter Stefan George hat einmal bemerkt, dass Alchemie und Astrologie etwas gemeinsam haben. Beide stellten keinen alt gewordenen Aberglauben, sondern voreilige Erkenntnis dar, denn beide lassen sich als die zu rasch gezogenen Konsequenzen eines übertriebenen Einheitsdranges deuten. George zufolge glaubt die Alchemie zu fest an die Einheit der Stoffe und übertreibt ihre Wandelbarkeit, während die

Astrologie zu sehr an die Einheit der Kräfte glaubt und ihre Zusammenhänge überzieht. Mit anderen Worten, »sie glauben und übertreiben nur das, was auch die moderne Wissenschaft glaubt und sucht«.

Einheit und Zusammenhang – möglicherweise steckt in diesem Begriffspaar die Erklärung für die seit Jahrtausenden ungebrochene Faszination, die von der Astrologie ausgeht: »Es ist schon ein erstaunliches Phänomen, dass auch heute noch, aller ›Aufklärung‹ zum Trotz, etwa 50 Prozent der erwachsenen Bevölkerung in den westlichen Industrienationen einen ›Einfluss der Gestirne auf das menschliche Schicksal‹ für möglich halten, dass etwa 25 Prozent von solch einem Einfluss gar überzeugt sind.«[8]

Viele namhafte Wissenschaftler und Publizisten – am heftigsten Hoimar von Ditfurth – haben zwar immer wieder und meist mit Zornesröte im Gesicht nachzuweisen versucht, dass die Astrologie nichts anderes als eine falsche Theorie zur Erklärung nicht nachweisbarer Tatbestände ist. Doch was auch immer sie versucht und unternommen haben, am Ende konnten sie sich nur über die Hartnäckigkeit wundern, mit der Menschen an Horoskopen hängen und Sterndeutern lauschen. Um diese Neigung zu verstehen, sollte zunächst klargestellt werden, dass es Unsinn ist, die Astrologie mit der Astronomie zu vergleichen und nach der Qualität ihrer Erklärungen zu fragen. Es bleibt sinnlos, die Astrologie als frühe Form der astronomischen Wissenschaft zu verstehen. Ihr Name setzt sich aus den griechischen Wortstämmen *astron*, »Stern« und *logos*, »Geist«, »Sinn« zusammen. Astrologie handelt also von dem geistigen Sinn, der in den Sternen steckt, während die Astronomie mit den Gesetzen *(nomoi)* zu tun hat, die am Himmel regieren. Mit anderen Worten, Astronomen fragen nach Ergebnissen von Sternbeobachtungen und versuchen, naturgesetzliche Zusammenhänge zwischen ihnen zu formulieren. Und Astrologen fragen nach der Bedeutung, die das räumlich und zeitlich Messbare für den Menschen hat. Entsprechend verlassen sich Astrologen mehr auf ihre Sinne, während Astronomen sich stärker ihrem Verstand zuwenden.

Wenn man will, lässt sich an dieser Stelle die Trennung der zwei Kulturen erkennen, von der eingangs die Rede war. Astronomen wollen zählen, und Astrologen wollen erzählen, zum Beispiel von der individuellen Empfänglichkeit für die Tätigkeit der Sterne. Sie schmücken den Himmel mit Sternbildern aus und geben den Menschen das Gefühl, nicht allein in der Weite des Kosmos, sondern von einer höheren Ordnung gemeint zu sein.

Man missversteht die Aufgabe der Astrologie völlig, wenn man sie nach ihren wissenschaftlichen Vorgaben oder den hervorgebrachten Naturgesetzen fragt, wie es Hoimar von Ditfurth getan hat, der sich im Übrigen die durchgängige und universelle Sinnsuche der Menschen zunutze machte, als er seinem Buch über die Physik des Universums den Titel *Kinder des Weltalls* gab. Genau nach dieser Gewissheit suchen die Menschen, die gerne ihren Ort in der Welt kennen und sich in ihr zu Hause fühlen wollen.

Die Geschichte, die Hoimar von Ditfurth in seinem Bestseller erzählt, lässt das Universum wie eine gute Mutter erscheinen, die für ihre Zöglinge sorgt. Die Leser erfahren zum Beispiel, dass die Sonne nicht nur das wärmende und lebenspendende Licht aussendet, das wir an schönen Sommertagen genießen. Sie bringt darüber hinaus, als Nebenwirkung der Lichtproduktion, einen Strom aus Elektronen hervor, der uns tödlich treffen würde, wenn das Magnetfeld der Erde nicht wäre, das ihn ablenkt. Nun könnte man auf die Idee kommen, den Sonnenwind aus Elektronen für eine Fehlkonstruktion im Kosmos zu halten, aber genau dies trifft nicht zu. Er hat sogar eine lebenswichtige Funktion, nämlich die Erde vor den so genannten Höhenstrahlen zu schützen, die aus den Tiefen des Weltalls kommen. Tatsächlich lässt sich auf diese Weise eine wissenschaftlich fundierte Geschichte des Universums erzählen, die uns das Gefühl gibt, an einem bevorzugten und geschützten Platz zu leben.

Doch die Wissenschaft hat auch andere Seiten. Wie einige ihrer führenden Vertreter in den letzten Jahren festgestellt haben, scheint das Universum immer weniger Sinn zu haben, je genauer es erklärt wird. Tatsächlich wird der wissenschaftliche Himmel weniger mit vertrauten Bildern als mit gigantischen Staubexplosionen und fürchterlich wirkenden Roten Riesen gefüllt, zwischen denen sich überall unheimliche Schwarze Löcher zu verbergen scheinen. Das mag zwar alles theoretisch-physikalisch zu begründen sein, doch »erklären entwertet«, wie der Dichter der Galgenlieder, Christian Morgenstern, einmal geschrieben hat, und das Publikum spürt diesen Verlust. Hier deutet sich erneut die Komplementarität zwischen dem allgemein gültigen naturwissenschaftlichen Gesetz und der individuellen Suche nach Lebenssinn an. Die Konsequenz daraus ist für den hier verhandelten Zusammenhang klar: Eine ernst zu nehmende Astrologie geht komplementär zu einer wissenschaftlich korrekten Astronomie vor und bietet entsprechende Einsichten. Wer einen Astronomen um Rat fragt, möchte eine universal zutreffende und mit rationalen Mitteln erarbeitete Auskunft über die Bewegungen der Gestirne. Wer einen Astrologen um Rat fragt, möchte Auskunft über sein Leben, und an dieser Stelle hat Rationalität nicht viel zu sagen. Jeder von uns ist ein Einzelfall, der folglich irrational ist. Irrational sind wir, nicht weil wir »unsinnig« wären, sondern weil kein Mensch auf rationale Erklärungen reduzierbar ist.

Die Harmonie der Welt

Die Astrologie stand früher in hohem Ansehen, und sie könnte heute noch ebenso gut dastehen, wenn sie sich nicht durch zahlreiche Vulgärastrologen selbst abgewertet hätte, die harmlose Horoskope erfinden und Boulevardblätter mit platten Prognosen füllen. Wofür an dieser Stelle geworben wird, könnte man den humanen (gebildeten) Umgang mit einer Astrologie nennen, die mehr ist als ein bloßer Aberglaube. Für den griechischen Arzt Hippokrates etwa hatte niemand ohne Kenntnisse der Astrologie das Recht, sich Arzt zu nennen. Und Johannes Kepler hat seine Kritiker – »etliche Theologos, Medicos und Philosophos« – ermahnt, »dass sie bei billicher Verwerffung des Sternguckerischen Aberglaubens nicht das Kind mit dem Bad ausschütten und hiermit ihrer Profession zuwider handeln.«

Kepler selbst hat sich nicht nur deshalb ernsthaft mit der Astrologie beschäftigt, weil er damit wenigstens etwas Geld verdienen konnte, sondern weil er eine Theorie für die Wirkungsweise der Sterne hatte. Um sie formulieren zu können, musste er jedoch zuerst einen entscheidenden Schritt tun. Noch vor Keplers Zeiten war die Vorstellung einer umfassenden Weltseele weit verbreitet. Das ganze Universum galt als belebt, so wie man es bei sich selbst spürte. Kepler schaffte diese *anima mundi* ab und ersetzte sie durch die Vorstellung von Einzelseelen, die in jedem Stern und in jedem Planeten zu finden waren.

Mit den Seelen der Gestirne am Himmel und den Seelen der Menschen auf der Erde konnte Kepler nun von einem Gleichklang zwischen beiden sprechen, und zwar vor allem deshalb, weil beide einen Schöpfer haben, der sie so angelegt hat, dass sie miteinander in Einklang kommen können. Modern ausgedrückt entwirft Kepler eine Resonanztheorie für die Astrologie, die er als Zeugnis von Gottes Wirken versteht.

Der Begriff Resonanz kann wörtlich genommen werden, denn Kepler war der Meinung, dass es eine Harmonie des Kosmos gibt, dass die himmlischen Sphären und ihre Bewegung eine Musik ergeben, die wir empfangen und wahrnehmen können. Wir sind dabei Personen in der wörtlichen Bedeutung, weil dabei etwas durch uns hindurch tönt – auf Lateinisch *personare*. »Die Sonne tönt nach alter Weise«, wie es zum Beginn im *Faust* heißt, wenn die Engel den Auftritt des Herrn ankündigen. Auch wenn diese Bemerkungen auf den ersten Blick weit aus dem wissenschaftlichen Feld herauszuführen scheinen, so würden wir das Kind mit dem Bade ausschütten, wenn wir den musikalischen Gedanken völlig ignorierten. Wer sich nämlich in modernen Büchern umsieht, wie zum Beispiel in Brian Greenes *Das elegante Universum*, wird feststellen, dass die heutige

Physik im Inneren findet, was Kepler außen entdeckt hat – nämlich Rhythmus und harmonische Bewegungen. Stringtheorie heißt das jüngste Kind der Hochenergiephysik, der zufolge selbst die elementarsten Teilchen wie Elektronen noch ein Innenleben haben, und zwar in Form von »strings«, also Saiten, die man sich auch tatsächlich wie die Saiten einer Violine vorstellen kann. Könnte es nicht sein, dass Kepler und die Stringtheoretiker Recht haben und wir genau in der Mitte zwischen zwei natürlichen Harmonien Platz gefunden haben und in uns und durch uns die Musik des Kosmos tönt? Könnte es nicht sein, dass wir – wieder wörtlich – Personen sind, weil wir den inneren und den äußeren Rhythmus, die atomare und die kosmische Bewegung verbinden?

Mikro- und Makrokosmos

Ein zentraler Gedanke der Astrologie ist die Annahme einer Analogie bzw. einer Parallelität zwischen der großen und der kleinen Welt. Ihr gilt der Mensch als ein Mikrokosmos, der die Welt als Makrokosmos »spiegelt«, wie es zum Beispiel in einem *Lexikon der Astrologie* heißt.[9] Diese Vorstellung spielt allerdings nicht nur in astrologischen Zusammenhängen eine Rolle. Sie hat zum Beispiel Leonardo da Vinci sehr gut gefallen, der einmal um 1492 – also dem Jahr, in dem Columbus unterwegs nach Amerika war – als Auftakt für ein dann ungeschrieben gebliebenes »Traktat über das Wasser« folgende Ideen konzipiert hat:[10]

> »Der Mensch wurde von den Alten eine Welt im Kleinen [Mikrokosmos] genannt. Gewiss ist diese Bezeichnung recht treffend, denn da der Mensch aus Erde, Wasser, Luft und Feuer zusammengesetzt ist, gleicht ihm dieser Erdenkörper. Wie der Mensch die Knochen als Stützen und Gerüst des Fleisches in sich hat, so hat die Welt das Gestein als Stützen der Erde. Wie der Mensch in sich den Blutsee hat, wo die

Lunge beim Atmen zunimmt und abnimmt, so hat der Körper der Erde sein Weltmeer, das auch alle sechs Stunden abnimmt und zunimmt mit dem Atmen der Welt. [...] Da die Welt von ewigem Bestand ist, findet dort keine Bewegung statt, und da keine Bewegung stattfindet, sind die Sehnen nicht nötig. Aber in allen anderen Dingen sind sie [der Mensch und die Welt] einander sehr ähnlich.«

Die Bedeutung der Analogie wird hier ebenso deutlich wie die Nähe zu der Gaia-Hypothese, die in der Erde einen großen Organismus sieht und das Leben auf unserem Planeten dazurechnet.[11] Das Verhältnis von Mikro- und Makrokosmos scheint mir weniger wie ein Spiegel, denn wie ein Fenster zu sein, durch das wir sowohl in den Menschen als auch in den Kosmos sehen können. Es ist ein Fenster, das nach innen und nach außen geht, und wir haben die Möglichkeit, in beide Richtungen zu blicken.

Die versetzten Bilder am Himmel

Um Missverständnissen vorzubeugen: Dies ist kein Plädoyer für jede billige Art der Astrologie oder jede banale Form der Sinnsuche. Beide Bemühungen bekommen ihre Bedeutung nur im Verbund mit der Wissenschaft als komplementäre Aktivitäten. Horoskope werden dabei natürlich nicht angefertigt, es sei denn, man bezeichnete so die Darstellungen des Himmels – die Himmelskarten –, wie sie früher üblich waren. Solche Karten stellen vor allem den Tierkreis – den Zodiak – dar, den zum Beispiel die zwölf bekannten Bilder ausschmücken, die jeder kennt: Widder, Stier, Zwillinge, Krebs, Löwe, Jungfrau, Waage, Skorpion, Schütze, Steinbock, Wassermann und Fische (Abb. 4–2). Diese Unterteilung ist sicher auf einen Zeitpunkt zu datieren, der vor dem Jahr 500 vor Christi Geburt liegt. Mit anderen Worten, die Sternbilder und ihre Reihenfolge wurde vor mehr als 2500 Jahren festgelegt, und hier

Die versetzten Bilder am Himmel 105

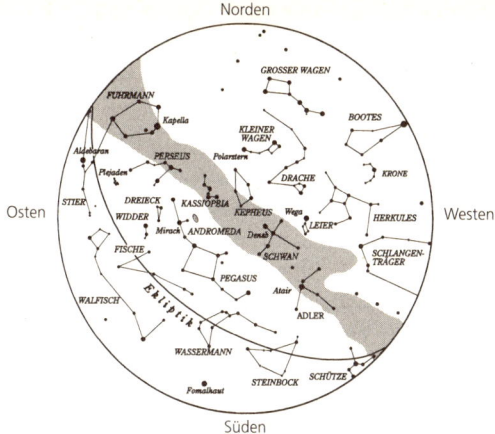

Abb. 4–2 Auffällige Himmelskörper mit den bekannten Tierkreiszeichen

Die Abbildung zeigt den Blick auf den Sternenhimmel im Herbst, wie er von der nördlichen Hemisphäre aus sichtbar ist. Die Bilder des Tierkreiszeichens sind deutlich auszumachen. Sie liegen auf der Linie, die als Ekliptik bezeichnet wird. Sie versteht, wer sich zuerst klarmacht, dass die Nord/Süd-Achse der Erde nicht senkrecht zur Umlaufbahn um die Sonne steht, sondern geneigt ist (um rund 23,5 Grad). Nun denkt man sich eine Himmelssphäre mit der Erde als Mittelpunkt, und fragt sich dann, wo an diesem Firmament die Sonne ihren Jahreslauf anzeigen würde. Unser Tagesgestirn verschiebt sich jeden Tag um etwa ein Grad nach Osten, und zwar entlang der Ekliptik. Übrigens gäbe es keine Jahreszeiten, wenn die Äquatorebene der Erde identisch mit der Ebene wäre, die durch den Umlauf der Erde um die Sonne festliegt.

Die Namen der Sternbilder sollte man nicht gering schätzen, denn wie geistreich die Griechen bei der Benennung vorgegangen sind und wie wunderbar sie das Firmament damit bevölkert und für Menschen ansprechend gemacht haben, zeigt die Phantasielosigkeit, mit der die den Griechen unzugänglichen Sternkonstellationen des Südhimmels in der Neuzeit benannt wurden: »Pendel, Uhr, Mikroskop, Teleskop, Triangel, Winkelmaß, Brustwehr, Luftpumpe, Rhombisches Netz, Kompass, Zirkel, Oktant – von dem großen christlichen Zeichen, dem Kreuz des Südens, abgesehen, meist Namen und Bilder aus der Instrumentenwelt des Mathematikers, Geometers, Nautikers, das heißt des Gelehrten, der nach dem Zeitalter der Entdeckungen im 17., besonders aber im 18. Jahrhundert aus einer nüchternen technischen Welt den Bildern ihre Namen gab.«[12]

taucht ein Problem auf. Wir können zwar die Bilder festhalten, nicht aber die Sterne. Es gehört nun zu den beliebten Hinweisen der auf Rationalität eingeschworenen und von Wissenschaft besessenen Gegner der Astrologie, dass sich die ganze Konstruktion in den vergangenen Jahrtausenden um eine Einheit verschoben hat und somit unsinnig ist.

Zuerst die wissenschaftliche Seite: Welche Sterne wir in welcher Anordnung sehen, hängt natürlich von unserem Ort auf der Erde und damit von ihrer Bewegung im Laufe der Zeit ab. In erster Näherung vollzieht unser Planet drei Bewegungen: Er dreht sich um sich selbst, er kreist um die Sonne, und er lässt seine Erdachse um den Pol der Ekliptik rotieren. Das zuletzt genannte Kreiseln nennen die Astronomen Präzession, und diese Bewegung ist die mit Abstand langsamste. Sie braucht rund 28 500 Jahre für einen Umlauf – im Gegensatz zu dem Tag bzw. zu dem Jahr, das die ersten beiden Drehungen benötigen. Doch so wenig die Präzession in einem persönlichen Leben und in dem individuellen Wahrnehmen eine Rolle spielt, so spürbar verschiebt diese sanfte Bewegung die Sternbilder, wenn man ihr Zeit genug gibt. Jedes Jahr rückt der so genannte

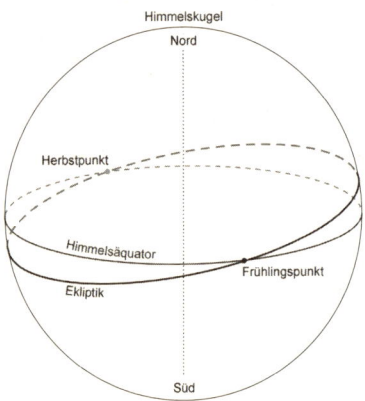

Abb. 4–3 Die Ekliptik versteht man am einfachsten, wenn man sich eine Himmelskugel mit Polen und Äquator denkt. Die Ebene der Erdbahn ist gegen den Äquator um rund 23 ° geneigt, was sich mit der Präzession ändert.

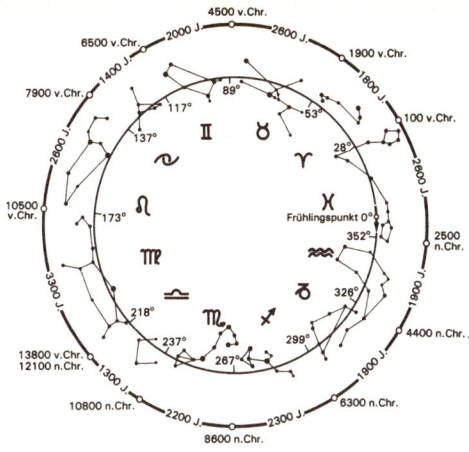

Abb. 4–4 Die Wanderung des Frühlingspunkts

Frühlingspunkt ein winziges Stückchen vor, was nach vielen Tausend und Abertausend Tagen eine Inkongruenz der Sternbilder mit sich bringt. Tatsächlich steht heute an der Stelle, wo Astrologen den Widder sehen, das Bild der Fische, und entsprechend sind alle übrigen Bilder weitergewandert.

Jetzt kommt die Frage der Bewertung: Ist dies ein tödliches Argument gegen astrologische Beratungen bzw. Weissagungen? Offenbar nicht, wenn man ihre Betreiber fragt, und sie lassen sich aus vielen Gründen nicht durch die erkannte Präzision der fortwährenden Präzession irritieren. Einer steckt in der Geschichte der Astrologie, die mit den Babyloniern beginnt. Ihre Sterndeuter bzw. Priester kannten zwar das Konzept der Präzession noch nicht, ihnen war aber nicht entgangen, dass die Sonne am Beginn des Sommers, der durch den längsten Tag (mit dem längsten Licht) definiert wurde, nie an der exakt gleichen Stelle im Sternbild Krebs erschien, sondern von Jahr zu Jahr ein klein wenig verschoben auftrat. Der Unterschied war zwar gering, aber er war vorhanden, und so ließen sich die Babylonier als gute Wissenschaftler etwas einfallen. Sie entwickelten einen neuen Tierkreis, der auf Jahreszeiten bezogen wurde und heute tropischer Tierkreis heißt. Er enthält zwar nicht mehr die bekannten *Bilder* (die offenbar nie leicht auszumachen waren und die viele Menschen bis heute selbst beim besten Willen nicht finden können), dafür aber *Zeichen*. Nun hat man sich leider angewöhnt, die Tierkreiszeichen mit denselben Namen zu versehen wie die Bilder, und damit hat man bis in unsere Zeit hinein Verwirrung gestiftet. Der tropische Tierkreis mit seinen Zeichen beginnt da, wo die Sonne zu Frühlingsbeginn tatsächlich steht, wobei dieser Zeitpunkt – der Frühlingspunkt – durch die gleiche Länge von Tag und Nacht charakterisiert ist (Tag-und-Nacht-Gleiche). Der Jahreslauf der Sonne wird nun in zwölf gleiche Abschnitte eingeteilt, und in fester Ordnung folgt ein Sternkreiszeichen dem anderen – ohne Probleme und ohne Verschiebung.

Die Ordnung ist damit hergestellt. Ob sie Bedeutung hat, muss jeder für sich spüren und festlegen. Vermutlich werden die meisten Physiker die Astrologie immer verurteilen. Doch wird dies die menschliche Neigung zu ihren Bemühungen nicht erschüttern. Den Grund dafür hat Goethe in einem Brief genannt, den er am 8. Dezember 1798 an Schiller geschrieben hat:

»Der astrologische Aberglaube ruht auf dem dunklen Gefühl eines ungeheuren Weltganzen. Die Erfahrung spricht, dass die nächsten Gestirne einen entschiedenen Einfluss auf Witterung, Vegetation etc. haben; man darf nur stufenweise immer aufwärts steigen und es lässt sich nicht sagen, wo die Wirkung aufhört. Findet doch der Astronom überall Störungen eines Gestirns durch andere. Ist doch der Philosoph geneigt, eine Wirkung auf das Entfernteste anzunehmen. So darf der Mensch im Vorgefühl seiner selbst nur immer etwas weiter schreiten und diese Einwirkung aufs Sittliche, auf Glück und Unglück ausdehnen. Diesen und ähnlichen Wahn möchte ich nicht einmal Aberglauben nennen, er liegt unserer Natur so nahe, ist so leidlich und lässlich als irgendein Glaube.«

5 Der Kosmos und seine Grenzen

Universum, Weltall, Kosmos – mit diesen sehr unterschiedlichen Worten meinen wir den einen Ort, an dem wir uns aufhalten. Von ihm wollen wir etwas wissen, und zwar von Anfang an. Die letzte Bemerkung ist mit Absicht doppeldeutig. Zum einen wollen wir den Anfang des Universums kennen. Die heutige Vorstellung läuft unter dem zwar bildhaften, aber eher ungemütlichen Namen Urknall.[1] Sie ist erst denkbar geworden, nachdem Einstein einen inneren Zusammenhang zwischen Raum, Zeit, Energie und Materie hergestellt hatte. Zum anderen versuchen Menschen seit dem Anfang ihrer geistigen Geschichte das Universum und seine Dimensionen kennen zu lernen. Wissenschaftliches Staunen und Fragen hat nicht mit biologischen oder gar psychologischen Fragestellungen oder der Aufforderung »Erkenne dich selbst« begonnen, sondern mit astronomischen Beobachtungen. Die Erkundung des Himmels ist die älteste Wissenschaft, und die ersten Kundschafter der Wirklichkeit haben mit Wahrnehmungen im Außenraum begonnen und ihre Aufmerksamkeit erst nach und nach auf sich selber und unseren Innenraum gelenkt.[2]

Es lässt sich ziemlich genau angeben, wann der Blick zum Himmel erstmals auf wissenschaftliche Weise systematisiert worden ist. Unter Historikern vertritt man durchgängig die Ansicht, das erste Auftreten von Wissenschaft sei mit Thales von Milet geschehen, der rund 600 Jahre vor Christi Geburt eine Sonnenfinsternis vorhersagen und damit seine Mitmenschen beeindrucken konnte. Zwar verrät keine Quelle, wie Thales dies gemacht hat und welche Überlegungen seinem Tun zugrunde gelegen haben, aber es ist nicht schwer einzusehen, dass die Bewegungsmuster der in der Nacht erkennbaren Himmelskörper das perfekte Ausgangsmaterial für erste wissenschaftliche Untersuchungen bieten, wobei der Hinweis vielleicht nicht unerheblich ist, dass dieser ästhetische Zugang zur Welt der forschenden Neugier heute mehr oder weniger versperrt ist. Wer sieht denn bei all den Beleuchtungen unserer Städte noch lange genug an den Himmel, um erkennend zu staunen und zugleich staunend zu erkennen? Dabei bietet der freie Blick auf die nächtliche Sternenfülle dem unbewaffneten Auge die Möglichkeit der einfachen Unterscheidung zwischen zwei Arten der Bewegung. Da sind zum einen die Sterne, die ihre Position scheinbar unverändert beibehalten – die Fixsterne, wie es deshalb einfach heißt –, und zum anderen die im Vergleich dazu rasch von Ort zu Ort ziehenden Lichtpunkte, die von den Griechen »Wanderer« genannt wurden, also Planeten. Ein auffälliger Wanderer ist dabei die Venus, die als Abend- und als Morgenstern gesehen werden kann.

Noch auffälliger ist natürlich der Erdtrabant, den wir Mond nennen und der uns kurioserweise immer dieselbe Seite – sein Mondgesicht – zeigt.[3] Seine zumindest bei Vollmond eindrucksvolle Erscheinung hat Aristoteles dazu gebracht, das Universum in zwei Teile zu zerlegen, nämlich in die sublunare Welt, in der wir mit den vier Elementen Erde, Wasser, Feuer und Luft leben, und in die sich darüber erhebenden Himmelssphären, die von einer eigenen Fixsternsphäre eingeschlossen werden. Das Wort »Sphäre« hat heute eine andere Bedeutung als bei Aristoteles. Wir denken zum Beispiel an die westliche bzw. östliche Hemisphäre der Erde, ohne eine besondere Gestalt ins Auge zu fassen. Von der Zeit der Antike bis zum Beginn der wissenschaftlichen Neuzeit nach 1600 drückte man mit Hilfe dieses Begriffs vor allem die Idee des Kreis- bzw. des Kugelförmigen aus, was im englischen Ausdruck »sphere« für »Kugel« noch nachklingt. Die Himmelssphären wurden dabei als geschlossene und starre Gebilde betrachtet, die sich nach den Vorgaben einer ewigen Harmonie auf gleichförmigen und unveränderlichen Kreisbahnen bewegten. In diesen Regionen galten andere Gesetze als in der sublunaren Sphäre, die für Menschen gemacht war.

Übrigens: Es sind weder bei Aristoteles noch später bei Kopernikus und Kepler die Planeten oder andere Himmelskörper, die sich bewegen. Es sind vielmehr die Sphären, die sich drehen und die ihnen zugehörenden Objekte mit sich führen. Der Vorteil dieser gedanklichen Konstruktion besteht darin, dass keine Erklärung wissenschaftlicher Art für ihr Rotieren nötig und gefragt ist. Denn was die Sphären tun, hängt an der vorgegebenen bzw. vorgefundenen kosmischen Harmonie. Es dauerte seine Zeit, bis die Physiker von Kepler bis Newton die Eigenbewegung der Planeten einführten, die uns heute selbstverständlich geläufig ist. Da es leider nicht zu den Angewohnheiten von Forschern zählt, zu beschreiben, was sie nicht wissen oder nicht erklären können, bleibt letztlich unklar, was diesen Übergang so schwer machte, wenn man einmal von der aus heutiger Sicht zwar leicht zu stellenden, damals aber nur schwer zu beantwortenden Frage absieht, welche Kraft die Planeten antreibt und in Bewegung hält. Tatsächlich brachten sich die Wissenschaftler ganz gehörig in die Bredouille, als sie den Himmelskörpern Unabhängigkeit von den Sphären und freie Fahrt gewährten, ohne die Ursache für ihre (vermutete) Kreisbahn angeben zu können.

Wenn an dieser Stelle Spekulationen erlaubt sind, würde ich vermuten, dass die in der Frühzeit der Wissenschaft vorherrschende Neigung, den Kosmos mit rotierenden Sphären auszustatten, weniger mit der Drehung und mehr mit der Füllung zu tun hat. Wenn es nämlich heißt: »Am Himmel kreisen Planeten und andere Gegenstände«, dann folgt unweigerlich die Frage, in welchem Medium sie dies tun und was zwischen ihnen ist. Sehen konnte man da nichts außer der blauen Farbe des (wolkenlosen) Tages und der schwarzen Farbe der (sternenklaren) Nacht. Und genau das durfte da nicht sein, nämlich Nichts. Vor dem Nichts hatte man damals wie heute Angst, und so stopfte man die Leere mit Sphären, die den Lebensraum der Menschen umhüllen und uns schützend umfangen. Wir füllen den Raum übrigens bis heute, nur dass wir nicht mehr von Sphären oder einem Äther sprechen, sondern zum Beispiel von kontinuierlichen Feldern, die wir nun auch nachweisen können.

Himmlische Hierarchien

Die Grundidee jeder wissenschaftlichen Tätigkeit steckt in der Annahme, dass die Welt wenigstens in Teilen begriffen werden kann, und die Bezeichnung »Kosmos« drückt genau diesen Tatbestand aus. Sie stellt die dem Verstand zugängliche Welt einem für ihn unentwirrbaren Chaos gegenüber. Das bis heute attraktiv wirkende Wort Kosmos[4] kommt als Bezeichnung der am Himmel sichtbaren und somit den Sinnen zugänglichen Erscheinungen zu der Zeit in Umlauf, als Platon lebte und schrieb. Alle folgenden Denker der abendländischen Kultur konzipieren von nun an kosmische Modelle, und so gehört der Versuch, sich ein Bild von der uns umgebenden und umhüllenden Sphäre zu machen, zu den ältesten wissenschaftlichen Bemühungen unserer Kultur. Wir möchten zu der Welt gehören und sie soll zu uns gehören.

Diese frühen Modelle rufen in Erinnerung, dass wissenschaftlich tätige Menschen niemals nur Modelle *von* etwas machen, sondern die Modelle *für* etwas entwerfen, meistens und am liebsten für sich selbst. Die ältesten Bilder des Makrokosmos um uns bedeuten ebenso wie die jüngsten Bilder des Mikrokosmos in uns vor allem etwas für die Menschen, die sie entwerfen. Sie müssen uns gefallen, und sie tun dies besonders dann, wenn sie uns zeigen, wie schön die äußere Welt tatsächlich ist. Es ist daher auch nicht zu erwarten, dass die Gemeinde der Forscher mit ihren Vorstellungen und Bildern irgendwann zu einem Abschluss kommt. Dies bedeutet nicht, dass man nicht nach 2500 Jahren des Nachdenkens ein wenigstens einigermaßen zutreffendes Bild von dem Universum, in dem wir leben, malen könnte. Dem heutigen Forschungsstand wollen wir uns im Folgenden zuwenden.

Die moderne Wissenschaft verfügt inzwischen über ein sehr detailliertes Bild der uns umfangenden Weiten. Was den Betrachter dabei am meisten verwundert, sind die unglaublichen Entfernungen, mit denen man es bei den kosmischen Dimensionen zu tun hat. Sie werden ausgefüllt von hierarchischen

Himmlische Hierarchien 113

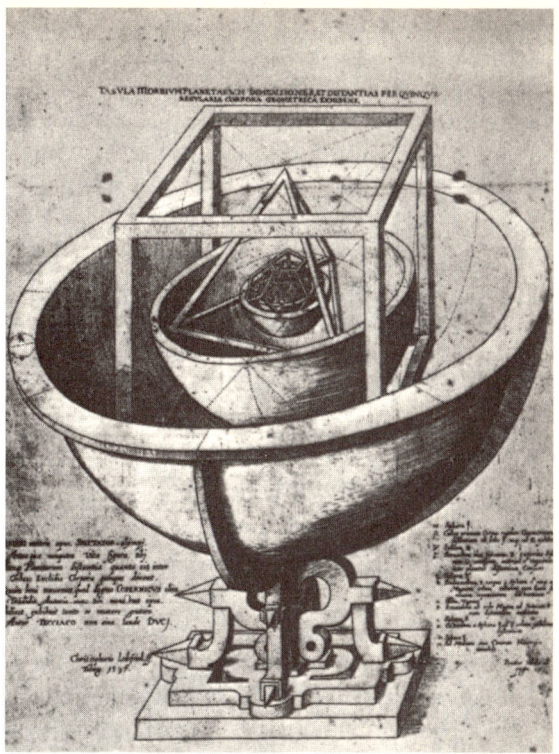

Abb. 5–1 Keplers Weltgeheimnis (kurz vor 1600): Kepler konstruiert sein Weltmodell geometrisch und übernimmt eine Einsicht von Euklid, der gezeigt hat, dass es fünf Körper geben kann, deren Begrenzungsflächen identisch und gleichseitig sind: die aus vier Dreiecken aufgebaute Pyramide, der aus vier Quadraten aufgebaute Würfel, das aus acht Dreiecken aufgebaute Oktaeder, das aus zwölf Fünfecken aufgebaute Dodekaeder und das aus zwanzig Dreiecken aufgebaute Ikosaeder. Alle genannten Körper können in Kugeln gepackt werden, so dass ihre Spitzen genau an deren Oberfläche stoßen. Kepler gelingt es, die fünf Körper so ineinander zu schachteln, dass die Radien der (gedachten) Kugelschalen in und um sie gerade die Bahnradien der Planetenbahnen ergeben, die das Kopernikanische (heliozentrische) System verlangt (von Ellipsen weiß man zur dieser Zeit noch nichts). »Kepler ist entzückt und glaubt, das Geheimnis der Welt, das Mysterium Cosmographicum, entdeckt zu haben.«[5]

Strukturen bzw. Konstruktionen, wie in den letzten Jahren immer deutlicher geworden ist. Es ist nur zu bedauern, dass sich dabei nicht mehr (oder noch nicht) die besonderen Formen erkennen lassen, wie sie noch Johannes Kepler erträumt hat, als er seine kosmische Hierarchie auf Geometrie gründete. Im Weltall scheint – nach dem heutigen Modell – mehr die Materie über den geometrischen Geist zu herrschen.

Die Hierarchie des Kosmos

Stern
⇩
Planetensystem
⇩
Galaxie
⇩
Galaxienhaufen
⇩
Supercluster

Als Ausgangspunkt der hierarchischen Ordnung wird gewöhnlich ein Stern genommen, der sich dadurch charakterisieren lässt, dass er selbstständig leuchtet. Der bekannteste Stern ist natürlich die Sonne, und sie produziert ihr Licht und ihre Wärme durch zahlreiche Prozesse, die auf der atomaren Ebene ablaufen und Energie freisetzen. Diese Prozesse sind zum Teil sehr genau erforscht. Den grundlegenden Mechanismus, mit dessen Hilfe die Sonne zu dem Leben spendenden Stern wird, der sie ist, nennen die Physiker Kernfusion, und sie meinen damit die Verschmelzung von Atomkernen, konkret die Verwandlung von Wasserstoff in Helium. Es sind also die kleinsten Einheiten der Erde, die das größte Licht am Himmel produzieren, und wer sich mit Wissenschaft beschäftigt, wird häufiger auf Verbindungen dieser Art stoßen. Sie halten die Welt zusammen.[6]

Lernen kann man an dieser Stelle den seltsamen Zusammenhang, dass der Vorgang, der in der Sonne abläuft und das Leben ermöglicht, von Menschen genutzt werden kann, um das Gegenteil zu erreichen, nämlich um Leben weitgehend auszulöschen. (Ob etwas ein Gift oder ein Heilmittel ist, hängt auch in diesen Dimensionen vor allem von der Dosis ab, wie der Alchemist Paracelsus als Erster in aller Deutlichkeit formuliert hat, und der an dieser Ensprechung von Mikro- und Makrokosmos sicherlich seine Freude gehabt hätte.)

Kosmische Dimensionen zum Ersten

Ein Stern allein macht noch kein Weltall, selbst wenn er von zahlreichen Planeten umschwirrt wird, wie es bei unserer Sonne der Fall ist. Ein Stern befindet sich zumeist in größeren Gruppen, wobei das Wort »größer« angesichts der konkreten Zahlen seltsam schwach klingt. Betrachten wir zum Beispiel die bekannteste Gruppe von Sternen, die man Galaxie nennt, und sondern wir unsere eigene Galaxie heraus, die Milchstraße. In diesem Fall meint jemand, der von einer »größeren Zahl« redet, einige hundert Milliarden von Sternen. Würde man diese Angabe in Ziffern ausdrücken und sie alle aufschreiben, hätte man einen Kometenschweif von Nullen auf dem Papier.

Wir werden nicht nur im kosmologischen, sondern auch in anderen wissenschaftlichen Kontexten auf Zahlen treffen, die viel zu groß sind, um von uns begriffen zu werden. Dass solche Zahlen im Allgemeinen unsere kognitiven Fähigkeiten übersteigen, lässt sich immer wieder bemerken, wenn staatliche Haushaltsdefizite oder Bilanzen von weltweit operierenden Unternehmen vorgelegt werden. Allzu oft verwechseln Politiker, Journalisten und andere Laien Billionen mit Milliarden, und kaum jemand versteht, dass sich an einer Milliarde fast nichts ändert, wenn man eine Million von ihr abzieht.

Aber bedeutet dies, dass die kosmischen Dimensionen deshalb unser Fassungsvermögen komplett übersteigen und dem

Laienverstand auf alle Zeiten unverständlich bleiben? Mir scheint, dass es weder Grund zur Trauer noch zum Pessimismus gibt, nur weil wir mit großen Zahlen schlecht umgehen können. Ich würde zunächst einmal darauf hinweisen, dass es ein Grund zur Freude ist, mit den Zahlen ein Hilfsmittel – ein Fenster – gefunden zu haben, das uns den Zugang zu den galaktischen Weiten ermöglicht. Und mit dieser Einstellung würde ich gerne noch einen Schritt weitergehen, und zwar in eine Richtung, die schon im letzten Kapitel angedeutet worden ist, die aber trotzdem überraschend wirken mag.

Bislang werden in unserer ökonomisch ausgerichteten und bei jeder Wahl oder Wettervorhersage mit präzisen Messergebnissen überschütteten Gesellschaft Zahlen überwiegend als Messgrößen verwendet und durch ihre quantifizierenden Eigenschaften erfasst. Doch wir alle wissen, dass Zahlen mehr sind und zum Beispiel in uns Gefühle wecken können. Jeder von uns ist auf seine Weise ein Zahlenmystiker, der in Zahlenreihen nach versteckten Botschaften sucht. Fast jeder hat eine Lieblingszahl; die meisten Menschen bevorzugen gerade vor ungeraden Zahlen, viele meiden die 13, wir schätzen die 2000 mehr als die 1999, wir feiern eher unseren 50. Geburtstag mit Getöse als den davor, obwohl die 49 eine schöne Quadratzahl ist, wir reden von perfekten und vollendeten Zahlen, und einige Exemplare unserer Spezies schwärmen sogar von Primzahlen. Mit Zahlen lässt sich also ein Erleben verbinden, und warum soll man den Kosmos mit den genannten Zahlen bloß vermessen und nicht auch erleben können – vielleicht gerade deshalb, weil sie derart immens sind? Ein naturwissenschaftlich gebildeter Mensch sollte dazu in der Lage sein. Er oder sie sollte wissen, dass es hier einen inneren Kosmos zu entdecken gibt, der ziemlich genau auf den äußeren passt.

In der letzten Formulierung steckt die Vermutung, dass es mit den Zahlen über das Gesagte hinaus noch eine weitere Möglichkeit zu erkunden gibt. Sie besteht darin, die Zahlen in den philosophischen Himmel aufsteigen zu lassen, in dem bislang nur Raum und Zeit zu Hause waren, wie die Philosophen verkünden. Immanuel Kant hat sie dort einziehen lassen, um uns zu erklären, warum wir ohne Raum und Zeit nicht in der Lage sind, etwas von der Wirklichkeit zu begreifen. Raum und Zeit sind in uns angelegte und somit vorgegebene Formen, mit denen wir die uns begreifbare und zugängliche Welt ordnen. Und was ist mit den Zahlen? Warum sehen wir sie nicht auf ganz ähnliche Weise wie Raum und Zeit?

Die Zeit erlaubt Ereignissen, nacheinander abzulaufen, und der Raum erlaubt es ihnen, nebeneinander stattzufinden. Wir können von ihnen vermutlich deshalb erzählen, weil wir sie zählen können. Ohne Zahlen ergibt die Vorgabe von Raum und Zeit für Menschen keinen Sinn. Deshalb brauchen sie den gleichen Status wie die beiden heiligen Säulen, die Kant für die Erkenntnis errichtet hat, und die Frage lautet, wann wir bereit sind, ihnen diesen Rang zuzugestehen.

Zur Erinnerung: Zu den zwar uralten, nach wie vor aber unklaren und von den Mathematikern leider nur am Rande behandelten Fragen der Wissenschaft gehört immer noch die nach der Herkunft der Zahlen. Haben wir sie erfunden oder gefunden? Die saloppe Auskunft der Fachwelt lautet an dieser Stelle oft, dass der liebe Gott die natürlichen Zahlen 1, 2, 3, 4 und so weiter vorgegeben hat und dass alles andere Menschenwerk ist – die Brüche, die negativen Zahlen, die Wurzeln und vieles mehr. Doch da war man früher vielleicht schon weiter. Der alte Pythagoras zum Beispiel dachte völlig anders. Er glaubte nicht nur, dass alles Zahl ist, sondern dass auch all das, was ist, aus Zahlen hervorgegangen ist und ihnen seine Existenz verdankt. Mit anderen Worten, es ist nicht nur möglich, es macht vieles leichter und ist vermutlich sehr viel sinnvoller, der Zahl den gleichen philosophischen Rang wie dem Raum und der Zeit zuzuweisen und sie als eine Erkennungsweise der Welt zu betrachten, die uns gegeben und nicht von uns gemacht ist. In dem Fall löst sich nebenbei auch der uralte Knoten der Philosophie auf, der zu verstehen verhindert, warum die Mathematik und ihre Zahlen überhaupt auf die Welt passen und die Wissenschaft so funktioniert, wie wir es kennen.

Tatsächlich erschließt sich der Kosmos über die Zahlen – aber dies gelingt in einer befriedigenden Form erst dann, wenn wir davon absehen, die Zahlen als Lieferanten quantitativer Informationen zu degradieren, und dazu übergehen, sie als Hintergrund der ganzen Welt zu sehen. Das Verständnis des Kosmos fiele leichter, wenn die Zahlen als dritte Grundform des Erkennens – als drittes Fenster zur Welt – gleichwertig neben Raum und Zeit gestellt würden. Diese Aufgabe kann hier nur angeregt werden und ist sicher nicht in einem Schritt zu absolvieren.

Kosmische Dimensionen zum Zweiten

Kehren wir zu konkreteren Dingen in Raum und Zeit zurück, also zu den Sternen und Galaxien, deren hierarchische Ordnung es zu erfassen gilt. Das Wort »Galaxie« ist griechisch für Milchstraße. Es rührt von der Wahrnehmung eines Nachthimmels her, wenn sie weder durch Wolken noch durch künstliche Beleuchtung gestört und abgeschwächt wird. Wer etwa auf dem Gipfel eines Berges, fern von zivilisatorischen Erhellungen steht und in den Himmel guckt, kann tatsächlich den Eindruck bekommen, hier hätte jemand Milch verschüttet. Das in der Nacht sichtbare Sternenmeer nannten die Griechen »galaxias«, also Milchstraße, und das Wunderbare besteht darin, dass wir ein Teil davon sind. Dieser guten Nachricht muss allerdings eine schlechte an die Seite gestellt werden. Sie hat mit unserer Position in der Milchstraße zu tun, und die ist sehr weit von der Mitte entfernt (Abb. 5–2). Möglicherweise ist diese Randlage sicherer als das Zentrum, denn die Astronomen vermuten dort inzwischen das, was sie mit dem die Phantasie anregenden Begriff des »Schwarzen Loches« bezeichnen. Wir lassen ihn an dieser Stelle einfach so stehen (siehe Kasten: Sternentwicklung und Schwarze Löcher), ohne allerdings den Hinweis zu vergessen, dass an dieser Stelle mehr Fragen offen sind, als den Astrophysikern lieb sein kann. Dies heißt konkret, dass wir nicht sicher wissen, was sich in der Mitte unserer Heimatgala-

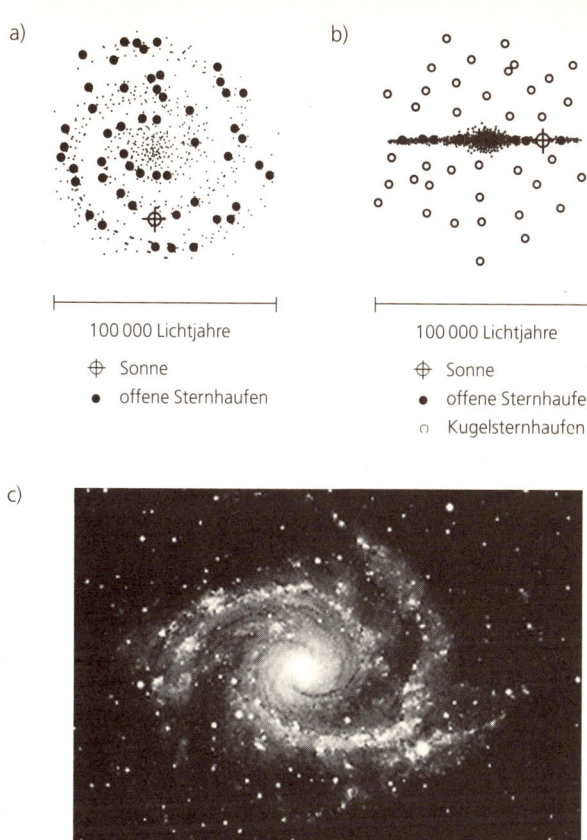

Abb. 5–2 Verschiedene Darstellungen der Milchstraße, die eine Ausdehnung von rund 100 000 Lichtjahren hat. Die Position der Sonne in einer Entfernung von rund 30 000 Lichtjahren vom Zentrum ist angedeutet. Wir zirkulieren auf unserer Erde also ziemlich am Rande des Geschehens. In der Ebene der Milchstraße finden sich zahlreiche so genannte offene Sternhaufen (a), die sich von den Kugelsternhaufen unterscheiden, bei denen sich einige 100 000 Sterne auf engstem Raum – im Bereich weniger Lichtjahre – zusammenballen (b). Unsere Galaxie, die Milchstraße, sieht von außen wahrscheinlich so aus wie die Spiralgalaxie (c), die im Katalog der Astronomen die Bezeichnung NGC2997 bekommen hat.

Sternentwicklung und Schwarze Löcher

Das statisch wirkende Bild am Himmel verschleiert die ungeheuren Vorgänge, die dort mit unvorstellbarer Energie ablaufen. Um sich die mögliche Entwicklung eines Schwarzen Loches vorstellen zu können, setzen wir riesige Mengen an interstellarer Materie voraus, die in einer Explosion (Supernova) entstanden sind. Durch Einwirkung der Schwerkraft verdichtet sich diese Materie zu Sternen, deren weiteres Schicksal von der dabei versammelten Masse abhängt. Sterne werden als leicht bezeichnet, wenn sie nicht viel mehr als die Sonne wiegen. Sterne werden als schwer bezeichnet, wenn sie rund doppelt so massig wie die Sonne sind, und Sterne werden als extrem schwer bezeichnet, wenn sie über 2,5 Sonnenmassen in sich vereinigen. In diesem Fall kann die Schwerkraft so stark werden, dass nicht nur die äußere Materie zusammengezogen wird, sondern dass auch die innere Welt kollabiert. Anders ausgedrückt – bei extrem schweren Gebilden drückt die Gravitation so stark, dass die Elektronen in den Atomkern gezwungen werden und sich dort mit den Protonen zu Neutronen vereinen. Dabei entstehen die berühmten Neutronensterne, die aber nicht stabil, sondern dem gleichen Schicksal ausgeliefert sind. Die Schwerkraft quetscht die Neutronen selbst zusammen, und bei diesem Kollaps entsteht die Form der Materie, die so dicht ist, dass sie selbst das Licht an sich reißt und festhält.

Die hier skizzierte Vorstellung vom Schicksal einer gravitationsbedingt instabilen stellaren Materie gibt es schon länger als den bildhaften Ausdruck »Schwarzes Loch«, der eine Karriere weit über den wissenschaftlichen Rahmen hinaus in der Alltagssprache gemacht hat. Ohne dieses Wort hielte sich das Interesse für die Sternentwicklung in Grenzen. Erst nach dieser Begriffsprägung fanden sowohl Experten als auch Laien Gefallen an diesem Thema.

Sterne von der Größe der Sonne enden nicht als Schwarze Löcher, sondern als Rote Riesen (Abb. 5-3). So bezeichnet man die Gebilde, zu denen sich Sterne aufblähen können, wenn ihr Zentrum zwar ausgebrannt ist, dafür aber in einer Region um die Mitte so viel und so rasch Wasserstoff in Helium verwandelt wird, dass die entstehende Energie nach außen drückt und den Stern anschwellen lässt. Dabei leuchtet der Stern rot auf.

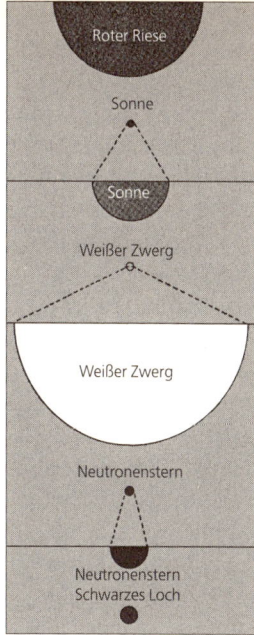

Abb. 5-3 Ein Roter Riese im Vergleich zur Sonne, die wiederum im Vergleich zu einem Weißen Zwerg und so weiter bis zum Schwarzen Loch. Rote Riesen verlieren ihre äußeren Gase. Sie entschwinden in den Weltraum und lassen zuletzt winzige Kerne zurück, die sehr heiß und viel kleiner als die Sonne sind. Die so glühenden Gebilde von der Größe der Erde nennen die Astronomen Weiße Zwerge. Sie leuchten nur noch, ohne Energie zu produzieren.

xie befindet – eine kuriose Lücke der Wissenschaft, und eine kuriose Idee, sie ausgerechnet durch etwas zu füllen, das man nicht sehen kann, nämlich durch ein Schwarzes Loch. (Nebenbei wirkt diese Idee deshalb gefällig, weil die Milchstraße dabei wie ein Auge erscheint, das ja auch in der Mitte ein Schwarzes Loch hat. Vielleicht blickt unsere Galaxie in den Kosmos.)

»Galaxie« ist inzwischen zu einem populären wissenschaftlichen Ausdruck geworden, denn die moderne Astrophysik weiß, dass es neben unserer Milchstraße noch viele andere »größere« Sterngruppen gibt, und die bekannteste unter ihnen ist vermutlich der Andromedanebel, der über zwei Millionen Lichtjahre von uns entfernt seinen Platz im Kosmos gefunden hat.

Im letzten Satz ist wieder eine riesige Zahl genannt worden, und sie weist auf eine räumliche Ferne hin, die für menschliche Gehirne unvorstellbar ist (wenn wir nur in der quantitativen Dimension operieren). Gemildert wird die ungeheuerliche Distanz, die zum Andromedanebel besteht, durch den wohlklingenden Ausdruck des Lichtjahres. Was beim ersten Hören wie ein hübsches zeitliches Maß wirkt, stellt in der kosmischen Wirklichkeit die Strecke dar, die das Licht in einem Jahr zurücklegen kann. Sie ist den Physikern bekannt und kann in jedem Lexikon nachgeschlagen werden, aber sie entzieht sich uns Menschen trotzdem (und wahrscheinlich so lange, bis wir uns mit den Zahlen in dem oben geschilderten Sinn anfreunden). Wir können uns nur Entfernungen vor Augen führen, die wir selbst aus eigener Kraft zurücklegen können – 5 Kilometer in einer Stunde oder 40 Kilometer am Tag.[7] Doch das Licht schafft 300 000 Kilometer in einer Sekunde, also 60-mal so viel in einer Minute, 3 600-mal so viel in einer Stunde, 86 400-mal so viel an einem Tag, rund 30 Millionen Mal so viel in einem Jahr und mehr als 60 Millionen Millionen Mal so viel in den zwei Millionen Jahren, die es vom Andromedanebel zu uns bzw. von hier auf die nächste Galaxie braucht.

So gesehen scheint der Kosmos, der uns hervorgebracht hat, nicht für uns gemacht zu sein. Doch was für die Zahlen bzw. die Ausmaße gilt, muss nicht allgemein zutreffen, und tatsächlich können wir in den riesigen Weiten etwas finden, das uns bekannt erscheint. Gemeint ist die angesprochene hierarchische Ordnung. Nicht nur Sterne finden sich in Gruppen zusammen, auch Galaxien können sich zu größeren Formationen häufen. Diese Galaxienhaufen werden Cluster genannt. Unsere eigene Milchstraße hat sich mit zwei Galaxien zusammengetan,

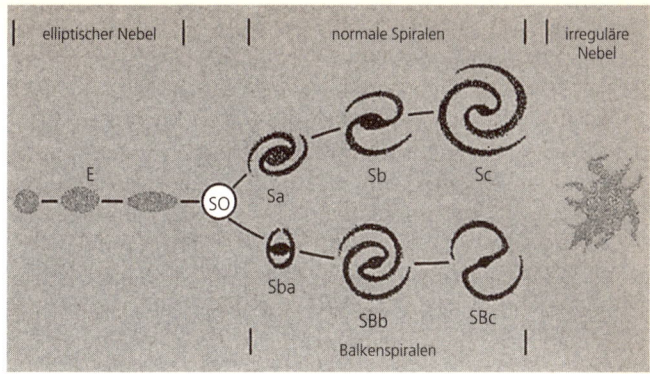

Abb. 5–4 Die »Stimmgabel«, die Hubble eingeführt hat, um die Galaxien zu klassifizieren. Auf der linken Seite liegen die elliptischen Galaxien, und auf der rechten Seite gabeln sich die spiralförmigen Galaxien in der gezeigten Weise auf.

die in der Literatur als Kleine und Große Magellansche Wolke bezeichnet werden und die Besonderheit haben, nur von der südlichen Halbkugel der Erde aus sichtbar zu sein. Wir befinden uns in einem sehr kleinen Cluster. Rund 52 Millionen Lichtjahre von dem »Lokalen Haufen« mit der Milchstraße entfernt trifft das Teleskop der Astronomen auf den so genannten Virgohaufen, der viele Dutzend Galaxien umfasst.

Sterne bilden Galaxien, Galaxien bilden Cluster, und Cluster bilden Superhaufen bzw. Supercluster. So ungefähr sieht die Ordnung im Kosmos aus, wobei zu betonen ist, dass sich die Galaxien durch ihre eigene Ordnung (Form) charakterisieren lassen, die auf besondere Umstände der Entstehung mit zwar eigenwilligen, aber nicht sehr inspirierenden physikalischen Mechanismen schließen lässt. Der amerikanische Physiker Edwin Hubble, der später noch einen großen Auftritt bekommt, hat versucht, die Gestalten der Galaxien ihrer Genese nach zu ordnen und zu diesem Zweck ein so genanntes »Stimmgabeldiagramm« vorgeschlagen (Abb. 5–4). Hubble meint zwar mit der Stimmgabel einfach die äußere Form seiner Skizzierung.

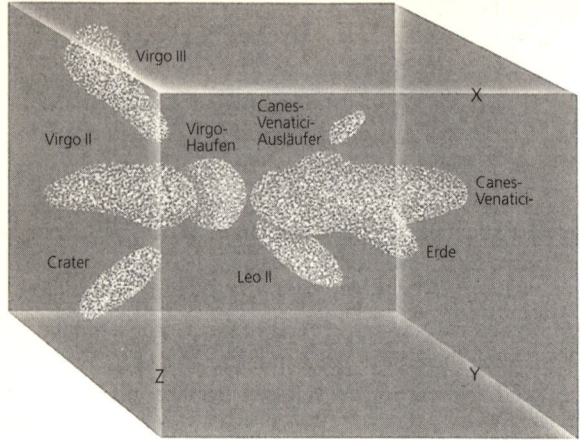

Abb. 5–5 Der kosmische Würfel

Aber es fällt auf, dass selbst an dieser beiläufigen Stelle Musik ins Spiel kommt, wenn es um den Kosmos und seine Teile geht: Es war die Musik mit ihren ganzzahligen Proportionen, die Pythagoras zu der Vermutung brachte, dass die Zahlen mehr sind als nur das Ergebnis irgendwelcher Messungen. Zahlen verbinden inneres Erleben mit äußeren Verhältnissen, und für beide haben wir den Ausdruck der Harmonie. Um die geht es eigentlich immer.

Wer versucht, den Kosmos, wie ihn die moderne Astronomie kennt, in einem Bild zu präsentieren, macht den richtigen Anfang, wenn er einen Würfel zeichnet, dessen Kantenlänge bei 100 Millionen Lichtjahren liegt (Abb. 5–5). Wir fragen jetzt (noch) nicht, was außerhalb dieses gewürfelten Universums liegt, sondern nur, was etwa in seiner Mitte anzusiedeln ist. Nach übereinstimmender Auskunft der Fachleute kann man sich dort das erwähnte Virgocluster vorstellen, das seinen Namen übrigens nach dem Sternzeichen der Jungfrau bekommen hat. Abgesehen von diesen astrologischen Resten im astrophysikalischen Modell des Kosmos überrascht an der zentralen Lage der Jungfrau vor allem, was daraus für die Milchstraße und somit auch für die Erde folgt. Technisch gehört unsere Galaxie zu einem lokalen Cluster, genauer gesagt liegen wir in einem Ausläufer der so genannten Ursa-Major-Canes-Venatici-Wolke. Ist dieser Ausdruck schon schwierig genug, so sind die Folgen des Gesagten in gewisser Weise erschütternd. Denn mit diesen Vorgaben liegen wir nicht nur am Rand der Milchstraße, sondern vor allem am Rand der Welt. Wir liegen sogar derart weit weg von der Mitte dieses Kosmos, dass einige Physiker eine Audienz beim Papst erbeten haben, um sich darüber zu beschweren. Der Papst – Johannes Paul II. – hat Verständnis gezeigt und mit seinem feinen hintergründigen Lächeln bedauert, dafür nicht mehr zuständig zu sein. Unseren wissenschaftlichen Ort in der Welt könne die Kirche schon lange nicht mehr bestimmen. Ihn müssten wir selbst suchen und das Ergebnis aushalten.

Der Himmel bei Nacht[8]

Auch wer nicht viel vom Kosmos versteht, weiß, dass er größtenteils leer ist. Es ist nicht Nichts im Kosmos, aber eben auch nicht viel. Der nächtliche Blick auf die Milliarden Sterne[9] der Milchstraße zeigt jedenfalls sehr viel mehr Dunkelheit als Licht, und so macht sich die ungeheure Leere deutlich bemerkbar, die den französischen Philosophen Blaise Pascal im 17. Jahrhundert fast zur Verzweiflung gebracht hätte: »Ich erkenne die unendlichen Räume des Universums, die mich umgeben, und ich finde mich an eine Ecke dieses weiten Weltraums gefesselt, ohne dass ich wüßte, weshalb ich nun hier bin und nicht etwa dort. ... Ringsum erblicke ich Unendlichkeiten, die mich wie ein Atom, wie einen Schatten umschließen.«

Pascal fühlte sich durch das ungeheure Schweigen dieser leeren Räume beunruhigt – »Das ist die Situation des Menschen« –, und bei dieser emotionalen Regung übersah er ein wundersames Problem, das ihn und seine analytischen Fähigkeiten gefordert hätte. Es ist bis heute nicht so ohne weiteres zu lösen, obwohl es sich als ganz einfache Frage formulieren lässt: Warum wird es nachts dunkel?[10]

Vermutlich weil die Frage so harmlos klingt, hat es lange gedauert, bis sich die Wissenschaftler ihrer mit ausreichendem Ernst angenommen haben. Sie wunderten sich zuvor über etwas anderes, was direkt ins Auge fällt: Wie kommt es, dass Sterne leuchten? Brennt auf ihnen ein Feuer? Wie lässt sich weiter erklären, dass Sterne funkeln? Und warum sehen alle Lichter am Nachthimmel gleich groß aus? Sind die fernen Sterne etwa alle gleich groß?

Alles schwierige wissenschaftliche Fragen, die inzwischen gut (aber nicht ganz leicht) beantwortet werden können. Das verhält sich bei unserer Ausgangsfrage nach der Nacht und ihrer Farbe anders. Wer sich bei einem Laienpublikum erkundigt, warum abends die Dunkelheit hereinbrechen kann, bekommt als spontane Antwort den Hinweis auf das Offensichtliche, auf die Tatsache nämlich, dass die Sonne untergegangen ist und nicht mehr am Himmel steht und leuchtet.[11] Dies trifft natürlich auf den ersten Blick zu, greift aber viel zu kurz, denn das Weltall hört bekanntlich nicht bei der Sonne auf. Selbst bevor sie die zahlreichen Millionen Lichtjahre abmessen und zahlreiche Haufen und Superhaufen zählen konnten, waren die Menschen sicher, dass es mehr Sonnen als nur die unsere gibt. Natürlich kann niemand genau wissen, wie viel sonnenartige Himmelskörper die Welt aufbietet, aber mit dieser Selbstverständlichkeit kann man sich nicht davonschleichen, denn sie hat eine Konsequenz. Wer die Frage nach der Dunkelheit bei Nacht beantworten will, muss sein Bild des Universums vorstellen, mit dem er sich an des Rätsels Lösung wagen möchte.

Das Problem, um das es hier geht, läuft in der wissenschaftlichen Literatur unter dem Namen »Olbersches Paradoxon«. Man ehrt damit den aus Bremen stammenden Heinrich Wilhelm Olbers (1758–1840), der am Tag Arzt und in der Nacht Astronom war.[12] 1820 gab er – vorgeblich aus Gesundheitsgründen – seine Praxis auf, um sich von nun an intensiv und kontinuierlich mit dem Paradoxon zu beschäftigen, das ihn aus folgendem Grund irritierte:

Für Olbers war die Annahme selbstverständlich, dass es »unermesslich« viele Sterne gibt. Durch unermesslich viele Sterne kann man jedoch ebenso wenig hindurchschauen wie durch einen dicht bewachsenen Wald. Irgendwann trifft der Blick auf einen Baum, und dementsprechend sollte der Blick gen Himmel irgendwann auf einen leuchtenden Stern treffen. Der Nachthimmel müsste also nicht schwarz, sondern weiß wie die frisch gestrichene Decke eines Zimmers aussehen, wenn es unermesslich viele Sterne gibt. Doch das ist nicht der Fall. Und die Frage lautet, wie dies zu erklären ist. Warum wird der kosmische Himmel dunkel, wenn die Sonne nicht mehr scheint?

An dieser Stelle taucht häufig der Einwand auf, dass die Helligkeit der Sterne mit zunehmender Entfernung abnimmt und daher erst immer weniger und zuletzt nichts mehr zu sehen ist. Dies trifft zwar zu. Aber es stimmt auch, dass bei einer gleichmäßigen Besetzung des Himmels – und eine andere kommt ohne weitere Vorgaben nicht in Frage – die Zahl der Sterne weiter außen zunimmt, und zwar gerade so, dass die schwindende Leuchtkraft der einzelnen Sterne durch ihre zunehmende Zahl ausgeglichen wird.

Die Frage nach dem Warum bleibt also bestehen, und sie irritiert, weil sie so direkt vor Augen liegt. Eine höchst menschliche Antwort hat der Philosoph Hans Blumenberg gegeben. Er hat in seinem Buch über *Die Vollzähligkeit der Sterne* die hübsche und paradox klingende Formulierung gefunden, dass wir gerade dann *keine Sterne* sehen könnten, wenn es *nur Sterne* gäbe. Und tatsächlich: Wenn der Nachthimmel von den riesigen Sternenmengen des Kosmos gleichmäßig erleuchtet wäre, dann wäre eben nur ein durchgängiges Weiß, aber kein einzelner Stern zu sehen. So gesehen steckt der Grund für die Dunkelheit darin, dass uns Menschen damit eine Chance gegeben wird, überhaupt Sterne zu sehen und von ihrer Unermesslichkeit so erschüttert zu sein wie der große Kant, den erhabene

Gefühle überkamen, wenn er den gestirnten Himmel über sich betrachtete. Vielleicht ist ihm dabei der Gedanke gekommen, dass es Fragen gibt, die der menschlichen Vernunft aufgegeben sind, ohne dass jemand in der Lage wäre, sie zu beantworten. Zu ihnen gehört die Frage nach der Zahl der Sterne, die in dem bekannten Kinderlied gestellt wird: »Weißt du, wie viel Sternlein stehen an dem blauen Himmelszelt?« Die Antwort kennt der liebe Gott, wie es in diesem Lied heißt, das auch verrät, was der Grund dafür ist: Gott möchte sicher sein, dass ihm kein Sternlein fehlt.

Von Seiten der Wissenschaft könnte jetzt eingewendet werden, dass Olbers bei seiner Erklärung des fehlenden Lichtes von einer unzutreffenden Annahme ausgegangen ist. Vielleicht gibt es gar nicht unermesslich, sondern nur endlich viele Sterne. Der Blick in den Nachthimmel liefe dann durch sie hindurch. Das Problem mit dieser Lösung liegt darin, dass die Annahme von endlich vielen Sternen zwangsläufig den Gedanken nahe legt, dass auch unsere Welt nur endlich groß ist. Denn was soll unendlich viel Platz, wenn er nicht gebraucht wird? Wo nichts ist, kann man auch nichts erkennen – weder eine Ordnung noch eine Unordnung. Ist das weit draußen überhaupt noch ein Kosmos, wenn es da nichts mehr gibt? Wenn das Universum aber nur endlich weit reicht, was finden wir dann hinter seinem Rand?

Mit anderen Worten – die Frage nach der Farbe des Kosmos muss sorgfältiger bedacht werden, als man zunächst meint. Sie erfordert gezielte Annahmen über die Welt, in der wir leben. Dabei fällt auf, dass die Annahmen zu bedeutenden Folgerungen führen. Die schwierigsten hängen mit der Ausdehnung des Kosmos zusammen, mit der Frage, ob das Universum endlich ist oder unendlich weit reicht, und diese Unterscheidung bezieht sich zunächst nur auf die Dimension des Raumes. Wir können aber auch über die Zeit spekulieren, die dem Weltall bis heute zur Verfügung gestanden hat. Wenn wir sie nicht zu lang werden lassen, könnte es nämlich sein, dass Olbers und alle nach ihm die unermesslich vielen Sterne am Himmel allein deshalb nicht sehen, weil sie derart weit entfernt sind, dass das Licht noch nicht genug Zeit hatte, um bei uns einzutreffen. Allerdings müssten wir in dem Fall die Frage zulassen, wie denn die Sterne selbst an diesen so fernen Ort gekommen sind. Oder waren sie vielleicht schon immer da?

Diesen zuletzt geschilderten Zusammenhang hat als Erster ein Zeitgenosse von Olbers, der amerikanische Dichter Edgar Allan Poe (1809–1849), in Erwägung gezogen. Im Februar 1848 – ein Jahr vor seinem frühen Tod – sprach Poe in der New York Society Library mehr als zwei Stunden lang über die Entstehungsgeschichte des Kosmos, über die »cosmogony of the universe«. Er fasste das dabei Vorgetragene später in einem Essay mit dem Titel »Eureka. Ein Prosagedicht« zusammen, den er übrigens dem großen Naturforscher Alexander von Humboldt widmete. In diesem Text stellt sich Poe ein lebendig pulsierendes Universum vor, das abwechselnd expandiert und kontrahiert, so wie es ein schlagendes Herz tut. Poe, den als Poet die Dunkelheit mehr faszinierte als das Licht, wendet sich zuletzt dem Nachthimmel zu und schreibt:

> »Gäbe es eine endlose Folge von Sternen, dann würde uns der Hintergrund des Himmels eine gleichförmige Helligkeit präsentieren, so wie sie die Milchstraße zeigt – *denn dann gäbe es in dem ganzen Hintergrund absolut keinen Punkt, an dem kein Stern existieren würde.* Das einzige Schema, mit dem wir unter diesen Umständen die *Leere* verstehen können, die unsere Teleskope in unzählige Richtungen finden, müsste annehmen, dass die Entfernung des unsichtbaren Hintergrunds derart riesig ist, dass noch kein Lichtstrahl von da in der Lage gewesen ist, uns zu erreichen.«

Poe spricht die modernen Themen der Geschwindigkeit des Lichtes und des Alters der Sterne an, und er bringt weitere zugleich originell und aktuell wirkende Ideen in die Debatte um den Kosmos. Er antizipiert zum Beispiel den heute nachweisbaren hierarchischen Aufbau des Universums als »cluster of clusters« und vermutet sogar, was im 20. Jahrhundert bei Einstein zu dem maßgeblichen Gedanken seiner Kosmologie wird, nämlich die Idee, »space and duration are one«. Anders ausgedrückt, Raum und Zeit bilden eine Einheit.

Poes Wort von der Dauer macht deutlich, dass er die messbare physikalische und keine andere Zeit im Auge hat, wenn er den Kosmos beschreibt. Wir werden die eben genannte Einheit noch als Raumzeitkontinuum kennen lernen, bleiben aber zunächst bei der Farbe der Nacht. Es gibt nämlich noch zahlreiche weitere Möglichkeiten, die Dunkelheit zu erklären. Eine besteht in der Annahme, dass das Universum gar nicht leer, sondern von Stoffen durchsetzt ist, die wie Staub oder Nebel das Licht schlucken können, das aus der Tiefe des Raumes kommt, seinen Weg zur Erde sucht und in unser Auge bzw. in ein Teleskop gelangt. Die Schwierigkeit mit dieser Hypothese zeigt sich, wenn man bedenkt, dass absorbiertes Licht Energie bedeutet. Wenn Materie eine sehr lange Zeit hindurch sehr viel Licht aufnimmt, dann heizt sie sich derart auf, dass sie zuletzt zu glühen anfängt. Mit anderen Worten, auch wer das Licht einfach verschwinden lassen will, kommt nicht an der Kasse der Wahrheit vorbei. Er muss seinen Preis entrichten, ohne die ersehnte Lösung zu erreichen.

Warum?

Wie jede Frage, die mit »Warum« beginnt, kann auch die nach der Dunkelheit bei Nacht auf zwei verschiedenen Ebenen beantwortet werden. Wer zum Beispiel wissen will, warum das Herz schlägt, kann entweder zu hören bekommen, dass es Nervenzellen gibt, die mit ihren Signalen verschiedene Muskel erregen und im pumpenden Takt des Lebens für die Blutversorgung der Organe bzw. ihrer Gefäße sorgen. Oder er kann erfahren, dass unser Herz schlägt, weil wir ohne den Blutkreislauf nicht leben könnten. Und wer fragt, warum wir Schmerz empfinden – etwa wenn wir eine heiße Herdplatte berühren –, dem kann erklärt werden, wie seine Neuronen durch den äußeren Reiz aktiviert werden und ihn in das Schmerzzentrum des Gehirns leiten, oder er versteht, dass dies eine Schutzfunktion ist, die uns vor Gefahren warnt, bevor es zu spät ist.

Die Antworten kommen also entweder von unten (von der Ebene der Moleküle) oder von oben (von der Ebene des Organismus), und sie erklären entweder die mechanischen Gegebenheiten oder die sinnvollen Auswirkungen. Auch der nächtlichen Schwärze und ihrem Warum kann man sich aus zwei Richtungen nähern, und zwar aus der physikalischen, die vom Kosmos handelt, und der biologischen, die vom Menschen handelt. Wir gehen an dieser Stelle zwar nur auf die mechanischen und geometrischen Bedingungen ein, sollten aber wenigstens in der Dunkelheit unseres Hinterkopfes, die man in Fachkreisen oft das Unbewusste nennt, die Antwort aus der anderen Richtung erwarten. Sie könnte lauten, dass es nach dem Abtauchen der Sonne dunkel wird, weil die Menschen eine Nachtseite brauchen.

Wir vermögen so viel, wenn es dunkel ist, dass die Annahme unzureichend und unglaubwürdig wirkt, hier ginge es nur um zufällige Qualitäten, über die Menschen verfügen, deren Evolution im Wesentlichen als Tagwerk zustande gekommen sei. Mir scheint wirklich, dass die Nacht nicht allein zum Schlafen da ist und unsere sich unter diesen Umständen entfaltenden Fähigkeiten uns mehr prägen, als die Wissenschaft bislang zu sagen vermag. Sie versteht (leider) noch nicht viel von der Nacht und ihrer Dunkelheit, was im Übrigen auch damit zusammenhängen mag, dass sie bislang eine männlich dominierte Tätigkeit darstellt.

Unbegrenzt oder unendlich?

Kehren wir vorerst zu den physikalischen Bedingungen zurück und versuchen wir, die schwarze Lichtlosigkeit in diesem Rahmen zu erklären. Das Wort »Rahmen« ist dabei das Stichwort, denn er ist nur als endliche Form vorhanden. Ein Rahmen begrenzt zum Beispiel ein Bild, und so suggerieren die letzten beiden Sätze, was der gesunde Menschenverstand zu wissen meint, dass nämlich Endlichkeit und Begrenztheit ein und dasselbe sind. Ein Universum, das endlich ist, muss eine Grenze haben, und was unbegrenzt ist, muss auch unendlich groß sein. Oder?

Genau an dieser Stelle erweist sich die Bedeutung der Relativitätstheorien von Albert Einstein, die zwar vordergründig nur etwas mit der Geschwindigkeit des Lichtes zu tun zu haben scheinen und darüber hinaus Energie und Masse in der berühmtesten aller Formeln verknüpfen – nämlich $E = mc^2$ –, die aber in Wahrheit die Geometrie des Kosmos und seine Grenzen neu bestimmen und sie darüber hinaus mit dynamischen Qualitäten versehen. Einstein hat bekanntlich zwei Theorien der Relativität aufgestellt, eine spezielle und eine allgemeine, und es ist vor allem die Zweite, die eine tiefe Einsicht über den Kosmos und seine Dimensionen vermittelt. Einstein hat sie in seinem 1916 erschienenen Buch dargestellt, das den schlichten Titel *Über spezielle und allgemeine Relativitätstheorie* trägt.[13] Unter der wunderbaren Überschrift »Betrachtungen über die Welt als Ganzes« erwägt Einstein in einem Kapitel »Die Möglichkeit einer endlichen und doch nicht begrenzten Welt«, und im Anschluss daran beschreibt er »Die Struktur des Raumes nach der allgemeinen Relativitätstheorie«.

Die entscheidende Größe, die bei Einstein ins Spiel kommt, ist die Dimension, und dieses Wort ist dabei streng geometrisch gemeint. Im Alltag spricht man zwar gerne von der Dimension einer Aufgabe, wenn man ihren Umfang bzw. ihre Schwierigkeit meint, doch in der Wissenschaft geht man genauer vor. Eine Dimension gibt die Zahl der möglichen Richtungen vor, die einer Bewegung zur Verfügung stehen, und räumlich gesehen stehen drei Freiheitsgrade für uns bereit – vor oder zurück, rechts oder links, herauf oder herunter. Auf einem Schachbrett fehlt die dritte Variante und auf einem schmalen Drahtseil sogar die zweite. Gerade Linien bzw. Strecken sind eindimensional, Ebenen und Flächen sind zweidimensional, und der uns umfangende Raum ist dreidimensional.

Wenn eben von Flächen die Rede war, so muss damit nicht unbedingt so etwas wie ein Teppich oder der Boden gemeint sein, auf dem er liegt. Eine Fläche muss nicht eben, sie kann auch gekrümmt und dabei so kompliziert wie ein Sattel gestaltet sein. Die Oberfläche einer Kugel kann als zwar einfaches aber wirkungsvolles Beispiel für eine verbogene Struktur in zwei Dimensionen dienen, und an ihrem Aussehen lässt sich nicht nur eine überraschende Einsicht demonstrieren, sondern auch der Weg zu Einsteins Verbindung von Endlichkeit und Unbegrenztheit finden. Der entscheidende Punkt liegt darin, dass die Oberfläche einer Kugel zwar nur endlich groß ist – sie steht ja als abgeschlossenes Gebilde vor meinen Augen –, dass sich auf ihr aber keine Grenzen angeben lassen. Wer will, kann seinen Finger in endlosen und immer neuen Schleifen über die Kugel gleiten lassen – eine Grenze wird er dabei nicht berühren.

Ihre besondere Eigenschaft, zugleich endlich und unbegrenzt zu sein, bekommt die Kugel durch die Tatsache, dass sie ein zweidimensionales Gebilde in einem dreidimensionalen Raum ist. Die zusätzliche (dritte) Dimension erlaubt der Fläche, sich so zu krümmen und zu biegen, dass ihre Enden zusammengeführt und das gesamte Gebilde in sich abgeschlossen werden kann. Die durch eine offene Dimension – einen weiteren Grad der Freiheit – gegebene Möglichkeit der Krümmung verhindert, dass die Abwesenheit von Grenzen eine unendliche Ausdehnung zur Folge hat.

Einstein macht nun den Vorschlag, sich das Universum wie eine Oberfläche vorzustellen. Allerdings muss alles um eine Dimension höher gestuft werden, und damit wird seine Physik trotz aller anschaulich wirkenden Begriffe leider unanschaulich. Die Evolution hat uns nur auf die drei Freiheitsgrade der räumlichen Bewegung eingerichtet. Man braucht aber nicht zu verzagen und kann immer die genannte Kugel mit dem inneren Auge betrachten und als Modell nehmen. Die Welt, in der wir leben, ist – Einsteins Einsichten zufolge – die dreidimensionale Oberfläche einer in Wahrheit vierdimensionalen Welt. (Was die vierte Dimension ist, wird noch erklärt.) Aus diesem Grund ist der Kosmos zwar unbegrenzt, aber er bleibt endlich. Es gibt sie also doch, »die Möglichkeit einer endlichen und doch nicht begrenzten Welt«, und sie gibt unserem Platz im Kosmos eine humane Dimension (diesmal ist nicht die geometrische Bedeutung dieses Wortes gemeint). Das menschliche Leben ist endlich, und wir möchten in diesem Rahmen unbegrenzte Möglichkeiten und Freiheiten haben. Wir sind so wie der Kosmos, den Einstein beschrieben hat. Vielleicht verehren wir ihn deshalb so sehr, und nicht nur seiner Haare und ausgestreckten Zunge wegen.

Die Grenzen der reinen Vernunft

Was Einstein mit seinen Theorien und Einsichten präsentiert, ist von höchster philosophischer und theologischer Brisanz. Mit seinem Modell der Welt verschwinden nämlich einige unsinnige Fragen, die jahrhundertelang von allen Fakultäten gestellt worden sind. Die berühmteste von ihnen lautet: Was liegt hinter dem Rand der Welt? Was beginnt an der Stelle, an der unsere Welt zu Ende ist?

Einsteins Lösung zufolge existiert diese Grenze nicht einmal in Gedanken. Selbst wenn wir von dem Ort, an dem wir stehen, immer nur geradeaus und nach vorne laufen, werden wir nie an eine Grenze stoßen, sondern bestenfalls zu unserem Ausgangsort zurückkehren. Dafür sorgt die gekrümmte Raumzeit. Wer lange genug im Weltraum unterwegs ist, kommt nach Hause, so wie es Novalis in seinem Roman *Heinrich von Ofter-*

dingen ausgedrückt hat: »Wohin fahren wir denn? Immer nach Hause.«

Neben dieser romantisch scheinenden Auflösung eines uralten Rätsels der Menschheit steht noch die elegante Klärung der philosophischen Frage ins Haus, ob die Welt einen räumlichen Anfang haben kann oder nicht. Bekanntlich hat Immanuel Kant das zentrale Problem seiner *Kritik der reinen Vernunft* gefunden, als er über die Frage nachdachte, ob die Welt einen zeitlichen Anfang habe. Kant bemerkte, dass sich sowohl das eine wie auch das andere »beweisen« lasse (für die Frage nach dem Anfang im Raum trifft übrigens dasselbe zu). So eine Situation ist logisch natürlich unbefriedigend, und Kant führte die Idee der Antinomie ein, wenn es widersprüchliche Beweise für eine Behauptung und ihre Verneinung gibt. In seiner *Kritik der reinen Vernunft* füllte er viele Seiten mit verwirrenden Antinomien, und zwar vor allem, um sich zu fragen, was sich daraus lernen lässt. Im Verständnis eines zeitgenössischen Philosophen lautet die Antwort von Kant,

> »dass unsere Vorstellungen von Raum und Zeit auf die Welt als Ganzes unanwendbar sind. Die Vorstellungen von Raum und Zeit sind natürlich auf gewöhnliche physische Dinge oder Vorgänge anwendbar. Dagegen sind Raum und Zeit selbst weder Dinge noch Vorgänge. Sie können nicht einmal beobachtet werden; sie haben einen ganz anderen Charakter. Sie stellen eher eine Art Rahmen für Dinge und Vorgänge dar; man könnte sie mit einem System von Fächern oder mit einem Katalogsystem zur Ordnung von Beobachtungen vergleichen. Raum und Zeit gehören nicht zu der wirklichen empirischen Welt der Dinge und Vorgänge, sondern zu unserem eigenen geistigen Rüstzeug, zu dem geistigen Instrument, womit wir die Welt angreifen. Raum und Zeit fungieren ähnlich wie Beobachtungsinstrumente. Wenn wir einen Vorgang beobachten, dann lokalisieren wir ihn in der Regel unmittelbar und intuitiv in einer raum-zeitlichen Ordnung. Wir können daher Raum und Zeit als ein Ordnungssystem

charakterisieren, das sich wohl nicht auf Erfahrung gründet, aber in aller Erfahrung verwendet wird und auf alle Erfahrungen anwendbar ist.«

So stellt Karl Popper im 20. Jahrhundert dar, was Kant im späten 18. Jahrhundert ausgeführt hat, als ihm der Gedanke kam, dass nicht wir Menschen in Raum und Zeit sind, sondern dass umgekehrt Raum und Zeit in uns Menschen sind. Popper schrieb die zitierten Sätze in einer Gedächtnisrede auf Kant, die aus Anlass des 150sten Todestags des Philosophen gehalten wurde, also im Jahre 1954. Man kann dieses Jahr, in dem Deutschland zum ersten Mal die Fußballweltmeisterschaft errang, auch aus einer anderen Perspektive betrachten. 1954 liegt ein Jahr vor Einsteins Tod und fast vier Jahrzehnte nach der Veröffentlichung seines oben zitierten Buches. Und darin hat er klipp und klar gezeigt, dass genau das doch möglich ist, was Kant verweigert hat und Popper fortschreibt, nämlich »Betrachtungen über die Welt als Ganzes« anzustellen und unsere Vorstellungen von Raum und Zeit genau darauf anzuwenden, nämlich auf die Welt als Ganzes.

Einsteins grandiose Leistung besteht unter diesem Gesichtspunkt darin, Raum und Zeit aus der luftigen Höhe philosophischer Spekulationen geholt und wieder dem experimentellen Zugriff der Wissenschaft zugänglich gemacht zu haben. Die Unbildung unserer Eliten zeigt sich nun darin, dass dies selbst Jahrzehnte nach Einstein nicht verstanden worden ist. Dabei hat besonders Popper oft betont, wie sehr er mit Einsteins Ansichten übereinstimme. Bis heute haben die philosophischen Abteilungen der Universität aber weder gemerkt, dass bei Kant etwas schief gelaufen ist, noch haben sie verstanden, wie dies gerade gebogen werden kann.

Wie seine Zeitgenossen stand Kant unter dem Einfluss der Newtonschen Physik, die den Himmel mit der Erde verband und in der Lage war, aus einem Grundprinzip die Gesetze der Planetenbewegung abzuleiten. Zwar staunte jedermann (und jede informierte Frau) über Newtons System, aber keiner zeigte sein Staunen und Bewundern so intensiv und gründlich wie Kant, der die hier formulierten Gesetze für ewig wahr und unbedingt gültig hielt und deshalb ohne weiteres Nachprüfen daraus universelle – und damit riskante – Konsequenzen zog. Newton fungierte als Gott des Philosophen, und deshalb erhob der sonst so kritische Kant die speziellen Voraussetzungen der Newtonschen Physik zu den allgemeinen Voraussetzungen der menschlichen Vernunft. Und anschließend errichtete er auf dieser erhabenen Basis seine Philosophie der Erkenntnis mit all ihren Folgen.

Einsteins Lösungen sind Verbindungen

Wenn man an die Philosophie die strengen Maßstäbe der Wissenschaftlichkeit legt, die zum Beispiel Karl Popper ersonnen hat, dann müsste man sagen, dass die Erkenntnistheorie, die Kant in seiner *Kritik der reinen Vernunft* vorlegt, in vielen Punkten falsifiziert worden ist und sich damit nur als bedingt brauchbar erweist. Natürlich steht viel Richtiges in dem dicken Buch, in dem zum Beispiel die schon zitierte Kopernikanische Wende ihren historischen Auftritt bekommt und das berühmte »Ding an sich« als unerreichbar entlarvt wird. Aber die Idee der Kritik sollte auch vor der *Kritik der reinen Vernunft* nicht haltmachen. Kant hat eben nicht das Wirken der menschlichen Vernunft, sondern ein Werk des wissenschaftlichen Verstands kritisch beleuchtet. Mit diesem Hinweis auf ihre Begrenztheit soll die Philosophie wieder verlassen und die Physik erneut in den Mittelpunkt gestellt werden.

Newtons Wissenschaft steckt vor allem in seinen Bewegungsgesetzen. Sie besagen zum Beispiel, dass die Beschleunigung eines Körpers von seiner Masse und der Kraft abhängt, die auf sie einwirkt, und alle drei Größen sind durch die Beziehung verbunden, die mathematisch formuliert werden und in Worten als »Kraft gleich Masse mal Beschleunigung« ausgedrückt werden kann. Und da gilt weiter, dass sich zwei Mas-

Die drei Keplerschen Gesetze

1 Die Planetenbahnen haben die Form einer Ellipse.

2 Wenn man sich eine Linie denkt, die von der Sonne zu einem Planeten reicht, dann überstreicht diese Linie in gleichen Zeiten gleiche Flächen.

3 Die Quadrate der Umlaufzeiten (T) zweier Planeten verhalten sich so zueinander wie die dritten Potenzen ihrer mittleren Entfernung (R) von der Sonne; anders ausgedrückt: Der Quotient T^2/R^3 ist eine konstante Zahl.

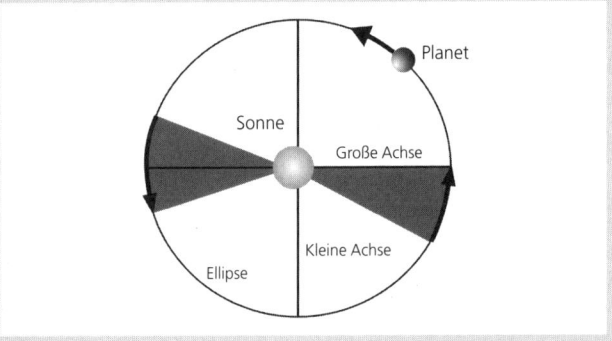

Abb. 5–6 Eine Illustration zum zweiten Gesetz. Die dunklen Flächen werden in gleichen Zeiten überstrichen. Ein Betrachter mag sich wundern, dass die Planetenbahn eher wie ein Kreis aussieht, obwohl im ersten Gesetz von einer Ellipse die Rede ist. Tatsächlich kann ein Auge die Ellipse der Marsbahn kaum von einem Kreis unterscheiden. Die beiden Achsen differieren nur um 0,5 Prozent.

sen gegenseitig anziehen, und zwar so, dass die Kraft, die zwischen ihnen auftritt, proportional zu dem Produkt der beiden Massen und umgekehrt proportional zu dem Quadrat ihrer Entfernung ist (siehe die Kästen zu Kepler und Newton).

Natürlich fragt sich der Laie, wie man auf so etwas kommt und wie man das auch noch beweisen kann. Was die Herkunft der qualitativen Beziehungen angeht, so gibt sich Newton in seinem Werk zwar große Mühe, geometrische Argumente anzuführen, aber sie erhellen die Frage nach der kreativen Kraft nicht. Sie muss – trotz aller alchemistischen Hinweise früherer Kapitel – auch hier im Dunklen bleiben. Als Ersatz kann auf den Triumph Newtons verwiesen werden, aus den eben gemachten Grundprinzipien die Keplerschen Gesetze ableiten zu können.

Doch so wichtig diese Dynamik ist, die Newton in Gang bringt – das Thema, um das es hier geht, sind seine Ansichten von Raum und Zeit, und mit denen hat er das Denken der Wissenschaft und der Philosophie bestimmt, bis Einstein kam und die Sache änderte. Newton versteckt sie raffiniert in einem Abschnitt seines Hauptwerks *Die mathematischen Prinzipien der Naturlehre*, den er mit »Anmerkungen« überschreibt und in dem er in aller Harmlosigkeit erklärt, dass Zeit und Raum »allen bekannt« sind. Folglich »erkläre ich nicht«, was es mit ihnen auf sich hat, und sage nur so viel:

> »Die absolute, wahre und mathematische Zeit verfließt an sich und vermöge ihrer Natur gleichförmig und ohne Beziehung auf einen äußeren Gegenstand. [...] Der absolute Raum bleibt vermöge seiner Natur und ohne Beziehung auf einen äußeren Gegenstand stets gleich und unbeweglich.«

Da sind sie endlich, die beiden absoluten Größen, die Newton dem menschlichen Denken beschert und denen Kant vertraut hat. Es sei an dieser Stelle angemerkt, dass der letzte Magier – so die Mitwelt über Newton – ein sehr frommer Mensch war und die beiden oben definierten Größen als Ausströmungen (Emanationen) Gottes ansah. Darauf soll nur am Rande hingewiesen werden, denn für uns ist etwas anderes interessant, nämlich die Tatsache, dass Newtons absolute Vorstellungen von Raum und Zeit die Merkmale des gesunden Menschenverstands aufweisen, der sie erschaffen hat.

Von Newton zu Kepler

Wie man aus den Newtonschen Grundgesetzen der Kraft ein Bewegungsgesetz für Planeten ableiten kann (das dritte Gesetz von Kepler) oder Wie man mit einer Seite Theorie viele Jahre harter Arbeit ersparen kann (wenn man sich nicht vor ein wenig Mathematik fürchtet).

Die Ableitung umfasst zahlreiche Annahmen und Abstraktionen und stellt einen Zusammenhang von historischer Bedeutung her: Newtons Gesetze sind nicht etwas, das wir in der Natur finden, wie Kant deutlich betont hat, um daraus den Schluss zu ziehen, dass Newton sie der Natur vorgeschrieben hat. Vielleicht lässt sich dies mit Hilfe von Rilkes Metapher besser sagen: Newton hat mit seinen Formeln keinen Spiegel der Welt geschaffen, sondern ein Fenster, durch das wir das Verhalten der Welt – zum Beispiel das der Planeten – sehen können. Leicht fällt das nicht, aber auch Sehen muss gelernt werden. Und Sehen kann gelernt werden – wenn das richtige Fenster gefunden worden ist.

Die Ableitung: Ein Planet (der Masse m) umrunde mit der Bahngeschwindigkeit v ein Zentralgestirn (der Masse M) im Abstand R. Beide Objekte werden als Punkte beschrieben. Zwischen den beiden Massen herrscht die Anziehungskraft F, die sich nach Newtons Vorschlag (mit der so genannten Gravitationskonstanten g) wie folgt berechnen lässt:

$$F = gmM/R^2 \qquad (1)$$

Allgemein hat Newton aber auch festgelegt, dass sich eine Kraft als Produkt aus Masse und Beschleunigung (b) berechnen lässt:

$$F = mb \qquad (2)$$

Wie groß ist die Beschleunigung, die der Planet auf seiner Bahn erfährt? Es geht um eine Drehbewegung, deren Geschwindigkeit v durch das Verhältnis aus Kreisumfang und Umlaufzeit (T) gegeben ist. Ein Kreis mit Radius R hat den Umfang $2\pi R$ und folglich ist

$$T = 2\pi R/v \text{ oder } v = 2\pi R/T \quad (3)$$

Die Bahngeschwindigkeit ist zwar konstant, aber ihre Richtung muss geändert werden. Um die dazu nötige Beschleunigung geht es hier. Ein Physiker würde sie mit Hilfe der so genannten Vektorrechnung ermitteln können. Darauf soll hier verzichtet werden. Um die Drehbeschleunigung unabhängig von technischen Details und möglichst einfach abzuleiten, kann man sich klarmachen, dass sich wegen der Gleichförmigkeit der ganzen Bewegung die Geschwindigkeit während eines Umlaufs durch die Drehung genauso verändert wie die Position des Planeten durch die Bahngeschwindigkeit. Aus Gründen der Symmetrie muss also für die Beschleunigung b die zu (3) analoge Relation gelten:

$$b = 2\pi v/T \quad (4)$$

Mit der Formel für T aus (3) wird daraus

$$b = v^2/R \quad (5)$$

Die Beziehungen (1) und (2) können über das beiden gemeinsame F zusammengebracht werden. Die Gleichsetzung ergibt unter Verwendung von (5)

$$gmM/R^2 = mv^2/R \quad (6)$$

was sich mit (3) umrechnen lässt zu der Relation

$$T^2/R^3 = 4\pi^2/gM \quad (7)$$

Nun stehen auf der rechten Seite dieser Gleichung nur konstante Größen (die Gravitationskonstante und die Sonnenmasse), die nicht von dem jeweils betrachteten Planeten (seiner Masse und dem Radius seiner Bahn) abhängen. Mit anderen Worten, das auf der linken Seite der Gleichung aufgeführte Verhältnis aus dem Quadrat der Umlaufzeit und der dritten Potenz des mittleren Radius ist für Planetenbahnen konstant, die unter dem Einfluß der Newtonschen Gesetze zustande kommen. QED.

Erstens erscheinen beide als völlig unabhängig voneinander – die Zeit wirkt wie ein unaufhaltsamer Strom, der durch eine gegebene Konstruktion hindurch zieht. Zweitens gibt es Raum und Zeit unabhängig davon, ob es Dinge gibt, die sich in ihnen befinden und mit ihnen verändern. Und drittens wirken beide als Musterbeispiele der Geometrie, die man in der Schule lernt und die Euklid als Erster zusammenfassend formuliert hat. Die Zeit verläuft nämlich genau wie eine (eindimensionale) Linie, und der Raum umgibt unser Leben ebenso wie ein rechteckiger Würfel aus drei Dimensionen. (So haben wir ja auch oben die ganze Welt gezeichnet, und vermutlich ist da kein Einwand erhoben worden.)

Mit diesen zwar erfolgreichen, aber trotzdem allzu schlichten Vorstellungen räumt Einstein zu Beginn des 20. Jahrhunderts auf, und zwar radikal. Er tut dies im Rahmen der beiden schon benannten Relativitätstheorien, die vom Wort her verkünden, dass der absolute Raum und die absolute Zeit abgeschafft und durch etwas anderes ersetzt werden. Raum und Zeit werden bei Einstein relativ, was aber nicht einfach bedeutet, dass man mit ihnen machen kann, was man will. »Raum und Zeit sind relativ« bedeutet, dass es eine Relation (Verbindung) zwischen ihnen gibt. Sie sind auf einander bezogen und existieren nicht unabhängig voneinander, wie es oberflächlich den Anschein hat.

Einstein verknüpft die Grundgegebenheiten der Welt in drei Schritten. In der speziellen Relativitätstheorie, deren erste Ergebnisse 1905 veröffentlicht worden sind, zeigt Einstein, wie Raum und Zeit sich beeinflussen und bestimmen können. Er tut dies, indem er überlegt, wie sich zwei Beobachter, die an verschiedenen Orten stehen, darüber verständigen können, dass zwei von ihnen beobachtete Ereignisse gleichzeitig geschehen. Wie lässt sich zum Beispiel ermitteln, dass der große Zeiger einer Uhr genau zu der Zeit – im gleichen Zeitpunkt – vorrückt und anzeigt, dass die ersten fünfzehn Minuten einer ganzen Stunde vergangen sind, wie der Eisenbahnzug, der pünktlich »um Viertel nach« in einen Bahnhof einfährt?

Einsteins überraschende Antwort lautet, dass dies genau genommen gar nicht möglich ist, und der Grund steckt darin, dass die beiden Beobachter, die über die zwei Ereignisse urteilen wollen, dafür Zeit brauchen. Sonst können sie sich nicht verständigen. Sie benötigen dazu mindestens die Zeit, die das Licht braucht, um von einer Position an die andere zu laufen, und um diesen Bruchteil einer Sekunde hinkt man der Gleichzeitigkeit hinterher.

Wichtig für unsere Zwecke ist aber nicht die verhinderte Ermittlung von Gleichzeitigkeit. Wichtig ist vielmehr die Tatsache, dass die Zeit vom Ort abhängt und folglich Zeit und Raum keine unabhängigen Qualitäten sind. Sie hängen stattdessen eng zusammen, sie stehen in einer Relation zueinander, was in populärer Sprache heißt, dass sie relativ sind und von Absolutheit an dieser Stelle keine Rede sein kann.

In seiner allgemeinen Relativitätstheorie geht Einstein einen Riesenschritt weiter, indem er deutlich macht, dass auch der Raum und die Materie miteinander verknüpft sind. Auf wunderbare Weise bestimmt die vorhandene Masse die Geometrie der Welt. Konkret ausgedrückt: Der Raum krümmt sich, wenn Materie in ihm ist, und so seltsam diese Formulierung beim ersten Hören auch klingt, sie lässt sich leicht veranschaulichen, und zwar durch eine Matratze, auf der eine Kugel zu liegen kommt (Abb. 5–7, vgl. auch Abb. 2–1 und 2–2). Ohne den schweren Gegenstand erstreckt sich die Oberfläche der Matratze in der ebenen Form. Mit der Kugel krümmt sich die Fläche, auf der nun kein Dreieck mehr gezeichnet werden kann, dessen Winkelsumme die berühmten 180 Grad umfasst, die aus dem Schulunterricht bekannt sind. Dass die Winkel in einem Dreieck auf einer gekrümmten Oberfläche mehr als 180 Grad ausmachen, kann sich jeder veranschaulichen, der auf einem Globus vom Nordpol zum Äquator geht, dort rechtwinklig auf ihn abbiegt, ein Stück auf ihm weitergeht und dann erneut rechtwinklig abbiegt, um zum Nordpol zurückkehren zu können. Das damit beschriebene Dreieck hat neben den zwei rechten noch einen dritten Winkel, und dafür ist die euklidische Geometrie nicht mehr zuständig.

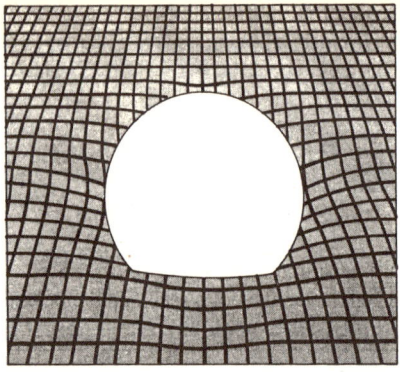

Abb. 5–7 Eine Kugel auf einer Matratze veranschaulicht die Geometrie in der Nähe eines massiven Sterns, zum Beispiel der Sonne.

Der wichtige Punkt, der jetzt sogar durch den dümmlichen Satz »Alles ist relativ« in der Bedeutung »Alles steht miteinander in Relation« festzunageln ist, steckt in der durchgehenden Verbindung von Raum, Zeit und Materie. Denn wenn Raum und Zeit zusammenhängen und wenn dasselbe für Raum und Materie gilt, dann hängen in schlichter Logik auch Zeit und Materie zusammen. Da bekanntlich Materie und Energie äquivalent sind, wie ebenfalls Einstein herausgearbeitet hat – nach seiner berühmten Formel $E = mc^2$ ist die Energie der Materie gleich dem Produkt aus ihrer Masse und dem Quadrat der Lichtgeschwindigkeit –, so bilden die vier Grundbedingungen unserer Existenz – Raum, Zeit, Materie und Energie – ein zusammenhängendes System.

Wer der Idee des Urknalls anhängt, nimmt an, dass es einmal einen Zeitpunkt gegeben hat – den Zeitpunkt Null, wenn man ihn so nennen will –, an dem Raum, Zeit, Materie und Energie nicht getrennt, sondern vereint waren. Doch selbst wer dieser zugleich verwegenen und beliebten Theorie nicht unbedingt mit Sympathie begegnet, wird das Besondere an Einsteins Relativitäten bzw. Relationen entdecken und bewundern. Es bezieht sich auf den alten – und von Newton sicher unterstützten – Gedanken einer Welt, die leer wird, wenn man alle Dinge und alle Energie aus ihr entfernt. Einstein sagt uns, dass dies nicht geht. Denn wer die Dinge aus Raum und Zeit entfernen will, kommt zuletzt nur voran, wenn er beide mit entfernt. Ein wunderbarer Gedanke, der die physikalische Einsamkeit abschafft und stattdessen dafür sorgt, dass gleichzeitig mit uns auch etwas anderes da ist.

Mit anderen Worten, Einstein führt uns die Welt nicht als leeren Kasten, sondern als dichtes Gewebe vor, und erspart uns jedes Nichts – physikalisch gesprochen und gedacht. Er erspart uns auch das Unbegrenzte, und zwar mit Hilfe des Zusammenhangs von Raum und Zeit. Denn wenn man den Gedanken an die Untrennbarkeit von Raum und Zeit ernst nimmt und aus ihm eine Handlungsanweisung gewinnen will, dann liegt die Idee nahe, die drei Dimensionen des Raumes und den einen Freiheitsgrad der Zeit zu einem dann insgesamt vierfach offenen, also einem vierdimensionalen Gebilde zu vereinen. Dies haben die Physiker im Anschluss an Einsteins Leistungen gemacht und das entstehende, mathematisch unschwer fassbare Etwas »Raumzeitkontinuum« genannt. In seinem Wirkungskreis halten wir uns auf, es umhüllt uns, und mit seiner Hilfe lässt sich endlich und einfach sagen, wie die Möglichkeit eines zwar endlichen, dennoch aber unbegrenzten Universums zustande kommt: nämlich dadurch, dass wir auf der dreidimensionalen Oberfläche einer in Wahrheit vierdimensionalen Welt leben – und zwar offenbar gar nicht so schlecht und ohne herunterzufallen.

Eine Festlegung mit Folgen

Wer die Zeit in eine Dimension verwandeln will, mit deren Hilfe sich der Weltraum so erweitern lässt, dass Einsteins endliche Lösung möglich wird, kann natürlich nicht das meinen, was mit Uhren gemessen wird. Die Zeit ist von völlig anderer

Art als die Längen und Strecken, die einen Raum aufspannen, und überhaupt nicht kompatibel mit ihnen. Also muss die zeitliche Dauer tatsächlich verwandelt werden, und zwar in eine Länge. Dies klingt vielleicht geheimnisvoll, ist aber trotzdem einfacher als man denkt. Schließlich stellen wir die Zeit gerne räumlich dar – zum Beispiel auf dem Zifferblatt einer Uhr –, und wir reden auch sonst gern über sie, als wäre sie ein Raum – man denke an den Ausdruck »Zeitraum«.

Die Verwandlung der Zeit in einen Raum geht konkret nach folgendem Schema vor: Wie jeder Autofahrer weiß, kann man mit einer Geschwindigkeit von 100 Kilometern pro Stunde während der 90-minütigen Übertragung eines Fußballspiels 150 km zurücklegen. Zeit wird räumlich, wenn sie mit einer Geschwindigkeit multipliziert wird, und die vierte Dimension, die Einstein braucht, erhält ein Forscher genau auf diesem Weg. Er multipliziert die Zeit mit einer Geschwindigkeit, wobei er dies natürlich nicht mit einer x-beliebigen, sondern mit der des Lichtes tut.[14] Die Lichtgeschwindigkeit benennen die Physiker stets mit dem Buchstaben c, und zwar aus dem einfachen Grund, weil c eine Konstante ist (engl. *constant*). Es war Einsteins Idee, dies so festzusetzen, und diese Entscheidung steht am Beginn seiner Arbeiten zu den Relativitätstheorien. Und mit ihnen fängt historisch sein Weg in die Unsterblichkeit an.

So einfach die Feststellung klingt, »die Lichtgeschwindigkeit ist konstant«, und so bekannt ihr Inhalt vermutlich ist, so fällt auf, dass Einsteins Einstieg in die berühmten Relativitätstheorien ausgerechnet mit ihrem Gegenstück anhebt, nämlich mit der Festsetzung einer absoluten Größe, die zugleich eine absolute Grenze darstellt. Es wäre also nicht völlig falsch – und wahrscheinlich sogar besser –, von Einsteins Absolutheitstheorie zu sprechen, und das, was er ohne Bezug auf irgendeinen Beobachter als absolutes Maß festlegte, ist die Lichtgeschwindigkeit c. Ob ich stehe, in einem Zug fahre oder noch schneller unterwegs bin – wenn ich eine Lampe einschalte, dann verlässt das Licht das Gerät immer mit derselben Geschwindigkeit c, und jeder Beobachter sieht es genau so wie ich selbst.

Wer dies zum ersten Mal hört, muss denken, dass Einstein verrückt geworden ist, und tatsächlich haben die Wissenschaftler so reagiert, als sie vor bald 100 Jahren zum ersten Mal von diesem irrsinnig erscheinenden Gedanken gehört haben. Dabei hat Einstein sie dringend gebeten, diese Idee nicht einfach deshalb zu verwerfen, weil sie auf den ersten Blick alle oberflächliche Evidenz gegen sich hat. Es gab nämlich einen tieferen Grund für die Besonderheit der Lichtgeschwindigkeit, der es nötig machte, ihre Konstanz in die Physik Newtons einzuschleusen. Diesen Grund lieferte das zweite Denkgebäude, das die Physiker im 19. Jahrhundert errichtet hatten und in dem es um elektrische Ströme, magnetische Felder und ähnliche Phänomene ging. Es war zum einen entdeckt worden, dass ein elektrischer Strom ein Magnetfeld aufbaut, es war weiter möglich geworden, das Umgekehrte zu tun und mit einem Magneten einen Strom in Gang zu setzen[15], und es hatte dann sogar geklappt, das Wechselspiel der elektrischen und magnetischen Phänomene zu vereinen und in Form von so genannten elektromagnetischen Wellen durch die Luft zu schicken – mit den heute nicht mehr wegzudenkenden Konsequenzen, die wir Radio und Fernsehen nennen. Anders ausgedrückt, neben den mechanischen Bewegungen – zum Beispiel denen der Himmelskörper – gab es elektromagnetische Bewegungen – etwa die der Radiowellen, und die zeigten eine Besonderheit. Sie fanden nämlich mit Lichtgeschwindigkeit statt, und zwar einfach deshalb, weil sie – bei passender Wellenlänge – nichts anderes als das Licht selbst waren.

Bei allem Respekt vor Newton und seiner Mechanik: Für Einstein gab es etwas, das mehr zählte, und das war sein Glaube an die Einheit der Physik und somit an die Symmetrie (Übereinstimmung) der Auskünfte ihrer Disziplinen. Wenn in einem System der Erklärung die Lichtgeschwindigkeit konstant ist, muss sie es auch in einem anderen sein. Wenn es mit dieser Vorgabe nötig wird, die Mechanik neu zu formulieren und Newton vom Sockel zu holen, dann hilft kein Lamentieren, sondern nur ein Aufkrempeln der Ärmel. Und so fing Einstein mit seinem langen Nachdenken an, das zuletzt Erfolg hatte und unser Bild vom Kosmos bis heute prägt.

Träge Energien

Einstein hat einmal erzählt, dass die seltsame Idee einer konstanten Lichtgeschwindigkeit schon sehr früh in seinem Kopf zu reifen begonnen habe, als er versuchte, sich ein besonderes Bild von der Welt zu malen. Er fragte sich, wie die Welt für ihn aussähe, wenn er auf einem Lichtstrahl reiten würde. Wenn man so schnell wie das Licht ist, kann man dann überhaupt noch etwas sehen? Oder gibt es etwas, dass einen Mensch daran hindert, sich so schnell zu bewegen, wie es das Licht tut? Und wenn dies der Fall ist, woran liegt das?

Auch hier hat Einsteins Nachdenken die Antwort ergeben, und sie hängt mit seiner berühmten Formel zusammen, die auf die Äquivalenz von Energie und Masse hinweist. Die Gleichung, die in der Form $E = mc^2$ ausdrückt, dass selbst in einer kleinen Masse viel Energie steckt – was sich als schreckliche Wahrheit bei der Explosion von Atombomben gezeigt hat –, wurde von Einstein anders abgeleitet, nämlich als $m = E/c^2$, und nur damit kann verstanden werden, was er ursprünglich wissen wollte, nämlich die Antwort auf die Frage, ob die Trägheit eines Körpers von seiner Energie abhängt.

Der Begriff Trägheit – lateinisch *inertia* – geht auf Johannes Kepler zurück, der hierin den Grund für die Bewegung der Planeten sah. Wenn sie einmal in Schwung gekommen waren, hielt die Trägheit ihrer Massen sie auf der Bahn – so malte er sich die Lage am Himmel aus. Trägheit war das Beharrungsvermögen einer Masse, und Newton verfeinerte dieses Konzept, um es in die Mitte seiner Mechanik stellen zu können. Die Physiker nach ihm rechneten dann allen Körpern bzw. Gegenständen eine träge Masse zu, die dadurch charakterisiert ist, dass sie einer sie beschleunigenden Kraft Widerstand entgegenbringt. Viele Jahrhunderte lang nahm man an, dass die Trägheit eines Körpers ausschließlich von seiner ruhenden Masse bestimmt wird, bis Einstein etwas anderes bemerkte. Er stellte in einer lange Zeit unbeachtet gebliebenen Notiz aus dem Jahre 1905 fest, dass die Trägheit eines Körpers von seiner Energie abhängig ist, und zwar so, wie es quantitativ von der Formel ausgedrückt wird, die mit m (und nicht mit E) beginnt.

Was Einstein – neben der Äquivalenzformel von Energie und Masse – noch an den wissenschaftlichen Tag förderte, lässt sich jetzt intuitiv verstehen und wie folgt ausdrücken: Es braucht immer mehr Kraft, also auch immer mehr Energie, einen Gegenstand zu beschleunigen, wenn der schon eine hohe Geschwindigkeit hat, denn mit der Energie nimmt die Trägheit zu.

Es ist jetzt vorstellbar, dass zuletzt eine Grenze kommt, die sich nur mit unendlicher Energie überschreiten lässt – also wohl nicht auf Erden und schon gar nicht von sterblichen Wesen. Und es ist jetzt auch nicht weiter überraschend, dass diese Grenze genau durch die Lichtgeschwindigkeit gegeben ist. Sie ist fest, und sie hält uns fest.

Es lohnt sich, diesen Punkt und die Wandlung der Sichtweise, die damit verbunden ist, genauer zu betrachten. Die alte Frage nach den Grenzen der Welt ist immer auf Raum und Zeit bezogen worden, genauer gesagt, auf bereits bestehende Ausdehnungen (Strecken und Längen) und gegebene Zeitabschnitte, und so kommt man weder philosophisch noch physikalisch ins Reine. Wenn man sich aber von diesen statischen Gegebenheiten ab- und den dynamischen Gegenstücken der Welt zuwendet und die Relation von Raum und Zeit bzw. Strecke und Dauer betrachtet, und somit Geschwindigkeiten in den Mittelpunkt des Betrachtens stellt, dann erscheinen Grenzen, und mit ihnen kann man sich sogar anfreunden. Es gibt im Kosmos der Bewegung weder eine unendlich große noch eine verschwindend kleine Geschwindigkeit. Spätestens seit Kopernikus wissen wir, dass unsere Welt unentwegt in Bewegung ist. Nirgendwo zeigt sich Bewegungslosigkeit, also etwas, das die Geschwindigkeit Null hat. Absolute Ruhe kommt weder in unseren Breiten noch in unserem Kosmos vor. Man sucht sie vermutlich in jeder Hinsicht vergebens, und ich könnte mir denken, dass sie viele Menschen krank machen würde.[16]

Das eben Gesagte lässt sich übrigens schon bei Nikolaus von Kues (1401–1464) nachlesen, in dessen Schriften diese Eingrenzungen theologisch – also von Gott her – begründet werden. Als endliche Wesen verfügen wir nur über endliche Geschwindigkeiten, also weder über unendlich große noch über unendlich kleine. Sie stehen uns einfach nicht zu bzw. nicht zu Gesicht. Die unüberwindbare Schranke zur Unendlichkeit hat Einstein genau angegeben, mit der Geschwindigkeit des Lichtes, und die untere Grenze wird uns noch beschäftigen, wenn es um die Atome geht. Das Stichwort ist die Unbestimmtheit der atomaren Wirklichkeit, die keine Ruhestellung im Inneren der Welt zulässt. In eine ähnliche Richtung weist im Übrigen ein wenig bekannter Dritter Hauptsatz der Thermodynamik. Er handelt von dem absoluten Nullpunkt, also von der tiefsten möglichen Temperatur, bei der sich alle Materie bereits derart zusammengezogen hat, dass nach unten kein weiterer Spielraum mehr zur Verfügung steht. Der Dritte Hauptsatz konstatiert nun, dass dieser absolute Nullpunkt zwar denkbar, aber nicht erreichbar ist. Wenn es eine solche kälteste Stelle irgendwo in der Wirklichkeit gäbe, dann müsste dort alle Bewegung zum Stillstand gekommen sein, und genau dies lässt die Realität nicht zu. Die ewige Ruhe gibt es auf dieser Welt nicht, vielleicht steckt hier der Grund, warum wir in Requiem und Kirchenlied um sie bitten.

Das immer schneller expandierende Universum

Vermutlich können wir die Welt insgesamt besser erfassen, wenn wir weniger von Raum und Zeit und mehr von den Geschwindigkeiten ausgehen, wenn also weniger statisch und mehr dynamisch gedacht wird. Selbst Einstein wird an dieser Stelle ganz menschlich, denn auch er wünschte sich ein Weltall im statischen Gleichgewicht, bevor wissenschaftliche Er-

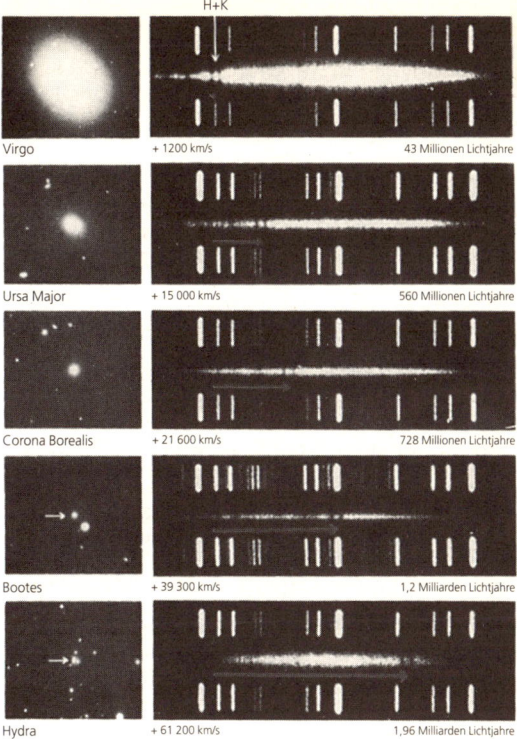

Abb. 5–8 Die Entdeckung der Rotverschiebung gehört zu den berühmten Momenten der Kosmologie. Beobachtet wurde das Licht, das von fünf Galaxien unterschiedlicher Entfernung zu uns kommt. Dabei wurde vor allem das Licht untersucht, das von dem Kalziumatom stammt. Es zeigt sich in Form zweier Linien, deren Wellenlängen bestimmt werden können. Wie sich herausstellte, verschieben sich die Messergebnisse zu längeren Wellenlängen hin, wenn die Entfernung der Galaxien zunimmt, deren Kalziumatome man beobachtet. Die gewöhnliche Deutung der Rotverschiebung beruht auf dem so genannten Doppler-Effekt, bei dem es um Frequenzänderungen geht, wenn sich ein Sender bewegt. Als Standardbeispiel wird dann ein Polizeiauto bemüht, das mit heulender Sirene an einem vorbeirast. Doch diese Wirkung spielt im gedehnten Kosmos keine Rolle. Die Rotverschiebung kommt vielmehr dadurch zustande, dass das Licht so gedehnt wird wie der sich ausdehnende Raum, den es durchquert.

kenntnisse es unausweichlich machten, die ganze Welt in Bewegung zu sehen.

Ende der zwanziger Jahre entdeckte Edwin Hubble die Rotverschiebung (Abb. 5–8). Die einfachste Deutung dieser Erscheinung bestand in der Annahme, dass Galaxien, die weiter von der Milchstraße entfernt sind, entsprechend schneller unterwegs sind. Das Bild eines expandierenden Universums konnte fortan gemalt werden, und die traditionelle Veranschaulichung gelingt mit einem Luftballon, der aufgeblasen wird. Der wesentliche Punkt wird dabei gerne übergangen: Dies funktioniert nur dann, wenn ein Mensch in den Ballon hineinbläst. Übertragen auf den Kosmos muss man sich einen Gott vorstellen, der zwar keine Luft, wohl aber Raum und Zeit aus seinen himmlischen Lungen strömen und in die Welt hinausfließen lässt. So gesehen erinnert das Bild vom Ballon nicht nur unmittelbar an Newtons Idee der göttlichen Emanationen – auch hier anscheinend nichts Neues unter der natürlich nicht mehr ruhenden Sonne –, es macht darüber hinaus den wesentlichen Punkt des expandierenden Weltalls klar. Man darf sich auf keinen Fall vorstellen, dass aller Raum schon da ist (wie das Zimmer, in dem die Kinder spielen, für die Luftballons aufgeblasen werden) und jetzt nur größer wird. Man muss sich vielmehr klarmachen, dass Raum immer größer wird und die Ausdehnung des Kosmos dadurch zustande kommt, dass irgendwo und irgendwie unentwegt Raum und Zeit entstehen. Der Raum ist nicht etwas, das da ist, sondern etwas, das permanent (und auch immer schneller) gebildet wird.

Mit anderen Worten: Selbst die Größen, die Bewegung definieren, sind bewegt und in einem ständigen Werden begriffen. Dynamischer geht es nicht – oder doch? Die moderne Astronomie geht tatsächlich noch einen Schritt weiter. Sie sagt nämlich, dass selbst die Bewegung des Weltalls bewegt ist. Anders ausgedrückt: Die Expansion des Kosmos findet beschleunigt statt. Wir leben nicht nur in einem Universum, das sich ausdehnt, sondern vielmehr in einem, dessen Ausdehnung sich zunehmend beschleunigt. (Irgendwie kommt einem dieser Satz so vor, als stamme er aus dem Alltag. Wie oft muss man hören, dass wir in einer sich zunehmend beschleunigenden Welt leben, bei der die Neuerungen in immer kürzeren Abständen aufeinander folgen, um selbst immer rascher alt auszusehen? Wir scheinen uns dem beschleunigten Weltall anzupassen und sollten uns eigentlich bald wie zu Hause fühlen.)

Entdeckt wurde die beschleunigte Bewegung des Kosmos erst in den neunziger Jahren das 20. Jahrhunderts, als Methoden verfügbar wurden, mit denen weit entfernte Supernovae am Himmel beobachtet werden konnten. »Weit entfernt« meint dabei viele Milliarden Lichtjahre, was auch heißt, das die entsprechenden explosiven Sterngeburten vor vielen Milliarden Jahren passiert sind. Übrigens gehören Explosionen zum Standardrepertoire des Universums, in dem es wie in einem Kriegsfilm zugeht. Und wie der Krieg manchmal als Vater aller Dinge angesehen wird, verdankt auch unsere Erde ihre Existenz den Gewaltakten im Kosmos. So schätzen die Kosmologen unsere Sonne als eines der zahlreichen Abfallprodukte ein, die von den Resten einer Supernova übrig geblieben sind.

Man konzentrierte die Messungen auf Supernovae mit einer sehr hohen Rotverschiebung und versuchte die Geschwindigkeiten, mit der sie sich von der Erde wegbewegten, mit der Entfernung zu korrelieren, wobei selbstverständlich erwartet wurde, dass da alles gleichmäßig verlief. Für jedes Stück weiter weg von uns ein entsprechendes Stück mehr Geschwindigkeit. Doch die Messungen taten den Physikern den Gefallen nicht. Sie zeigten nicht nur, dass die weiter entfernten Supernovae schneller waren, als die Gilde der Physiker erlaubte, sie zeigten zudem, dass mit zunehmender Entfernung auch die Abweichung von der Erwartung zunahm. Das Universum – so lautet der derzeit akzeptierte Befund – dehnt sich immer schneller aus, was mit anderen Worten heißt, dass die Produktion von Raum und Zeit immer schneller wird.

Das Gewicht der Welt

Das amerikanische Wissenschaftsmagazin *Science* hat die eben skizzierte Entdeckung 1998 zum »Durchbruch des Jahres« ernannt. Kurioserweise ist er im Zusammenhang mit Arbeiten gelungen, die ursprünglich etwas anderes zum Ziel hatten, nämlich Klarheit über die Frage zu erlangen, ob das Universum seine Expansion irgendwann in der Zukunft auch abbrechen und eines Tages wieder zusammenschrumpfen kann. Tatsächlich muss man sich vorstellen, dass die Fluchtbewegung der Galaxien zwar durch eine ungeheuer mächtige Explosion zu Beginn der ganzen Geschichte in Gang gekommen ist, dass jetzt aber nach und nach die riesigen Massen ihre Wirkung ausüben und die Schwerkraft die ganze nach außen gehende Bewegung erst anhält, dann übermächtig wird und auf diese Weise den ganzen Vorgang zuletzt umkehrt. Folgt dem Urknall ein Urkrach? So lautete die Ausgangsfrage, der man auf den Grund gehen wollte. Überraschenderweise fand man weder eine Konstanz der Expansion noch eine Abnahme, sondern man stieß im Gegenteil auf eine Beschleunigung des kosmischen Aufblähens.

Die ursprüngliche Strategie, die Frage nach der Möglichkeit oder Unmöglichkeit einer Umkehr der kosmischen Bewegung zu entscheiden, bestand darin, so genau wie möglich die Dichte des Universums zu bestimmen. Die physikalischen Theorien zeigen quantitativ, was qualitativ leicht vorstellbar ist, dass die Galaxien und ihre Cluster natürlich nur dann wieder auf einen Punkt zusammengezogen werden können, wenn die im Weltall vorhandene Masse dazu ausreicht. Wieviel Masse aber ist im Kosmos vorhanden? Wie viel Gewicht bringt die Welt auf die Waage?

Es ist leicht möglich, die Dichte des Universums zu definieren – es geht um Masse pro Volumen, berechnet zum Beispiel nach der Zahl der Wasserstoffatome pro Kubikmeter. In der Theorie ist es dann möglich, einen Zahlenwert anzugeben, der als Wasserscheide folgendermaßen funktioniert: Ist die mittlere

Das Gewicht der Welt 155

Dichte des Universums größer als dieser kritische Wert, gibt es genügend Masse, um die Expansion in Zukunft anzuhalten und umzukehren, unabhängig davon, ob sie sich zur Zeit noch beschleunigt. Ist hingegen die mittlere Dichte kleiner als dieser Wert, dann reicht die vorhandene Masse dazu nicht aus, und unsere Welt wächst ewig weiter (wobei die Frage nach Grenze offensichtlich sinnlos wäre).

Wenn eine Theorie eine so folgenreiche Alternative vorlegt, drängt es die Wissenschaftler zur experimentellen Tat. Doch selbst nach langen Jahren des Messens konnten sie keine eindeutige Auskunft geben. Wie das verflixte Schicksal es will – Zufall oder nicht? –, schwanken die Messergebnisse genau um den kritischen Wert, der bei sieben Wasserstoffatomen pro Kubikmeter in dem uns einsichtigen Universum liegt (und damit unglaublich klein ist). Hin und wieder melden Berichte, es gäbe mehr als sieben Wasserstoffe in dem erwähnten Würfel mit der Kantenlänge von einem Meter, hin und wieder heißt es aber auch, die Zahl sei kleiner als sieben. Und so steht die Entscheidung auch am Beginn des 21. Jahrhunderts noch aus.

Sie wird erschwert durch mindestens zwei Aspekte, über die man Bescheid wissen sollte. Doch bevor sie erwähnt werden, noch eine Anmerkung zu der genannten Dichte. Sieben Atome pro Kubikmeter ist vom irdischen Standpunkt aus so gut wie Nichts. Die Luft, die wir atmen, hat 10^{23} Mal so viel, wobei dies eine so große Zahl ist, dass sie unvorstellbar genannt werden kann[17]. Der wichtige Punkt besteht darin, dass trotz all der vielen Galaxien und riesigen Energiemengen, die zum Universum gehören, dort eine ungeheure Leere überwiegt, die schon Pascal erwähnt und gefürchtet hat. Was aber im 17. Jahrhundert noch Gefühle und Staunen hervorgerufen hat, nehmen wir heute geschäftsmäßig nüchtern hin, ohne neugierig zu werden und zum Beispiel weiter zu fragen, was denn zwischen den wenigen Wasserstoffen ist, die sich in der Tiefe des Weltalls tummeln. Was kann es da geben?

Wir kennen die Fähigkeit des Zwischenraums zwischen den Atomen, Licht zu leiten. Wir *hören* die Galaxien und die Explosionen der Supernovae nicht, wir *sehen* nur ihr Licht, das viele Milliarden Jahre unterwegs gewesen ist, bevor es in den Teleskopen auf der Erde eintrifft. Mit anderen Worten, der Kosmos muss aus einem Medium bestehen, dass die Ausbreitung von Licht ermöglicht, und dieses Medium nannten die Physiker früher einmal Äther. Sie stellten sich den Äther mit seinen Lichtwellen so wie Wasser mit seinen Wasserwellen vor, nur musste der Weltraumstoff dichter und durchsichtiger zugleich sein.

Die Vorstellung eines Äthers, der verhindert, dass irgendwo in der Welt ein Loch aus Nichts existiert, gehört zu den archaischen Bildern, mit denen die Wissenschaftler operierten. Schon Aristoteles hat einen Äther gebraucht, um sein Weltbild zu zeichnen, und die Physiker des 19. Jahrhunderts wollten seine Eigenschaften genau vermessen. Sie wollten zum Beispiel erkunden, ob und wie sich die Geschwindigkeit des Lichtes relativ zum Äther ändert. Es gehört nun zu den traditionellen Erklärungen der Größe Einsteins, dass er aus dem Misslingen der genannten Versuche die richtigen Konsequenzen gezogen und mit einem genialen Streich den Äther abgeschafft hat (was konkret seinen Ausdruck in der Setzung einer konstanten Lichtgeschwindigkeit gefunden hat).

Die Sachlage stellt sich tatsächlich wohl etwas anders dar: Zum einen hat Einstein die besondere Rolle der Lichtgeschwindigkeit nicht aus wissenschaftlichen, sondern aus ästhetischen Gründen betont – wie oben erläutert worden ist –, und zum anderen hat Einstein keineswegs den Äther abgeschafft. Er hat ihm nur seine mechanische Form genommen und sie durch eine raffiniertere Fassung ersetzt. Statt den Kosmos mit einem materiellen Gebilde und seinen mechanischen Spannungszuständen so zu füllen wie eine Badewanne mit Wasser – so stellte sich das 19. Jahrhundert den Äther vor –, durchwebte Einstein die Welt, in der wir leben, mit einem immateriellen Feld und schuf so einen kontinuierlichen Kosmos. Die mit dem anschaulichen Wort »Feld« beschriebene physikalische Wirklichkeit unterscheidet sich von dem Äther dadurch, dass es sich nicht um eine dinghafte Realität handelt, die konkret den Sinnen zugänglich ist – auch wenn sie in Einzelfällen sichtbar gemacht werden kann (Magnetfelder etwa mit Eisenfeilspänen). Es handelt sich aber trotzdem um das Wirkliche des Weltalls, das Einstein in seinen späten Lebensjahren in einer »einheitlichen Feldtheorie« vollständig zu erfassen hoffte.

Fehlende Massen

Mit der Feldidee vertreibt die Physik die Angst vor dem Nichts, und wir können uns darin in aller Ruhe die sieben Atome vorstellen, die in jedem Kubikmeter des Weltalls umhertreiben und im kosmischen Schwerefeld schweben. Die Frage, ob damit schon alle Beiträge zum Gewicht der Welt genannt sind, zieht allerdings ein zweifaches Kopfschütteln nach sich. Die Zweifel kommen aus der Ecke der Physiker, die sich auf der Erde mit hohen Energien abgeben und die Vielfalt der Elementarteilchen erkunden, die unterhalb der Atome existieren. Sie kennen Materieformen, deren ungewöhnliche Eigenschaften für das Schicksal des Universums entscheidend sein können.

Übrigens: Es fällt sicher auf, dass langsam immer mehr von Atomen und jetzt auch von kleineren Einheiten die Rede ist. Tatsächlich hängen die großen und die kleinen Dinge sehr eng zusammen, wie im nächsten Kapitel deutlich wird. Um zum Beispiel ein Elektron verstehen zu können, muss man die Geschichte des Universums kennen bzw. berücksichtigen, was davon bekannt ist. Wie sich herausstellen wird, bekommen die Mitspieler auf der atomaren Bühne ihre Eigenschaften durch Wechselwirkungen, die sie eingehen. Atome haben ihre Qualitäten und Quantitäten nicht, sie bilden sie erst. Sie sind das erschaffene Wirkliche, das wiederum Wirkliches erschafft, denn schließlich beruht die ganze Welt auf ihnen.

Die oben genannten doppelten Zweifel sind in der Literatur unter den Stichworten »Neutrinomasse« und »Dunkelmaterie« bekannt. Neutrino – so lautet der Name für ein Nichts, das sich dreht. Neutrinos wurden erst postuliert und dann entdeckt.

Die Physiker benötigten ihre Qualitäten, um bei radioaktiven Prozessen die Energie- und Impulsbilanz ausgleichen zu können. Wie wir heute wissen, entstehen sie im Inneren der Sterne und durcheilen mit nahezu Lichtgeschwindigkeit die Welt, ohne sich allerdings viel um sie zu kümmern. Zu gering ist die Wahrscheinlichkeit für eine Wechselwirkung. Neutrinos spürt man nicht – oder doch?

Lange Jahre hindurch haben die Physiker angenommen, dass Neutrinos nichts wiegen. Nun erlauben die physikalischen Gesetze, ihnen ein winziges Gewicht zuzuschreiben, und das könnte zum Problem werden. Die Neutrinos gibt es nämlich in einer derart riesigen Zahl, dass selbst der winzigste Betrag ausreichen könnte, um ihnen zusammen mehr Gewicht als dem ganzen bisher vermessenen Universum zu geben.

Die Physiker sind nicht nur nicht bei der Suche nach der kleinsten Masse der Welt an ein Ende gekommen, sie haben sich inzwischen ein noch größeres Problem eingehandelt, das bei der Beobachtung der Bewegung einiger ferner Galaxien aufgetaucht ist. Diese Sternengebilde machen den Eindruck, als ob sie dasselbe tun wie die Planeten, die auf einer Kreisbahn um ein Zentralgestirn ziehen – in unserer Milchstraße wäre dies die Sonne. Doch so deutlich diese Bewegung auszumachen ist, die Mitte, um die sie sich vollzieht, erscheint leer. Sie ist dunkel, so sagt es der mit Teleskopen verstärkte Augenschein. Dabei muss sie doch voller Materie stecken. So besagen es jedenfalls die Beobachtungen und die Gesetze der Schwerkraft.

Logisch gibt es aus dieser Situation den Ausweg, die Existenz von »Dunkelmaterie« zu fordern, und eigentlich sollte diese gedankliche Konstruktion kein Problem darstellen, denn warum soll es nicht ausgebrannte Sterne oder kalten Staub im Weltall geben, die sehr wenig Licht abgeben oder reflektieren? Doch nachdem die Physiker auf diese Form der Materie erst einmal aufmerksam geworden sind, hat man immer mehr davon gefunden. Und inzwischen meint man, dass 90 Prozent der in Galaxien mit Spiralstruktur vorhandenen Materie unsichtbar sind, sich also mit keiner Wellenlänge nachweisen lassen.

Fehlende Massen 159

Insgesamt entsteht das erstaunliche Bild, dass wir nicht nur am Rande des Universums umherirren und immer weiter von seiner Mitte weggetrieben werden. Sogar der Stoff, aus dem wir bestehen, macht nur den geringsten Teil des Ganzen aus. Manche Physiker glauben deshalb, unsere Situation mit der von Treibgut auf einem Ozean aus Dunkelmaterie vergleichen zu können.

Natürlich taucht in dieser Lage die Frage auf, ob sich dieser dem Licht unzugängliche Teil der Welt nicht anders nachweisen lässt. Die amerikanischen und die europäischen Raumfahrtbehörden (NASA und ESA) wollen dieser Frage mit zwei Satelliten nachgehen, deren Start bis zum Jahr 2007 geplant ist. Vielleicht entdecken sie etwas, das wir uns heute noch nicht vorstellen können – es sei denn, ein neuer Einstein erklärt es uns.

6 Eine verschränkte Welt – Die Lektion der Atome

So berühmt Albert Einstein für seine Relativitätstheorien mit ihren kosmischen Konsequenzen auch ist, den großen Preis aus Stockholm, den Nobelpreis für Physik, hat er nicht für sie bekommen. Die höchste Auszeichnung, die seit einhundert Jahren für wissenschaftliche Leistungen vergeben und wie in einem Märchen von einem König überreicht wird,[1] wurde Einstein für seine Einsicht zuerkannt, die nicht mit dem Makrokosmos der Galaxien, sondern mit dem Mikrokosmos der Atome zu tun hat. In beiden Fällen gibt es aber eine Gemeinsamkeit, nämlich die besondere Rolle, die das Licht spielt. Erst wenn ihm eine neue und eigentümliche Qualität zugeschrieben wird, kann man mit seiner Hilfe durch die von Einstein (und anderen) geöffneten Fenster schauen und einen geheimnisvollen Aspekt der Welt erkennen.

In der äußeren Welt mit ihrer ungeheuren Weite geht es um das Ausbreiten von Licht, das immer und überall mit konstanter Geschwindigkeit erfolgt, wie Einstein als Erster feststellte. Und in der inneren Welt mit ihrer ungeheuren Dichte geht es um das Eindringen von Licht, das überhaupt nicht so gleichmäßig und kontinuierlich erfolgt, wie die Physiker immer und überall geglaubt haben, sondern sprunghaft und ruckartig. Um die Wechselwirkung von Licht und Materie in Übereinstimmung mit experimentellen Befunden verstehen zu können, musste Einstein zu Beginn des 20. Jahrhunderts eine Vorstellung über Bord werfen, der die damalige wissenschaftliche Welt seit mehr als hundert Jahren vertraute und die sie für unerschütterlich hielt. Gemeint ist die Vorstellung, dass sich Licht wellenförmig ausbreitet und in dieser Form, also als Welle, Hindernisse umläuft und Farben hervorbringt. Gemeint ist genauer gesagt die Vorstellung, dass ein Physiker vollständig verstanden hat, was Licht ist und tut, wenn er es als Welle auffasst und seine Eigenschaften mit deren Parametern – zum

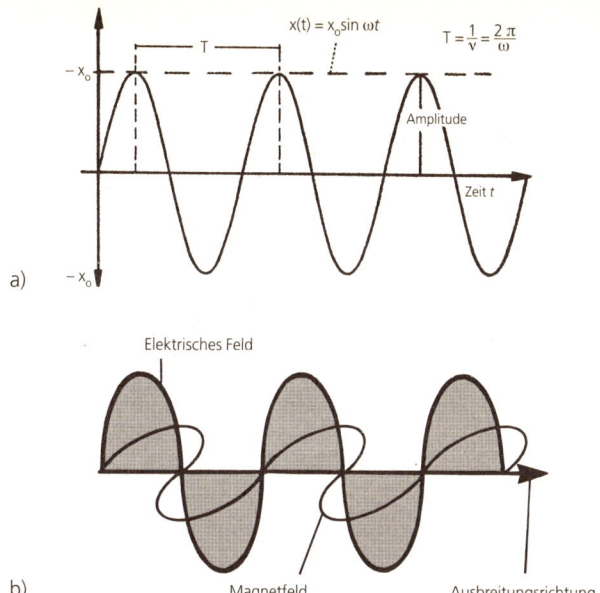

Abb. 6-1 Das Licht und sein Spektrum: Licht wird gewöhnlich als Welle dargestellt und durch entsprechende Parameter festgelegt (a), zum Beispiel durch Amplitude, Wellenlänge (λ) und Schwingungszahl oder Frequenz (ν). Die Geschwindigkeit einer Welle (s) lässt sich aus der Wellenlänge und der Frequenz bestimmen. Dabei gilt folgende grundlegende Relation: $s = \lambda \nu$. Im 19. Jahrhundert konnten die Physiker genauer ermitteln, wie die Wellenbewegung zustande kommt, nämlich durch elektrische und magnetische Felder, die sich gegenseitig hervorrufen (b). Dieser Vorgang wird geregelt durch die berühmten Maxwell-Gleichungen, die zusammen mit den Newtonschen Gesetzen die Basis der klassischen Physik bildeten. Seit dieser Zeit schien man genau zu wissen, was Licht ist, nämlich eine elektromagnetische Welle. Es gibt zahlreiche solcher Wellen, die alle in dem elektromagnetischen Spektrum zusammengefasst werden können. Für unsere Augen sichtbar wird dabei nur ein kleiner Ausschnitt, der so genannte Farbenkreis. Er ist eine aktive Leistung der menschlichen Wahrnehmung, die das in beiden Richtungen offene Spektrum so schließt, dass oder damit wir keine Lücke empfinden, wenn Rot in Blau übergeht und der Purpurbereich durchstreift wird.

Beispiel mit seiner Wellenlänge, Amplitude, Frequenz und Phase – darstellt und berechnet.

Einsteins Licht

Einstein kannte diese stolze Tradition wie kein anderer, und er wusste, dass da nichts aufzugeben war und dass man – im Gegenteil – unbedingt an diesem Bestand festzuhalten hatte. Trotzdem: Bei diesem Befund konnte er nicht stehen bleiben, und mit den Wellen blickte er nur auf eine Seite der Münze namens wissenschaftlicher Erkenntnis. Es musste noch eine Rückseite geben, auf der sich unabweisliche Befunde zeigten, die nicht mit dem vertrauten Bild in Übereinstimmung zu bringen waren. Dazu gehörte zum Beispiel der so genannte photoelektrische Effekt, der trotz seines kompliziert klingenden Namens einen ganz einfachen Zusammenhang festhält. Es geht dabei um den Einfluss von Licht auf den elektrischen Strom, der in einem leitenden Metall fließen kann. Es war beobachtet worden, dass der Einfluss der Strahlen nicht mit ihrer Intensität, sondern mit ihrer Frequenz zunimmt. Mit anderen Worten, die Energie von Licht muss mit seiner Schwingungszahl verknüpft sein. Dies erklärt im Übrigen, weshalb ultraviolettes Licht mit seiner höheren Frequenz mehr Energie hat als infrarote Strahlen mit ihrer niedrigen, was jeder leid- oder freudvoll an seiner eigenen Haut nachprüfen kann: Letztere wärmen uns zwar, Erstere aber lassen unsere Haut verbrennen.

Den experimentellen Befund des Photoeffekts und seine Auswirkungen für das Wechselspiel von Licht und Elektrizität konnte Einstein mit aller wünschenswerten Genauigkeit dadurch erklären, dass er einem seltsamen Gedanken physikalischen Sinn und somit Dauer verlieh, der genau im Jahre 1900 in die Welt gekommen war und bald der ganzen Physik seinen Namen aufdrücken sollte. Gemeint ist die Vorstellung, dass die Natur Sprünge macht und es reale Größen gibt, die sich nicht kontinuierlich, sondern unstetig ändern können. Wer solche

Quantensprünge, wie sie heute heißen, darstellen will, muss mehr zeichnen als einen plötzlich auftretenden, steilen An- oder Abstieg. Er muss den Bleistift absetzen und ein Stück überspringen, bevor er neu ansetzt. Mit der Anwendung dieser bis heute tragfähigen Idee auf die Energie von Strahlen machte Einstein seinen Kollegen deutlich, dass sie ihre Ansicht von der Natur des Lichtes revidieren und erweitern mussten. Er erklärte nämlich dessen Wechselwirkung mit der Materie mit Hilfe der Annahme, dass es ein Strom aus getrennten und einzeln nachweisbaren Teilchen ist, der fließt, wenn eine Lampe leuchtet oder die Sonne scheint und es auf diese Weise hell und warm wird. Das heißt, Einstein fügte dem etablierten Wellenbild das zwar vor langer Zeit einmal von Newton ins Spiel gebrachte, aber inzwischen längst aufgegebene Teilchenbild hinzu – und er ging noch einen entscheidenden Schritt weiter. Er erklärte beide für gleichberechtigt und zutreffend und enttäuschte dabei alle, die meinten, allein ein anschauliches Bild reiche aus, um Licht zu verstehen. Mit anderen Worten, der junge Einstein erkannte die Doppelnatur des Lichtes, und er wunderte sich sehr über diese revolutionäre Einsicht, und zwar sein Leben lang. Denn seiner Wissenschaft war plötzlich etwas abhanden gekommen, nämlich die Fähigkeit zu klaren Auskünften und eindeutigen Lösungen. Anders ausgedrückt, Einstein musste seinen Nobelpreis teuer bezahlen.

Die Umwertung aller Werte

Das eben geschilderte Auftauchen einer Doppeldeutigkeit und das damit einhergehende Verschwinden von Eindeutigkeit liefern ein Beispiel für das, was in der Physik der ersten Jahre des 20. Jahrhunderts häufiger passierte. Man kann diesen Aspekt des Geschehens, durch den die Naturwissenschaften ein neues Gesicht bekommen, mit einem berühmten Ausdruck des Philosophen Friedrich Nietzsche zusammenfassen, der im auslaufenden 19. Jahrhundert einmal in seiner bekannt radikalen und naturwissenschaftliche Geister leicht verwirrenden Art die »Umwertung aller Werte« angekündigt hat. Die von Nietzsche geforderte Neuorientierung des Denkens, die aus seiner Sicht von einem inbrünstigen Willen zur Macht begleitet war und den berühmten Tod Gottes mit sich brachte, tritt auf vielfältige Weise in den exakten Wissenschaften tatsächlich ein. Sie vollzieht sich zwar in aller Stille und oftmals mehr gegen den Willen der Akteure, aber sie tut dies nachdrücklich und wirkungsvoll.

Während die Physiker des 19. Jahrhunderts, die man in Analogie zu den »Vorsokratikern« die »Präeinsteinianer« nennen könnte, ihre Wissenschaft für eine objektive Beschreibung der Natur mit unzweideutigen Antworten hielten, erkennen Einstein und mit ihm sein großer Zeitgenosse und wunderbarer Gegenspieler Niels Bohr, dass diese Ansicht in mindestens zwei Punkten korrigiert werden muss. Zum einen ist die Physik etwas anderes, nämlich die Beschreibung unseres Wissens von der Natur, und zum anderen fällt diese Beschreibung nicht immer eindeutig aus. Die Wahrheit – so wird Bohr später sagen – ist nicht in aller Klarheit zu haben, sondern nur so zu formulieren, dass sie ihr Geheimnis behält – auch in der Wissenschaft von der Natur. Positiv gewendet: Die Natur zeigt sich in den Mysterien, die sie den Physikern und anderen Forschern zu erkennen gibt. Und wer Ohren hat zu hören, dem könnte an dieser Stelle der Gedanke an die poetische Aufgabe kommen, den offenen Geheimnissen der Wissenschaft die geschlossene Form der Kunst zu geben. Mit ihr würde nicht nur eine weitere, sondern vielleicht die entscheidende Umwertung alter Werte vollzogen, nämlich Wissenschaft nach dem Modell der Kunst zu betreiben.

Als Einstein die klassische Lichtwelle durch einen Teilchencharakter ergänzte, hatte er mit der Frage nach der Natur des Lichtes die erste wissenschaftliche Frage entdeckt, die keine eindeutige Lösung zulässt. Es kann im Kontext der Physik nicht entschieden werden, ob Licht Welle oder Teilchen ist, ob es sich wellenförmig ausbreitet oder Stoßvorgänge ausführt, die für

Die Umwertung der wissenschaftlichen Werte um 1900

Vor 1900	Nach 1900	Beispiel
Objektivität	Subjektivität	Bahn eines Elektrons
Eindeutigkeit	Doppeldeutigkeit	Natur des Lichtes
Stetigkeit	Unstetigkeit	Quantum der Wirkung
Anschaulichkeit	Unanschaulichkeit	Spin eines Elektrons
Bestimmtheit	Unbestimmtheit	Ort eines Photons

Partikel charakteristisch sind. Es lässt sich nur feststellen, dass beide Qualitäten gebraucht werden, um das Licht vollständig – in seinem dualen Charakter – zu verstehen. Paradox formuliert: Welches klassische Bild man auch benutzt, ein Teil des Lichtes bleibt unsichtbar oder im Dunkeln. Wie bei einer Münze kann man nicht beide Seiten gleichzeitig sehen. Etwas sehen heißt immer auch, etwas anderes nicht sehen. Über etwas reden heißt immer auch, etwas anderes verschweigen.

Die Umkehrung aller Werte bestand allgemein gesehen in der Entdeckung, dass in den Naturwissenschaften immer mehr Fragen auftauchten, die sich nicht eindeutig lösen ließen. So mathematisch exakt die Wissenschaften sich geben, bei der Erfassung der Wirklichkeit zeigten sich zunehmend Unsicherheiten. Es wurde bald unmöglich, die Welt als Gefüge aus beobachtbaren Dingen zu betrachten, die sich nach bekannten Gesetzen bewegen. Natürlich dauerte es seine Zeit, bis sich diese Einsicht endgültig durchgesetzt hatte und ihre Folgen klar geworden waren. Manchmal gewinnt man den Eindruck, dass sich immer noch nicht überall herumgesprochen hat, was hier zu lernen ist.

Die Entdeckung der Unstetigkeit

Einstein war 26 Jahre alt, als er den ersten Blick in Richtung der neuen Gefilde tat und seine umwälzenden Einsichten publizierte. Er bekam dabei das verständliche Gefühl, dass seiner Wissenschaft, der Physik, damit jeder sichere Boden unter den Füßen weggezogen worden war. Und nicht nur das. Unabhängig von der Richtung, in die er schaute, an keinem Horizont gelang es ihm, den Umriss eines neuen Festlands zu erkennen, auf dem sich Fuß fassen ließ. Tatsächlich sollte es noch zwei Jahrzehnte dauern, bevor wieder halbwegs von einer neuen Ordnung in der Physik gesprochen werden konnte. Sie ist heute zwar längst unter der Überschrift »Quantenmechanik« Lehrbuchstoff geworden, aber es brauchte eine ganze Garde von Genies und eine völlig neue Form der internationalen Zusammenarbeit, um dieses Ziel zu erreichen. Die hier angedeutete Sozialgeschichte der Wissenschaft ist übrigens noch nicht geschrieben. Sie bietet nicht nur Platz für Historiker und Philosophen, sondern auch für Dichter und Dramatiker.[2]

Die Zerstörung der alten Gewissheit hatte pünktlich mit dem 20. Jahrhundert begonnen. Im Oktober 1900 wurde eine merkwürdige Entdeckung gemacht, ohne die Einstein seinen mutigen Schritt in die dunkle Dualität des Lichtes niemals hätte unternehmen können. Die entscheidende Figur war dabei Max Planck in Berlin, nach dem heute eine der großen Wissenschaftsorganisationen nicht nur Deutschlands, sondern der Welt benannt ist. Planck war mit demselben Thema beschäftigt, das Einstein später zum Revolutionär machte und beiden den Nobelpreis einbrachte, nämlich der Wechselwirkung zwischen Licht und Materie. Was zum Beispiel bei der Reflexion von Lichtstrahlen auf der Oberfläche eines festen Körpers oder der Brechung von Sonnenstrahlen im Wasser passiert, war seit Jahrhunderten beobachtet und untersucht worden. Natürlich gaben zahlreiche Erscheinungen nach wie vor kleinere Rätsel auf – etwa die Farben von Flammen oder die so genannten Spektrallinien, die angeregte Atome ausstrahlten, aber zu Beginn des 20. Jahrhunderts waren die Physiker auf ein überraschend hartnäckiges Problem gestoßen. Seine Lösung durch Planck gab Einstein fünf Jahre später die entscheidende Hilfestellung, um den Boden, auf dem die Physiker ihre Erklärungen präsentierten, zu durchlöchern und den Umsturz im Weltbild der Physik herbeizuführen, der mit der Beschreibung der atomaren Wirklichkeit verbunden ist.

Der Physiker Planck war berühmt für seine Vorlesungen über die Wärmelehre, die in Fachkreisen Thermodynamik heißt. Dieses Wort deutet mit seinen drei letzen Silben an, dass auf dem so bezeichneten Gebiet der Forschung versucht wird, die äußeren Erscheinungen der sicht- und fühlbaren Wirklichkeit, die mit Wärme zu tun haben und durch Temperaturen bestimmt werden, durch innere Bewegungen – eben dynamisch – zu erklären, womit konkret die Bewegungen von Atomen und Molekülen gemeint sind. Alle Materie, so glaubte man zu wissen, besteht letztlich aus Atomen und Molekülen, die sich drehen und gegenseitig stoßen, die einander umkreisen und in die Quere kommen, die geradeaus fliegen, zusammenprallen, vibrieren und zahlreiche andere Bewegungen durchführen können. Und alle Eigenschaften der Materie sollten aus diesen grundlegenden Prinzipien heraus verstanden werden. So sah es das Forschungsprogramm der Physik vor, das klarer nicht sein konnte und mit dem man hoffte, den zahlreichen Erfolgen, die man im 19. Jahrhundert feiern konnte, möglichst bald weitere hinzufügen zu können.

Die Eigenschaft, um die es Planck ging, konnte am besten an einem Körper demonstriert werden, den die Physiker deshalb als schwarz bezeichnen, weil sie in seiner theoretischen Behandlung so tun, als ob er alles auf ihn fallende Licht verschluckt und nichts davon reflektiert. Solche idealisierten Systeme haben zwar wenig mit der oftmals vertrackten Wirklichkeit zu tun, sie sind aber leichter als reale Gebilde zu berechnen. Wenn ein Körper tatsächlich im präzisen Wortsinn alles Licht verschluckt (absorbiert), wäre er mehr oder weniger unsichtbar, was ja nicht der Fall ist.[3]

Schwarze Körper der Physik sollen nur von innen her ihr eigenes Licht aussenden, und es ist leicht, sie dazu anzuregen. Man muss sie nur erhitzen, also ihnen Wärme zuführen. Was erst farblos dunkel ist, bleibt nicht lange so, wenn dies passiert. Je höher die Temperatur – etwa von dunklem Stahl oder einem Stück Kohle – steigt, desto bunter wird das Bild, das sich dem Betrachter bietet, wie es etwa durch die Begriffe »rotglühend« und »weißglühend« angedeutet wird. Physiker kommen dabei allerdings nicht ins Schwärmen, sondern ins Grübeln, denn sie wollen wissen, wie der Zusammenhang zwischen Temperatur und Farbe aussieht. Gibt es ein Gesetz, mit dem sich verstehen und dann auch vorhersagen lässt, welches Glühen mit welcher Menge an Wärme verbunden ist?

Als Planck sich an die Arbeit machte, kannte er die Antwort hierauf in allgemeiner Form. Sie lautete Ja, wie seine Vorgänger herausgefunden hatten, und diese Situation bedeutete für ihn die konkrete Herausforderung, das Strahlengesetz in mathematischer Sprache zu formulieren. Die Rede vom Strahlengesetz hatten sich die Physiker angewöhnt, da es galt, die Licht- und Wärmestrahlen zu verstehen, die ein schwarzer Körper aussendet und die mit hoher Präzision zu vermessen war. Den Physikern des 19. Jahrhunderts war zwar klar geworden, dass alle schwarzen Körper unabhängig von ihrer Zusammensetzung dasselbe Strahlenmuster produzieren, doch sie hatten nicht vermocht, das Gesetz zu formulieren, über dessen Existenz sie sich Gewissheit verschafft hatten.

Planck überlegte, was er anders als seine Vorgänger machen könnte. Die entscheidende Größe bei allen Betrachtungen schien ihm die Energie zu sein, die als Wärme in den schwarzen Körper hineinging und als Licht wieder aus ihm herauskam. Die Materie nahm Energie zuerst auf und gab sie danach wieder ab. Energie wurde also in ihr und durch sie verwandelt. Aber wie und wodurch?

Planck dachte über dieses Problem nach und ihm fiel eine Möglichkeit ein, die niemand zuvor bedacht hatte. Er hatte schon lange bemerkt, dass die Wellenlängen der ausgesendeten Strahlen zunahmen, wenn mehr Wärme – also mehr Energie – im Spiel war. Damit kann auch umgekehrt gesagt werden, dass mit wachsender Energie die Frequenz des Lichtes zunimmt. Blau hat eine höhere Frequenz als Gelb, das wiederum eine höhere Frequenz hat als Rot. Vielleicht geht die Sache weiter voran, so dachte Planck, wenn man einmal annimmt, dass die Energie des Lichtes mit seiner Frequenz zunimmt? Vielleicht sind sie sogar proportional? Jedenfalls war dies der leichteste Ansatz, und aller Anfang muss ja nicht unbedingt schwer sein.

Planck entschied sich, es mit dem Gedanken der Proportionalität zwischen Energie und Frequenz zu probieren, und dabei führte er die folgenreichste Größe in die moderne Physik ein, die heute nach ihm benannte Plancksche Konstante, die er mit dem Buchstaben h bezeichnete. Mit diesem harmlos wirkenden h wird – zunächst unbemerkt – die Hintertür geöffnet, durch die ein neues Licht in das Haus der Physik eindringt. Es macht in den kommenden Jahren sichtbar, dass die alte Festigkeit nur scheinbar war. Bald werden immer mehr Risse in den Balken erkennbar, und sie machen nach und nach einen Abriss des gesamten Gedankengebäudes mit anschließendem völligem Neuaufbau erforderlich.

Wenn die Physiker gewusst hätten, was ihnen bevorstand, als das h zum ersten Mal auftrat, hätten sie vermutlich sofort sämtliche Riegel vorgeschoben und alle Schlüssel mehrfach umgedreht, um dem Neuankömmling in ihrem Haus keinen Einlass zu gewähren. Planck selbst ahnte die Gefahr und redete sich ein, mit dem h nur eine Hilfsgröße in die Physik eingeführt zu haben, die sich nach getaner Arbeit wieder abschaffen ließ. Natürlich kam das kleine h nicht ganz ohne Gaben. Es lieferte sogar einen Vorteil, und zwar die seit so langer Zeit gesuchte Strahlenformel für die Farben des schwarzen Körpers. Das leuchtende Glühen konnte Planck mit seinem kleinen h nämlich vollständig und höchst präzise erklären. Doch triumphieren wollte er deshalb nicht, denn die gelungene Antwort auf eine alte Frage brachte vor allem eine neue hervor, nämlich die nach der Herkunft und der Bedeutung der mit h bezeichneten

Naturkonstante. Sie diente als Verbindungsglied zwischen der Energie und der umgekehrten Zeit namens Frequenz und musste deshalb ein Produkt aus Energie und Zeit sein. Die Physiker sprechen in dem Fall von einer Wirkung, und das kleine h ist das heute so berühmte Quantum der Wirkung. Mit ihm kommt eine nicht überbrückbare Unstetigkeit in die Natur bzw. in ihre Beschreibung, und dies markiert eine weitere Umwandlung aller Werte, da es zu den Grundüberzeugungen der Naturforscher spätestens seit den Tagen von G. W. Leibniz gehörte, dass die Natur keine Sprünge macht. Alles hatte seinen stetigen Gang zu gehen, doch plötzlich stellte sich bei diesem Bild das Quantum quer zur Blickrichtung und störte die Harmonie.

Die Natur macht Quantensprünge

Bei Planck wollte sich kein Hochgefühl einstellen. Er ahnte sehr wohl, wie gefährlich das kleine h war. Schließlich ruinierte es den ihm heiligen Grundgedanken der Physik über die Erhaltung der Energie. Der Gedanke von der Konstanz der Energie wurde im Ersten Hauptsatz der Thermodynamik formuliert und so umfassend und universell verstanden, dass seine Gültigkeit nicht nur *für* alle Zeiten, sondern auch *zu* allen Zeiten gewährleistet sein sollte. Er musste durchgängig und kontinuierlich gelten, und genau dies klappt nicht mehr, wenn die Energie des Lichtes durch dessen Frequenz bestimmt wird. Frequenzen geben bekanntlich die Zahl von Ereignissen in Zeiteinheiten an – drei Tabletten am Tag, zehn Anrufe pro Stunde, sechzig Herzschläge pro Minute –, und folglich haben sie keine Bedeutung für einen Zeit*punkt*. Er kann nicht unterteilt und in ihm kann nichts gezählt werden. Anders ausgedrückt, wenn Energie und Frequenz bis auf die Plancksche Konstante gleich waren – in der mathematischen Fassung: Energie (E) gleich h mal Frequenz (ν), also $E = h\nu$ –, dann waren Momente möglich, in denen die Energie nicht konstant zu sein brauchte und sich zum Beispiel auch sprunghaft ändern konnte. Das h gäbe dann so etwas wie die Größe der zulässigen Unstetigkeiten in der Natur an. Genau so ist es von Planck verstanden und eingebracht worden. Das schon eingeführte Wort Quantum für das unstetige h drückt dies aus, und es ist der Ausgangspunkt der Quantensprünge, die in unseren Tagen in fast jeder Diskussion um die wirtschaftliche Zukunft bemüht werden. Jedes Unternehmen will seine Wettbewerbsfähigkeit durch Quantensprünge sichern, wie dauernd zu lesen ist. Dabei könnte – streng physikalisch genommen – nichts unsinniger sein. Schließlich gibt es nichts, was kleiner ist als ein Quantensprung, zudem führen die meisten nach unten, weil bei ihnen Energie verloren wird, und am Ende befindet man sich in einer stabilen Ruhelage.

Bleiben wir im physikalischen Rahmen. So unsinnig und unverständlich das Quantum bei seiner Einführung auch wirkte, es war postuliert worden, es erklärte Phänomene und war folglich in der physikalischen Welt vorhanden und brauchbar. Warum also nicht probieren, ob es auch genutzt werden kann, wenn Licht die Leitfähigkeit beeinflusst, dachte sich Einstein, und als sein Ansatz funktionierte, stand er da wie sein verehrtes Vorbild Planck – nämlich erfolgreich und ratlos zugleich. Beide hatten zwar einen physikalischen Effekt erklärt, aber beide verstanden die Mittel nicht, die dazu benötigt wurden. Während Planck nach und nach lernte, sich mit der unvermeidlichen Unstetigkeit der Natur abzufinden, gab Einstein keine Ruhe. Bei ihm setzte nach 1905 ein lebenslanges Ringen um das Begreifen sowohl der Natur als auch seines Erfolges ein. Seine wichtigste Idee hat dabei zu dem Begriff der verschränkten Welt geführt. Sie stellt seltsamerweise so etwas wie das Gegenteil des unstetigen Quantums dar und vermittelt das Bild einer zusammenhängenden Welt ohne Teile. So gesehen zeigt die Atomphysik dieselbe Art der Begrenzung bzw. Endlichkeit wie die Astrophysik. Es kann weder etwas unterhalb des Quantums noch oberhalb des verschränkten Ganzen geben. Wir befinden uns sicher zwischen diesen beiden Extremen, und wir kommen hier genauso gut zurecht wie zwischen der unerreichbaren Ruhe und der unüberschreitbaren Lichtgeschwindigkeit.

Die Stabilität der Materie

Planck und Einstein waren im ersten Jahrzehnt des 20. Jahrhunderts einsame Vorreiter der neuen Physik, die heute Quantentheorie oder Quantenmechanik heißt. Planck hatte das Quantum als mathematische Größe eingeführt, und Einstein hatte ihm eine erste physikalische Deutung gegeben. Das Licht konnte man sich mit Hilfe der unstetigen Wirkung als aus Quanten zusammengesetzt vorstellen, die bald den Namen Photonen bekamen. Die Photonen traten als elementare Teilchen des Lichtes den grundlegenden Partikeln der Materie an die Seite, die als Elektronen und Protonen bekannt waren. Die Physiker waren zufrieden, dass sich zwei Sorten von Teilchen unterscheiden ließen, weil sie so die bekannten elektrischen Ladungen verteilen konnten. Die Elektronen trugen die negative und die Protonen die positive Ladung.

Wer sich an dieser Stelle wundert, wo denn die Atome geblieben sind, hat völlig Recht. Es gehörte zwar zu den Selbstverständlichkeiten der damaligen Physik, von den unterschiedlich geladenen Bestandteilen der neutralen Atome zu sprechen, aber niemand schien sich viele Gedanken über die Frage zu machen, wie denn etwas Unteilbares – so die bekannte und aus dem Griechischen stammende Bedeutung von Atom – aus Teilen bestehen konnte. Stattdessen bastelten die Physiker munter an Modellen von Atomen herum, und am liebsten gingen sie von einem Bild aus, das sich am besten durch den Teig von Rosinenkuchen veranschaulichen lässt. Die negativen Elektronen sollten wie Rosinen in einem zähen positiven Brei eingelagert sein.

Gedanklich war das Atom also schon zur Jahrhundertwende teilbar, was die Frage aufwirft, warum man an dem uralten Be-

Atom

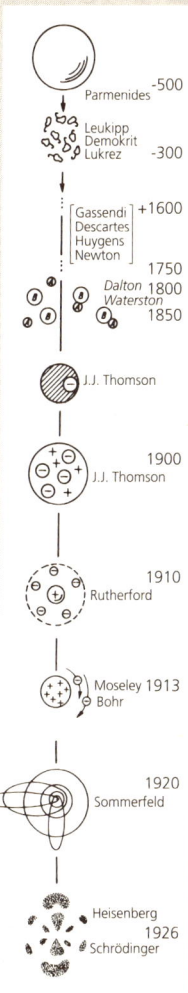

Vorstellungen von Atomen hat man seit der Antike. Leukipp und Demokrit lösten die älteren Vorstellungen einer homogenen Weltkugel ab und sprachen von den Atomen und dem leeren Raum daneben. Auch im Mittelalter gab es Atomtheorien. Die Ideen, wie sie in den Köpfen der modernen Physiker eine Rolle spielen, tauchen im frühen 19. Jahrhundert auf, als die Chemiker versuchen, die Bindungen zu verstehen, die Elemente miteinander eingehen können. Konkrete Vorstellungen treten aber erst 1900 in Erscheinung, nachdem 1897 das Elektron entdeckt worden ist. Der Brite Joseph John Thomson stellt sich diese negativ geladenen Anteile eines Atoms wie Rosinen in einem Teig vor, und dieses Modell hält sich, bis Experimente von Ernest Rutherford zeigen, dass es einen Atomkern geben muss. Nun beginnt Niels Bohr mit seinen Konstruktionen, die von Arnold Sommerfeld in München verfeinert werden. Bei all diesen Modellen denken die Physiker noch an kleine Partikelchen, die konkrete Bahnen einhalten, wenn sie den Kern umrunden. Dieses anschauliche Konzept von Atomen als winzige Planetensysteme überlebt die Entwicklung der Quantenmechanik von Werner Heisenberg und Erwin Schrödinger jedoch nicht. Im Innersten der Welt gibt es nichts Dinghaftes mehr, sondern bestenfalls Wolken aus Wahrscheinlichkeit. Die Welt kann also nicht aus Atomen bestehen, denn Atome sind nichts Festes, aus denen etwas zusammengesetzt sein könnte.

griff festgehalten hat. Sie wird noch beantwortet, aber zunächst gilt die Aufmerksamkeit einem anderen Problem, nämlich dem Kuchenteig und seinen Rosinen. Um ihre Verteilung erfassen zu können, wurde um 1912 in Manchester ein einfach scheinendes Experiment durchgeführt. Der Ausgangspunkt war das damals noch ziemlich wenig verstandene Phänomen der Radioaktivität, mit deren Hilfe entsprechende Atome sehr energiereiche Strahlen aussenden. Solche Strahlen lenkten die britischen Physiker auf eine extrem dünne Folie aus Gold. »Extrem dünn« heißt dabei, dass die Dicke der Folie nur durch wenige Schichten von Atomen zustande kam. Somit bestand die Chance, dass die eingesetzten radioaktiven Strahlen auf einzelne »Rosinen« treffen und von ihnen abgelenkt werden. Aus dem Muster der Ablenkung erhoffte man sich dann Aufschluss über die Verteilung der »Rosinen« im Atomkuchen.

Es liegt in der Natur des Experiments, dass die Physiker ihre Messgeräte *hinter* die Goldfolie stellten, um die gestreuten Strahlen zu erwischen. Als dort aber weniger ankamen, als zu erwarten war, prüften sie auch die Zone *vor* der Folie, und zur allgemeinen Überraschung wurde ein Teil der Strahlen direkt zurückgeworfen. Die Physiker waren völlig ratlos. Es kam ihnen so vor, als ob sie Gewehrkugeln auf eine Zeitung abgefeuert hätten, um zu sehen, dass ein Teil der Geschosse zurückgeschleudert wird. Wie konnte so etwas sein?

Es gab zwar eine offensichtliche Antwort, aber sie widersprach der gesamten Physik und war somit auszuschließen. Das war die Vorstellung, dass der massive Teil eines Atoms nicht ein verschmierter Teig, sondern ein kerniges Stück ist. Das hieße, dass Atome wirklich aus zwei Teilen bestehen, einem positiv geladenen Kern (aus massiven Protonen) und einer negativ geladenen Hülle (aus leichten Elektronen). Das ganze Schema sah zwar verlockend aus – nämlich wie ein Planetensystem en miniature –, aber bekanntlich kann ja nicht sein, was nicht sein darf. So komisch es klingt, aber das eben geschilderte Atommodell erklärte zwar die Experimente mit der Folie, wurde aber von den Gesetzen der Physik verboten. Ihnen zufolge strahlt eine Ladung Energie ab, wenn sie sehr rasch auf einer Kreisbahn rotiert – die Elektronen mussten rund ein Prozent der Lichtgeschwindigkeit erreichen, es also von Moskau nach Madrid in einer Sekunde schaffen –, und dabei ein elektrisches Feld durchquert. Mit anderen Worten, ein Elektron, das eine positiv geladene Mitte umrundet, verliert Energie und stürzt als Folge davon in den Kern. Dieses Atom und die gesamte Materie wären instabil.

An dieser Stelle besteht zum Glück eine klare Alternative: Entweder stimmt etwas nicht mit den Gesetzen der Physik, oder es stimmt etwas nicht mit dem Modell, und eine der beiden Errungenschaften muss weichen. Vermutlich hätten die meisten von uns sich gegen die den Kern umkreisenden Elektronen des Modells entschieden, doch Genies reagieren anders. Der Däne Niels Bohr fasste mutig den Gedanken ins Auge, die alte Physik zu verwerfen und einige Neuerungen vorzunehmen. Er wusste auch schon, woher die Hilfe für diesen Schritt kommen konnte – nämlich von den Erfahrungen, die sowohl Planck als auch Einstein mit dem Quantum der Wirkung gemacht hatten. Bohr erkannte, dass die Idee der Unstetigkeit das Modell rettete, das ursprünglich aus Streuexperimenten abgeleitet worden war und heute nach ihm benannt ist. Warum, so fragte sich Bohr, soll sich nur die Energie des Lichtes sprunghaft ändern? Kann bei der Materie mit ihren Atomen nicht dasselbe passieren? Energie ist Energie, und zwar für Photonen und für Elektronen. Aber wie soll sich die Energie der Elektronen in einem Atom ruckartig ändern, wenn jede äußere Einwirkung fehlt und die Materie einfach unbelästigt bleibt? Ist dann nicht die Annahme sinnvoll, die Energie ändert sich ohne Einfluss von außen überhaupt nicht und die Elektronen bleiben, wo sie sind?

Gedacht, getan, geschrieben. Bohr postulierte, dass es so etwas wie stationäre Bahnen von Elektronen gibt, auf denen die Umsetzung der gültigen Gesetze der Physik durch Unstetigkeit eingeschränkt und folglich Bewegung ohne jeden Energieverlust möglich ist. Das Quantum macht dieses Szenario möglich und die Materie stabil.

Schizophrene Physik

Im Grunde agierte Bohr wie eine schizophrene Persönlichkeit. Erst trat er als souveräner klassischer Physiker auf, der ausrechnete, auf welchen Wegen die Elektronen nach den Newtonschen Gesetzen unterwegs sein konnten. Und danach zog sich dieser Teil seiner Persönlichkeit zurück, um dem mutigen Quantenphysiker Platz zu machen, der aus allen möglichen Bahnen einige wenige auswählte. Sie dienten einem doppelten Zweck. Zum einen konnten die Elektronen auf ihnen stabil umherlaufen und dabei das produzieren, was in der Fachsprache bald stationärer Zustand heißen sollte. Und zum anderen konnten sie – nach geeigneter Anregung von außen – zwischen den Bahnen springen, und zwar so, dass die Energiedifferenz als Licht freigesetzt wurde. Die Bewegung von einer Quantenbahn auf die andere markiert den legendären Quantensprung, wobei das Vertrackte der Bohrschen Idee darin bestand, dass die Physik diesen Wechsel nicht erklären und über ihn nur wissen konnte, dass er möglich ist und irgendwann auch stattfindet.

Das klassische Modell des Atoms war damit geboren. Es beruhigte nicht nur für lange Zeit die Gemüter, es beschäftigte sie auch. Die Physiker hatten nämlich jetzt zahlreiche Möglichkeiten, die Elektronenbahnen zu verfeinern und sie mit vielen Schwüngen und Verzierungen zu versehen. Aus Kreisen wurden Ellipsen und Achterbahnen oder was die mathematischen Möglichkeiten sonst noch eröffneten. Man agierte wieder auf gewohntem Terrain und übersah, dass Bohrs anschauliche Präsentation der atomaren Wirklichkeit voll von inneren Schwierigkeiten und Ungereimtheiten steckte. Einige davon waren philosophischer Art. Manchen nachdenklichen Physikern gefiel zum Beispiel nicht, dass man bei Bohr im Kleinen wiederfand, was man im Großen kannte, nämlich ein Planetensystem. Sie wunderten sich über eine Erklärung der Welt, bei der man voraussetzt, was herauskommen soll. Und andere fragten sich, ob sich das, was im alltäglichen Rahmen geläufig ist,

Schizophrene Physik 177

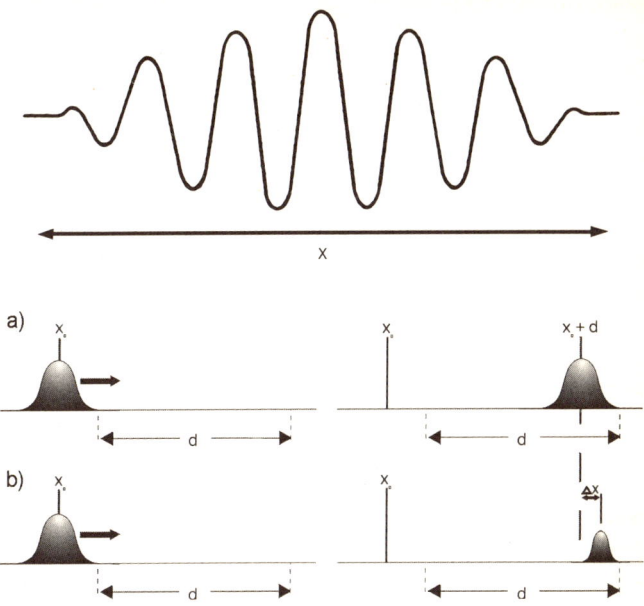

Abb. 6-2 Teilchen lassen sich als Wellenpakete denken, denen man eine bestimmte Breite und eine exakte Position zuschreiben kann (oben). Materie in dieser Form erlaubt eine hübsche Erklärung aller Bewegungen von Teilchen, die schneller als Lichtgeschwindigkeit gewesen sein sollen. Wir stellen dazu ein Wellenpaket als Schildkröte dar – der Buckel macht dies möglich –, deren Ort entweder durch die Nase an der Spitze oder die höchste Stelle des Rückens gegeben ist. Ein physikalisches Messergebnis stellt nur die Mitte der Schildkröte fest, weil sich nur so der Ort eines Wellenpakets definieren lässt. Nun lassen wir eine »Schildkrötenwelle« mit Lichtgeschwindigkeit laufen (a), während wir die andere so manipulieren, dass ihr Wellenpaket schrumpft (b) (technische Details sollen hier nicht interessieren). Am Ende der Wellenbewegung sind beide Wellenpakte (Teilchen) mit der Nase gleich weit gekommen, aber durch die Schrumpfung der »Schildkröte« entsteht der Eindruck, sie sei um Δx weiter gekommen und damit schneller als Licht gewesen. Das trifft für das reale Objekt aber nicht zu, sondern nur für seine irreale Innenwelt. Die Quantenmechanik hält sich da an die Relativitätstheorie, wo es konkret wird. Im imaginären Bereich gibt es natürlich keine Schranken.

ohne weiteres beliebig verkleinern lässt. So ist es zum Beispiel sinnvoll, von dem elektrischen Feld eines Kondensators zu sprechen, denn man kann ja einen Probekörper zwischen seine beiden Platten bringen und die Kraft messen, die auf ihn wirkt. Wie aber will man einen Probekörper, der *aus* Atomen besteht, *in* ein Atom hineinbringen, um hier das elektrische Feld zu erkunden, das von einem Kern ausgehen soll?

Mit anderen Worten: der Erfolg von Bohrs Atommodell zeigte nicht, dass hier eine *Lösung* gefunden worden war, sondern nur, dass man mit seiner *Loslösung* von der alten Physik auf dem richtigen Wege war. Noch gab es den neuen Boden nicht, auf dem man stehen konnte. Einstein sehnte ihn zwar herbei, aber er half bei seiner Grundlegung nicht. Er war damals zu sehr mit der Allgemeinen Relativitätstheorie befasst und hatte keinen Blick für die Atome übrig.

Wenn er dafür frei gewesen wäre, hätte er möglicherweise den Gedanken haben können, der die Sache bald entscheidend ins Rollen brachte. Es geht um den Gedanken der Symmetrie, mit dem Einstein so vertraut war und der bei den Atomen noch fehlte. Bohr hatte ihn benutzt, als er die Unstetigkeit der Energie nicht nur dem Licht, sondern auch der Materie zubilligte. Und im Rückblick ist klar, welcher Schritt als nächstes vollzogen werden musste, nämlich die Materie nicht von der wirksamen Idee der Dualität auszuschließen, die bislang nur auf das Licht angewendet wurde. Noch zögerte die Gemeinde der Physiker, auch einem Elektron sowohl Wellen- als auch Teilchencharakter zuzuordnen, und zwar aus gutem Grund. Jeder Physiker, der einigermaßen bei Verstand war, fragte sich: Wie kann etwas, das nachweislich eine Masse hat und sogar zusätzlich eine Ladung trägt, eine Welle sein?

Die Idee der Komplementarität

Der Vorschlag, die Idee der Dualität in der genannten Weise auszuweiten und durch die Existenz von Materiewellen symmetrisch zu machen, lag in der Luft. Diese weitere Umwertung wagte 1924 der französische Physiker Louis de Broglie. Zunächst dafür verlacht, blieb de Broglie ruhig und verwies auf die besondere Qualität seiner Wissenschaft, nämlich auf die Möglichkeit, seine Idee mit einem Experiment zu untermauern. Wellenbewegungen zeigen bekanntlich das Phänomen der Interferenz, bei dem Licht und Licht zusammen Dunkelheit ergeben können. Vielleicht kommen sich auch Elektronen gegenseitig ins Gehege und verhindern ihre Anwesenheit an bestimmten Orten, wenn man ihre Bewegung geschickt genug miteinander verweben kann.

Tatsächlich konnte bald gezeigt werden, dass de Broglies ketzerischer Vorschlag Bestand hatte und Elektronen – wie auch das Licht – eine duale Natur haben und nicht nur als Teilchen, sondern auch als Welle in Erscheinung treten. Die Doppeldeutigkeit der Wirklichkeit hatte sich somit bestätigt, und spätestens jetzt schien es ratsam, sie sehr ernst zu nehmen. Bohr versuchte es mit der Idee der Komplementarität, die sich als extrem tragfähig erweisen sollte. Im Wort »Komplementarität« steckt das lateinische *completum*, das auf das Ganze hinweist, um das sich jedes Erkennen bemüht. Komplementarität besagt allgemein, dass ein Phänomen – wie etwa Licht – umfassend und in ganzer Fülle nur durch zwei Aspekte verstanden werden kann, die sowohl zusammengehören als auch widersprüchlich sind. Für jede Erscheinung gibt es Erklärungen, die gegensätzlich klingen und trotzdem gleichberechtigt sind. Die komplementären Theorien einer Sache sind jeweils richtig, aber keine von ihnen allein erfasst die Wahrheit, das können sie nur gemeinsam.

Komplementarität hat eine konkrete und eine allgemeine Bedeutung: Konkret bedeutet sie, dass Erscheinungen aus der Sphäre der atomaren Wirklichkeit nur durch experimentelle

Anordnungen zu definieren sind, die sich gegenseitig ausschließen und nie gleichzeitig anzuwenden sind. Man kann entweder die Interferenz von Licht untersuchen und damit seinen Wellencharakter ermitteln oder das Auftreffen von Licht auf Metallen untersuchen – und damit seinen Teilchencharakter feststellen. Man kann entweder fragen, ob Licht ein Teilchen ist, oder man kann fragen, ob Licht eine Welle ist, und in beiden Fällen ist die Antwort positiv. Man kann nur nicht beide Fragen widerspruchsfrei beantworten.

Allgemein weist die Idee der Komplementarität darauf hin, dass nicht nur im Kleinen – also im experimentellen Detail –, sondern auch im Großen zwei gegenläufige und sich scheinbar widersprechende Ansätze gleichberechtigt nebeneinander stehen können. Die Natur können wir zum Beispiel als »Mutter Erde« verehren und komplementär dazu als Rohstoffquelle nutzen. Und was die Erklärung der Farben angeht, wäre es sinnlos, Goethe gegen Newton auszuspielen, denn beide behandeln komplementäre Aspekte einer Sache. Ihre Vorgehensweisen sind unterschiedlich, weil sie sich komplementärer psychischer Funktionen bedienen. Goethe empfindet mehr, wenn er Farben sieht, und Newton analysiert mehr, wenn er die Wege der bunten Lichtstrahlen verfolgt. Für Newton ist ein farbiger Lichtstrahl einfach (da nur durch eine Wellenlänge bestimmt) und das Sonnenlicht zusammengesetzt. Für Goethe gilt das Umgekehrte: der farbige Strahl ist nicht einfach, denn er ist nur mit Hilfe eines Prismas erkennbar. Das polare Paar Newton/Goethe kann als Beispiel für umfassende Komplementarität von Kunst und Wissenschaft dienen, die am Ende des Buches aufgegriffen wird.

Näheres zum Ding an sich

Mit der Komplementarität und ihrer Anwendung auf physikalische Objekte scheint auf den ersten Blick eine Begrenzung in die wissenschaftliche Erkundung der Atome und des Lichtes zu kommen. Schließlich lässt sich unter dieser Vorgabe zum Beispiel über ein Elektron nur etwas sagen, nachdem eine Wechselwirkung mit ihm stattgefunden hat bzw. nachdem eine Messung mit einem geeigneten Apparat gemacht worden ist und man die damit zusammenhängenden Eigenschaften festgestellt hat. Dies trifft zwar zu, bietet aber nichts Neues unter der Sonne der Philosophie und stellt nur die Bestätigung einer alten Einsicht dar, die bei Immanuel Kant nachzulesen ist und als »Ding an sich« bezeichnet wird. Bekanntlich hat kein Mensch Zugang zu dem verflixten »Ding an sich«, dem »eigentlich Seienden«, wie es im Lexikon genannt wird. Uns stehen nur die von ihm ausgehenden bzw. an ihm erfassbaren Sinnesdaten und sein daraus von unserem rechnenden und malenden Gehirn angefertigtes und in unserem Kopf präsentes Bild zur Verfügung.[4] Kein Mensch kennt einen Baum oder ein Blatt an sich, vielmehr kennen alle Menschen nur den Baum, den sie im Kopf haben und dessen Blätter dort im Wind bewegt werden und dabei vielleicht sogar rauschen und Erinnerungen wachrufen.

Bohrs Gedanke der Komplementarität präzisiert und bestätigt Kants Erkenntnisgebot. Er fasst auf der Ebene der Atome die Erfahrungen zusammen, die seiner Wissenschaft zugänglich sind. Weder das »Elektron an sich« noch das »Photon an sich« ist ein Thema für einen Forscher. Beide treten nur als beobachtete Phänomene in Erscheinung, und beide bleiben physikalisch so unerreichbar, wie es sich philosophisch gehört. Sie sind genauso ein Etwas, »wovon wir nichts wissen können«, wie Kant schreibt, »der gänzlich unbestimmte Gedanke von Etwas überhaupt«.

Von einer neuen und besonderen Einschränkung des Wissens kann daher also bei der Komplementarität keine Rede sein, und eher scheint das Gegenteil vorzuliegen. In gewisser Weise wissen wir mit den Fortschritten der Physik doch etwas mehr über die Elektronen bzw. Photonen als vorher. Unser Unwissen ist nämlich genauer geworden. Wir haben sehr bestimmte Gedanken über die Unbestimmtheit des Etwas, um das es dem

Erkennenden geht. Während man vor dem Aufkommen der Quantenphysik mit ihrer Komplementarität *von* einem Elektron bzw. Photon an sich nichts wissen konnte, gilt nach der Quantentheorie, dass es selbst *an* dem Elektron bzw. Photon an sich nichts zu wissen gibt. Es trifft nicht zu, wie man meinen könnte, dass ein Elektron bzw. Photon bestimmte Eigenschaften hat, die nur unbekannt bleiben, solange sie nicht gemessen worden sind. Die Eigenschaften von Elektronen bzw. Photonen bleiben so lange unbestimmt, bis jemand nach ihnen fragt und das entsprechende Experiment macht. Elektronen bzw. Photonen an sich stellen keine Wirklichkeit dar, vielmehr bieten sie uns verschiedene Möglichkeiten für die Erfassung der Realität, und es liegt an uns, zwischen ihnen zu wählen.

Unbestimmtheiten

Diese Einsicht ist fast noch populärer als der schon erwähnte Quantensprung. Es handelt sich um die Idee der Unbestimmtheit, die ihren konkreten Ausdruck in den Unbestimmtheitsrelationen bekommen hat, die auf Werner Heisenberg zurückgehen. In etwas laxen Formulierungen ist häufig von den Unschärferelationen die Rede, wobei dieser Ausdruck auch deshalb verbreitet ist, weil er die Rückübersetzung der englischsprachigen Fassung der Unbestimmtheit ist, die als »uncertainty« übersetzt worden ist.

Das Wort »Unschärfe« legt beim ersten Hören die Vermutung nahe, es handle sich um die ungenaue Messung einer an sich genau festliegenden Größe. Und Heisenbergs Einsicht wird oft am Beispiel der Ortsmessung eines Elektrons dargestellt, deren Durchführung die Möglichkeit vereitelt, seine Geschwindigkeit präzise zu bestimmen. Tatsächlich benötigt jemand, der die Position eines Elektrons bestimmen will, dazu Licht, und das heißt, er muss dessen Photonen mit den anvisierten Elektronen in einem Atom zusammenstoßen lassen. Die Wechselwirkung erfolgt dabei unstetig, wie Planck und Einstein als Erste nachweisen konnten, also durch Austausch von mindestens einem Quantum. Das »gesehene« Elektron unterscheidet sich damit von dem »ungesehenen« Elektron und hat nachher sicher eine andere Geschwindigkeit als vorher. (Elektronen sind also auch nicht anders als Menschen, die sich anders verhalten, wenn sie beobachtet werden.)

Es ist also keine Frage, dass der Messvorgang das Objekt verändert. Der entscheidende Punkt steckt aber an einer anderen Stelle, nämlich vor jedem experimentellen Eingriff. Anders als die Erkenntnistheorie der Philosophen kann die Atomtheorie der Physiker tatsächlich etwas über die Dinge an sich sagen, und zwar welche Möglichkeiten ihnen bei aller Unbestimmtheit offen stehen. Sie existieren nicht als feste Wirklichkeit, sondern vibrieren in all ihren Möglichkeiten, die ihnen sogar gleichzeitig zur Verfügung stehen und die sie jederzeit – sobald man eine Messung oder eine Beobachtung durchführt – besetzen können. Das Elektron an sich ist eine Überlagerung all der Zustände, die es einnehmen kann. Experten reden dabei vom Prinzip der Superposition, und sie würden sich gerne ein Bild davon machen. Anders ausgedrückt: Im Innersten der Welt sind Wahrscheinlichkeiten, und die Physik kann berechnen, dass eine von ihnen sicher eintrifft (mathematisch 1) und alle anderen verschwinden, wenn ein Eingriff von außen kommt. Was allerdings fehlt, ist ein Weg, auf dem das Erkannte anschaulich wird. Es fehlt also eine symbolische Darstellung des mathematisch Erfassten, die wie ein Fenster den Durchblick auf die imaginäre Tiefe der Realität erlaubt. Dazu ist die Wissenschaft auf die Hilfe der Kunst angewiesen.

Einsteins Einwände

Unter anderem an dieser Stelle erhob Einstein Einwände gegen die Beschreibung der Atome, mit der Bohr und seine Kollegen zufrieden waren. Ihm missfiel, dass dauernd von Doppeldeutigkeiten und Wahrscheinlichkeiten die Rede war. Dass ein Physiker über die Wirklichkeit komplementär reden muss und sich unzweideutig nur noch über seinen Versuch äußern kann – mit dieser Konsequenz der Quanten konnten sich zwei bedeutende Männer nicht so ohne weiteres abfinden, obwohl sie die ganze Sache überhaupt erst in Gang gebracht hatten: Planck und Einstein. Planck schrieb einmal an Bohr, dass doch wenigstens der liebe Gott gleichzeitig alle Impulse und Positionen der Teilchen seiner Schöpfung wissen kann. Bohr antwortete, dass es gar nicht auf die Frage ankommt, was Gott wissen kann oder nicht. Das Problem sei vielmehr, dass wir nicht wissen, was Wissen in diesem Zusammenhang bedeuten soll.

Bohr weist mit dieser Antwort darauf hin, dass üblicherweise die Begriffe der Alltagssprache ihren Sinn für uns intuitiv bekommen. Für das Reden über Bereiche, die wir sinnlich nicht erfahren können – dazu gehören Götter ebenso wie Elektronen –, müssen wir grundlegenden Begriffen einen neuen Sinn geben. Dabei kann es passieren, dass diese Bedeutungen mit der Intuition nicht mehr in vollem Einklang stehen, denn schließlich gibt es keinerlei Garantie dafür, dass sie überall gleichzeitig gelten.

Es wird klarer, was Bohr meint, wenn man seine Erwiderung auf Einsteins berühmtes Diktum ansieht, dass Gott mit der Welt nicht Würfel spielt. Nach Bohrs Auffassung kann niemand – und nicht einmal der liebe Gott selber – wissen, »was ein Wort wie würfeln in diesem Zusammenhang heißen soll«. Gott würfelt tatsächlich nicht, aber eben aus völlig anderen Gründen, als Einstein meinte bzw. als diejenigen denken, die seinen Satz beifällig zitieren, ohne Bohrs Antwort zur Kenntnis zu nehmen.

Bohr schrieb den oben zitierten Satz am 11. April 1949. Damals war die Quantentheorie fast ein Vierteljahrhundert alt. Die Debatte um ihre Bedeutung hatte Mitte der zwanziger Jahre begonnen. In ihrem Zentrum standen die Diskussionen zwischen Bohr und Einstein, deren Höhepunkt 1935 erreicht wurde.[5] In den Jahren zuvor hatte Einstein immer versucht, sich Experimente auszudenken, mit denen die Schranken der Unbestimmtheitsrelation durchbrochen werden konnten.

Unter anderem mit Heisenbergs Hilfe gelang es Bohr, Einstein davon zu überzeugen, dass die in der Quantentheorie zum Ausdruck kommende Begrenzung unseres möglichen Wissens über die Welt real und unvermeidlich ist. Einstein änderte daraufhin seine Strategie und kritisierte die Auffassung, dass es nach der Quantentheorie einen bestimmten Zustand zum Beispiel eines Elektrons gar nicht geben soll. Er war nicht bereit, sich damit abzufinden, dass ein einzelnes unbeobachtetes Elektron sich nicht auf ähnlich kausale Weise bewegt wie eine Billardkugel, und er blieb dieser Meinung bis zuletzt treu: »Gott würfelt nicht«, schrieb er noch 1949. Einstein erwartete, dass hinter der Quantenmechanik noch eine (bislang verborgene) Theorie stecke, die die Zufälligkeiten atomarer Einzelprozesse wieder zurück in die gewohnte kausale Ordnung führen würde.

Es ist wichtig, sich klarzumachen, dass Einstein nicht behauptete, die Quantenmechanik sei falsch. Er bestritt aber, dass mit ihr das letzte Wort über die Atome gesprochen war. Um zu beweisen, dass die quantenmechanische Beschreibung der Wirklichkeit unvollständig sei, dachte sich Einstein mit seinen Kollegen Boris Podolsky und Nathan Rosen 1935 einen Versuch aus, in dem eine physikalische Größe auftauchte, die zwar offenbar in der Wirklichkeit bestimmt war und feststand, von der die Quantentheorie aber behauptete, dass sie unbestimmt war.

Die Verschränktheit der Quantenwelt

Wir wollen hier nicht dieses Gedankenexperiment von Einstein, Podolsky und Rosen (EPR) beschreiben, sondern einen Versuch, der in diesem Zusammenhang wirklich stattgefunden hat. Anfang der achtziger Jahre des 20. Jahrhunderts gab es nämlich zum ersten Mal die technischen Möglichkeiten, den EPR-Vorschlag zu realisieren, und eine Gruppe französischer Physiker unter Leitung von Alain Aspect hat dies auch bewerkstelligt. Ihre kompliziert scheinende Apparatur sieht im Prinzip wie folgt aus:

Aus Kalzium wird ein Gas bereitet, von dem aus sich einzelne Atome auf eine Kammer zubewegen. Bevor die Kalziumatome die Kammer erreichen, werden sie von einem Laserstrahl getroffen, der seine Energie an die nun angeregten Atome abgibt. In diesem Zustand treffen sie in der Kammer ein. Hier verlieren sie diese Energie blitzartig wieder, indem sie zwei Lichtteilchen aussenden. Diese beiden Photonen verlassen den Kasten in entgegengesetzten Richtungen, sie treffen jeweils auf einen Filter und anschließend auf ein Messgerät.

Es spielt für die Diskussion im Augenblick keine Rolle, welche Eigenschaft die Filter analysieren, wichtig ist nur, dass sie die eintreffenden Photonen je nach Stellung aufhalten oder

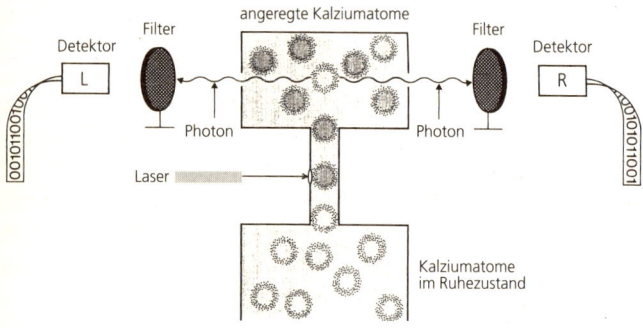

Abb. 6–3 Korrelationsexperiment zum Nachweis der Verschränktheit der Quantenwelt: Kalziumatome werden durch einen Laserstrahl angeregt und in eine Kammer gepumpt. Wenn sie dort in ihren Grundzustand zurückkehren, senden sie zwei Lichtteilchen (Photonen) aus, die auf Polarisationsfilter gelenkt werden. Hinter diesen Filtern befinden sich zwei Detektoren, die registrieren, ob ein Photon den Filter passiert hat – dann erscheint eine 1 – oder nicht – dann notiert das Gerät eine 0. Wenn die beiden Filter gleich orientiert sind, besteht eine hundertprozentige Korrelation zwischen den Zahlenreihen. Es kam in dem Versuch darauf an, die Korrelation zwischen den Zahlenreihen für den Fall zu finden, in dem die Filter in verschiedenen Winkeln zueinander gestellt sind. Die Quantenmechanik sagt voraus, für welche Winkel die Korrelation größer ist, als es der gesunde Menschenverstand erwartet. Ihre Vorhersagen wurden qualitativ und quantitativ bestätigt.

durchlassen können. Wenn ein Photon zum Beispiel den Filter auf Seite L passiert, wird es im Messgerät registriert, und seine vom Filter analysierte Eigenschaft ist dem Experimentator bekannt. Damit kennt er aber auch – und zwar aufgrund von physikalischen Erhaltungssätzen – den Zustand des Photons auf der Seite R, ohne auf ihn durch ein Messgerät Einfluss zu nehmen. Der Zustand des Teilchens bei R – so argumentierten Einstein, Podolsky und Rosen – ist also nicht unbestimmt, auch wenn keine Beobachtung erfolgt. Er kann sogar mit Sicherheit vorhergesagt werden und stellt also »ein Element der Wirklichkeit« dar. Dies ist aber in der Quantenmechanik nicht enthalten. Damit erweist sich diese Theorie der atomaren Wirklichkeit als unvollständig. Die EPR-Situation widerlegte nach Einsteins Ansicht sogar die Behauptung Bohrs, dass ein Zustand solange unbestimmt bleibt, bis er registriert ist.

In seiner Antwort von 1935 bestritt Bohr die Auffassung, dass die Quantentheorie unvollständig sei. Vielmehr müsse Einsteins Hoffnung auf eine umfassende Kausalität aufgegeben werden. Die zentrale Stelle in Bohrs Argumentation lautete, dass zwar mit einer Messung bei L kein mechanischer Eingriff bei R verbunden ist, dass diese Messung aber »einen Einfluss auf die tatsächlichen Bedingungen ausübt, welche die möglichen Arten von Voraussagen über das zukünftige Verhalten des Systems definieren«. Dieser Satz bleibt für denjenigen immer ein wenig dunkel, der nie ernsthaft das Geschäft der Komplementarität ausgeübt hat. Er deutet eine seltsame Korrelation zwischen den Zuständen bei L und R an, die dann im Experiment tatsächlich gefunden wurde. Wir wollen im Folgenden erläutern, wie der wirklich durchgeführte Versuch gezeigt hat, dass Bohr Recht hat und dass die Quantentheorie eine vollständige Beschreibung der Wirklichkeit liefert.

Dieses Experiment wurde durch eine Entdeckung möglich, die dem schottischen Physiker John Bell 1964 gelungen ist. Er suchte nach einer Möglichkeit, den Disput zwischen Bohr und Einstein durch eine Beobachtung zu entscheiden. Dies scheint auf den ersten Blick ausgeschlossen, denn im Mittelpunkt des

EPR-Arguments steht doch ein Teilchen, das gerade *nicht* beobachtet werden soll. Wie will man nun feststellen, ob sein Zustand dennoch bestimmt ist? (Dies erinnert an die alte Scherzfrage, wie man herausfinden will, ob das Licht im Kühlschrank noch an ist, wenn die Tür geschlossen ist.)

Natürlich gibt es keine Möglichkeit, ein isoliertes Teilchen unbeobachtet zu beobachten. Bell empfahl deswegen, sich nicht um ein einzelnes Photonenpaar zu kümmern, sondern die Korrelation zwischen vielen Paaren dieser Art zu untersuchen. Nehmen wir an, die beiden Filter der Versuchsanordnung sind gleich orientiert und so aufgestellt, dass alle Photonen sie passieren. Dann haben wir eine hundertprozentige Korrelation. Drehen wir einen Filter (zum Beispiel den bei R) um 90 Grad, stellen wir fest, dass jede Korrelation zwischen den beiden Seiten verschwindet. Dies ist zwar nicht verwunderlich, es hilft aber auch nicht weiter. Die Frage, ob Einstein richtig liegt oder Bohr, kann entschieden werden, wenn die Filter weder parallel noch senkrecht zueinander angeordnet sind, sondern sich in einer Zwischensituation befinden. Dabei sollte sich eine Korrelation zeigen, die irgendwo zwischen 100 Prozent und Null liegt.

Bell konnte nun zeigen, dass sich unter verschiedenen Voraussetzungen verschiedene Formen der Korrelationen ergeben. Wenn man wie Einstein annimmt, dass die Quantenobjekte wirklich zu jeder Zeit alle Eigenschaften in wohldefinierter Weise besitzen – dies nennt man die Realitätsannahme – und wenn man weiter annimmt, dass keine Information zwischen den Photonen schneller als mit Lichtgeschwindigkeit ausgetauscht wird, dann kann man eine Grenze angeben, die die Korrelation nicht überschreiten darf. Diese Schranke wird dabei in mathematischer Form durch die so genannte Bellsche Ungleichung festgelegt.

Die zweite genannte Voraussetzung wird auch als Annahme der Lokalität bezeichnet, da sie einen instantanen physikalischen Einfluss auf entfernte Objekte verbietet. Damit vermeidet man mögliche Verletzungen der speziellen Relativitätstheorie, durch die Einstein zeigen konnte, dass sich keine physikalische Wirkung schneller als Lichtgeschwindigkeit ausbreitet. Die Lokalität braucht nicht eigens aufgeführt zu werden, wenn die Quantenmechanik an Stelle der Realitätsannahme verwendet wird, weil allgemein bewiesen werden kann, dass diese beiden großen Theorien der Physik, die unabhängig voneinander gefunden wurden, konsistent sind und sich nicht gegenseitig widersprechen. (Dies wird zur Zeit bestritten, worauf später eingegangen werden soll).

Nun kommt der entscheidende Punkt. Wenn man annimmt, dass eine Quantenmechanik à la Bohr gilt, dann gibt es Orientierungen der Filter, bei denen die Bellsche Ungleichung *verletzt* ist. Die Quantenmechanik prophezeit eine *bessere* Korrelation der Photonen als die Annahme einer lokalen Realität.

Die klärenden Experimente wurden zum ersten Mal zwischen 1982 und 1984 von A. Aspect, J. Dalibard und G. Roger ausgeführt und inzwischen vielfach wiederholt. Die von ihnen erzielten Ergebnisse lassen keine Zweifel zu: Die Korrelationen waren genau um den Teil höher, den die Quantentheorie vorausgesagt hat. Die Annahme einer lokalen Realität kann also in der Quantenwelt nicht zutreffen. Die atomare Wirklichkeit ist nicht lokal, sie offenbart einen Zusammenhang zwischen einzelnen Objekten, der nur als Ganzheit beschrieben werden kann. Quantenteilchen wie etwa die Photonen im EPR-Versuch, die einmal in physikalischer Wechselwirkung gestanden haben, bleiben danach für immer verbunden, auch wenn keine direkte Verknüpfung mehr zwischen ihnen besteht.

Bohr hatte auf diese besondere Art des quantenhaften Zusammenhängens schon 1935 in seiner Antwort an Einstein hingewiesen. Erwin Schrödinger hat diesen Gedanken im selben Jahr aufgegriffen und vorgeschlagen, für solche korrelierten Zustände ohne Wechselwirkung den Begriff der »Verschränkung« zu verwenden, der im Englischen »entanglement« heißt (und an die Aufklärung – enlightenment – erinnert). Dies sei nämlich das eigentliche Charakteristikum der Quantentheorie. Sie zeigt uns eine verschränkte Welt, die in gewisser Weise am Grund unserer Wirklichkeit existiert.

Diese Verschränkung erlaubt uns nun genau genommen nicht, etwa von einzelnen Elektronen zu reden. So etwas wie isolierte Teilchen gibt es nicht. Die klassische Zerlegung eines Ganzen in seine Teile ist eigentlich verboten. Wir müssen sie dennoch durchführen, weil wir sonst über die verschränkte Welt gar nicht sprechen könnten. Und reden müssen wir miteinander, um uns unsere Erfahrungen (auch die experimenteller Art) mitteilen zu können.

Keine außersinnliche Wahrnehmung

Um jedem Missverständnis vorzubeugen: Aus der Tatsache, dass Photonen über große Entfernungen miteinander kommunizieren können, folgt nicht, dass der menschliche Geist dasselbe tun kann und es also eine Art Telepathie gibt. Denn in dem beschriebenen Experiment wird keinerlei Information zwischen den beiden Messapparaten ausgetauscht. Jeder Experimentator erhält an seinem Detektor eine zufällige Zahlenreihe, aus der er nichts über die seines Kollegen erfahren kann. Die Korrelationen, die die Verschränkung der Quantenwelt zeigen, können erst erkannt werden, wenn die beiden Zahlenreihen nebeneinander liegen. Die Quantentheorie kann ebenso wenig zur Erklärung so genannter telekinetischer Fähigkeiten verwendet werden. Immer wieder liest man davon, dass es einem Menschen mit seinem Willen gelungen sein soll, den Zeitpunkt zu beeinflussen, zu dem ein radioaktives Element zerfällt. Zur Deutung dieser Leistung wird dann dunkel etwas über die Quantenwirklichkeit geraunt, die von der menschlichen Kenntnis über diese Vorgänge abhängt und demnach vom menschlichen Willen beeinflusst werden kann.

Tatsache ist, dass sich in allen Fällen, in denen der radioaktive Zerfall registriert worden ist, herausgestellt hat, dass die Statistik des Gesamtvorgangs unverändert geblieben ist. Dies hat auch der willensstärkste Beobachter bislang nicht ändern können. Würde es eines Tages dennoch einmal durch »telekinetische Kräfte« gelingen, hierauf Einfluss zu nehmen, könnte man sich nicht auf die Quantenmechanik berufen, denn sie wäre gerade dann verletzt. Die Verschränkung der Quanten kann folglich nicht verwendet werden, um das angebliche Phänomen einer außersinnlichen Wahrnehmung wissenschaftlich aufzuwerten. Falls es eines Tages doch ein Experiment geben sollte, mit dem ESP-Korrelationen (ESP = extra sensory perception) genau so sicher festgestellt werden würden wie EPR-Korrelationen, dann wäre damit die ganze Physik (unabhängig von jeder Quantenannahme) herausgefordert. Solche Nachweise gibt es bis heute nicht, und ich rechne nicht damit, dass es sie jemals geben wird.

Ein Quantenkinderspiel

Die seltsamen Quantenphänomene lassen sich durch ein Gesellschaftsspiel illustrieren, das wir früher in der Schule gespielt haben. Es heißt »17 und 4«. Dabei wird ein Kandidat vor die Tür geschickt. Er muss einen Begriff erraten, auf den sich die anderen Spieler geeinigt haben. Dem Kandidaten stehen 17 + 4 Fragen zur Verfügung, die alle nur mit Ja oder Nein beantwortet werden dürfen.

Diese Regeln sind nur das Beiwerk und betreffen nicht die Problematik der Quanten. Sie kann dadurch in das Spiel eingeführt werden, dass dem Kandidaten kein Begriff vorgegeben wird – zum Beispiel Wolke –, sondern dass man ihn durch sein Raten und die Antworten der anderen Spieler den Begriff selbst erst festlegen lässt. Die Informationen, die der Kandidat erhält, müssen natürlich konsistent sein. Diese Quantenform des Kinderspiels ist damit für die Teilnehmer viel schwieriger als die Standardversion, sie müssen viel aktiver sein und alle Antworten genau verfolgen und mitdenken.

Bei der »klassischen« Durchführung des Spiels ist der Begriff unabhängig von den Fragen des Kandidaten bestimmt. So haben sich die klassischen Physiker auch immer ein Elektron oder Photon vorgestellt. Beide Objekte hatten ihre Eigenschaften schon (bestimmte Positionen und bestimmte Impulse), bevor ein Experiment gestartet wurde. In der Quantenform des Spiels entsteht das Wort erst durch die Fragen, genauso wie die Attribute eines Elektrons erst durch die Messung festgelegt werden. Andere Fragen des Kandidaten führen zu einem anderen Wort, so wie ein anderes Experiment eine andere Eigenschaft des Elektrons oder Photons festlegt. Ohne die Fragen des Kandidaten ist gar kein Wort da, und ohne Versuch ist auch kein Zustand eines Quantenobjekts da.

Rechnen mit Verschränktheit

Als die Idee der Verschränktheit aufkam und die mit ihr verbundene Ganzheit der atomaren Ebene von Wirklichkeit erkannt und benannt wurde, dachten die Physiker bestenfalls über den Nachweis dieser antiintuitiven Eigenschaft nach. Nutzbar kam ihnen die Verschränkung von zwei Photonen zum Beispiel nicht vor, und lange Zeit verschwendete niemand einen Gedanken in diese Richtung. Doch die Situation hat sich inzwischen grundlegend gewandelt. Rund hundert Jahre nach der Entdeckung des Quantums ist man dabei, seine charakteristischste Auswirkung in der Praxis einzusetzen, und zwar im Rahmen der sich immer stärker in unseren Alltag einmischenden Informationstechnologien. Von Quantenrechnern ist inzwischen immer häufiger die Rede, und einigen besonders eiligen Physikern schwebt bereits ein Quanteninternet vor Augen.

Eine besondere Neuigkeit, die mit Hilfe der Quanten in die Welt der Computer kommen würde, kann man sich rasch verdeutlichen, wenn man daran denkt, dass die traditionelle Verarbeitung von Informationen digital vor sich geht. Informationen werden in so genannten Bits repräsentiert, die entweder den Wert 1 oder den Wert 0 annehmen. Wenn nun die Computer immer kleiner werden, lässt sich vorhersagen, dass eines Tages die Grenze erreicht werden wird, an dem Quanteneffekte

Rechnen mit Verschränktheit 193

eine Rolle spielen, was zum Beispiel konkret heißt, dass die Superposition von Quantenzuständen oder deren Verschränktheit berücksichtigt werden muss. Wenn individuelle Quantensysteme das Rechnen übernehmen, werden aus alten Bits Quantenbits, wie man sagt. Diese neuen Einheiten der Informationsverarbeitung werden kurz als Qubits bezeichnet. Ein Qubit kann dann nicht nur in den Zuständen 0 und 1 sein, es kann sich auch als Superposition, das heißt als Überlagerung der beiden klassischen Möglichkeiten zeigen, so wie ein Elektron als Superposition der zwei Zustände erscheint, die den einen oder den anderen Schlitz in einem Doppelspalt durchlaufen.

In gewisser Weise trägt ein Qubit die beiden gewohnten Werte 0 und 1 gleichzeitig. Dies ist zwar kaum noch mit dem gesunden Menschenverstand zu begreifen, aber es kommt noch schlimmer. Denn zwei oder mehrere Qubits können verschränkt sein, was bedeutet, dass keines von ihnen allein eine wohl definierte Information bei sich trägt bzw. mit sich führt. Vielmehr finden sich alle Informationen in ihren gemeinsamen Eigenschaften. Dies hat nicht-lokale Korrelationen zur Folge, mit deren Hilfe die Messung eines Qubits augenblicklich die Zustände der anderen festlegt, und zwar unabhängig von der Entfernung zwischen ihnen – wie es das Experiment vorgeführt hat.

Ein ehrgeiziges Ziel der gegenwärtigen Physik besteht darin, aus den genannten Eigenschaften heraus Quantencomputer zu bauen, die Qubits anstelle der herkömmlichen Bits verarbeiten. Das Ziel wäre also, die theoretisch gegebene Möglichkeit, der zufolge ein Quantenrechner nicht eine Aufgabe nach der anderen bearbeiten muss, sondern gleichzeitig Überlagerungen von vielen Rechnungen durchführen kann, in die Praxis umzusetzen. Er wird dadurch sehr viel schneller als ein herkömmlicher Computer, und zwar so viel schneller, dass er Aufgaben mit Rechenleistungen bewältigt, für deren Erledigung die bislang verfügbaren Rechner so viel Zeit brauchen würden, dass das Alter des Universums dafür nicht ausgereicht hätte.

Ein Quantencomputer versucht die Tatsache zu nutzen, dass

ein verschränkter Zustand als eine Superposition von verschiedenen Repräsentationen der Information angesehen werden kann. Der Quantencomputer agiert dann gleichzeitig auf die ganze Superposition aller Einzelinformationen. Dabei kommt das zustande, was man eine massive Parallelrechnung nennt. Um zukünftige Quantencomputer zu realisieren, wird es zunächst nötig sein, im Laboratorium verschränkte Zustände mit vielen Qubits zu erzeugen. In jüngster Zeit sind erste Schritte in diese Richtung gelungen, und zwar sowohl für Photonen als auch für Atome.[6]

Quanteneffekte können auch eine wichtige Rolle spielen, wenn es darum geht, Nachrichten so zu übermitteln, dass außer dem Sender und dem Empfänger kein Dritter mithören kann. Um dieses Problem kümmert sich die Wissenschaft der Kryptographie, die viele Wege kennt, um Texte zu chiffrieren. Lesbar werden solche verschlüsselten Botschaften nur, wenn man den verwendeten Schlüssel tatsächlich kennt, und wirklich nützlich sind solche Verfahren erst dann, wenn man sicher sein kann, dass er geheim ist bzw. geheim bleiben wird.

Die Frage, wie man sicher sein kann, dass niemand eine übermittelte Nachricht abgehört hat, stellt ein wunderbares Problem für Quantenphysiker dar, denn ihre Gegenstände – als Quantenobjekte – hängen von der Beobachtung ab. Jeder Spion verändert den Code, den er abhört, und weil dies erkennbar ist, macht er ihn und seine Arbeit wertlos. Tatsächlich bemüht man sich schon länger um eine Quantenkryptographie, bei der es darum geht, zur Schlüsselerzeugung und -übertragung Quantensysteme einzusetzen. Mit ihrer Hilfe ist es inzwischen erstmals in der Geschichte möglich, abhörsichere Kommunikation zu garantieren – jedes Abhören verursacht Fehler im Schlüssel – und sensitive Informationen wirklich geheim zu halten, während sie verschickt werden. Dazu müssen Sender und Empfänger die perfekten Korrelationen ausnutzen, die zwischen zwei verschränkten Photonen bestehen. Die zu versendende Information wird durch unabhängige Messungen an verschränkten Photonenpaaren verschlüsselt, wobei der Trick darin besteht, dass der Schlüssel spontan zustande kommt und niemals übertragen werden muss. Ein traditionelles Abhören kann es also gar nicht mehr geben. Es lässt sich zudem verhindern, dass sich ein Abhörer in die Erzeugung des Schlüssels einmischt, indem sowohl der Sender als auch der Empfänger zufällig und jeder für sich zwischen verschiedenen Messungen wechselt. Der derzeitige Status der Quantenkryptographie erlaubt grundsätzlich, Schlüssel in der Größenordnung von 1 Kilobit pro Sekunde über Entfernungen von rund 10 Kilometern zu produzieren. Das heißt, für Bankzentren in großen Städten bietet die Quantenkryptographie heute schon eine praktische Alternative, und es wird nicht mehr lange dauern, bis der Auftrag erteilt wird, die im Laboratorium erprobte Technik alltagstauglich zu machen.

Der beleidigte klassische Verstand

Keine Frage, die Quantenmechanik macht es vielen Menschen schwer, und sie ist fast eine Beleidigung für den gesunden Menschenverstand. Viele der Ideen, die man im Umgang mit der anschaulichen Welt gelernt hat, treibt die Physik einem wieder aus. Die atomaren Objekte sind anders als die unseres Alltags. Elektronen laufen nicht auf Bahnen umher, Photonen folgen keinen Wegen, und sie können nicht identifiziert werden. Der Zustand eines Photons liegt nicht fest, solange es nicht beobachtet wird. Wenn dies aber geschieht, wird ein Quantum ausgetauscht und das Photon ist unwiderruflich verloren. Es ist ein anderes geworden. Bei alledem zwingt uns die Quantentheorie, eine Wahl zwischen verschiedenen (komplementären) Aspekten der Wirklichkeit zu treffen, die sich bei der Beobachtung gegenseitig ausschließen, wie zum Beispiel Welle und Teilchen.

Der Weg zu den Atomen hat uns somit in eine bizarre dialektische Situation geführt, die den Kern der Vorstellung berührt, »die wir von der Realität der physikalischen Welt haben und die so grundlegend für die Evolution unseres Geistes ist. Millionen Jahre sind wir Tiere gewesen, die diese Dichotomien kannten: Schauspieler und Beobachter, Ich und Welt, Geist und Wirklichkeit, die Gegenüberstellung der inneren Welt der Gedanken, Wünsche und Emotionen mit der äußeren Welt der Objekte«, wie es Max Delbrück einmal formuliert hat.[7]

Diese Dichotomien schufen die Ausgangslage, in der René Descartes vor mehr als dreihundert Jahren den berühmten Schnitt ausführte, der die Welt aufteilte in den Geist *(res cogitans)* und die Materie *(res extensa)*. Mit seiner Hilfe entstand das Konzept einer äußeren Wirklichkeit, die unabhängig von einem Beobachter ist. Die klassische Physik hat diese Ansicht zementiert und Einstein hielt an ihr fest. Der Mond ist doch da, auch wenn niemand hinschaut, pflegte er zu sagen.

Natürlich bleibt der Mond auch ohne einen Betrachter, wo er ist, aber physikalische Aussagen über ihn beziehen sich nur auf Situationen, die zumindest prinzipiell beobachtet werden können, auch wenn sie mit Hilfe von Naturgesetzen formuliert werden. Wir erwähnen den Beobachter nicht explizit, wenn wir sagen, der Mond geht in Baden-Baden um 21:34 Uhr MEZ auf. Wir beziehen uns dabei aber auf Vorgänge des Wahrnehmens, und solch eine sprachliche Konstruktion bekommt ihre Bedeutung erst durch individuelle und kollektive Erfahrungen und Handlungen, die gemeinsam den Gesamtrahmen des wissenschaftlichen Diskurses ausmachen. Die Quantenmechanik schließt den kartesischen Schnitt also teilweise wieder. Sie macht deutlich, dass die von ihm bewirkte Trennung einer externen und einer internen Wirklichkeit eine Illusion ist und dass es nur eine Wirklichkeit gibt.

Am Ende fügt die Quantentheorie wieder zusammen, was das klassische Denken getrennt hat (obwohl die ganze Entwicklung scheinbar andersherum mit der Entdeckung des Dualismus von Welle und Teilchen begonnen hat). In diesem Zusammenhang ist immer wieder überlegt worden, ob es mit Hilfe der Quantenphänomene nicht auch gelingt, die Kluft zu überwinden, die sich zwischen dem Geist und der Materie aufgetan hat: Wie sieht dieses uralte Problem aus, wenn man es im Licht der Quantenmechanik betrachtet?

Wirkungen aus dem Nichts

Dieses Thema kann nur kurz beleuchtet werden, sozusagen nur mit einem einzelnen Photon. Und dies zeigt, wie die Quantenmechanik dann immer gerne zu Hilfe genommen wird, wenn bestimmte Wirkungen erklärt werden sollen und eine traditionelle Ursache nicht in Sicht ist. Wer zum Beispiel das Gehirn als biochemische Maschine betrachtet, sieht zunächst keine Möglichkeit, hier dem Geist Einlass zu verschaffen. Wie soll er sich in solch einem Apparat bemerkbar machen, in dem alles streng deterministisch abläuft? Die Unbestimmtheiten der Quantenmechanik scheinen nun einen Ausweg hieraus zu bieten. Sie lassen kein vollständig mechanisches Bild des Gehirns zu, und nun braucht nur noch postuliert zu werden, dass das Bewusstsein die Möglichkeit hat, den atomaren Zufall zu lenken. Wenn einige Elektronen auf diese Weise auf den richtigen Weg gebracht sind, feuert eine Nervenzelle, wir strecken einen Arm aus und unser Wille ist erfüllt.

Es ist schwierig, wirklich an solch einen Mechanismus zu glauben, wenn man sich die Komplexität des Gehirns ansieht und weiß, dass die Elektronen in den Zellen dieses Organs ohnehin vielen zufälligen Schwankungen ausgesetzt sind. Doch ganz sollte man die Hoffnung nicht aufgeben, dass die Quanten vielleicht doch bei dem Problem weiterhelfen, das für diejenigen besteht, die beim Leib-Seele-Problem eine dualistische Position einnehmen. Für sie ist der Geist nicht nur eine Qualität der Materie, er existiert genauso unabhängig von ihr, wie das Licht unabhängig von Augen vorhanden ist. Von dieser Position aus ist es schwierig, ohne eine Verletzung physikalischer Gesetze zu erklären, wie der Geist die Materie beeinflussen kann. Woher bekommt mein Wille die Energie, die ich zum Beispiel brauche, um meinen Arm zu heben?

In letzter Konsequenz lautet die Frage, ob etwas – in diesem Fall die Energie – aus dem Nichts kommen kann. Und wenn sie so gestellt wird, sehen wir, dass es eine noch viel weiter gehende Frage gibt, die ähnlich lautet und die ohne Quantenideen mit Sicherheit unlösbar ist. Es geht dabei um den Anfang der Welt und die Entstehung des Universums. Es muss gewissermaßen *per definitionem* aus dem Nichts geboren worden sein. Die Frage lautet dann: Kann die Quantenmechanik eine Schöpfung *ex nihilo* vielleicht plausibel machen oder wenigstens andeuten, dass es nicht völlig hoffnungslos ist, hier nach einer Antwort zu suchen?

Bevor über diesen Anspruch zu laut gelacht wird, sollte man bedenken, dass zumindest eine Vorstufe dazu schon bewältigt worden ist, nämlich die Schaffung von Quantenteilchen buchstäblich aus dem Nichts. Dies passiert zum Beispiel bei angeregten Kalziumatomen. Die von ihnen ausgesandten Photonen waren ja vorher auch nicht da. In diesem speziellen Fall gibt es natürlich die Vorleistung in Form der von dem Laser gelieferten Energie. Doch die Quantenmechanik wird auch mit komplizierteren Situationen fertig und erklärt ohne weiteres die vielen Teilchen, die spontan erzeugt, wenn ein elektrisches Feld nur hinreichend groß wird.

Dabei tauchen neben den Elektronen auch ihre so genannten Antiteilchen auf, die als Positronen bezeichnet werden. Die Voraussage, dass im Kosmos Antimaterie existiert, gehört zu den strahlendsten Triumphen der Quantenmechanik. Sie ist Paul Dirac zu verdanken, der 1928 feststellte, dass das Grundgesetz der Quantenmechanik, die Schrödinger-Gleichung, bei hohen Energien zwei Lösungen hat, die sich durch ihre Vorzeichen unterscheiden. Dirac entdeckte damit eine Unterwelt (das negative Vorzeichen), die neben der bislang bekannten Quantenwelt (das positive Vorzeichen) existiert. Die Idee wurde von den Physikern ernst genommen und bald wurden diese Antiteilchen auch gefunden.

Um alle experimentellen Daten und theoretischen Zusammenhänge verstehen zu können, musste das Bild vom leeren

Raum aufgegeben werden. Das Vakuum war »in Wirklichkeit« ein See aus Antimaterie, der durch eine Energielücke von der gewöhnlichen Materie getrennt war, aus der sich unsere Welt zusammensetzt. Wird in diese Unterwelt genügend Energie hineingepumpt, kann die Lücke überbrückt werden und aus dem See tauchen Elektronen auf, die dann gemeinsam mit den zurückgelassenen Löchern – den Positronen – registriert werden können.

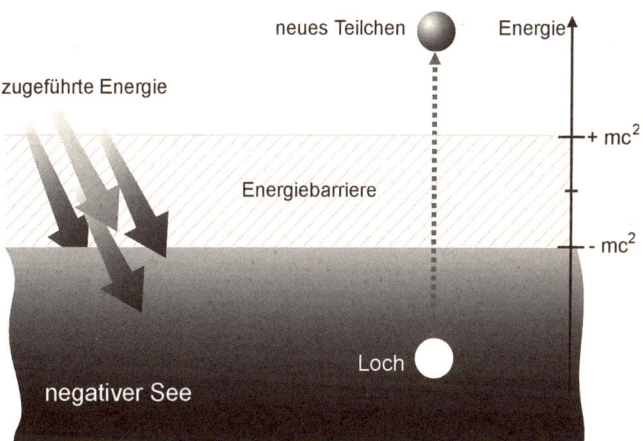

Abb. 6–4 Die Unterwelt von Dirac: Die Quantenmechanik hat zu der Entdeckung von Antimaterie geführt. Sie bildet eine Art Unterwelt und ruht unbemerkt in einer Art See, der von der Welt der wirklichen Teilchen durch eine Energiebarriere getrennt ist, die von der so genannten Ruheenergie der Teilchen bestimmt wird. Treffen Energien in Form von Strahlen oder Feldern ein, die größer als die Lücke sind, wird etwas aus dem See freigeschlagen. Was immer dies ist, es kann gemeinsam mit dem zurückgelassenen Loch registriert werden. Dies ist zwar Wahnsinn, doch es hat Methode.

Wir wollen uns nicht in weitere Einzelheiten verlieren und lediglich festhalten, dass es im Rahmen der Quantenmechanik den leeren Raum nicht mehr gibt. Es gibt nur das Vakuum »voller Unterwelt«, die aber zu der gewöhnlichen Materie nichts beiträgt. Wenn wir nun wieder zu der Frage zurückkehren, wie das Universum entstanden ist, können wir nicht mit einem leeren Raum anfangen, in den wir dann die Materie hineinbringen. Wir müssen vielmehr erklären, wie der Raum selbst entstanden ist.

Damit sind wir bei einer Frage, die wesentlich aktueller ist, als man denkt. Denn den Erkenntnissen der Astronomie zufolge leben wir in einem expandierenden Weltall und das heißt doch, dass jeden Tag Raum neu geschaffen wird. Dies muss also ein gewöhnliches physikalisches Ereignis sein. Wo aber kommt dieser Raum nur her?

Wenn die Quantenidee dieses Problem lösen soll, muss es den Physikern gelingen, die Quantenmechanik mit der Theorie von Raum und Zeit zusammenzuschweißen, mit der Theorie der Gravitation also. Eine Quantengravitation muss konstruiert werden analog zu der Quantenmechanik selbst, die durch Anwendung der Quantenidee auf die klassische Mechanik möglich geworden ist.

Solch eine Quantengravitation gibt es noch nicht. Alle bisherigen Versuche, die beiden Theorien in ihrer gegenwärtigen Form zu vereinen, sind an einem Problem gescheitert, das mit der Unbestimmtheit zusammenhängt und am besten verstanden werden kann, wenn man die entsprechende Situation der Quantenmechanik selbst ansieht.

Für die Bewegung eines Teilchens ergibt sich als Folge der Unbestimmtheitsrelationen, dass ein Elektron zum Beispiel nie zur Ruhe kommen kann. Wenn sein Ort nämlich festliegt, wird seine Geschwindigkeit als Ausgleich völlig unbestimmt. Sie unterliegt riesigen Schwankungen und sinkt auf keinen Fall auf Null ab. Ein Elektron muss sich auch am absoluten Nullpunkt immer bewegen. Dies sind seine so genannten Quantenfluktuationen.

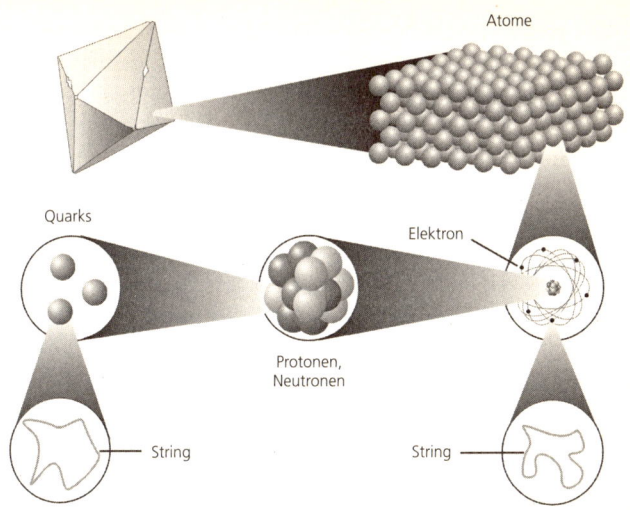

Abb. 6–5 Materie besteht aus Atomen, in denen es neben den Elektronen in der Hülle Protonen und Neutronen im Kern gibt, die ihrerseits wieder aus Teilchen bestehen sollen, die den wundersamen Namen Quarks bekommen haben und lange Zeit als des Teilens letzter Schritt gehandelt wurden. Jetzt hören wir, dass in diesen Quarks Saiten (strings) schwingen sollen. Zwischen der Materie und den Atomen lassen sich noch Moleküle orten. Sie werden durch die elektromagnetische Wechselwirkung zusammengehalten, die auch die Elektronenwolke um einen Atomkern festhält. Die Kernpartikel selbst werden durch die so genannte starke Wechselwirkung zwischen den Quarks »zusammengeklebt« – was auf Englisch »to glue« heißt und zu der Bezeichnung »Gluon« geführt hat.

Wendet man die Theorie auf die Struktur des Raumes an, muss es ganz analog Quantenfluktuationen des Raumes geben. Zwar glaubte man zunächst, damit seine Entstehung erklären zu können, doch bald stellte sich heraus, wie immer man auch rechnete, die Fluktuationen wurden unendlich groß. In solch einem Fall hilft keine Ausrede oder Interpretation mehr, jetzt vermutet man, dass irgendwo ein grundlegender Fehler steckt, und die Frage ist, wo er sich befindet.

Das viel diskutierte Buch des amerikanischen Physikers Brian Greene mit dem hübschen Titel *Das elegante Universum* stellt genau dies auf den ersten Seiten des ersten Kapitels fest. Der Autor erklärt die Gravitationstheorie und die Quantenmechanik für wechselseitig inkompatibel, allerdings nur, um im Anschluss daran die so genannte String-Theorie als Ausweg anzubieten (Abb. 6–5).[8] In ihrem Rahmen wird versucht, den Aufbau der realen Welt mit der Annahme zu erklären, dass die von Physikern beobachteten Eigenschaften von elementaren Bausteinen der Materie (Standardmodell, vgl. die Tabellen auf S. 203) die verschiedenen Möglichkeiten darstellen, in denen ein eindimensionales Gebilde – ein String – vibrieren und in Schwingung geraten kann. Die Superstrings, wie sie manchmal auch heißen, kann man sich wie die Saiten einer Violine vorstellen, die auch bevorzugte Frequenzen haben, bei denen sie in Vibration geraten und Klänge erzeugen. So wie eine Geige mit ihren Saiten Musik erzeugt, bringen die schwingenden Strings die Wirklichkeit hervor, denken die Vertreter der entsprechenden Theorie. Und obwohl sie die Idee der Komplementarität vernachlässigen und daher meine Sympathie nicht finden, fasziniert der Gedanke, dass die Welt wie und als Klang entsteht, der durch uns tönt. Im Innersten der Dinge finden sich keine Dinge, sondern es findet Bewegung statt.

Doch hat Greene Recht? Gibt es wirklich irgendwo einen Fehler? Ist vielleicht doch etwas an der Quantenmechanik falsch? Oder reicht die Gravitationstheorie nicht aus? Eine Antwort hierauf ist dringend erforderlich, aber sie steht noch aus. Die entsprechenden Rechnungen sind extrem kompliziert und bleiben immer wieder stecken. In solch einer festgefahrenen Situation ist die Vermutung erlaubt, dass sich dahinter ein konzeptionelles Problem besonderer Art verbirgt. Dies bringt uns wieder zur Interpretation der Quantentheorie zurück, und zwar zu Bohrs Idee der Komplementarität. Vielleicht sind nämlich beide Theorien richtig, nur kann man sie nicht so ohne weiteres zu einer einzigen verbinden, weil ihre Ausgangspositionen kom-

Die grundlegenden Teilchen

Familie 1	Familie 2	Familie 3
Elektron	Muon	Tau
Elektron-Neutrino	Muon-Neutrino	Tau-Neutrino
Up-Quark	Charm-Quark	Top-Quark
Down-Quark	Strange-Quark	Bottom-Quark

Die vier Kräfte, ihre Teilchen und Auswirkungen

Art der Wechselwirkung	Auswirkung	Teilchenname
Starke Wechselwirkung	Gluon	Hält Atomkern zusammen
Elektromagnetismus	Photon	Hält u. a. Stoffe zusammen
Schwache Wechselwirkung	Boson	Sorgt für Atomzerfall
Gravitation	Graviton	Hält Weltall zusammen

Die Tabellen stellen das dar, was die Physiker inzwischen Standardmodell der Welt nennen. Danach gibt es vier elementare Teilchen, und zwar neben dem Elektron ein so genanntes Elektron-Neutrino, das fast unbemerkt den Kosmos durcheilt, und zwei Quarks, die zu ihrer Unterscheidung Vornamen bekommen haben. Auf energetisch höheren Ebenen finden sich zwei weitere vierköpfige Familien mit den aufgeführten Namen, die hier nicht weiter erläutert werden müssen. Alle genannten Partikel konnten in aufwändigen Experimenten nachgewiesen werden, was eine bewundernswerte Leistung darstellt. Offenbar ist die Welt im Innersten wohl geordnet, wobei auffällt, dass die Moderne auf dieselbe Vierzahl kommt wie die Antike. Die heilige Vierzahl (Tetraktys), die Pythagoras so verehrte, erscheint erneut, wenn die Physiker zählen, durch wie viele Kräfte die Viererfamilien und ihre materiellen Auswirkungen zusammengehalten werden. Sie kommen dabei wieder auf die erste Zahl, die keine Primzahl ist, nämlich auf die Vier. Die Kräfte der Welt sind in der zweiten Tabelle gelistet, in der auch die Namen von Teilchen enthalten sind. In der Theorie der Physik kommt nämlich eine Wechselwirkung zwischen (realen) Teilchen durch den Austausch von (eher virtuellen) Partikeln zustande, die unterschiedlich und wenig elegant benannt werden – zum Beispiel als Gluonen.

Man kann sich vorstellen, dass zwei Menschen Federball spielen oder sich ein Frisbee zuwerfen und durch das Spiel zusammenkleben. Man kann sich aber auch zwei Menschen vorstellen, die Argumente austauschen. Vielleicht beginnt ja die Kultur des Dialogs im Innersten der Welt. Für die schwache und die starke Wechselwirkung, deren Reichweite so begrenzt ist, dass sie nur im Zentrum der Atome wirken, benötigt man nicht einen, sondern mehrere Spielbälle. Für die Kräfte, die in die Welt hineinreichen und sie umfassen, reicht jeweils einer. Das Graviton für die Schwerkraft ist dabei bislang noch jeder experimentellen Falle entkommen. Zu den Vorhersagen des hier vorgeführten Standardmodells gehört noch die Existenz eines weiteren Teilchens, das nach einem schottischen Physiker Higgs-Partikel heißt. Nach diesem Teilchen wird zur Zeit intensiv gesucht. Wenn es gefunden wird, müsste das Glück der Hochenergiephysiker vollkommen sein. Dann hält man alle Teile in der Hand – fehlt leider nur das geistige Band, wie Goethe es im *Faust* ausdrückt. Ohne solch ein Band wirkt das Standardmodell bestenfalls langweilig. In ihm drückt sich das Denken des 19. Jahrhunderts aus, das alles Naturgeschehen auf kleinste Bausteine reduzieren und durch die Bewegungen dieser elementaren Einheiten erklären wollte. Spannend wird das Standardmodell vielleicht erst dann, wenn man es auf den Kopf stellt. Bislang soll etwas da sein, das sich dann in Bewegung setzt. Aus dem Sein entsteht das Werden. Warum nicht umgekehrt aus dem Bewegen erklären, was ist?

plementär zueinander sind. Die Quantenmechanik betont nämlich den unstetigen Aspekt der Wirklichkeit, ihre Welt ist aus Quanten aufgebaut. Die Theorie der Gravitation beschreibt dagegen den kontinuierlichen Aspekt der Wirklichkeit, ihre Welt ist aus Feldern aufgebaut. (Da die feldtheoretische Beschreibung der Schwerkraft vor allem das Verdienst von Einstein ist, wird seine Abneigung gegen die Quantendarstellung vielleicht besser verständlich.) Die beiden Grundgrößen Quantum und Feld lassen sich ebenso wenig in einem Schema vereinen wie Welle und Teilchen. Die Natur der Quantenobjekte wird – dies ist die Botschaft der Komplementarität – nun nicht dadurch verstanden, dass man den Gegensatz von Welle und Teilchen aufhebt, sondern im Gegenteil dadurch, dass man ihn betont. Also muss auch der Gegensatz von Quantum und Feld im Wortsinn festgestellt werden. Jeder Versuch einer Vereinheitlichung der Theorien muss demnach scheitern, wenn er die Komplementarität von Quantum und Feld übersieht.

Die beiden kontrastierenden Theorien sind in der Sprache der Mathematik formuliert, in der eine analoge Komplementarität sichtbar wird. Hier stehen sich Algebra – sie handelt von diskreten Zahlen – und Geometrie – sie handelt von stetigen Linien, Flächen und Winkeln – gegenüber. Beide Disziplinen stammen historisch aus verschiedenen (komplementären?) Teilen der Welt, und zwar aus Indien (die Algebra) und aus Griechenland (die Geometrie). Es ist möglich, Zahl und Kontinuum zusammenzubringen – etwa in Form der Mengenlehre –, aber dabei haben sich die Mathematiker über Jahrzehnte hin in Widersprüche verwickelt. Die Paradoxien konnten erst aufgelöst werden, als Aussagen über Mengen verboten wurden, die von ihnen selbst handelten – also Mengen von Mengen, die durch Eigenschaften von Mengen bestimmt werden. Den Physikern wird es sicher nicht anders ergehen, auch sie werden feststellen, dass einige Aussagen über die Natur einfach unzulässig sind. Hier wird die Ansicht vertreten, dass die Fragen der Erschaffung aus dem Nichts ohne wissenschaftliche Antwort bleiben werden, weil die dazu erforderlichen Theorien komplementär zueinander sind. Eine Schöpfung *ex nihilo* wäre damit erwiesenermaßen eine Glaubensfrage. Gott sei Dank?

Mathematische Symbole

Die Beschreibung der Atome stellt in gewisser Weise den Triumph des Programms von Galilei dar, der behauptet hat, dass das Buch der Natur in der Sprache der Mathematik geschrieben ist – wobei er sicher nicht an komplexe Funktionen und höher dimensionale Räume gedacht hat. Wer die Natur erkennen will, muss mit ihren Werkzeugen umgehen, und dann kommt er weiter als seine Vorgänger: »Theoretische Physik ist die Fortsetzung der Philosophie mit anderen Mitteln«, wie Erwin Schrödinger einmal geschrieben hat, und diese Mittel stammen aus der Mathematik.

Tatsächlich steckt der entscheidende Vorteil der Physik gegenüber der Philosophie in der Verfügbarkeit einer mathematischen Sprache. Die Physiker können also – wie es sich gehört und wie sie es sich im Laufe ihrer Geschichte angewöhnt haben – nach wie vor herausfinden, wie die Sachverhalte in der unbelebten Natur sind. Sie können es aber nicht mehr in den einfachen, alltäglichen Worten sagen, die man gewohnt ist.

Das Wunderbare der mathematischen Beschreibung zeigt sich im Übrigen durch einige Besonderheiten. Es gibt zum einen zwei gleichberechtigte (äquivalente) Darstellungen der Atome und ihrer Eigenschaften, und diese doppelte Form spiegelt den doppelten Charakter von Licht und Materie wieder. Die Mathematik erweist sich also als genauer Spiegel der Dinge, und diese Eigenschaft gilt es, in Erinnerung zu behalten. Es geht zum anderen um die Tatsache, dass beide mathematische Beschreibungen der Atome nur mit Hilfe eines Ausflugs in die imaginäre Dimension der Zahlen gelingen. Mit anderen Worten, die grundlegende Theorie der Realität benötigt imaginäre Elemente. Und noch anders ausgedrückt: Die Beschreibung der konkret sichtbaren Wirklichkeit gelingt nur mit Gebilden (mathematischen Funktionen), die dieser Wirklichkeit nicht angehören und nur in abstrakten Räumen definiert werden können.

So seltsam es klingt, aber die erfolgreichste Theorie der Physik beschreibt keine beobachtbaren Tatbestände oder Eigenschaften. In ihrem Mittelpunkt steht eine wohldefinierte Funktion, aus der nach einer einfachen mathematischen Vorschrift berechnet werden kann, was in der Realität gemessen wird. Das Ergebnis dieser Berechnung können die Physiker als Wahrscheinlichkeit deuten. Ein Elektron durchläuft unter diesen Aspekten nicht mehr eine Bahn. Vielmehr gibt es Bereiche, in denen seine Aufenthaltswahrscheinlichkeit mehr oder weniger groß ist, und nur wenn man fragt, wie die Form des Bereichs mit der größten Wahrscheinlichkeit aussieht, erhält man ein Gebilde, dessen Darstellung an die alte Vorstellung einer Bahn erinnert. Der Bereich, den die moderne Quantentheorie einem Elektron zugesteht, ist also kein »orbit« mehr, wie Umlaufbahn auf Englisch heißt. Es ist vielmehr ein Bereich, der mit einer Bahn vergleichbar ist und in der Fachsprache als »orbital« bezeichnet wird.

Übrigens ist der entscheidende Durchbruch zu der neuen Quantenmechanik gelungen, als einigen Physikern der Gedanke kam, dass sie zwar gerne anschaulich von Elektronenbahnen redeten und sie auch zeichnen konnten, dass es aber nicht einmal im Ansatz eine Chance gab, ein Elektron auf seinem Weg zu beobachten. Die Experimente kündeten nichts von kreisenden Partikeln. Sie untersuchten vielmehr das Licht, das Atome aussendeten, wenn sie zum Beispiel durch Wärme oder elektrische Spannungen angeregt und mit Energie versorgt worden waren. Es galt also vor allem, die Frequenzen des Lichtes in Beziehung zu setzen, und als Grundlage diente das Vertrauen, dass zwar vielleicht nicht in jedem Moment, auf jeden Fall aber über die Dauer einer Beobachtung der Energiesatz gültig sein und bleiben muss.

Wie dem auch sei – die physikalische Wirklichkeit wird in einer Sprache beschrieben, die nur Eingeweihten verständlich ist, wobei daran erinnert werden darf, dass in der ursprünglichen Bedeutung des Wortes Mathematik das meint, was allgemein lehrbar ist.

Höhere Mathematik scheint sich von dieser Vorstellung verabschiedet zu haben (was nicht als Vorwurf gemeint ist), und die Frage lautet, was diejenigen, die ihre Zeichen und Formeln verstehen, von anderen unterscheidet, die dies nicht tun und vor einer mathematischen Gleichung wie der Ochse vor der frisch gestrichenen Stalltür stehen. Der Physiker Wolfgang Pauli hat einmal gesagt, dass mathematische Begabung sich durch die Fähigkeit zeigt, die für die Darstellung verwendeten Zeichen als Symbole zu sehen. Er versteht dabei unter einem Symbol ein zunächst abstraktes Zeichen, das nicht vollständig durch bewusste Ideen auszudrücken ist. Ein Symbol verfügt stets über einen Teil, der auf den unbewussten bzw. vorbewussten Zustand des Menschen wirkt. Es weist auf Bedeutungen hin, die dem Verstand nicht zugänglich sind, und es taucht auf, weil das Verlangen nach der Erfassung von noch unbekannten Tatbeständen immer noch vorhanden ist.

Wer an dieser Stelle mutig sein will, kann sagen, dass Wissenschaft eine Tätigkeit ist, die Symbole hervorbringt. Wissenschaft ist ein System von Symbolen, in denen sich Ideen und Überzeugungen finden, die Menschen emphatisch als wahr empfinden, selbst wenn sie nicht immer empirisch überprüfbar sind. Die Bestätigung erfolgt auch auf mathematisch-gedanklichen Wegen oder durch andere Erfahrungen.

Die letzten Sätze verdanken ihre Entstehung einer Arbeit des amerikanischen Kulturphilosophen Clifford Geertz, der 1973 Religion folgendermaßen definiert hat[9]: »Religion ist ein System von Symbolen, das mächtige, eindringliche und dauernde Grundstimmungen und Handlungsgründe im Menschen erzeugt, in dem es allgemeine Prinzipien so in eine Aura des Wirklichen einkleidet, dass diese Grundstimmung und Handlungsgründe als einzig gültig erscheinen.«

Natürlich geht es hier nicht darum, Wissenschaft mit Religion gleichzusetzen, aber um die Bedeutung und die öffentliche Akzeptanz von Wissenschaft zu erörtern, muss man erkennen und bedenken, dass auch sie sich der Symbole bedient, mit denen man sich verständigt. Symbole enthalten immer mehr, als man auf den ersten Blick wahrzunehmen vermag, und sie verweisen auf andere Dimensionen der Wirklichkeit, die sonst nicht zu kennzeichnen sind. Symbole vereinigen auf ihre Weise komplementäre Gegensätze, die für die Logik unvereinbar sind.

Als erstes Beispiel kann das mathematische Zeichen i – die imaginäre Einheit – betrachtet werden. Sie gehört als fester Bestandteil zur mathematischen Sprache der Quantentheorie, und unter den gemachten Vorgaben darf die Frage gestellt werden, was das i symbolisiert. Pauli antwortete darauf mit dem heute allzu modisch gewordenen Begriff der Ganzheitlichkeit, den wir in der präzisen Form der Verschränktheit kennen gelernt haben. Tatsächlich stellt die imaginäre Einheit einen Kreis bzw. einen Ring dar, dessen Geschlossenheit auf der einen Seite die ganzheitliche Struktur der Materie symbolisiert, und der durch seine Existenz die beiden Bereiche Innen und Außen schafft, in denen sich die ganzheitliche Situation des erkennenden Menschen zeigt.

Die vermutlich spannendste Möglichkeit, den Symbolbegriff in die Physik einzuführen, stellt das Atom selbst dar, wie nach kurzem historischem Bogen erläutert werden soll.

Das Verschwinden der Atome

Als die Physiker sich zu Beginn des 20. Jahrhunderts mit der Idee anfreunden mussten, dass es eine seltsame Naturkonstante namens Quantum der Wirkung gab, waren die meisten von ihnen von der Idee des Atomismus durchdrungen (vgl. dazu den Kasten Atom, S. 173). Sie fand ihren Ausdruck in dem oben erwähnten Forschungsprogramm, das auf zwei Säulen ruhte: Erstens nahm man an, dass die Materie aus kleinsten, nicht weiter zerlegbaren Bausteinen – Atomen – besteht. Und zweitens war man sicher, dass sich das Naturgeschehen aus Eigenschaften und Bewegungen dieser elementaren Bausteine erklären und herleiten lässt.

Dieser Atombegriff stammte aus dem Gedankengut der Antike. Er hatte sich über die Jahrhunderte erhalten und schließlich seine deutlichste Formulierung bei Isaac Newton gefunden. In einer als »Query 31« bezeichneten Passage schreibt Newton, dass Gott am Anfang der Welt die Materie in Form von Teilchen (»particles«) geschaffen hat, die »solid, hard, impenetrable, moveable« sind und sich durch »no ordinary power« teilen lassen. Newton hielt somit auf der einen Seite am logisch Unteilbaren der Griechen fest und ging zugleich auf der anderen Seite über die antiken Vorstellungen hinaus, indem er den Atomen zusätzlich die Eigenschaft verlieh, Träger von anziehenden Kräften zu sein.

Bei solchen Formulierungen bleibt natürlich die Frage offen, ob es Atome – in dieser oder einer anderen Art – wirklich gibt, und tatsächlich rieten zahlreiche Wissenschaftler mit philosophischen Neigungen bei diesem Thema zur Vorsicht. Der österreichische Physiker Ernst Mach wies am Ende des 19. Jahrhunderts unermüdlich darauf hin, dass man Atome nicht sehen könne und sie bestenfalls als Gedankenkonstrukt beizubehalten seien, und zwar aus Gründen der Denkökonomie. Doch nach 1895 tauchten für die Physiker neue experimentelle Möglichkeiten für den Umgang mit der Materie auf. Die Röntgenstrahlen und die Radioaktivität wurden entdeckt, und beide erlaubten es, die bislang nur gedachten Atome mit konkreten Messwerten auszustatten. Sie bekamen Masse und Ladung und konnten gezielt eingesetzt werden, etwa in Streuexperimenten. Um die Jahrhundertwende kippte schließlich die Front, und selbst alte Gegner des Atomismus zeigten sich nach und nach bekehrt. So hält der Nobelpreisträger Wilhelm Ostwald um 1909 in seinem *Grundriss der allgemeinen Chemie* im Vorwort fest: »Ich habe mich überzeugt, dass wir seit kurzer Zeit in den Besitz der experimentellen Nachweise für die diskrete und körnige Natur der Stoffe gelangt sind, welche die Atomhypothese seit Jahrhunderten, ja Jahrtausenden vergeblich gesucht hatte.«

Als 1926 der Nobelpreis für Physik an den Franzosen Jean Perrin (1870–1942) vergeben wird, erkennt die Fachwelt mehr oder weniger offiziell die Existenz von Atomen an, denn seine Arbeit »put a definite end to the long struggle regarding the real existence of atoms«, wie es das Nobelpreiskomitee in Stockholm formulierte. Damit ist gemeint, dass es sich um unterscheidbare und abzählbare Massenpunkte handelt, die wie kleine Legosteine benutzt und zusammengefügt werden können und dabei die konkret sichtbare Materie und ihre Strukturen aufbauen.

So anschaulich dachte man noch in vielen Kreisen und in Einklang mit dem »common sense«, als es bereits die Quantentheorie gab, die genau dies nicht mehr zulässt. In ihrer Sicht kann die Welt nicht aus irgendwelchen Elementarsystemen – Atomen – aufgebaut werden, und zwar deshalb nicht, weil sie verschränkt ist und daher nicht in Teilsysteme aufgespalten werden kann. Die zwar gegen Einsteins Willen gefundenen, trotzdem heute aber nach ihm benannten Einstein-Korrelationen zeigen, dass die materielle Welt als ein Ganzes besteht, das nicht aus Teilen aufgebaut ist.

Natürlich wird weiterhin von Atomen die Rede sein, aber mit diesem Wort sind dann keine Bausteine der Materie mehr gemeint. Die seltsame Lehre der Physik besteht in der Einsicht, dass der sich am gesunden Menschenverstand orientierende Leitgedanke der antiken Naturphilosophie unzutreffend ist, der noch meint, dass niemand teilen kann, was keine Teile hat. Natürlich kann man physikalische Gegenstände weiterhin in Teile wie Atome zerlegen, und man kann sogar die unteilbaren Atome teilen. Es ist nur einfach so, dass »Teilbarkeit« etwas anderes bedeutet als »Zusammengesetztsein«. Gegenstände können in Atome zerlegt werden, ohne aus ihnen zu bestehen.

Hier wird Teilbarkeit als ein theoretisches Konzept verstanden, und dem steht in der Physik immer die experimentelle Möglichkeit des Spaltens und Zerlegens gegenüber. Im praktischen Fall löst sich die Frage nach der unendlichen Teilbarkeit von Materie anders, nämlich durch die schon mehrfach erwähnte Entdeckung von Einstein, der zufolge Masse und Energie äquivalente Größen sind, die sich ineinander überführen lassen. Es leuchtet ein, dass die kleinsten Gebilde ziemlich fest zusammenhalten müssen, was bedeutet, dass viel Energie zu ihrer Teilung erforderlich ist. Es gibt nun eine Grenze, an der die eingesetzte Energie sehr groß werden muss, um eine Wirkung zu erzielen. Sie wird so groß, dass ein Teil von ihr sich materialisiert mit dem Ergebnis, dass die Produkte der Teilung nicht kleiner, sondern größer werden. In der winzigen Welt der Atome kann also praktisch und konkret nicht so lange weiter zerlegt werden, bis die Teile in meiner Hand verschwinden. Es gibt eine Stelle der Umkehr, nach der jeder Versuch des Verkleinerns in sein Gegenteil umschlägt.

Atome als Symbole

Atome, Elektronen und andere Einheiten dieser Art sind wirklich vorhanden, aber nicht als eigenständig existierende Formen, sondern nur in Wechselwirkung mit ihrer Umgebung. Es sind kontextuelle Objekte, die nur relativ zu Beobachtungsmitteln definiert werden können. Atome sind deshalb auch offene Systeme, die ähnlich wie die Flamme einer Kerze sich ständig ändern und gerade dadurch ihre Identität bewahren.

Kein mit der Quantentheorie vertrauter Wissenschaftler wird deshalb noch vom Aufbau der Materie aus elementaren Bausteinen reden können oder eine Reduktion biologischer Phänomene auf physikalische Grundgesetze erwarten. Damit ist nicht gesagt, dass die reduktionistisch-atomistische Vorgehensweise überflüssig ist. Sie wird – im Gegenteil – auch weiterhin eine maßgebende Rolle in der Naturwissenschaft spielen.

Trotzdem gilt es, die von unten her argumentierende Denk- und Vorgehensweise in Physik und Biologie zu überwinden. Die Aufgabe besteht darin, die Natur als Ganzes zu verstehen. Nach wie vor wird sie in Teile gespalten, und zwar in verschiedenen Kontexten und Fragestellungen. Doch wer so vorgeht, sollte wissen, dass es dabei unvermeidbar ist, dass wesentliche Aspekte als bedeutungslos deklariert werden.

Wenn die gerade gestellte Aufgabe gelingen soll, muss sich die Wissenschaft in ihrem Denken der Kunst nähern, denn Kunst ist Leidenschaft zum Ganzen, wie es Rilke einmal sagte, während man Wissenschaft komplementär dazu als Leidenschaft zum Teil charakterisieren könnte. Nun hat die konsequente Bemühung der Forschung um die kleinsten Details zuletzt ein selbsterschaffenes Ganzes hervorgebracht, nämlich das Bild der Quantenmechanik. In diesem Rahmen ist es den Physikern zum ersten Mal gelungen, nicht nur eine geschaffene Welt zu betrachten, sondern auch schaffende Natur zu sein. Wesentlich ist, dass die Naturwissenschaft auf komplementäre Beschreibungsweisen angewiesen ist, wenn sie die ungeteilte Wirklichkeit erfassen will. Zu ihr gehört das Leben. Ihm wenden wir uns jetzt zu.

7 Was ist Leben?

Es mag wie ein merkwürdiger Sprung erscheinen, wenn mit einem Ruck der Blick von den Atomen auf das Leben schwenkt. Aber auf der Ebene der Forschung hängen beide enger zusammen, als man meint, denn die Frage »Was ist Leben?« wurde zum ersten Mal in einer wissenschaftlich angemessenen und ernsthaften Form von einem Physiker gestellt. Es war der österreichische Nobelpreisträger Erwin Schrödinger, der diesem grundlegenden Thema einige faszinierende Vorlesungen widmete.[1] Sie konnten gegen Ende des Zweiten Weltkriegs als Buch mit dem Titel *Was ist Leben?* erscheinen, das bis heute immer wieder neu aufgelegt wird – und zwar in allen europäischen Sprachen. Schrödingers Ansichten beeinflussten in kaum zu überschätzender Weise den Fortgang der Biologie. Schrödinger gab den Ton vor, dem diese bis dahin mehr oder weniger schläfrig dahindümpelnde Wissenschaft nun folgte, um sich in den Jahren nach dem Erscheinen von Schrödingers Text die molekulare Basis zu erarbeiten, auf der sie heute noch steht und von der aus sie nach wie vor wächst und immer höher hinauf strebt. Schrödinger verkündete in seinem Buch die Losung, dass die entscheidende Frage der Biologie die nach der Wirkungsweise der Gene sei. Das Leben versteht, wer die Gene versteht, meinte der philosophierende Physiker, und wie einflussreich er mit diesem Gedanken geworden ist, braucht Zeitgenossen kaum mehr erklärt zu werden, die inzwischen daran gewöhnt sind, dass fast alles auf diese Einheiten der Vererbung zurückgeführt wird. Unsere Zeit ist so etwas wie einer Genomanie verfallen. Schon werben Politiker (in amerikanischen Medien) für ihre Wiederwahl mit dem Hinweis auf ihr »Sparsamkeitsgen«, schon verteidigen sich in Mordfällen angeklagte Menschen (vor britischen Gerichten) mit Hinweisen auf ihr »Killergen«, und als (im deutschen Fernsehen) der alternde Kommissar Stephan Derrick in Pension ging, wollte man seinen

Was ist Leben? 215

ewig jungen Mitspieler Harry Klein schon allein deshalb nicht zum Nachfolger küren, weil »das Assistentengen zu fest in seine Psyche eingebrannt ist«, wie selbst eine seriöse Zeitung geschrieben hat.[2]

Wie sind die Gene dahin gekommen? Zuerst muss man den Weg verstehen, der von Schrödingers früher Frage zu den späteren Antworten geführt hat. Sie werden heute vor dem Hintergrund aufregender technischer Meisterleistungen in Form so genannter Genomprojekte gegeben, mit denen die Durchmusterung des genetischen Materials mindestens von Mäusen bis zu Menschen gelingt. Hierbei fallen wie in einem unentwegt strömenden Regen ungeheure Mengen an Informationen auf unsere Köpfe. Die Beschaffung dieser Informationen macht allerdings wesentlich weniger Mühe als deren Deutung.

Begonnen hat alles sehr bescheiden und sachlich. Schrödinger hatte nämlich ganz konkrete wissenschaftliche Probleme im Sinn. Er wollte zum Beispiel wissen, wie sich die besondere Fähigkeit der Gene verstehen lässt, mit denen sie die Ordnung eines Lebewesens von einer Generation zur nächsten nicht nur weitergeben, sondern im Verlauf der Evolution auch erhöhen. Gene bringen dabei etwas zustande, was Physikern wie ein Wunder vorkommen muss, da sie nur mit Systemen umgehen, in denen dem Zweiten Hauptsatz der Thermodynamik zufolge die Entropie zunimmt. Dies zieht eher eine spontane Abnahme von Organisiertheit nach sich, wie sie jeder an seinem eigenen Schreibtisch beobachten kann, wenn er ihn nur lange genug unaufgeräumt lässt. Wie können Gene Ordnung wahren und mehren, wenn sie als Teile von Zellen den Gesetzen von Physik und Chemie unterliegen? Das wollte Schrödinger wissen. Wie funktionieren Gene? Was ist ihr Geheimnis? Wer ihm auf die Schliche kommt, könnte – so Schrödinger – seine umfassende Frage beantworten und genauer als all seine Vorgänger sagen, was das ist, das wir das biologische Leben nennen.

Die Hierarchie des Lebens

So klar gestellt die Frage auch ist, und so stimulierend Schrödingers Buch auch gewirkt hat, es trägt zugleich ein nachhaltiges Missverständnis in die »life sciences« hinein. Denn hier wird »Leben« häufig mit Vererbung und Vermehrung gleichgesetzt. Wer sich heute zum Beispiel informieren möchte, wie sich Wissenschaftler den Ursprung des Lebens vorstellen, bekommt vor allem Auskünfte über das erste Gelingen der Vermehrung bzw. der Replikation. Während das Publikum gewöhnlich bei dem Wort »Leben« erst einmal an wahrnehmende Lebensformen und eindrucksvolle Organismen denkt, tauchen vor den Augen vieler Wissenschaftler eher die zahlreichen Gene und andere molekulare Bestandteile der Zellen auf, aus denen das Lebendige sich aufbaut. Die herrschende molekulare Sicht ist höchst verständlich, denn tatsächlich hat es aus dieser Richtung unglaubliche wissenschaftliche Fortschritte gegeben, die in dem so genannten Humangenomprojekt kulminiert sind. Sein Ziel besteht darin, die genetische Information einer menschlichen Zelle – das humane Genom – offen zu legen. Wenn man den Nachrichten glauben darf, ist dies bereits gelungen. »Die Entschlüsselung des menschlichen Genoms steht bevor« lauteten zum ersten Mal die Schlagzeilen im Juni 2000, und die frohe Botschaft wurde im Februar 2001 erneuert, als man dem Publikum erklärte, jetzt sei es wirklich soweit. Ob dies stimmt, kann bezweifelt werden, und es bleibt auch unverständlich, warum immer noch von Entschlüsseln geredet wird, obwohl schon früh der Hinweis gegeben worden ist, dass Menschen nur entschlüsseln können, was andere vor ihnen verschlüsselt haben, und darüber ist der Wissenschaft nichts bekannt.

Die Faszination für die Gene macht es allen Forschern schwer, die darauf hinweisen, dass es im Leben mehr gibt als Vermehrung. Es gibt sogar eine Möglichkeit, die ganze Komplexität des Biokosmos in einem übersichtlichen Rahmen darzustellen. Das Wort vom Biokosmos ist dabei mit Bedacht gewählt, da das Leben dieselbe Grundeigenschaft präsentiert wie das Weltall, nämlich hierarchisch strukturiert zu sein.

Die Schichtenstruktur des Lebendigen

Ebene	Repräsentant	Wissenschaft
Elementarteilchen	Elektron	Hochenergiephysik
Atom	Kohlenstoff	Atomphysik
Molekül	Wasser	Physikalische Chemie
Makromolekül	Gen	Biochemie
Zellstruktur (Organell)	Chromosom	Molekulare Biophysik
Zelle	Blutzelle	Zellbiologie
Gewebe	Muskel	Physiologie
Organ	Kleinhirn	Neurobiologie
Organsystem	Immunsystem	Immunologie
Organismus	Mensch	Anthropologie
Gemeinschaft	Schulklasse	Mikrosoziologie
Gesellschaft	Deutschland	Makrosoziologie

Die Grundidee dieses Schichtenmodells der lebendigen Wirklichkeit geht auf den Philosophen Nicolai Hartmann zurück. In seinem Buch *Der Aufbau der realen Welt* schlägt er vor, das, was wir vorfinden, auf Stufen zu verteilen, die auseinander hervorgehen und sich überformen. Hartmann unterscheidet von unten nach oben kommend nur vier solcher Ebenen, und zwar das Anorganische, das Organische, das Seelische und das Geistige, aber es ist klar, dass sich sein Schema in viele Richtungen erweitern und verfeinern lässt. Es gehört zu den sicher maßgeblichen, wenn auch möglicherweise zu wenig beachteten grundlegenden Erfahrungstatsachen, dass die Welt – und mit ihr die Wissenschaften – in ihren Teilsystemen hierarchisch aufgebaut sind.

Für den philosophischen Diskurs ist bei dieser Behandlung der Wirklichkeit von Bedeutung, dass jede Stufe ihre eigenen Kategorien und Denkregeln entwickelt. Bei dem Wechsel von einer Ebene zur anderen ist größte Vorsicht geboten, sonst tauchen so genannte Kategorienfehler auf, etwa dann, wenn die Eigenschaft von Menschen, egoistisch sein zu können, auf Gene übertragen wird, oder wenn die Körperzellen das Hormon, das sie an sich binden, auch noch erkennen sollen.

Für den wissenschaftlichen Diskurs ist wichtig, dass auf jeder höheren Ebene neue Qualitäten erscheinen, die auf der darunter liegenden Schicht nur vorbereitet und nicht sichtbar werden. Es hat sich eingebürgert, dabei von emergenten Eigenschaften zu sprechen, und eine große Aufgabe der Forschungsdisziplinen besteht darin, das Phänomen der Emergenz zu erklären. Hier tut sich eine ungeheure Lücke auf, die das ganze Schema umfasst, das zwar von allen akzeptiert und wenigstens unbewusst benutzt wird, das aber noch von niemandem begründet worden ist.[3] Auch das Leben kann als eine – allerdings sehr auffällige – emergente Eigenschaft gedeutet werden, die auf der Ebene der Zellen erscheint und sich dadurch auszeichnet, dass sie uns (die wir auch leben) besonders sinnfällig wird.

Die allgemeinste Form, mit der Hierarchie und den Schichten der Wirklichkeit umzugehen, lässt sich etwa so formulieren: Die auf einer höheren Ebene (A) als Einheiten betrachteten Objekte (a) bestehen aus Bausteinen (b) der nächstniedrigeren Ebene (B). Die Eigenschaften (α) der Objekte a werden durch Wechselwirkungen (β) der Bausteine b erklärt. Die Eigenschaften α können nicht ausschließlich aus β erklärt werden, da die Struktur der a auch wichtig ist.

Um dieses Schema an wenigstens einem Beispiel zu demonstrieren: Die höhere Ebene seien die Makromoleküle (A), die sich über den Molekülen (B) erhebt, und als Einheit betrachten wir hier ein Gen (a). Offenbar bestehen Gene aus Molekülen, vor allem aus den heute so berühmten Basenpaaren (b), die kettenförmig angeordnet sind. Die Eigenschaft eines Gens (α) besteht darin, Informationsträger zu sein. Diese Qualität ist offensichtlich nicht nur aus den Bindungseigenschaften (β) der Basenpaare zu erklären, sondern vor allem aus ihrer Anordnung (der Genstruktur).

Die Hierarchie des Lebens 219

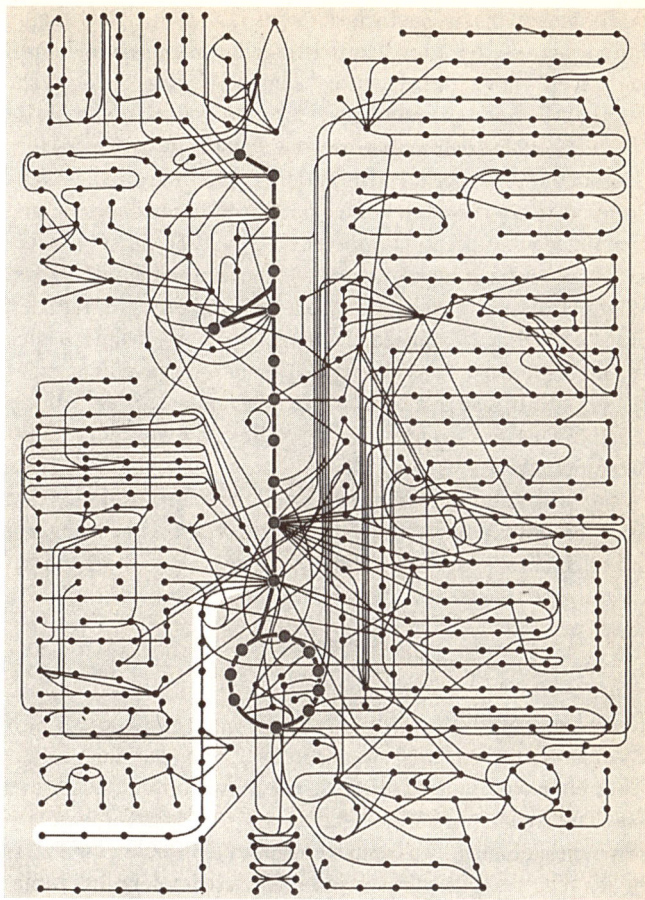

Abb. 7–1 Die beeindruckende Fülle der Reaktionen einer Zelle, die ihren Stoffwechsel ausmachen, kann schematisch in dem skizzierten Netzwerk dargestellt werden. Jeder Punkt stellt ein Produkt auf einem der vielen Wege dar, die alle zusammen so etwas wie das chemische Bewegungsmuster des Lebens ausmachen. Wir stellen sein biochemische Gewebe an den Anfang, weil im Folgenden die Aufmerksamkeit doch mehr den Genen zufällt. Sie liefern die Katalysatoren, die den hier als kleinen Ausschnitt sichtbaren Stoffwechsel in Gang halten. Mehr tun die Gene eigentlich nicht. Es lohnt sich, dieses Bild des Lebens vor Augen zu haben.

Das Modell macht deutlich, dass Kausalität nicht die beliebte Einbahnstraße ist, die allein in einer Richtung – von unten nach oben – läuft und mit Vorliebe von Molekularbiologen benutzt wird. Vielmehr müssen Erklärungen sowohl »von oben« (top down) als auch »von unten« (bottom up) erfolgen, und dieser Grundsatz stellt nichts anderes als eine Form der Komplementaritätsidee dar. Viele Qualitäten einer Ebene lassen sich nicht von unten – konkret: von den Molekülen her – erklären. Dies trifft nicht nur für die bekannte Eigenschaft von Wasser zu, flüssig zu sein – Wassermolekülen sieht man den entsprechenden stofflichen Charakter nicht an –, sondern auch für die Eigenschaft des Gehirns, Wahrnehmungen zu ermöglichen. Gehirnzellen allein können dies nicht. Sie vollführen dafür einen Stoffwechsel, was ihren Bestandteilen (den zellulären Strukturen) versagt bleibt.

Wer will, kann das gezeigte Modell beliebig verfeinern und auf diese Weise erfahren, wie sich jede Wirklichkeit in solch eine Schichtenstruktur fügen lässt und wie das Neue, das dabei auf jeder Ebene hervortritt, eine neue Wissenschaft fordert, die es erforscht.

Die Doppelhelix

Das Leben wird von der Biologie erkundet, die früher nur von oben an ihr Thema herangegangen ist. Doch seit einigen Jahren hat sie einen anderen Ausgangspunkt gefunden, und zwar in den Genen. Zu dem besonderen Fortschritt, der diese Moleküle in den Mittelpunkt des Lebens gerückt und es leicht gemacht hat, das Leben mit seiner Vermehrung zu verwechseln, hat wie kein Zweiter einer der frühen Leser von Schrödingers erwähntem Büchlein beigetragen. Gemeint ist der damals noch blutjunge James D. Watson aus Chicago, der 1953 im Alter von fünfundzwanzig Jahren maßgeblich dafür verantwortlich war, die legendäre Doppelhelix als Struktur des Erbmaterials zu erkennen (Abb. 7–2). Watson arbeitete damals im britischen Cambridge mit dem nicht mehr ganz so jungen Physiker Francis Crick zusammen, und dem Duo gelang mit der Doppelhelix wohl so etwas wie eine Jahrtausendentdeckung, die neben Wissenschaftlern und Wissenschaftshistorikern auch viele andere begeistert. Die Doppelhelix ist eine auffallend schöne und ästhetisch befriedigende Struktur,[4] die aus mindestens zwei Gründen sehr gefährlich werden kann. Zum einen erweckt sie den Eindruck, als ob das Leben bzw. dessen wissenschaftliche Erkundung ein Kinderspiel sei, das wie ein Puzzle mit hübschen Bauklötzchen funktioniert. Zum anderen verführt sie ihre Entdecker und deren Anhänger zu Auskünften, die keine Grundlage in der Wissenschaft haben. Watson und Crick behaupten zum Beispiel gerne, das Rätsel des Lebens gelöst und die Grundmechanismen der Zellen verstanden zu haben. Die

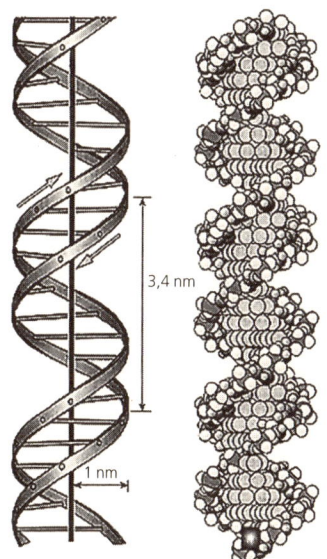

Abb. 7–2 Die Doppelhelix, wie sie jeder kennt

beiden berühmtesten Biologen der Welt verwenden in diesem Zusammenhang den Ausdruck »secret of life«, und Crick wird nicht müde zu betonen, dass es erstens nach der Doppelhelix an dieser Stelle der Natur keine Geheimnisse mehr gäbe, und dass zweitens die Annahme gerechtfertigt sei, auch andere Bereiche der biologischen Forschung – neben der Vererbung etwa der des Bewusstseins – könnten in ähnlicher Weise geklärt und erklärt werden.

Nun kann, wer großen Erfolg hat, großen Unsinn reden. Allerdings ist niemand gezwungen, sich darum zu kümmern und demjenigen zu glauben. Wir richten stattdessen den Blick auf die unbestreitbaren Erfolge, die vor allem Watson gelungen sind. Rund ein Jahrzehnt nach seinem unwiederholbaren und unvergleichlichen Triumph in der wissenschaftlichen Forschung vollbrachte Watson auf einem anderen Terrain ein weiteres Meisterstück. Er legte das erste und bis heute immer wieder neu aufgelegte Lehrbuch der Molekularbiologie unter dem Titel *The Molecular Biology of the Gene* vor. Ursprünglich wollte Watson seinen Text *That is Life!* nennen, und es ist keine Frage, dass er dies sehr ernst meinte und als Antwort auf Schrödingers Frage verstand. Viele Biowissenschaftler seiner Generation glaubten fest an die Erklärbarkeit des Lebendigen aus seinen Molekülen heraus – also von unten nach oben –, und diese Einstellung wird für jeden verständlich, der die Erfolge betrachtet, die dieser molekular orientierte Ansatz beim Verständnis der Vererbung errungen hat. Skeptiker benötigen gute Argumente, um die scheinbar unbegrenzten Hoffnungen auf ähnlich souveräne Unterwanderungen von Neurobiologie und Medizin ein wenig dämpfen und auf ein vernünftiges Maß reduzieren zu können.

Solche Skeptiker gibt es – und zwar oft an prominenter Stelle. Selbst der langjährige Herausgeber von *Nature*, dem berühmtesten Wissenschaftsmagazin der Welt, gehört zu ihnen. John Maddox hat kurz vor Ende des alten Milleniums ein Buch mit dem Titel *Was zu entdecken bleibt* vorgelegt, in dem er nicht nur gegen die zwar profitablen, aber albernen Ängste vieler

Propheten die Wissenschaft sei kurz vor dem Ende, und es bliebe nicht mehr viel zu entdecken, zu Felde gezogen ist. Maddox wollte zudem den Biologen im Allgemeinen und den Genetikern im Besonderen die Leviten lesen, die meinten, wenn sie ein Gen nach dem anderen durchbuchstabierten, wenn sie einen neuen Zellbestandteil neben den anderen stellten und Mechanismus an Mechanismus knüpften, dass sie dann schon wüssten, was das Leben ist. Was in der Molekularbiologie geschieht, ist nach Maddox – zugegebenermaßen auf hohem Niveau – »nothing but naming of the parts«, also nichts als eine Benennung von einzelnen Teilen, und Recht hat der Mann. Klar ist, dass wir von einer wissenschaftlich erträglichen und abgesicherten Antwort auf die Frage nach dem Leben noch weit entfernt sind.

Ein Exkurs über die »Prozedur« mit der Doppelhelix

Bevor weitere wissenschaftliche Details angeführt werden, sei ein literarisch animierter Diskurs gestattet. Es geht um einen Roman, in dem die Doppelhelix eine doppelte Rolle spielt. Er heißt *Die Prozedur*, stammt von dem Holländer Harry Mulisch und kann ein naturwissenschaftlich schlagendes Herz erfreuen.[5] Im Mittelpunkt der Handlung steht ein Biochemiker namens Victor Werker, dem es gelingt, wie Gott zu sein und toter Materie Leben einzuhauchen. Er produziert so genannte Eobionten und erschafft damit zwar Leben, aber er verspielt es zugleich, als er das Sterben seines eigenen Kindes nicht verhindern kann.

Auf den ersten Blick liefert *Die Prozedur* Anschauungsmaterial für das Zusammengehen von Kunst und Wissenschaft, und der Leser gewinnt den Eindruck, dass es für die Bemühungen um ein kulturelles Ernstnehmen der Naturwissenschaften und ihre Einbeziehung in das Kulturganze nichts Besseres geben kann als die Art und Weise, wie Mulisch sie darstellt. Hier werden die Wissenschaft und einer ihrer Vertreter auf hohem Niveau romanfähig. Doch so erfreulich es ist, dass Mulisch sein Vergnügen am Denken und Fortschreiten der Wissenschaft erkennen lässt und die dazugehörenden Tätigkeiten literarisch aufgreift, so deutlich macht er leider auch, dass ihm der Prozess der Wissenschaft an einer entscheidenden Stelle fremd und unzugänglich bleibt. Dieses Unverständnis teilt der Dichter bei aller Sympathie für die Forschung mit vielen Menschen, weshalb es an dieser Stelle erwähnt und beschrieben wird. Es geht dabei um die Frage, welche Rolle Kreativität in der Naturwissenschaft spielt und wie naturwissenschaftliche Entdeckungen schöpferisch zu bewerten sind.

Der 1952 geborene Held von Mulischs Roman erzählt gerne von der Entdeckung der Doppelhelix im Jahr nach seiner Geburt. Werker bringt beide Ereignisse zusammen und spricht ausdrücklich von einer »philosophischen Geburt«, die sich in diesem »entscheidenden Jahr der Mikrobiologie« vollzogen hat, als die Doppelhelix, »die Essenz allen Lebens«, in das Bewusstsein der Wissenschaft trat und ihm folgende Einsicht ermöglichte: »Dort, auf dieser allerniedrigsten Ebene« der genetischen Moleküle, so schreibt Werker, »gibt es nicht nur keinen Unterschied mehr zwischen den Menschen untereinander, Juden und Antisemiten zum Beispiel, sondern auch nicht zwischen Menschen und Mäusen und Geranien und Aidsviren.«

An dieser Stelle könnte man zwar ein wenig nörgeln, aber was immer ungenau an diesem Satz ist, spielt für den hier anvisierten Punkt keine Rolle. Es kommt auf etwas anderes an, nämlich auf den weltberühmten (und später auch verfilmten) Bericht, den Watson über die Entdeckung geschrieben hat. Er heißt wie die Struktur *Die Doppelhelix* und ist 1968 erschienen. Dieses legendenumwobene Jahr markiert den Augenblick, »als die Revolution in Amsterdam und Paris ihren Höhepunkt erreicht hat«, wie Werker schreibt. Er, der sich bis dahin hatte treiben lassen, wusste nach der Lektüre der *Doppelhelix* auf einmal genau, was er wollte, nämlich die Atmosphäre von Forschung auf höchstem Niveau erleben, »die Irrwege, die Überraschungen, die Spannung, die Euphorie«. Mit anderen Worten, die Biowissenschaft ist nach der doppelten Doppelhelix aus vielen Gründen faszinierend geworden, und die rein menschlichen Aspekte sollten nicht unterschätzt werden.

Nach dem Schlüsseljahr 1968 ist Watson nicht nur der Wissenschaftler, der die Doppelhelix entdeckt hat, sondern auch der Autor, der die *Doppelhelix* geschrieben hat. Als Werker sich bei dem Gedanken ertappt, ob Watson dafür nicht »auch den Nobelpreis für Literatur verdient hätte«, bekommt er Angst vor seiner eigenen Hochachtung.

»Wie dem auch sei«, lässt Mulisch Werker schreiben, »wenn Watson und Crick die Struktur der DNS nicht entschlüsselt hätten, dann hätte es innerhalb der nächsten zwei, drei Jahre jemand anders getan – […] aber der hätte nicht anschließend dieses Buch geschrieben. Für meine [eigenen Forschungen] gilt das Gleiche; aber wenn Kafka nicht den *Prozess* geschrieben hätte, dann wäre dieser Roman bis in alle Ewigkeit ungeschrieben geblieben. Kurzum, es ziemt uns, bescheiden zu sein.«

Ich befürchte, dass selbst viele naturwissenschaftlich tätige Leser über diese Bemerkung hinweggehen, weil sie den Zusammenhang zwischen Kunst und Wissenschaft genau so sehen – und damit die Qualität ihrer eigenen Arbeit abwerten, ob sie es merken oder nicht. Viele glauben tatsächlich, was Doktor A heute nicht erreicht hat, wird morgen Doktor B oder spätestens übermorgen Doktor C erreichen. Nur was Dichter D heute geschrieben hat, das kann niemand anders schreiben, das kann nur er so machen. Hinter diesem Vorurteil steckt die Ansicht, dass es zwar besondere (»geniale«) Menschen sind, die Kunst hervorbringen, dass die Wissenschaft aber durch austauschbare Wesen vorankommt. Es sind nicht die Menschen, die Wissenschaft machen. Es ist vielmehr die Wissenschaft, die Menschen (berühmt) macht – und Watson liefert genau das geeignete Beispiel, wie es scheint.

Der Vergleich zwischen der Publikation von 1953, in der die Struktur des Erbmaterials zum ersten Mal beschrieben worden ist, und Werken der Kunst ist ursprünglich verwendet worden, um Watsons autobiographischen Text von 1968 abzuwerten. Dem Biochemiker Erwin Chargaff, der selbst eine wichtige Rolle auf dem Weg zur Doppelhelix gespielt hat und der auch in Watsons Geschichte auftaucht, gefiel die literarische Doppelhelix überhaupt nicht, und er verwarf sie noch im Erscheinungsjahr aus grundsätzlichen Überlegungen. Chargaff verbreitete das begierig aufgegriffene Vorurteil, dass Naturwissenschaftler uninteressante Leute sind, die im Vergleich zu Künstlern ein langweiliges und ereignisarmes Leben führen. Er erklärte auch, warum Künstler biographisch so viel ergiebiger sind. Dies liegt – nach Ansicht von Chargaff – daran, dass es einen zentralen Unterschied gibt zwischen den seiner Ansicht nach stets einmaligen Schöpfungen von Künstlern einerseits und den oft banalen Hervorbringungen von Naturwissenschaftlern andererseits. Und an dieser Stelle taucht in aller Deutlichkeit das Argument auf, dessen Nachhall drei Jahrzehnte später bei Mulisch zu lesen ist. *Timon von Athen* – so Chargaff – wäre nie geschrieben, *Les Desmoiselles d'Avignon* wäre nie gemalt worden, wenn Shakespeare und Picasso nicht existiert hätten. Aber von welchen naturwissenschaftlichen Errungenschaften kann Gleiches behauptet werden? Ist es nicht so, dass es Impfstoffe gegen die Tollwut auch ohne Pasteur und ein Modell für die Atome auch ohne Bohr gegeben hätte?

Doch der angestellte Vergleich ist nicht nur falsch, sondern sinnlos. Der *Prozess* ist ein Roman, *Timon von Athen* ist ein Drama, die Doppelhelix aber ist ein Modell. Das eine sind fiktionale Werke, und das andere ist eine Erfindung ganz anderer Art. Wenn beides verglichen wird, kann nur Unsinn herauskommen. Dennoch hält sich der irreführende Vergleich hartnäckig. Man muss sich fragen, warum das so ist.

Ich denke, dass hier die Psyche zur Erklärung herangezogen werden muss. Mulisch lässt seinen Helden Werker am Ende des Zitats etwas von Bescheidenheit murmeln, und das heißt doch wohl, dass sich Wissenschaftler nicht einbilden sollen, die kreative Höhe von Dichtern und anderen Künstlern zu erreichen. Offenbar wehrt sich etwas in uns gegen die Einsicht, dass auch Wissenschaft schöpferisch ist. Wir laufen immer wieder Gefahr anzunehmen, dass Wissenschaftler nur entdecken, was schon da ist, ohne etwas zu erschaffen, während die Künste erschaffen, was vorher nicht da war, ohne etwas zu entdecken.

Wie verhält sich dies in dem angesprochenen Beispiel: War die Doppelhelix immer schon so, wie wir sie heute kennen? War sie schon da, bevor Watson und Crick sie 1953 beschrieben haben?

Wer hier rasch Ja antworten will, sollte wissen, dass es weitere Fragen gibt. Angenommen, jemand sagt, die Doppelhelix gab es schon vor Watson und Crick, dann würde man gerne wissen, wo sie denn damals war? Die Antwort kann nicht »in der Natur« oder »in einer Zelle« heißen, denn die Doppelhelix ist kein konkret gegebenes DNS-Molekül. Sie ist eine Abstraktion, als Symbol gefasst, dessen Auftauchen den langwierigen und umfassenden Bemühungen vieler Biowissenschaftler, Physiker und Kristallographen zu verdanken ist. In der natürlichen Welt – in den Zellen der lebendigen Körper – gibt es nicht so etwas wie ein DNS-Molekül, und es gibt erst recht nicht die Doppelhelix, die aus der Literatur bekannt ist und ihren ästhetischen Reiz als Symbol ausübt.

Es ist einfach falsch zu sagen, die Struktur der DNS war, was sie war, schon bevor Watson und Crick sie vorlegten. Und es trifft auch nicht zu, dass das Modell nichts anderes als eine Zusammenfassung vorliegender Daten (Tatsachen) ist. Eher im Gegenteil, denn als Watson und Crick die Doppelhelix entwarfen, vertrug sich ihr Vorschlag nicht mit allen vorliegenden Messergebnissen. Manche mussten folglich ignoriert werden – in der Hoffnung, dass sich die Tatsachen ändern würden, – was dann später auch der Fall war.

Mit anderen Worten: Die Doppelhelix ist sowohl Schöpfung als auch Entdeckung, und der Bereich ihres Daseins ist nicht die Natur, sondern die Gedankenwelt und Literatur der Naturwissenschaft. Und das heißt, dass der Unterschied zwischen Entdeckung und Schöpfung in der Naturwissenschaft wenig philosophische Bedeutung hat.

Der Weg in die Molekularbiologie

Zurück zur konkreten kreativen Forschung: Wie haben die Gene ihre zentrale Rolle im Leben bekommen? Wie sind die Möglichkeiten zur molekularen Erklärung von ihrer Tiefe her entstanden? Und was fehlt, um mit ihnen zufrieden zu sein?

Die Konzeption einer »Molekularbiologie« gab es bereits zu Schrödingers Zeiten, und zwar seit 1938. In diesem Jahr hatte sich die amerikanische Rockefeller Stiftung für diesen Begriff als übergeordnete Bezeichnung eines Forschungsprogramms entschieden, mit dem sie sowohl ein klares wissenschaftliches als auch ein deutliches politisches Ziel verfolgte, und beide sind nach wie vor relevant für die Gegenwart.

Konzentrieren wir uns zuerst auf die Wissenschaft: Die auf den ersten Blick wunderbare Grundidee der dreißiger Jahre bestand darin, der Biologie als Erforschung des Lebendigen denselben Schwung zu verleihen und dieselbe Tiefe zu ermöglichen wie der Physik. Tatsächlich forderten führende Atomphysiker wie Niels Bohr bereits kurz nach dem ersten Abschluss der Quantenmechanik vor allem die jüngeren Kollegen auf, so zügig wie möglich die Lektion der Atome für das Leben zu lernen. Das heißt konkret, Bohr schlug den Nachwuchsforschern vor, im Rahmen einer neuen Biologie die Wechselwirkung von Licht und Leben so zu verstehen, wie die Wechselwirkung von Licht und Materie im Rahmen der neuen Physik verstanden worden war.

Tatsächlich waren von Genetikern längst einige grundlegende Beobachtungen in diese Richtung gemacht worden, die nun auf ein wissenschaftliches Verständnis bzw. auf ihre physikalische Deutung warteten. Gemeint ist unter anderem die Entdeckung aus dem Jahre 1927, dass es möglich ist, mit Hilfe von Röntgenstrahlen – einer sehr energiereichen Form von Licht – Variationen in Lebewesen hervorzurufen, die erstens äußerlich sichtbar werden und sich zweitens im Inneren von Generation zu Generation vererben. Änderungen dieser Art kannten die Genetiker als Mutationen, und sie spielten in der Geschichte ihrer Wissenschaft von Anfang an eine große Rolle. Mit Hilfe von Mutationen war es nämlich kurz nach 1900 gelungen, die Erforschung der Vererbung so darzustellen, dass sie fortan weitgehend verständlich und allgemein zugänglich wurde und sich darüber hinaus mit wissenschaftlicher Systematik erkunden ließen. Nun konnte innerhalb weniger Jahre eine Wissenschaft von der Vererbung entstehen, die seit 1906 Genetik heißt. Und bald bekamen auch die eigentlichen Objekte der forschenden Begierde, die Gene, ihren Namen.

Woher kommt das Gen?

Das heute so weit verbreitete und gern benutzte Wort »Gen« verwenden Wissenschaftler seit dem frühen 20. Jahrhundert. Vorgeschlagen wurde es von einem dänischen Forscher namens Wilhelm Johannsen. Er hielt es für angemessen, die Elemente der Vererbung, von denen als erster der Mönch Gregor Johann Mendel[6] 1865 gesprochen hatte, mit einem wissenschaftlich klingenden Namen zu belegen, also ein Wort zu benutzen, das einen griechischen Ursprung hatte. Mendel hatte die Erbelemente bei seinen Versuchen mit Erbsen entdeckt, die er in dem Klostergarten in Brünn durchführte, der ihm anvertraut war. Seine entscheidende Tat bestand darin, dass er einen Gedanken der zeitgenössischen Physik auf das Leben übertrug, und zwar den Gedanken, dass die beobachtbaren Eigenschaften von Substanzen – etwa die Temperatur von Wasser oder die Kristallstruktur von Kochsalz – auf die Atome und deren Wechselwirkung zurückgeführt werden konnten. Die Atome des Anorganischen wandelte Mendel in Elemente des Organischen um, und im Anschluss an seine Versuche war er in der Lage, die sichtbaren Eigenschaften seiner Erbsen mit der »lebendigen Wechselwirkung« dieser unsichtbaren Elemente zu erklären.[7]

Da Mendel der Physiklehrer des Klosters werden sollte, dieses Fach also studiert hat, lässt sich konstatieren, dass der Schrödinger-Effekt schon ganz am Anfang der Genetik wirk-

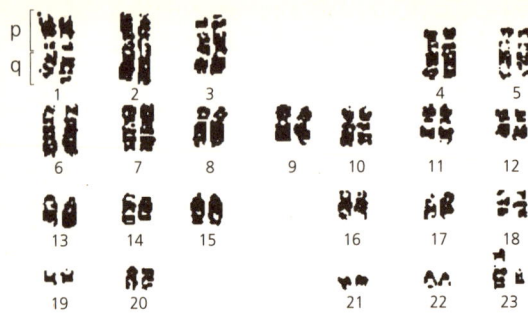

Abb. 7–3 Seit dem späten 19. Jahrhundert können im Lichtmikroskop Zellstrukturen erkannt werden, die sich sehr gut anfärben lassen. Diese farbigen Körper heißen aus diesem Grund Chromosomen. Im Laufe des 20. Jahrhunderts konnte die Färbetechnik verbessert werden und Bandenmuster deutlich machen. Auf einer Konferenz wurde im Jahre 1971 festgelegt, wie die Banden der (hier gezeigten) menschlichen Chromosomen bezeichnet werden. Beim Menschen unterscheidet man zwei Chromosomen, die das Geschlecht bestimmen (X und Y), von insgesamt 22 Chromosomen, die dies nicht tun. Sie heißen Autosomen und werden der Größe nach durchnumeriert. Alle Chromosomen haben eine Mitte (Centromer), die den langen von dem kurzen Arm trennt. Da die Festlegung der Bezeichnungen in Paris stattfand, heißt der kurze Arm p für »petit«. Für den langen Arm hat man den Buchstaben nach p genommen – also q.

sam geworden ist, nämlich durch das Einschleusen physikalischer Überlegungen in die Biologie. Was Mendel entdeckt hat, lässt sich am deutlichsten durch den Satz ausdrücken: Vererbung hängt von partikulären Elementen ab, die sich – wie Atome – unerreichbar im Inneren der Körper befinden und unteilbar sind.

Diese atomaren Elemente des Lebens nannte Johannsen vierzig Jahre später Gene, und er wählte dieses Wort (aus griech. *gennan* »werden«, »erzeugen«) vor allem deshalb, weil es kurz und daher einfach anwendbar ist und sich gut kombinieren lässt. Johannsen konnte sich allerdings nicht vorstellen, dass es irgendwelche morphologischen Gebilde in den Zellen gab, die als Gene identifiziert werden konnten. Zu seiner Zeit kannte man zwar schon die Chromosomen (Abb. 7-3), aber dafür hatte der Däne keinen Blick übrig. Für Johannsen stellten Gene eigenständige Buchungseinheiten dar, mit denen sich bilanzieren ließ, welche Eigenschaften von welchem Elternteil bei welchem Kind angekommen waren. Er wollte nicht mehr und nicht weniger.

Den äußerlich sichtbaren Eigenschaften eines Organismus gab Johannsen übrigens auch den eleganten kurzen Namen Phän. Er wählte dieses Wort, weil es ähnlich wie Gen klingt, denn schließlich vermutete Johannsen, dass ein Phän außen vor*zeigt*, was ein Gen innen vor*schreibt*. Am liebsten wäre ihm gewesen, dass ein Gen ein Phän macht, zum Beispiel rote Haare oder blaue Augen (wobei natürlich das Rotsein der Haare und das Blausein der Augen gemeint sind und nicht die anatomischen Strukturen). Doch die Verhältnisse waren leider nicht so einfach. Bestenfalls ließ sich sagen, dass die Gesamtheit der Gene (der Genotyp) für die Gesamtheit der Phäne (den Phänotyp) sorgte. Aber auch dies stimmte so nicht ganz, trotz der hübschen Begriffe. Offenbar konnte ein und dasselbe Erscheinungsbild (Phänotyp) durch unterschiedliche Genkombinationen (Genotyp) zustande kommen, und dies machte die Genetik von Anfang an nicht so einfach, wie sie vielfach sich und anderen vorgestellt wird.

Johannsen überlegte übrigens schon um 1910 herum, ob sich unterscheiden lässt, welchen Anteil die Gene und welchen Anteil die Umwelt an der Ausprägung eines Phänotyps haben, und im Anschluss an seine Untersuchungen an Bohnen stellte er eine bemerkenswerte Hypothese auf. Johannsen unterschied zunächst sorgfältig zwischen einem Durchschnittswert – etwa der Fruchtlänge – und Abweichungen davon. Und er konnte dann in einigen Versuchen belegen, dass die Gene den Mittelwert bestimmen, während die Umwelt die Variationen besorgt – ein Gedanke, der den alten Streit zwischen »nature« und »nurture«, wie es seit Shakespeare auf Englisch heißt, auf eine überraschende Weise mildert, indem er beiden Platz zum Wirken lässt – sowohl der genetischen Natur als auch der weltlichen Nahrung.

Die Verwandlung des Gens

Johannsens Idee von körperlosen Genen konnte sich nicht lange halten. Spätestens 1927 wurde klar, dass Gene Gebilde sein mussten, die von Strahlen getroffen werden und deren Energie aufnehmen konnten, und damit öffnete sich erneut eine Tür für die Physiker, die Genetiker werden wollten.

Die bereits erwähnten Experimente mit den mutationsmächtigen Röntgenstrahlen waren mit kleinen Fliegen gelungen, die den hübschen Namen *Drosophila melanogaster* trugen (Abb. 7–4). Die Genetiker, die als Erste die »Liebhaberin des Taus« in ihren Laboratorien untersuchten, schätzten ihren Modellorganismus nicht nur deshalb, weil er rasch zahlreiche Nachkommen produzierte, sondern weil sich unter ihnen stets viele Mutationen befanden. Immer wieder tauchten spontan und ohne Mithilfe von außen im Laboratorium zum Beispiel Fliegen mit weißen (statt roten) Augen auf, immer wieder zeigten sich Exemplare mit verkürzten Flügeln, und ab und zu erschraken die Genetiker sogar vor Fliegen, bei denen statt Antennen Beine aus dem Kopf herauswuchsen.

Dies war schon wundersam genug, aber dann wurde zusätzlich entdeckt, dass es möglich ist, mit Hilfe von Röntgenstrahlen Einfluss auf das genetische Material einer Fliege zu nehmen und die Rate der spontan auftretenden Mutationen zu erhöhen. Damit ließen sich völlig neue Fragen stellen, etwa die, wie die Lichtenergie mit dem genetischen Material in Wechselwirkung treten und in ihm Mutationen produzieren kann. Und was kann damit für den Mechanismus der Vererbung gelernt werden? Was lässt sich dabei über die Gene lernen, also die Elemente, die als Träger der Vererbung agieren?

Die entdeckte Wechselwirkung zwischen Leben und Licht

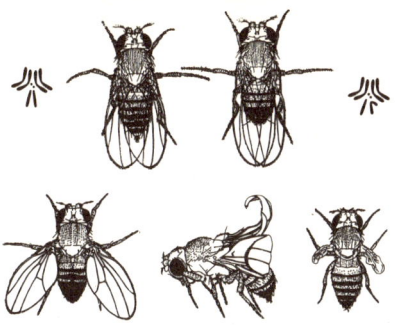

Abb. 7–4 Die Fruchtfliege *Drosophila melanogaster* ist seit 1910 ein bevorzugtes Objekt der Genetiker. In der oberen Reihe sind das normale Weibchen (links) und das normale Männchen (rechts) mit den mikroskopisch sichtbaren Chromosomen zu sehen. »Normal« sagen Wissenschaftler ungern, sie sprechen lieber vom »Wildtyp«. In der unteren Reihe sind drei Mutanten gezeigt, deren Flügel verändert sind. Sie heißen (von links nach rechts) *dichaete*, *curled* und *vestigial*. Namen, die aber keiner zu kennen braucht, der nicht mit ihnen arbeitet.

– zwischen Genen und Röntgenstrahlen – erlaubte endgültig, zwei Wissenschaften zu verbinden, die offiziell zunächst nichts miteinander zu tun hatten und auch nichts miteinander zu tun haben wollten – die Genetik und die Physik. Die ersten Genetiker wie Johannsen hatten lange Zeit gehofft, ohne die Maßeinheiten der Physiker auskommen und eine eigene Bastion begründen zu können. Sie wollten das Gen als ihre ureigene Einheit sehen und mussten sich nun eines Besseren belehren lassen. Die Experimente zeigten mit aller Deutlichkeit, dass Gene ganz offenbar mit physikalischen Mitteln untersucht werden konnten. Es kam nun darauf an, das entsprechende interdisziplinäre Vorgehen zu fördern, und genau an dieser Stelle griff die Rockefeller Stiftung in das Geschehen ein.

Die neue Wissenschaft vom Übermenschen

Die Manager der Stiftung hatten sich früh ein hohes Ziel gesetzt. Die Experimente mit den Fliegen und anderen Kleinlebewesen, die sich leicht im Laboratorium halten ließen, wurden als die kurzfristig notwendigen ersten Schritte zu dem langfristigen Ziel betrachtet, das man »a new science of man« nannte. Diese »neue Wissenschaft vom Menschen« wird von heutigen Biologen im Rahmen des modernen Genomprojekts ebenfalls verfolgt.

Die Genetik hat zwar mit Erbsen und Fliegen begonnen, aber ihre Betreiber waren in Gedanken schon früh beim Menschen, und inzwischen sind sie dort angekommen, wie das derzeit im Brennpunkt des Interesses stehende Humangenomprojekt schon mit seinem Namen deutlich macht. Allerdings definieren Genetiker unserer Zeit ihre Pläne nicht mehr so radikal wie es die wissenschaftlichen Experten der Rockefeller Stiftung in den dreißiger Jahren des 20. Jahrhunderts getan haben, als noch in den Köpfen entworfen wurde, was heute in den Laboratorien funktioniert. Sie stellten damals allen, die es lesen wollten, eine Genetik in Aussicht, durch die die Züchtung von Übermenschen ermöglicht werden sollte. Sie schwärmten wörtlich und konkret von einer Wissenschaft, mit deren Hilfe »we can hope to breed, in the future, superior men«.[8]

Wenn vom Übermenschen die Rede ist, muss eine kurze philosophische Pause eingelegt werden. Es soll geklärt werden, was der »superior man« der anvisierten genetischen Praxis mit dem rund 50 Jahre älteren Übermenschen der populären philosophischen Spekulation zu tun hat, die sich bei Friedrich Nietzsche nachlesen lässt. Für den am Anfang seines wissenschaftlichen Lebens hoch begabten und am Ende seines biologischen Lebens geistig verwirrten Philosophen stellt der gegebene Mensch etwas dar, das überwunden werden muss. Nietzsche zieht dabei die Konsequenz aus dem Gedanken der Evolution, so wie er ihn verstand. Denn nach allem, was wir wissen, ist bei diesem Vorgang immer nur eine Lebensform durch eine nachfolgende (höhere?) abgelöst worden, und der Mensch wird keine Ausnahme machen. Deshalb ist er aus wissenschaftlicher Einsicht das, was überwunden werden muss, wie Nietzsche den Lesern, die sich auf die Reden des Zarathustra einlassen, unentwegt nahe legt und predigt.

»Und Zarathustra sprach also zum Volke: *Ich lehre euch den Übermenschen*«, und er tut dies mit Rieseneifer. Doch obwohl dieser Gedanke die nachvollziehbare Reaktion auf die Idee der Evolution darstellt, meint Nietzsche ihn nicht so biologisch, wie es klingt. Er hatte zwar Darwin und seine Lehre im Hinterkopf, aber er hat sie entweder nicht genau verstanden oder nicht genau verstehen wollen.[9] Zudem dachte Nietzsche an eine geistige Entwicklung, die durch eine »von innen her Form schaffende Gewalt« gelingt. Nietzsches Innen hat nichts mit dem Inneren einer Zelle zu tun, also dem Ort in der Zelle, an dem die Gene sind. Das Zellinnere kann jederzeit in ein Außen verwandelt werden, denn sonst könnten keine Gene isoliert und einer wissenschaftlichen Analyse unterzogen werden.

Es ist das Schicksal der Evolutionsidee, vielfach missverstanden worden zu sein, und es ist das Schicksal des »Übermenschen«, in geistig-philosophischen Gefilden konzipiert und in genetische Bereiche übernommen worden zu sein. Beide Konzeptionen durchziehen und durchwirken große Teile des geistigen und des politischen Lebens bis in unsere Tage, und sie stehen auch hinter dem Programm der Rockefeller Stiftung.

Die Hoffnung ihrer verantwortlichen Wissenschaftspolitiker bestand darin, mit Hilfe des forschenden Verstands genug Kenntnisse über die Natur des Menschen zu erlangen, um die gefährlichen und riskanten Aspekte seines Lebens unter rationale Kontrolle zu bringen und seine Sexualität auf vernünftige Weise zu steuern. Man glaubte, allen Fragen von der Aggression über die Ernährung bis zur Züchtung eine wissenschaftlichen Lösung zuführen zu können – ein Programm, das heute Entsetzen und Kopfschütteln auslöst, das aber in einer fortschrittsgläubigen Zeit massive Auswirkungen hatte.

Mit diesen Hinweisen konnten wir das zweite – das politisch-soziale – Ziel der Förderung der Wissenschaft durch die Rockefeller Stiftung erkennen. Das Geheimnis des Erfolgs, den das Rockefeller Programm feiern konnte, lag wahrscheinlich darin begründet, dass die Manager trotz ihrer außerwissenschaftlichen Ziele erstens den Forschern jede Freiheit nach innen gelassen und zweitens jedes ihrer Ergebnisse veröffentlicht und akzeptiert haben. Wissenschaft gelingt nur in Freiheit.

Mit der Molekularbiologie setzt sich eine neue Art der Biologie durch, deren zentraler Punkt so formuliert werden kann: Jedes naturwissenschaftliche Verständnis des Lebendigen, alle Biowissenschaften beginnen in ihrer Argumentation von den Bausteinen des Lebens her, also von unten. Die moderne Biologie ist das Werk von Physikern und Chemikern, und sie denken vornehmlich an Moleküle und ihre Strukturen bzw. an Atome und ihre Energien. Die Argumentationsketten, die das Verständnis der Vorgänge in Zellen, Geweben und Organen erläutern sollen, orientieren sich stets an den isolierbaren Bestandteilen des Lebens, von denen aus sie versuchen, den Organismus in den Blick zu bekommen. Es bedarf gegenwärtig einer nicht unerheblichen Anstrengung, dem Organismus wieder mehr Rechte zu geben und ihm einen besseren Platz in der Biologie zuzuweisen. Vor allem viele Genetiker sehen ihn nur von unten an und denken, dass es allein die Gene sind, die ihren Träger ausmachen und formen. Kaum eine Wissenschaft untersucht die Möglichkeiten, die sich von oben zeigen, wo der Organismus zu seinem Recht kommt. Wir behandeln Lebewesen als geschaffene Natur und wissen doch von uns selbst, dass wir auch als komplementäres Gegenstück auftreten, nämlich als schaffende Natur.

Mit diesem Doppelmuster lässt sich auch erklären, was die Doppelhelix in einer Zelle ist, nämlich ein Gen. Das Gen ist offenbar zweigeteilt als Molekül (materiell) und Information (geistig). Gene sind sowohl *natura naturans* (schaffende Natur) als auch *natura naturata* (erschaffene Natur). Sie bilden und werden gebildet. Sie sind im Einzelnen und werden im Ganzen.

Anmerkung zum kartesischen Schneiden

Damit kein Missverständnis aufkommt: Was in den Laboratorien der Wissenschaft passiert, wenn zum Beispiel DNS-Moleküle isoliert und sequenziert werden, hält sich strikt an die Vorgaben einer besonderen Autorität, und zwar an die des Franzosen René Descartes. Er hat im 17. Jahrhundert in einer berühmten Abhandlung – seinem *Discours de la méthode* – beschrieben, wie sich für ihn das wissenschaftliche Vorgehen darstellt.[10] Man zerlegt erst einen Organismus in seine Organe, dann die Organe in Gewebe, anschließend die Gewebe in Zellen, danach die Zellen in Organellen, schließlich die Organellen in makromolekulare Strukturen und zuletzt diese Strukturen in ihre molekularen und eventuell atomaren Bestandteile. Jetzt könnte man als Physiker weitermachen, aber als Biologe ist man an seinem ersten Ziel angekommen und kann nun mit der Erklärung des Vorgefundenen bzw. der geschaffenen Tatbestände beginnen. Der Grundgedanke liegt darin, dass das Funktionieren der Organe auf die Eigenschaften der Gewebe, das Funktionieren der Gewebe auf die Eigenschaften der Zellen und so weiter bis hinunter zu den Molekülen zurückgeführt werden kann. Der vornehmere Ausdruck für »zurückführen« heißt »reduzieren«, und die Wissenschaftler sprechen bei dem eben geschilderten Vorgehen davon, dass sie ein reduktionistisches Programm ausführen.

Es ist wichtig, sich klarzumachen, dass es in der Praxis des Laboratoriums keinen anderen Weg gibt. Wer experimentell forscht, kann nur den reduktionistischen Pfad wählen, um zu Erfolgen zu kommen. Doch damit ist nicht gesagt, dass die Gedanken auf derselben Bahn unterwegs sein müssen. Es scheint – im Gegenteil – eher ratsam, sich auf Überraschungen vorzubereiten und damit zu rechnen, sich irgendwann im Dickicht der Details zu verlieren.

In der Physik hat man die Grenzen der Zerlegung zwar gefunden, aber in der Biologie ist man noch fleißig auf der Suche. In den Gefilden des Lebendigen herrscht noch der Glaube an die Perfektion des kartesischen Systems. Der Tatsache, dass nach abgeschlossener Reduktion auf dem Weg nach oben immer neue Ebenen der Komplexität sichtbar werden, trägt man mit dem schon erwähnten Gedanken der Emergenz Rechnung. Emergenz ist kein geheimnisvolles Konzept. Es stellt eine schöne Beschreibung, aber leider keine Erklärung dar. Dies darf nicht aus den Augen verloren werden, wenn gefragt wird, was die Biowissenschaften vom Leben verstehen. Die Molekularbiologie mit ihrem reduktionistischen Vorgehen kann inzwischen die meisten Bestandteile und deren emergente Eigenschaften benennen. Aber ihren theoretischen Zusammenhang muss sie noch suchen – vor allem bei den Genen, die heute so hoch im Kurs stehen.

Genetisch kommt nicht von Gen

Das Bedürfnis der Genetiker, das Leben von den Genen her zu verstehen, hängt vielleicht auch damit zusammen, dass sie oft vor Augen haben, wie Gene von sich aus einen Organismus entstehen lassen. Ontogenese oder Morphogenese heißt dieser Vorgang, der wahrscheinlich das Wunder des Lebendigen darstellt, das die meiste Aufmerksamkeit von Künstlern erfahren hat. Tatsächlich war es ein Dichter, nämlich Goethe, dem die Lehre von der Gestaltbildung ihren wissenschaftlichen Namen »Morphologie« zu verdanken hat. Sie soll die »Bildung und Umbildung organischer Naturen« erforschen, wie Goethe es ausdrückt, wobei er bescheiden beginnen will und der neuen Wissenschaft einfache methodische Grenzen verordnet. Die Morphologie – so legt er fest – könne und wolle zunächst »nur darstellen und nicht erklären«, und er selbst wollte mit dem Phänomen der Metamorphose beginnen, also mit der Umwandlung einer Larve zum Schmetterling. Goethe hat Metamorphose umfassend verstanden, nämlich als das Bilden und Umbilden der lebendigen Körper, das überall in der Natur wahrnehmbar ist. Er hat hier ein dynamisches Einheitsprinzip gesehen und gemeint, dass wir genötigt sind, »die gesamte Natur als ein unendliches in ewiger Bildung und Umbildung begriffenes Ganzes zu denken«.

Mit anderen Worten, die Natur unterliegt für Goethe einer kontinuierlichen Wandlung, und aus dieser Grundüberzeugung zieht er eine wichtige Konsequenz. Die Allgegenwart der Metamorphose begründet für ihn nämlich »*die Notwendigkeit der genetischen Methode* für alle Naturwissenschaft«, wie er mit dieser Betonung vor ziemlich genau zweihundert Jahren schreibt.

»Die Notwendigkeit der genetischen Methode für alle Naturwissenschaft« – diese Worte klingen sehr prophetisch, wenn sie mit der modernen Bedeutung von »genetisch« gelesen werden. Er beschreibt dann genau die gegenwärtige Vorgehensweise der Biologie, die darauf gerichtet ist, die Entstehung organischer Formen mit Mitteln der Genetik – und damit von den Genen her – zu analysieren.

Im letzten Absatz treten die drei Begriffe »genetisch«, »Genetik« und »Gene« in genau der Reihenfolge auf, in der sie historisch gebildet worden sind. Zuerst verwendete man »genetisch« – nämlich schon zu Goethes Zeiten –, dann begründete man eine Vererbungsforschung namens Genetik – unmittelbar nach der Wende zum 20. Jahrhundert – und erst zuletzt sprach die Wissenschaft von Genen – nämlich von 1909 an. »Genetisch« meint also etwas anderes als »von Genen abgeleitet« oder »durch Gene bedingt«, wenn »Gen« im traditionellen Rahmen der Molekularbiologie verstanden wird, also als ein Faden aus DNS, der Informationen zum Bau von Proteinen bereitstellt.

Verschiedene Zugänge zu den Genen

Die moderne Biologie ist durch interdisziplinäre Arbeiten zustande gekommen, und am Anfang des triumphalen Rockefeller Programms steht das einsichtige Bekenntnis der Genetiker, dass sie zwar alles Mögliche über die Vererbung von Eigenschaften herausfinden können, dass ihnen aber die Natur der Gene selbst verschlossen bleibt. Genauer müsste es heißen, dass ihnen die Natur der Gene verschlossen bleibt, wenn sie alleine arbeiten und weder die Physiker noch die Chemiker um Hilfe bitten. Die Chemiker hatten sich seit dem Ende des 19. Jahrhunderts auf das biologische Eis vorgewagt, und sie führten erste analytische Tänze dort auf, die irgendwann den Namen Biochemie bekamen. In dieser eigenständigen neuen Wissenschaft kamen seltsame Stoffe auf die Tagesordnung. Man fand zum einen sehr aktive Substanzen, die als Fermente bezeichnet wurden und die man schon früh im 20. Jahrhundert biotechnisch ausnutzen wollte – etwa zur Herstellung von Brot oder Bier. Dies gelang vor allem mit Hefe, nachdem erkannt worden war, dass es nicht die Hefezellen selbst sind, die produzieren, was man wollte, sondern einige ihrer Bestandteile. Man bezeichnete das, was »in der Hefe« tätig ist, mit dem griechischen Wort »Enzym«, und hatte sich damit zahlreiche neue Aufgaben gestellt, nämlich zu verstehen, woraus diese Enzyme bestehen, wie eine Zelle sie anfertigt und auf welche Weise sie ihre Wirkung ausüben.

Neben den aktiven Bausteinen fand man auch sehr träge Stoffe, die aus atomarer Sicht riesig groß waren. Sie zeigten Charakteristika von Säuren und lagen im Übrigen scheinbar inaktiv im Kern einer Zelle herum. Was sollten diese Kernsäuren, deren Name Nukleinsäure (lat. *nucleus* »Kern«) wurde? Und wozu braucht eine Zelle die beiden Sorten, die man bald unterscheiden konnte. In der einen fand man einen Baustein, den man als Zucker namens Ribose kannte, woraus Ribonukleinsäure wurde, abgekürzt RNS. Und in der anderen war die Ribose durch ein Zuckermolekül ersetzt worden, das ein Sauerstoffatom weniger hatte. Daraus entstand der komplizierte Name Deoxyribonukleinsäure, abgekürzt DNS. Wenn die Entdecker dieser Zusammenstellungen gewusst hätten, dass sie dabei waren, ihre chemisch-analytischen Finger auf die Grundsubstanzen der Vererbung zu legen, hätten sie den

Stoffen, aus denen die Gene bestehen und mit denen sie umgesetzt werden, vielleicht attraktivere Namen gegeben. Doch nun sind sie mit uns, die Abkürzungen RNS und DNS, die heute selbst in deutschen Blättern vielfach in ihrem englischen Gewand zitiert werden, in dem die Säure »acid« heißt. International ist dann von RNA und DNA die Rede.

Was eben geschildert worden ist, kann man im Rückblick als chemischen Zugang zu den Genen bezeichnen. Er steht gleichberechtigt neben mindestens zwei weiteren, und zwar dem schon erläuterten genetischen Zugang, der sich auf sichtbare Mutationen konzentriert und deren Weitergabe (Vererbung) verfolgt, und dem physikalischen Zugang, um den es im Folgenden gehen soll. Denn so wichtig die chemischen Analysen und die dazugehörige Präsentation der molekularen Bausteine auch waren, die entscheidenden Auftritte auf der genetischen Bühne hatten die Physiker. Sie begannen damit in der Person von Max Delbrück, der zu Beginn der dreißiger Jahre Bohrs Vorschlag, beim Zusammenspiel von Licht und Leben nach den Grundgesetzen der Biologie zu suchen, in das Zentrum seiner wissenschaftlichen Bemühungen gestellt hatte. Delbrück war dabei zu der Einsicht gekommen, dass Gene so etwas wie einen »Atomverband« darstellen, und diese Idee erklärte in Einklang mit der Physik, warum Gene erstens stabil sein können, wie sie zweitens sich verändern können – ihre Atome nehmen eine neue Anordnung bzw. einen neuen Zustand (Konfiguration) ein – und warum sie drittens nach solch einer Mutation stabil bleiben und weitervererbt werden können.

So schön dieses erste Ergebnis war, es konnte Delbrück nicht befriedigen, denn bei den Genen kam es, anders als bei den Atomen, nicht darauf an, ihre Stabilität zu erklären, sondern ihre Dynamik, also ihre Fähigkeit, sich zu verdoppeln und immer weiter zu vermehren. Um an dieser Stelle weiterkommen zu können, erinnerte er sich einer anderen Empfehlung von Bohr, der immer auf den glücklichen Umstand hingewiesen hatte, dass die Atomphysik deshalb so schnell zu ihren Ergebnissen kommen konnte, weil es ein sehr einfaches System gab – das

Wasserstoffatom –, mit dessen Hilfe man die Gesetze der neuen Physik mehr oder weniger erraten konnte. Es kam nun in der Biologie und in der neu aufzubauenden Genetik darauf an, das Modellsystem zu finden, das die Rolle des Wasserstoffs spielen konnte. Was – so überlegte Delbrück – tut nichts anderes, als sich zu vermehren?

Die Antwort lieferten die Viren. Die einfachsten Viren müssen diejenigen sein, die möglichst einfache Lebensformen angreifen, die Bakterien zum Beispiel. Tatsächlich fand Delbrück Wissenschaftler, die mit solchen Mikroorganismen Erfahrung hatten und umgehen konnten. Er schloss sich ihnen an und bereitete dabei den Weg, der zur heutigen Molekularbiologie geführt hat.

Nur ein Physiker konnte überhaupt auf den Gedanken kommen, mit Bakterien und Viren Genetik treiben zu können. Für einen Biologen gab es dazu keinen Grund, denn bislang waren alle Experimente zur Genetik mit Organismen gemacht worden, die sich anders als Bakterien – nämlich sexuell – vermehrten. Das hatte mit den Erbsen angefangen, die Gregor Mendel in seinem Klostergarten kreuzte, und das hatte sich mit den Pflanzen, Fliegen und Heuschrecken fortgesetzt, mit denen sich die ersten Vererbungsforscher des 20. Jahrhunderts abgaben. Wer damals mit Bakterien und Viren arbeitete, dachte nicht an Genetik, es sei denn, er war als Physiker ausgebildet worden. Dann hatte man ihm ein tiefes Vertrauen in die Einheitlichkeit der Natur beigebracht, und der Gedanke, dass es einen einheitlichen Weg der Vererbung und vielleicht sogar ein grundlegendes Gesetz der Genetik gibt, gehörte stillschweigend dazu.

Es dauerte etwa zehn Jahre, um diese Frage zu klären, und am Ende des Zweiten Weltkriegs war der Boden für die neue Genetik bereitet. Inzwischen hatten sich auch erste Chemiker in ihren Gefilden blicken lassen, und sie bemerkten, dass sich ziemlich genau bestimmen ließ, woraus die Gene bestehen. Der Stoff entpuppte sich als die Nukleinsäure, die oben vorgestellt worden ist und die so genannt wird, weil eine Zelle sie in ihrem Kern verpackt hält.[11]

Dieses Ergebnis kam als Überraschung, da viele Wissenschaftler andere Moleküle für diese Arbeit favorisiert hatten, und zwar die Enzyme, die man inzwischen weiter analysiert hatte. Was von der Funktion her ein Enzym war, erwies sich der Struktur nach als so genanntes Protein. Von den Proteinen ist zum Glück in diesen Tagen wieder viel zu lesen. Man erinnert sich endlich wieder an ihre Bedeutung, und dies passiert nicht zufällig genau auf dem Höhepunkt der Genetik mit dem Abschluss des Humangenomprojektes. Die Proteine standen früher als die Gene im Zentrum der biowissenschaftlichen Aufmerksamkeit, und sie werden sich diesen Platz ohne Zweifel zurückerobern. Jede sinnvolle Antwort auf die Frage, was Leben ist, sollte eigentlich mit einer ausführlichen Schilderung der bestaunenswerten Vielfalt von Proteinen und ihren weit verzweigten Verbindungen beginnen, aber gerade sie kamen in Schrödingers Buch nicht vor.

Einige Aufgaben von Proteinen (eine kleine Auswahl)

Als Enzyme den Stoffwechsel betreiben
Als Antikörper an der Immunreaktion teilnehmen
Als Hämoglobin Sauerstoff im Körper verteilen
Als Speicherproteine zum Beispiel Eisen speichern
Als Pigmente (Rhodopsin) Licht einfangen
Als Muskelproteine für die Kontraktion sorgen
Als Hormone den Stoffwechsel steuern
Als Kanalproteine den Zugang zu Zellen regulieren

Die erste wesentliche Entdeckung war noch im Zweiten Weltkrieg gemacht worden, als Ärzte an der Rockefeller Universität in New York herausfanden, wie sich harmlose Bakterien in infektiöse verwandeln lassen, und zwar so, dass die tödliche Eigenschaft vererbt wird. Die Transformation gelang eben durch den chemischen Stoff namens DNS, wobei nicht ganz klar war,

Protein

Im Grunde genommen haben Gene nur eine Aufgabe, nämlich den sie beherbergenden Zellen die Möglichkeit zu geben, die großen Moleküle herzustellen, die als Proteine bezeichnet werden. Proteine bestehen wie Gene aus molekularen Bausteinen, die kettenförmig verbunden sind. Die Bausteine der Proteine heißen Aminosäuren, und in der lebendigen Natur kommen rund zwanzig von ihnen zum Einsatz. In einem ersten Schritt wird die Reihenfolge der Genbausteine (die Gensequenz) in die Reihenfolge der Proteinbausteine übertragen, die in der Fachsprache als deren Primärstruktur bezeichnet wird (a). Die Glieder der Kette, die immer auf die gleiche Weise verbunden sind, unterscheiden sich durch individuelle Rand- oder Seitengruppen (R). Deren Wechselwirkung mit dem zellulären Milieu und anderen Bausteinen sorgt dafür, dass die Kette eine bestimmte Form annimmt, zum Beispiel die gezeigte Helix, die zusätzlich noch mit dem ersten Buchstaben des griechischen Alphabets benannt wird, weil sie als Erste gefunden worden ist. Die Alpha-Helix stellt eine Sekundär-

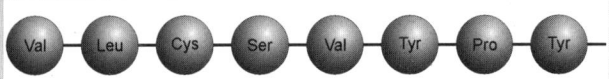

a) Unter der Primärstruktur von Proteinen versteht man die Reihenfolge ihrer Bausteine. In der Natur reihen sich zwanzig Aminosäuren aneinander, die zum Beispiel Valin, Leucin, Prolin, Cystein, Serin und Tyrosin heißen und durch ihre Anfangsbuchstaben bezeichnet werden.

b) Eine Folge von Aminosäuren wird in einer Zelle nicht wie ein loses Band aussehen, sondern spezifische Strukturen annehmen – zum Beispiel die Form einer Schraube, die Alpha-Helix heißt. Sie bildet das, was man als Sekundärstruktur bezeichnet.

struktur dar (b). Sie tritt gewöhnlich als Teil einer von einem Gen ausgehenden Gesamtkette auf, die als Ganzes eine Tertiärstruktur aufweist (c). In vielen Fällen kommt ein funktionierendes Protein erst zustande, wenn mehrere Ketten sich zu einem raffinierten Gebilde zusammenlegen, das dann durch seine Quartärstruktur gekennzeichnet wird (d). Nach all diesen strukturellen Vorbereitungen, die im Übrigen genau das Hierarchieprinzip widerspiegeln, das wir sowohl im Weltall als auch im Leben gefunden haben, kommt erst das Funktionieren der Proteine. Sie können allein für sich Reaktionen beschleunigen (katalysieren), die zum Stoffwechsel gehören, oder andere einfache Aufgaben übernehmen. Sie können aber vor allem im Verbund agieren und auf diese Weise Signalwege innerhalb einer Zelle schaffen oder die Signalübertragung zwischen Zellen ermöglichen. Das Konzept der Signalübertragung gehört entscheidend zum Verständnis des Lebendigen, wie am Beispiel der Aufnahme von Licht erläutert werden soll (e): Licht – als physikalisches Signal – wird von einem Protein (Rhodopsin) eingefangen und in ein chemisches Signal verwandelt. Über eine höchst komplizierte Kaskade, an der viele Proteine, zahlreiche an-

c) In einem Protein finden sich oft mehrere Abschnitte, die als Helix geformt sind. Sie werden durch andere Strukturelemente verbunden. Das vollständige Gebilde nennt man die Tertiärstruktur eines Proteins.

d) Oft kommen mehrere Tertiärstrukturen zusammen, um ein funktionsfähiges Makromolekül zu bilden. Solch ein komplexes Gebilde hat dann eine Quartärstruktur. Gezeigt ist sie für den Fall des Hämoglobins, das Sauerstoff im Blut transportiert und aus vier Untereinheiten besteht.

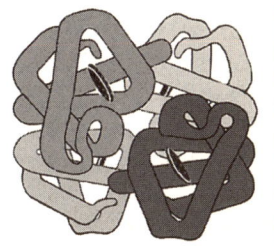

dere Substanzen (z. B. Kalzium) und Zellstrukturen beteiligt sind, wird zuletzt ein Strom in Gang gesetzt. Das Lichtsignal ist mit Hilfe von Proteinen in ein elektrisches Signal verwandelt worden, und in dieser Form kann es seinen Weg ins Gehirn antreten, um zu dem Sehen zu werden, auf das es uns ankommt. Dies liefert einen kleinen Einblick in die Hierarchie, die zum Leben gehört und die nur ganz am Anfang von den Genen bestimmt wird. Gene legen die Primärstruktur von Proteinen fest. Nicht mehr und nicht weniger. Wer davon spricht, dass Gene das Leben programmieren, weiß nicht, was er sagt. Er versteht weder die Komplexität noch die Komplementarität des Lebens.

Physikalisches Signal	Einfallendes Licht
wird verwandelt in ein	⇩
Chemisches Signal	Aktivierendes Sehpigment (Rhodopsin)
wird weitergeleitet als	⇩
Elektrisches Signal	Ströme in Nervenzellen

e) Das Prinzip der Signalübertragung am Beispiel des Lichteinfalls. An jedem einzelnen Schritt sind zahlreiche Moleküle beteiligt, die alle über molekular erfassbare Signale zusammenhängen.

ob es nicht andere Komponenten gab, von denen man allein deshalb nichts wusste, weil weder jemand nach ihnen gefragt noch jemand nach ihnen gesucht hatte.

Man wusste jetzt, dass DNS mit zum genetischen Material gehörte, und man wollte wissen, ob es darüber hinaus etwas gab, das mit dazu beitrug. Um 1950 war die analytische Qualität der Chemie so weit, dass sie zuverlässig Auskunft über die Viren geben konnte, die Bakterien angreifen und zerstören können. Die Viren, die auch Bakteriophagen – oder kurz Phagen (griech. *phagein* »essen«) – heißen, bestehen aus genau zwei

Komponenten, wie sich wunderbarerweise ergab. Eine davon war DNS und die andere Protein. Die Lebensgeschichte eines Phagen ist schnell erzählt. Er lässt sich so lange umhertreiben, bis er einem Bakterium begegnet. Dann landet er auf dessen Oberfläche, durch die er ein Loch bohrt. Hierdurch schleust er etwas aus seinem Inneren in das Bakterium hinein, und außen bleibt seine Hülle zurück. Nach einer nicht allzu langen Zeit platzt das Bakterium, und zahlreiche neue Phagen treten ihren Lebensweg an.

Die für die Biologie entscheidende Stelle steckt in der Trennung von innen und außen. Die Hülle eines Phagen bleibt außen, sein genetisches Material – also der Stoff, der neue Phagen bauen kann – geht nach innen. Wäre es nicht wunderbar, wenn man die beiden Aspekte trennen und einzeln analysieren könnte? Nur – wie soll man vorgehen, um dies zu erreichen?

Der amerikanische Biochemiker Alfred Hershey und seine Kollegin Martha Chase hatten eine Idee: Sie kauften in einem Supermarkt ein Küchenmixgerät und wirbelten in ihm einen Bakterienhaufen umher, der mit Phagen infiziert war. Tatsächlich gelang es ihnen auf diese Weise, die befallenen Zellen zu rasieren, sprich, sie konnten die Hüllen von den Bakterien ablösen. Anschließend trennten sie die leichten von den schweren Teilen – also die leeren Hüllen von den vollen Zellen –, und sahen dann nach, wo die DNS und wo die Proteine zu finden waren.

Das Ergebnis war eindeutig: Phagen bestanden am Anfang und am Ende aus DNS plus Protein; in die Bakterien hinein gelangte aber einzig die DNS, während die Proteine als Hülle außen stecken blieben. Mit anderen Worten: DNS war nicht nur *ein* Bestandteil der Erbsubstanz, die Erbsubstanz hatte *nur* einen Bestandteil, nämlich die DNS.

Die Konsequenz dieser Einsicht liegt im Rückblick zwar auf der Hand – nämlich mit aller Macht herauszufinden, wie die DNS aufgebaut ist –, aber gezogen hat sie damals nur einer, und zwar der schon erwähnte James Watson. Seinem Schwung und seiner Überzeugungskraft ist es zu verdanken, dass bereits 1953 das so suggestive Modell der Doppelhelix präsentiert werden konnte, das längst zu einer Ikone des 20. Jahrhunderts geworden ist und in immer neuen Varianten gemalt, gezeichnet und zu illustrativen Zwecken benutzt wird.

Der Mut zur Interdisziplinarität

Die Geschichte der Doppelhelix und ihrer Entdeckung ist immer wieder erzählt worden. Es gibt sogar – siehe den Exkurs – den grandiosen Bericht von Watson selbst, der zu einem Klassiker geworden ist und auch verfilmt wurde. Es lohnt sich trotzdem, noch ein paar Worte über die Entdeckung der Doppelhelix als Struktur der DNS bzw. als Modell des genetischen Materials zu verlieren, weil sie Einblicke in den vielfältigen Vorgang geben, den wir Wissenschaft nennen.

Da ist zum einen immer wieder zu hören, dass Watson und Crick eigentlich keine besondere Leistung vollbracht hätten. Schließlich wären die Bausteine der DNS bekannt gewesen, und dass die nicht von ihnen stammenden Röntgenaufnahmen der DNS-Kristalle eine schraubenförmige Struktur nahe legten, hätte auch der berühmte Blinde mit dem Krückstock erkannt. Wie dumm diese Behauptung ist, kann rasch jeder feststellen, der sich in die Lage von Watson und Crick versetzt und einmal versucht, aus den Basen, Zuckern und Phosphatresten, die zur DNS gehören, die Doppelhelix zu konstruieren. Klausuren an amerikanischen Universitäten haben gezeigt, dass über 60 Prozent naturwissenschaftlich ausgebildeter Studenten an dieser Aufgabe kläglich scheitern, obwohl sie das Endergebnis – die Doppelhelix – schon kennen. Und Watson und Crick mussten die Bestandteile ohne diese Zielvorgabe zusammensetzen.

Was aber vor allem von Bedeutung ist, steckt in dem schon erwähnten Konzept der Interdisziplinarität. Der entscheidende Punkt findet sich dabei in dem persönlichen Mut, der zu diesem Vorgehen gehört, denn bei allem, was man tut, muss damit gerechnet werden, dass ein Experte auftaucht, der die Details besser und genauer kennt. Um die Struktur der DNS zu finden, musste man genetische, biochemische, bakteriologische, physikalische, kristallographische, mathematische und vielleicht auch noch andere Kenntnisse haben. Es ist völlig ausgeschlossen, in all den genannten Bereichen eine Ausbildung abgeschlossen oder auch nur ein Lehrbuch gelesen zu haben. Um problemorientiert vorgehen und ihre Frage vor die Fächerordnung stellen zu können, mussten sie Kolleginnen und Kollegen anzapfen, wo es ging. Watson und Crick haben zusammengeklaubt, was sie brauchten, um den einzelnen Kenntnissen die Form zu geben, auf die es ankam. Dabei riskierten sie an jeder Ecke ihres gewundenen Weges zur Doppelhelix, sich zu blamieren. Watsons Buch ist daher auch voll von kleinen Pleiten, die zum Alltagsgeschäft eines jeden Forschers gehören.

Der genetische Code und andere Ideen

Die Entdeckung der Doppelhelix stellt leider viele andere Entwicklungen der Biologie in den Schatten, die ebenfalls verstehen muss, wer wissen will, was Leben – wissenschaftlich betrachtet – ist. Eine davon erreicht ihren Höhepunkt im gleichen Jahr und in der gleichen Stadt, und sie hat zudem eine klare Konsequenz. Es geht um das Hormon Insulin und die Reihenfolge seiner Bausteine. Was erst in den siebziger Jahren für die DNS gelungen ist, gab es in den fünfziger Jahren schon für die Proteine, nämlich die Möglichkeit, die Reihenfolge ihrer Bausteine zu bestimmen. Lange Zeit war nicht klar gewesen, ob die Aktivität, die mit einem Protein verbunden war – entweder als Hormon oder als Enzym –, von einer einzigen Struktur herrührte. Der heute so selbstverständliche Gedanke, dass eine sichtbare, spürbare und nachweisbare Eigenschaft von einem Gebilde mit molekularen Ausmaßen herrühren kann, musste im Laufe der Geschichte erst gelernt werden. Doch nachdem es Methoden gab, die Strukturen zu analysieren, und als sich dabei herausstellte, dass die Ergebnisse reproduzierbar waren, konnte und durfte man annehmen, einer realen Gegebenheit auf die Spur gekommen zu sein, nämlich der Existenz von Proteinen als molekularen Einheiten, die als Ursache von spürbaren Auswirkungen in Frage kamen.

1953 gelang es dem Briten Fred Sanger, die vollständige Reihenfolge der Bausteine von Insulin zu bestimmen, und mit diesem Ergebnis von zunächst nur technischem Interesse öffnete sich dem molekularen Verständnis von Leben eine ungeheuer weite Tür: Jetzt wusste man, dass sowohl die Gene als auch die Proteine aus kettenförmigen Strukturen bestehen. Da lag der Gedanke nahe, dass die Zellen über einen Mechanismus verfügen müssen, mit dessen Hilfe die Reihenfolge der DNS in die Reihenfolge der Proteine zu übersetzen ist. Und diese Übertragung musste mit Hilfe eines genetischen Codes gelingen, den es nun zu knacken galt, was in den folgenden Jahren auch gelang.

An dieser Stelle sind einige Anmerkungen nötig: Zum einen war die Idee des Codes nicht neu, denn schon Schrödinger hatte in seinem genannten Büchlein den Verdacht geäußert, dass die Gene in irgendeiner kodierten Form die Anweisung enthielten, die zum Bau anderer Bestandteile benötigt werden. Mit der Insulin-Sequenz an der Seite der DNS-Struktur bekam diese Idee die konkrete Form, die sie brauchte, um praktisch wirksam zu werden und die Forschung anzutreiben.

Wer den Begriff »Code« hört, denkt an Verschlüsselung von geheimen Botschaften, und solche Vorgänge spielen natürlich dann eine besondere Rolle, wenn Krieg herrscht. Genau dies war auch der Fall, als Schrödinger seine Ideen über das Leben vortrug. Zu dieser Zeit kam es zum Aufstieg der heute ubiquitären Informationswissenschaften. Damit soll nicht gesagt werden, dass der Krieg der Vater der Molekularbiologie ist, aber das Konzept der Information, das für das moderne Vorgehen der Genetiker entscheidend ist, haben sie nicht selbst erfunden.

Dabei darf die genetische Information keinesfalls mit dem genetischen Code verwechselt werden, wie dies immer wieder in populären Darstellungen geschieht. Die derzeitig gelingenden Analysen der menschlichen Gene entschlüsseln nicht irgendeinen Code, wie immer wieder zu lesen ist. Sie ermitteln vielmehr die genetische Information, die in unseren Zellen steckt. Es gibt keinen speziellen menschlichen Code, es gibt nur spezielle menschliche Gene und ihre entsprechenden Informationen. Der Code selbst ist universell, wie seit den sechziger Jahren bekannt ist. Er verschlüsselt die genetische Information, die in den Genen selbst offen liegt.

Die Etablierung des genetischen Codes gehört im Übrigen zu den interessantesten Kapiteln der kurzen Geschichte der Molekularbiologie. Im Mittelpunkt stand zunächst die Frage, wie aus den *vier* Bausteinen (Nukleotiden) der DNS die *zwanzig* Bausteine (Aminosäuren) der Proteine werden. Die Antwort darauf gelang Francis Crick. Er konnte in einem raffinierten Experiment zeigen, dass ein Stück DNS mit genetischer Bedeutung seine Aufgabe nicht mehr erfüllen kann, wenn ihm ein oder zwei Buchstaben (hintereinander) abhanden kommen. Das Gen funktioniert erst dann wieder, wenn bei ihm noch ein dritter Eingriff der gleichen Art erfolgt. Damit lag der Schluss nahe, dass der genetische Code auf der Basis von Tripletts operiert, und genau dies wurde in den sechziger Jahren bestätigt, die im Rückblick als Zeit der klassischen Molekularbiologie bezeichnet werden kann.

In dieser Zeit mit ihrem optimistischen Fortschrittsglauben bildete sich das Grundmodell des Lebens heraus, wie es im Licht der Molekularbiologie erscheint. Die Festigkeit, mit der man das Gefundene in Lehrbüchern verkündete, hing mit der für viele Beteiligte überraschenden Entdeckung zusammen, dass es erstens offenbar so etwas wie universale Vorgänge im Bereich des Lebendigen gab, und dass diese Prozesse zweitens auch noch leicht – in einem mechanischen und anschaulichen Modell – zu verstehen waren. Die Molekularbiologie konnte tatsächlich in Form von Bildchen präsentiert werden, und das ganze Geheimnis des Lebens schien als Puzzle vor einem zu liegen.

Am Anfang steht die DNS, die als Gen funktioniert und Informationen zum Bau der Proteine liefert. Die Übertragung von der DNS zu den Proteinen wird vermittelt durch ein Zwischenglied, dessen chemische Natur der DNS verwandt ist, die RNS. Das R steht dabei für »Ribo«, wobei diese Silben auf den Zuckeranteil in der RNS hinweisen, der korrekt Ribose heißt. Es gibt verschiedene Formen der RNS, die viele Forschergruppen in Atem halten. In der molekularbiologisch bereiteten Sicht besteht das Leben aus Informationen, die erst übersetzt und dann übertragen werden, um die Proteine herzustellen, die sich anschließend daranmachen, die Vorgänge in Gang zu bringen, ohne die zelluläres Leben erlahmen und aufhören würde.

Die moderne Genbiologie stellt das Leben zwar als ein Puzzle dar, das ungeheuer verzweigt und vielfältig wirkt, das aber bei aller Qualität der Details ein Puzzle bleibt. Und an dieser Stelle setzt der Vorwurf an, der eingangs schon notiert wurde. Die Molekularbiologie beschreibt im Grunde nur, was sie vorfindet. Sie gibt den Teilen (etwa den Molekülen) zwar Namen, aber sie erklärt nicht, wie sie zusammenwirken und dabei erfolgreich das gestalten und in Gang bringen, was man Leben nennt. Die heutige Genetik wirkt vielfach wie eine molekulare Form der Anatomie, die immer genauer immer mehr Knochen, Muskeln und Sehnen eines Körpers katalogisiert, ohne in den Blick zu bekommen, wozu zum Beispiel die Arme und Beine dienen, die sich aus den genannten Grundelementen zusammensetzen. Anders ausgedrückt: Die Molekularbiologie verfügt über viele Einzelkenntnisse, ohne sie in einer Theorie verbinden zu können. Aus der Ebene dieser allgemeinen Sachlage ragt vielleicht eine Ausnahme empor, und das ist das molekulare Dogma, das Francis Crick in den sechziger Jahren des 20. Jahrhunderts formuliert hat.

Das molekulare Dogma und seine Grenzen

Das molekulare Dogma enthält eine Aussage über die Funktion der DNS. Es konstatiert, in allen Zellen würde erst die DNS in RNS übertragen und dann die RNS in ein Protein umgesetzt, und die Proteine schließlich agierten in den Zellen, damit sie wachsen und reagieren können. Als Kurzformel dargestellt, tauchte bald in jedem Lehrbuch die Reihe auf

DNS ⇨ RNS ⇨ Protein[12]

und das Dogma legte fest, dass die Information, die einmal in ein Protein gewandelt ist, von diesem nicht zurückkommt.

Als diese Darstellung aufkam, hielt man die RNS-Moleküle nur für mehr oder weniger wendige Wasserträger der genetischen Information. Doch inzwischen schaffen es diese Molekülsorten immer besser, aus dem Schatten der Gene (und damit der DNS) und der Proteine zu treten und eine wesentliche und eigenständige Funktion im Leben zugeschrieben zu bekommen. Dies ist allein schon deshalb interessant, weil das genetische Denken sich bislang bereitwillig der Zweiteilung der Welt in Software und Hardware gefügt hat, die von den Computern her bekannt ist. Mit einem Bild, in dem die DNS als Software und die Proteine als Hardware des Lebens operieren, glaubten viele Biologen, etwas von dem verstanden zu haben, was in einer Zelle passiert, wenn sie nicht nur wächst, blüht und gedeiht, sondern auch noch für evolutionäre Verbesserungen offen bleiben will. Doch es scheint, dass die geschilderte einfache Zweiteilung nicht hinreicht. Sie mag zwar für PCs und andere Rechensysteme genügen. Doch das Leben spielt sich auf mehreren (mindestens drei) Ebenen ab. Daher muss das molekulare Dogma erweitert werden, um noch nützlich zu sein.

Es spricht zunächst für die Überzeugungskraft des Vorschlags, das sich das Dogma so stark im Denken der Biologen festgesetzt hatte, dass es einige nobelpreiswürdige Arbeiten brauchte, um Ergänzungen zu erzwingen.[13] Sie kamen nach und nach in den siebziger Jahren, als in einigen Viren Proteine entdeckt wurden, die in der Lage waren, den ersten Pfeil aus unserem Schema umzudrehen und aus RNS auch DNS machen konnten. Diese Proteine werden von den Genetikern immer noch höchst umständlich als »reverse Transkriptasen« (umgekehrte Umschreiber) bezeichnet. Dabei wäre es höchste Zeit, das schwerfällige Wort zu ersetzen, denn solange es benutzt wird, herrscht der Eindruck, dass dieses Phänomen des umgekehrten Informationsflusses auf Viren beschränkt ist und keine universale Bedeutung hat. Dabei ist längst bekannt, dass viele Proteine, die am Grundprozess einer Zelle beteiligt sind – nämlich an der Vermehrung des Erbmaterials –, mehr können, als man ihnen zugetraut hat. Sie stellen die neue DNS nicht nur nach der Vorgabe durch alte DNS her, sie können auch DNS nach der Vorgabe von RNS anfertigen und damit – als reverse Transkriptasen – das ursprüngliche Dogma durchgehend verletzen. Es ist höchst unwahrscheinlich, dass die Natur diese Qualitäten ungenutzt lässt, und der Schluss kann gezogen werden, dass der Informationstransfer von RNS zu DNS nicht die Ausnahme ist, sondern vielmehr zum zellulären Alltag gehört und einen eingängigeren Namen benötigt.

Mit oder ohne Zellkern

Doch die Entwicklung der Wissenschaft hat auch den zweiten Pfeil des molekularen Dogmas erreicht. Inzwischen spekulieren einige Biologen immer offener über die Möglichkeit, dass auch er sich umkehren lässt und es einen Weg von den Proteinen hin zur RNS und dann natürlich auch ganz zurück bis zur DNS gibt.

Um dies genauer verstehen zu können, muss man zunächst zwischen den zwei Zellformen unterscheiden, die von der Natur hervorgebracht worden sind. Es gibt nämlich Zellen mit und solche ohne Zellkern. Bakterien verfügen zum Beispiel über kein eigens abgegrenztes Terrain, das man als Zellkern bezeichnen könnte, während pflanzliche, tierische und menschliche Zellen solche Kompartimente erkennen lassen. In ihnen bewahren die Zellen das genetische Material auf, das bei Bakterien mit den anderen Bestandteilen verschwimmt.

Was lange Zeit für eine anatomische Laune der Natur gehalten wurde, offenbarte seine ganze Tiefe, als in den achtziger Jahren mit gentechnischer Hilfe der Aufbau einzelner Gene erkundet werden konnte. Dabei stellte sich nämlich heraus, dass die RNS in Zellen mit Zellkern – so genannten eukaryontischen Zellen – weit mehr als eine einfache Durchgangsstation für die Information auf dem Weg zum Protein ist. Vielmehr stellt die Ebene der RNS-Moleküle eine eigenständige Schicht dar, auf der mitbestimmt wird, was mit einer gegebenen genetischen Information in der DNS passiert und welche Proteine dabei entstehen. In den letzten Jahren ist immer deutlicher geworden, dass aus einem einzelnen Gen viele Botschaften herauszulesen sind und dass der Informationsgehalt sämtlicher RNS-Moleküle in einer eukaryontischen Zelle stark von dem abweicht, was auf der Ebene der Gene (DNS) zu finden ist. Der technische Ausdruck für die Veränderung der RNS-Moleküle heißt RNS-Verarbeitung (»RNA processing«), wobei in den letzten Jahren verstanden worden ist, dass es sich dabei keineswegs um isoliert vorgenommene Eingriffe handelt, sondern dass das Ergebnis einer RNS-Verarbeitung Auswirkungen auf eine zweite und dritte haben kann und sich rasch ganze RNS-Netzwerke aufbauen, die dann unabhängig von ihrem genetischen Ursprung existieren und das Leben befördern, dem sie angehören.

Der Ribotyp

Aus den geschilderten Einsichten versuchen nun zwei amerikanische Biologen die Konsequenzen zu ziehen. Sie möchten der Ansammlung von RNS-Molekülen in einer Zelle – sie nennen es den RNA-Pool – die theoretische Anerkennung zollen, die ihr gebührt, und schlagen vor, dafür den Begriff »Ribotyp« zu verwenden.[14] Der Ribotyp soll als mittlere Instanz zwischen den Genotyp und den Phänotyp treten. Der Phänotyp erfasst das Erscheinungsbild eines Organismus, und der Genotyp ist die dazugehörige genetische Konstitution, wobei die uralte Frage der Biologie lautet, wie der Weg von den Genen zum Erscheinungsbild verläuft und wie streng das Fortschreiten hierauf geregelt ist.

> Genotyp ⇨ Ribotyp ⇨ Phänotyp
>
> Durch umfassende Verarbeitung von RNS können aus einem Genotyp verschiedene Ribotypen gebastelt werden. Jeder Ribotyp kann einen Phänotyp festlegen, auf den die natürliche Selektion wirkt. Die Information fließt gewöhnlich von den Genen zu den Erscheinungen, wie es die Molekularbiologie ermittelt hat. Es kann aber auch den umgekehrten Weg geben, zum Beispiel dann, wenn äußere Ereignisse oder zelluläre Stoffe die Stabilität von RNS-Molekülen beeinflussen und somit den Ribotyp verändern. Es gibt Hinweise, dass erfolgreiche Ribotypen in DNS-Form gespeichert werden, wobei dieser Schritt mit der genannten Aktivität der reversen Transkriptase gelingt. Insgesamt kann in diesem Modell der Phänotyp über den Ribotyp den Genotyp erreichen und mit zur Evolution der höheren Lebensformen beitragen, die alle Zellen mit Zellkern besitzen.

Die Ebene des Ribotyps führt eine neue Dimension in diese Debatte ein und erlaubt dem Leben neue Freiheiten, wobei sich ein Vergleich mit der Wirtschaft aufdrängt. Während man Genotyp mit der Hersteller- und Phänotyp mit der Verbraucherseite identifizieren kann, stellt der Ribotyp den Handel dar. Er kann sich aus dem Angebot der Produzenten das Beste heraussuchen, und er kann auch Klagen und Wünsche der Kunden zurückvermitteln. Mit dem Ribotyp bekommen eukaryontische Zellen die Möglichkeiten einer Marktwirtschaft und damit beste Chancen in jenem Wettbewerb namens Evolution.

Der Rhythmus des Lebens

Es ist interessant, dass das molekulare Dogma die alte Zweiteilung Genotyp und Phänotyp nicht beeinträchtigen konnte. Ein Grund steckt darin, dass diese beiden Ebenen ausreichend erschienen, um die molekularen Mechanismen und die evolutionären Entwicklungen des Lebens erfassen zu können, wobei es dabei dieselbe Beschränkung des Informationsflusses wie im Dogma gab. Offenbar konnte sich jederzeit eine zufällig eintretende Änderung im Genotyp durch eine veränderte Erscheinung bemerkbar machen. Doch galt es als völlig ausgeschlossen, dass sich Varianten in den Merkmalen eines Organismus, die zum Beispiel durch Umwelteinflüsse oder Lerneffekte bewirkt worden waren, als Modifikationen im Genotyp wiederfinden lassen würden.

Nur so und nicht anders sollte die Evolution in der Tradition von Charles Darwin funktionieren. Doch diese Situation hat sich geändert. Denn zum einen kann an den möglichen Informationsflüssen zu den Genen hin überhaupt kein Zweifel mehr bestehen. Und zum zweiten stellt in Zellen mit Zellkernen die Ebene der DNS (der Genotyp) allein keineswegs den Bestimmungsort für den Phänotyp dar. Das genetische Material hält vielmehr so etwas wie ein Reservoir an Möglichkeiten für unterschiedliche Erscheinungsbilder bereit (siehe den Kasten Gen). Welcher konkrete Phänotyp entsteht, hängt weniger vom Genotyp und mehr von der Verarbeitung im Ribotyp ab.

Die eukaryontischen Zellen haben zahlreiche Bausteine zur Verfügung, die sich an der RNS zu schaffen machen, und zwar auf vielfältigste Weise. Diese Ereignisse erlauben es, die Information, die aus den Genen kommt, mit Informationen zu integrieren, die aus der Umwelt verfügbar werden. Und damit werden der Selektion neue Möglichkeiten eröffnet, die derjenige, der die Evolution von den höheren Formen des Lebens verstehen will, zu berücksichtigen hat.

Doch so gut die Konzeption auch ist, so wenig überzeugend klingt das Wort »Ribotyp«, das sich fremd zwischen den beiden

Begriffen fühlen muss, die mit bedeutungsvollen griechischen Vorsilben »Gen« und »Phän« beginnen. Vielleicht lässt sich der »Ribotyp« zum »Rhythmotyp« wandeln, wenn man an die übertragene Bedeutung des Wortes »Rhythmus« denkt, die einen Wechsel von Situationen andeutet. Von seiner frühesten Verwendung an hat Rhythmus den wechselvollen Ablauf eines Lebens gemeint und genau der findet in allen Zellen mit Zellkern statt. Mit diesem Rhythmus könnten wir die Mitte gefunden haben, die das Leben braucht, um das Gleichgewicht zwischen dem Genotyp (innen) und dem Phänotyp (außen) zu halten.

Der fehlende Durchblick

Das biologische Denken verläuft in relativ einfachen Schemen und bietet noch keinen Platz für theoretische Raffinessen. Früher verkündete man zum Beispiel, dass ein Gen ein Enzym bilde, jetzt teilt man mit, dass ein Gen ein Verhalten auslösen oder eine Mutation eine Krankheit nach sich ziehen könne. Jede gedankliche Komplikation – abgesehen von technischen Details und Arabesken bei der Namensgebung – wird vermieden (und so ist es kein Wunder, dass eine verunsicherte Öffentlichkeit annimmt, das Leben sei erstens sehr simpel zu verstehen und zweitens ebenso einfach zu verändern). Kaum wusste man zum Beispiel, dass Gene aus DNS *bestehen*, schon verkündete man, dass Gene DNS *sind* (und viele Genetiker scheinen den Unterschied bis heute nicht zu kennen).

Mir scheint, bei den Genen wird sehr viel Platz zum Nachdenken frei. Da hatten die Biologen endlich einen wunderbaren Ausdruck mit einer langen und erfolgreichen Geschichte gefunden, der es ihnen erlaubte, erste Höhen der Abstraktion zu erreichen, schon verzichteten sie bei der ersten Gelegenheit auf ein weiteres Aufsteigen, um in den molekularen Niederungen umso eifriger nach Glück und Gewissheit zu suchen. Was immer von der Zukunft der Biologie zu erwarten ist, eine

Gen

So leicht vielen das Reden über die Gene zu fallen scheint, so kompliziert ist das Gebilde, das dahinter steckt. Was zuerst nur als Name kursierte – »Element« bei Mendel, »Gen« bei Johannsen – wurde vor dem Zweiten Weltkrieg mit Hilfe von *Drosophila* ein Ort auf einem Chromosom und danach ein Molekül aus DNS. Mit der Gentechnik wurde es dann möglich, Gene bzw. DNS-Moleküle zu isolieren, und dabei machten die Wissenschaftler mehrere überraschende Entdeckungen. Sie stellten fest, dass Gene in komplex gebauten Organismen nicht am Stück, sondern zerstückelt vorliegen. Man spricht daher von Mosaikgenen. Der Teil des genetischen Materials, der die Information für den Bau eines Proteins enthält, ist zweigeteilt in so genannte Exonen, deren Information verwendet (exprimiert) wird, und in so genannte Intronen, die dazwischen liegen. (Die griechische Endung -on deutet partikelartige Strukturen an, wie es die Sprache der Physik tut, die ein Elektron und ein Proton kennt.) Zusätzlich gehören etwa zu einem menschlichen Gen noch vorgeschaltete Bereiche (Sequenzen), die vielfältige Regulationsmöglichkeiten eröffnen. Und außerdem sind nachgeordnete Bereiche des Gens bekannt, die seine Funktion beeinflussen. Einzelne der genannten funktionalen Bereiche können verschoben werden oder an einen anderen Ort im Genom springen. Ein Gen ist ein äußerst bewegtes Gebilde und keineswegs irgendein Molekül, das in der Zelle liegt. Seine Geschichte ist in jeder Hinsicht offen.

Ein Gen ist ein Gen wird ein Gen

Gregor Mendel 1865:
»Die unterscheidenden Merkmale zweier Pflanzen können zuletzt doch nur auf Differenzen in der Beschaffenheit und Gruppierung der Elemente [Gene] beruhen, welche in den Grundzellen derselben in lebendiger Wechselwirkung stehen.«

Wilhelm Johannsen 1909
»Das Wort ›Gen‹ ist völlig frei von jeder Hypothese; es drückt nur die sichergestellte Tatsache aus, dass viele Eigenschaften des Organismus durch besondere, trennbare und somit selbstständige

›Zustände‹, ›Grundlagen‹, ›Anlagen‹ – kurz, was wir Gene nennen wollen – bedingt sind. [...] Das Gen ist nur als eine Art Recheneinheit zu verwenden. Man hat nicht das Recht, das Gen als morphologisches Gebilde zu bezeichnen.«

Max Delbrück 1935
»Ein Gen ist ein Atomverband, der als Einheit unterhalb der Ebene der Zelle existiert.«

Herman Muller 1950
»Der wahre Kern des Gens scheint nach wie vor tief im Dunklen zu liegen.«

Leslie Dunn 1965
»Zur Zeit scheint es weniger ratsam, eine strenge Definition des Gens zu versuchen, und besser zu sein, von den Eigenschaften zu sprechen, die man erklären will.«

James D. Watson 1968
»Ein Gen ist ein Stück auf einem Chromosom, das die Information für ein funktionelles Produkt enthält (entweder für ein RNS Molekül oder für ein davon abgeleitetes Produkt, eine Polypeptidkette).«

Philip Kitcher 1992
»Es scheint heute vernünftiger zu sein, über Genome statt über Gene zu reden.«

Ernst Ludwig Winnacker 1993
» ›Gen‹ macht vielleicht nur noch Sinn als ein Begriff, der zum Leben als Ganzem gehört und es verstehen hilft. Wir können unter ›Gen‹ vielleicht ein Kontinuum der Information definieren, mit dem die Natur umgeht.«

Lehrbuch der Molekularbiologie 2000
»Ein Gen ist die identisch reduplizierte Nukleotidsequenz, die entweder in eine Ribonukleotidsequenz ohne Messenger-Funktion oder in diejenigen Abschnitte einer reifen Messenger-RNA transkribiert wird, die ein spezifisches Polypeptid kodieren.«

James D. Watson 2000
»Heute kennt kein Molekularbiologe mehr alle wichtigen Tatsachen über das Gen.«

Theorie der Gene wird nicht durch immer neue Datensammlungen gelingen. Was die Genetiker heute treiben, lässt sich mit dem vergleichen, was vor hundert Jahren die Astronomen gemacht haben. Ihr Ziel war eine Durchmusterung des Himmels, von der man sich eine genaue Kenntnis der kosmischen Bewegungen versprach. Heute wird nicht das äußere, sondern das innere Universum – die Menge der Gene – durchmustert, und zwar in Form der zahlreichen Genomprojekte, die eine Sequenz nach der anderen vorlegen. Doch so wie es erst eines Einsteins bedurfte, um all den astronomischen Daten etwas von Bedeutung zu entnehmen und ihnen eine Geschichte des Universums zu entlocken, so wird es diesmal eines »Einsteins der Biologie« bedürfen, um die Umrisse einer Theorie der Gene zu entwerfen, die uns als Genomologie – analog zu ihrer Vorgängerin, der Kosmologie – in die Lage versetzt, das Werden des Genoms zu erfassen und die evolutionäre Bewegung zu begreifen, in der wir uns befinden.

Leben nach der Gentechnik

Inzwischen können wir auf jeden Fall etwas mit den Genen anfangen, erst recht, seit es die Gentechnik gibt. Sie kam, nachdem viele Genetiker den Eindruck hatten, der Höhepunkt ihrer Wissenschaft sei schon vorbei. Viele Forscher hatten nach dem molekularen Dogma und einem ersten Verständnis für Regulationsvorgänge den Eindruck, dass die grundlegenden Ideen schon erkundet worden seien und es fortan lohnender sei, anderen Themen wie den Sinnesleistungen der Lebewesen, ihre Aufmerksamkeit zu widmen. Zu ihnen gehörte zum Beispiel Max Delbrück, der anhand einfacher Lebensformen rudimentäre Wahrnehmungsarten erforschte. Zu ihnen gehörte auch Francis Crick, der anfing, über das Denken nachzudenken. Wer trotzdem den Genen treu blieb, konnte jedenfalls nicht damit rechnen, irgendwann einmal in der Lage zu sein, einzelne Gene in den Griff zu bekommen.

Doch soll man niemals »Nie« sagen, und am Ende der sechziger Jahre des 20. Jahrhunderts änderten sich mit einem Schlag alle Voraussetzungen für die Beurteilung der Lage. Damals entdeckte der Schweizer Werner Arber das, was heute als Werkzeug der Gentechnik weit verbreitet ist. Arber hatte zunächst nur wissen wollen, wie Bakterien sich vor Angriffen durch Viren schützen, und ihm war dabei aufgefallen, dass sie dazu überraschend einfach vorgingen: Sie zerlegten das genetische Material der Viren in kleine Stücke.

Bakterien – so stellte sich bald heraus – verfügen über ein Arsenal von molekularen Scheren, mit denen sie ihre Angreifer (bzw. deren genetisches Material) zerschnipseln können, und diese Instrumente brachten die Molekularbiologie in den folgenden Jahren so explosionsartig voran, dass es sie aus dem Laboratorium trieb und mitten in den Alltag hinein katapultierte.

Zunächst ging es natürlich nur einen kleinen Schritt weiter. Anfang der siebziger Jahre bemerkten einige Kollegen von Arber, dass sich die von ihm beschriebenen und von den Bakterien produzierten Genfragmente auch wieder zusammensetzen ließen, und zwar unabhängig davon, aus welcher Zelle die DNS kam. Nach diesem Befund dauerte es nicht mehr lange, bis die Idee für die Grundoperation der Gentechnik in den wissenschaftlichen Köpfen auftauchte. Dies passierte im Sommer 1973. Damals trafen sich die beiden amerikanischen Biochemiker Herbert Boyer und Stanley Cohen in einer Kneipe auf Hawaii. Sie waren auf dem Rückweg von einem Kongress und hatten vor dem Rückflug nach San Francisco noch etwas Zeit für ein Bier und ein Sandwich. Beim Kauen und Reden kamen sie zu dem Entschluss, das folgende Experiment zu versuchen:

Sie wollten Gene erst aus Zellen herauslösen, dann in ein Reagenzglas überführen, hier präzise zerschneiden, anschließend die Stücke neu zusammensetzen (rekombinieren) und zu guter Letzt ein rekombiniertes Gen wieder in eine Zelle zurückschleusen. Die spannende Frage war, ob das Gen dort dann wie erhofft biologisch funktionieren würde.

Gesagt, getan. Das Experiment funktionierte, der Erfolg wurde im November 1973 in einem Fachblatt veröffentlicht, und seitdem ist nicht nur die Welt der Genetik anders geworden. Bald konnten Biologen Gene nach Wunsch in Bakterien (oder andere Zellen) einschmuggeln und sie dort wachsen und sich vermehren lassen. Mit dieser Technik ließen sich Gene nach Wahl in nahezu beliebiger Menge herstellen, und damit standen die Molekularbiologen urplötzlich nicht nur im Zentrum des öffentlichen Interesses, sondern darüber hinaus vor einem kommerziellen Tor und einer wissenschaftlichen Herausforderung. Hinter dem Tor lag ein Markt nicht nur für Gene, sondern auch (und vor allem) für die dazugehörigen Genprodukte, die ebenfalls in Zellen gezüchtet und als Medikamente verkauft werden konnten. Und die wissenschaftliche Herausforderung bestand darin, die jetzt verfügbaren Gene zu analysieren, und dies gelang bald zuverlässig und gut, wie nicht anders zu erwarten war. Im Verlauf der siebziger Jahre lernten (später mit Nobelpreisen ausgezeichnete) Wissenschaftler, wie sich Gene Baustein für Baustein ansehen – das heißt, sequenzieren – ließen. Endlich kamen sie ihrem alten Traum – der Sequenz von Genen – näher. Sie konnten die Reihenfolge ihrer chemischen Bausteine bestimmen und damit die biologische Information lesen, die in den Genen gespeichert war. Mit anderen Worten, man war in der Lage, die genetische Schrift des Lebens zu entziffern, und in der steckte die »chemische Individualität« der Organismen – also auch die des Menschen.

Allerdings gab es noch einige Hindernisse auf dem Weg zum Ziel. Denn aus der Tatsache, dass sich die Sequenz von irgendeinem Gen ermitteln ließ, das jemand in einem Reagenzglas hatte, folgte keineswegs, dass man wusste, wie man ein bestimmtes menschliches Gen dort hineinbekommen konnte. Man wusste ja nicht einmal, in welcher Reihenfolge die Gene auf den Chromosomen in einer menschlichen Zelle lagen. Die Schwierigkeit bestand nicht nur darin, dass es sehr viel genetisches Material in einer Zelle unseres Körpers gibt und sich die Biochemiker mit diesen Mengen schwer tun. (Der Faden des

Lebens im Kern einer einzigen menschlichen Zelle misst immerhin fast zwei Meter, und selbst ein kleiner Hautfetzen enthält rund 1000 Zellen!) Die Schwierigkeit lag vor allem darin, dass man zwar für alle möglichen Organismen genetische Karten hatte anfertigen können, aber nicht für den Menschen. Man wusste nur, dass sich die Menschen von anderen Organismen nicht prinzipiell unterscheiden und auch ihre Gene so einfach hintereinander auf den Chromosomen lagen wie Perlen auf einer Kette.

Genetische Karten gab es nur für die Organismen, von denen es genügend Mutationen gab, deren Träger man im Laborexperiment kreuzen konnte. Dieser Weg der klassischen Genetik blieb beim Menschen versperrt, aber die Molekularbiologen fanden 1980 einen Ausweg. In diesem Jahr publizierten vier Amerikaner – David Botstein, Raymond White, Mark Skolnick und Ronald W. Davies – eine Arbeit, in der sie zeigten, dass es möglich ist, mit den Werkzeugen der Gentechnik eine Karte der menschlichen Gene anzufertigen.[15] Dazu nutzten sie eine Technik, die es erlaubte, die einzelnen Stücke (Fragmente), die gentechnische Scheren aus jedem genetischen Material herausschneiden, der Größe nach aufzutrennen. Beim Experimentieren mit dieser Methode war ihnen aufgefallen, dass es für jeden Menschen ein individuelles Muster gibt, wenn man seine Gene zuvor mit einem passenden Werkzeug zerlegt. Die Fragmente erwiesen sich als ausreichend vielgestaltig (polymorph), um als Markierungen für die Chromosomen dienen zu können, und der Polymorphismus – so der Fachausdruck für die Vielgestaltigkeit der gentechnisch produzierten Schnipsel – erwies sich zum großen Glück der Genetiker als vererbbar. Nun waren alle Voraussetzungen erfüllt, um eine genetische Karte des Menschen anzufertigen – und dabei hatte man eine alte Frage endgültig beantwortet. Die Natur sorgt für unsere chemische Individualität, indem sie uns genetisch polymorph gemacht hat. Die Moleküle, die uns einzigartig machen, sind die Gene. Sie sind so verschieden wie wir Menschen selbst.

Die neue Genetik

Als es zu Beginn der achtziger Jahre möglich wurde, eine Genkarte des Menschen anzufertigen, begannen die Wissenschaftler, von einer neuen Genetik zu sprechen. Sie zog bald viele junge Forscher an, die die verfügbaren Techniken immer weiter verbesserten. Ein besonderer Höhepunkt wurde Mitte der achtziger Jahre erreicht. Damals entdeckte das Team von Alec Jeffreys an der britischen Universität von Leicester, wie man von den Fragmenten, die gentechnische Werkzeuge aus Genen herausschneiden, einen so genannten genetischen Fingerabdruck anfertigen kann. Jeffreys hatte menschliche Gene gefunden, die dafür geeignet waren, und sein Verfahren produziert einen Barcode, der es herauszufinden erlaubt, von welcher Person eine biologische Probe stammt. Es reicht ein Samenfleck – zum Beispiel auf dem Kleid einer Praktikantin des Weißen Hauses –, oder eine Blutspur – zum Beispiel auf Handschuhen, mit denen ein Mord begangen worden ist. Seit 1985 lassen Gerichte genetische Fingerabdrücke als Beweismaterial zu, und die Polizei in Großbritannien hat schon kurz darauf versucht, die Person, die zwei Mädchen aus einem Dorf vergewaltigt und getötet hatte, dadurch zu finden, dass sie alle jungen Männer aus der Umgebung um eine Zellprobe bat. Das Experiment ist gelungen, wobei es die Ironie der Geschichte wollte, dass der Täter nicht durch seinen genetischen Fingerabdruck, sondern schon im Vorfeld aufgefallen und erkannt worden ist. Er hatte Angst vor dem Test und versuchte deshalb, sich durch einen Bekannten vertreten zu lassen.

Der genetische Fingerabdruck gewann rasch an Bedeutung und Verbreitung, und zwar vor allem, weil es seit 1983 eine Methode gibt, bei der eine einzelne Zelle – im Prinzip sogar ein einziges DNS-Molekül – ausreicht, um Gene analysieren zu können. Das Verfahren heißt Polymerasekettenreaktion, auf Englisch »polymerase chain reaction«, abgekürzt PCR. Zur technischen Reife umgesetzt wurde die PCR durch eine Gruppe von Wissenschaftlern, die bei einem Unternehmen namens Cetus arbeiteten. Ausgangspunkt ihrer Bemühungen war ein Einfall, der einem Kollegen, Kary Mullis, bei einer nächtliche Autofahrt über kalifornische Bergstraßen gekommen ist. Die Grundidee ist so einfach, dass sich viele Forscher bis heute die Haare raufen und fragen, »Warum bin ich nur nicht auf diese Idee gekommen?« Es geht um folgenden Vorgang:

DNS besteht aus zwei Strängen, die durch Wärme getrennt werden können. Aus einem Einzelstrang können Zellen einen Doppelstrang machen, und zwar mit Hilfe eines molekularen Katalysators, der den Namen Polymerase trägt. Nun stellt die Natur dieses Werkzeug in einer Form zur Verfügung, die miterhitzt werden kann. Wer ein gegebenes (doppelsträngiges) Stück DNS vermehren will, fügt neben den notwendigen Rohmaterialien etwas von der stabilen Polymerase hinzu, und dann kann es losgehen. Die Temperatur wird erhöht, zwei Einzelstränge entstehen, die ergänzt werden; die Temperatur wird gesenkt, zwei Doppelstränge entstehen. Die Temperatur wird erhöht, vier Einzelstränge entstehen, die erneut ergänzt werden; die Temperatur wird gesenkt, vier Doppelstränge entstehen. Die Temperatur wird erhöht, acht Einzelstränge entstehen, die ergänzt werden, und so weiter und so fort. Wenn dies rasch genug geschieht, kann man in einer Stunde ein DNS-Molekül so oft kopieren, dass es für eine Analyse ausreicht. Man kann sogar soviel davon herstellen, dass sich eine sichtbare Menge bildet. Sie lässt sich dann für alle möglichen Zwecke verkaufen. DNS von Popstars zum Beispiel als Kettenanhänger – eine Idee, die Mullis längst vermarktet hat.

Die PCR ist weltweit verbreitet und die mit ihr mögliche massenhafte Vermehrung eines gegebenen Stückchens DNS gehört zum täglichen Brot all der Wissenschaftler, die an der Aufgabe mitarbeiten, die sich die Genetik unter dem Stichwort Humanes Genomprojekt gestellt hat. Damit ist das Ziel gemeint, die Reihenfolge (Sequenz) sämtlicher Bausteine zu bestimmen, aus denen das genetische Material einer Zelle im menschlichen Körper besteht. Den Wissenschaftlern ist der

Die neue Genetik

technisch saubere Umgang mit dem Erbmaterial gelungen, das aus langen Molekülen namens DNS besteht, die sich durch die Reihenfolge von vier Bausteinen charakterisieren lassen.

Seit einigen Jahren lässt sich die Gensequenz mit Automaten ermitteln, und zwar auch dann, wenn es um die mehr als drei Milliarden von ihnen geht, die sich im Erbgut einer menschlichen Zelle befinden. Natürlich kann diese Menge nicht von einem Laboratorium mit einem Sequenziergerät und einem Computer allein bewältigt werden. Aber die Biowissenschaftler haben inzwischen Management gelernt, und mit seiner Hilfe und der vieler privater und öffentlicher Gelder sind sie im Februar 2001 an ihrem Ziel angekommen. »The Human Genome« – das menschliche Genom – unter diesem Titel präsentierten ein amerikanisches und ein britisches Fachblatt – *Science* und *Nature* –, einen ersten Einblick in den Aufbau des menschlichen Erbmaterials, und es scheint ratsam, sich diesen Augenblick in der Geschichte der Wissenschaft zu merken. Vielleicht wird die menschliche DNS-Sequenz als biologisches »Periodensystem des Lebens« für künftige Generationen so selbstverständlich sein, wie es für uns das chemische Periodensystem der Elemente geworden ist. Viele Molekularbiologen sind dieser Ansicht, und deshalb bekommen sie eine Gänsehaut, während sie auf die lange Reihe der Buchstaben blicken, mit denen die genetischen Bauanleitungen für unsere Zellen offen liegen.

Eine der größten Überraschungen bislang liegt sicherlich in der merkwürdig kleinen Zahl unserer Gene. Während die Wissenschaftler früher davon sprachen, dass Menschen mehr als 100 000 Gene in ihren Zellen brauchen, um alle biologischen Aufgaben erfüllen zu können, liegen die Schätzungen nach der Offenlegung des Genoms gerade einmal bei etwas mehr als 30 000 Stück. Mit den Worten eines amerikanischen Genetikers: Sein Präsident und eine Maus haben gleich viele Gene, und da könne er sich nur wundern.

Das biologische Geheimnis des Menschen steckt allerdings nicht allein in den Genen. Es steckt eher in dem, was unsere

Zellen mit ihren Genen machen. Anders als die entsprechenden Einheiten zum Beispiel in einem Wurm (mit 18 000 Genen) oder in einer Fliege (mit 13 000 Genen) verfügen menschliche Zellen über die Fähigkeit, aus einem Gen nicht nur ein Protein, sondern mehrere solcher aktiver Substanzen anzufertigen. »Multitasking« nennt man diese Fähigkeit inzwischen in der Fachsprache, die auf einen anderen wichtigen Unterschied hinweist. Während ein Wurm oder eine Fliege – nach dem heutigen Stand des Wissens – aus einem Gen genau ein Protein mit gerade einer Funktion macht, kann der Mensch mit einem Gen viele Funktionen erfüllen.

Diese Qualität des menschlichen Genoms wird möglich, weil unsere Gene nicht als zusammenhängende Einheiten, sondern als Mosaike vorliegen. DNS-Sequenzen, die zum Bau eines Proteins anleiten, werden unterbrochen durch Abschnitte, die dies nicht tun. Im Verlauf eines Lebens kann eine Zelle ihr genetisches Mosaik ändern. Diese Dynamik des Genoms ist noch nicht ausreichend in den ersten Daten berücksichtigt, die jetzt verfügbar geworden sind. Da können noch viele Überraschungen auf die Genetiker zukommen, die aber bis jetzt auch schon auf ihre Kosten gekommen sind. Was die vorliegenden Daten zum Beispiel mit aller Deutlichkeit erkennen lassen, ist die Tatsache, dass die (bekannten bzw. gezählten) Gene nicht gleichmäßig im Genom verteilt sind. Es gibt vielmehr einige Regionen, die sehr dicht mit Genen bestückt sind, und am engsten geht es dabei auf dem Chromosom zu, das in den Lehrbüchern der Genetik mit der Nummer 19 bezeichnet wird. Da die Chromosomen nach der im Lichtmikroskop sichtbaren Größe von 1 bis 22 angeordnet sind, lässt die hohe Zahl 19 erkennen, dass es sich um ein kleines Chromosom handelt. Die geringste Dichte an Genen zeigt das große Chromosom 4, auf dem also lange DNS-Sequenzen liegen müssen, die aus der Sicht der heutigen Biologie mehr oder weniger überflüssig sind.

Von solchen leeren Abschnitten ohne Funktion haben die Genetiker schon länger gewusst, und sie hatten sich angewöhnt, sie als »Müll« zu bezeichnen (»Junk DNA«), obwohl sie den

Die neue Genetik 269

> ### Das humane Genom im Internet
>
> Das humane Genom ist zweimal sequenziert worden – von einem staatlichen Konsortium und von einem privaten Unternehmen (Celera). Öffentlich ohne Schwierigkeiten zugänglich sind die Gendaten des staatlich geförderten Konsortiums. Sie können im Internet unter http://genome.cse.ucsc.edu/eingesehen werden. Die Abkürzung UCSC weist dabei auf die University of California in Santa Cruz hin. Hier gibt es einen Doktoranden namens James Kent, der einen Web-Browser geschrieben hat, mit dem das Genom zugänglich wird. Dies gelingt zum Beispiel so:
> Man tippt die oben angegebene Web-Adresse ein und klickt die Worte »Genome Browser« an. Dadurch öffnet sich das Fenster »genome position«, in das man zum Beispiel »chr 19« tippen kann. Dann erscheint das Chromosom 19 mit all seinen Buchstaben. Wer etwas anderes probieren will, kann zum Beispiel »WRN« eintippen. Damit ist das Werner-Syndrom gemeint, das betroffene Menschen sehr rasch altern lässt. Es gibt einige Genvarianten (Mutationen), die dies bewirken. Eine von ihnen befindet sich auf dem Chromosom 8. Das Programm bietet »WRN at chr 8« an. Wer darauf klickt, bekommt die entsprechende Region zu sehen. Man kann auch das ganze Chromosom mit seinen 142 Millionen Buchstaben anschauen. Es ist eine neue Welt, die sich da auftut. Man braucht nur zu klicken.
> Als Adressen, die das gesammte Humangenomprojekt erläutern, können www.nhgri.nih.gov/ und www.dhgp.de/german empfohlen werden.

größten Teil des Genoms ausmachen. Mit diesem schlichten Beiseiteschieben ist es aber jetzt vorbei, denn die vorliegenden Sequenzdaten zeigen, dass in dem »Gen-Müll« zahlreiche Möglichkeiten verborgen liegen. Das herausragende Beispiel betrifft eine kurze Sequenz, die aus rund 300 Buchstaben besteht und millionenfach im menschlichen Genom verbreitet ist. Genetiker kennen sie unter dem Begriff »Alu-Element«, und die neue Entdeckung besteht darin, dass sie sich bevorzugt und gezielt in der Nachbarschaft von Genen aufhält. Besonders gehäuft findet man die Alu-Elemente, die es weder bei Fliegen noch bei Würmern gibt, in der Nähe der Gene, die einer Zelle zu Produkten verhelfen, mit deren Hilfe sie Kontakt zu Hormonen aufnehmen kann. Mit dieser Einsicht wandelt sich die Bewertung der Alu-Elemente. Waren sie vorher nur Abfall, scheinen sie jetzt die Regulatoren zu sein, die Reaktionen auf hormonale Reize ermöglichen und damit eine wesentliche Qualität menschlicher Zellen ausmachen.

Es ist erstaunlich, wie viele unerwartete Ergebnisse den bislang vorliegenden menschlichen Gensequenzen zu entnehmen sind. Zu nennen wäre etwa die Tatsache, dass die Mutationsrate bei Männern doppelt so hoch erscheint wie bei Frauen, was man entweder als positive oder als negative Nachricht ansehen kann. Im ersten Fall schaffen Männer das Potenzial für die künftige Evolution; im zweiten Fall sind sie es, über die sich die Anfälligkeiten für Krankheiten in die Gene einschleichen. Zu nennen wäre weiter der Befund, dass im humanen Genom mehr als 200 Gene stecken, die wir direkt von Bakterien übernommen haben (von denen eins zu einer genetisch bedingten Form der Depression beiträgt). Und zu nennen wäre zuletzt die Tatsache, dass es trotz der vielen Milliarden Menschen mit jeweils vielen Milliarden Zellen und ihren Genomen überhaupt möglich ist, von einem humanen Genom zu sprechen. Der Grund steckt darin, dass Menschen auf dieser Ebene zu 99,9 Prozent übereinstimmen. Bei den Genen gibt es keine gravierenden Unterschiede zwischen den Menschen.

Die Suche nach dem, was den Menschen zum Menschen macht, bleibt allerdings so offen wie zuvor. Sie hat jedoch mit dem Genom eine solide wissenschaftliche Basis bekommen, über die wir unsere Erkundungen fortsetzen können.

Die Genetik in unserem Alltag

Wissenschaftlich gesehen bieten die Genetiker unserer Zeit das Bild einer äußerst aktiven Gemeinschaft, deren Arbeit große Auswirkungen für den Alltag mit sich bringen wird. Sie reichen von der Gesundheit bis zur Ernährung, denn bei den Pflanzen und Tieren hat man schon sehr viele Gene bewegen und transgene Lebensformen schaffen können. Da gibt es Baumwolle mit genetisch eingebautem Insektizid, da gibt es Bohnen, die mehr Protein enthalten als natürliche Sorten, Erdbeeren, die weniger Zucker produzieren, Kartoffeln mit mehr Stärke und weniger Wasser; jedes derartige Produkt hat vielfältige ökonomische, soziale und politische Auswirkungen. Die Wissenschaft ist hier endgültig auf dem Markt angekommen, und bislang haben uns dessen regulierende Mechanismen nicht im Stich gelassen.

Im Rahmen der Forschungen mit Gensequenzen und den Erfolgen mit transgenen Tieren ist aufgefallen, wie wenig sich unsere Art von anderen unterscheidet, wenn man allein auf DNS-Sequenzen schaut. Tatsächlich kann man menschliche Gene in Schafe übertragen oder in Fliegen wirken lassen. Seltsamerweise werden diese Fakten als Erniedrigung des Menschen gedeutet und aus ihnen der Schluss gezogen, dass wir ebenso manipulierbar wie Mäuse und Würmer sind. Niemand blickt in die umgekehrte Richtung und sieht, wie wenig in diesem Fall unser Menschsein durch Gene festgelegt sein kann. Wieder starrt man auf die Gleichheit und ignoriert die Unterschiede. Warum glauben so viele Menschen, dass sie an einer genetischen Leine liegen? Warum ist der Gedanke so beliebt, dass die Gene unser Schicksal bestimmen?

Beide Einstellungen stecken hinter der ganz großen Aufgeregtheit der letzten Jahre, die das Klonieren von Lebewesen begleitet hat. Erst gab es das Schaf Dolly, dann kam ein zweites, Polly, inzwischen gibt es genetisch identische Mäuse und Kälber, und damit stehen wir sicher erst am Anfang einer Entwicklung, von der sich alle fragen, wann sie beim Menschen ankommt. Wir wissen zwar, dass dies passieren wird, wir wissen aber noch nicht, was wir wollen. Oder doch?

8 Der Ursprung des Lebens

Die Frage nach dem Ursprung des Lebens gehört zu den Fragen der Wissenschaft, die von ihr am längsten gestellt worden sind. Sie gehört auch zu den Fragen, auf die man mit den seltsamsten Antworten reagiert hat. Abgesehen davon, dass lange Zeit geglaubt wurde, es reiche aus, wenn man sagt, das Leben käme aus dem Meer, hielten es sowohl einige wissenschaftliche als auch viele unwissenschaftliche Menschen noch vor wenigen hundert Jahren für durchaus wahrscheinlich, dass es für das Leben leicht ist, spontan zu entstehen und neu zu entspringen. Man verwies auf Läuse, die schmutziger Kleidung entsprangen; man zählte die Fliegen, die aus dem Heu hervorkamen, und man war ganz sicher, dass Maden aus dem Fleisch stammten, das ein paar Tage in der Sonne gelegen hatte.

Es brauchte zahlreiche raffiniert ausgedachte und sorgfältig durchgeführte Experimente, um vom 17. Jahrhundert an allmählich klar zu machen, dass an dieser Konzeption etwas nicht stimmen konnte. Und es brauchte jemanden wie Louis Pasteur, der gleich begabt als Chemiker und Biologe war, um im 19. Jahrhundert die Theorie der spontanen Erzeugung von Leben endlich und endgültig in Misskredit zu bringen.

Wirklich endgültig? Zwar konnte Pasteur die meisten Zeitgenossen für sich gewinnen, aber bekanntlich lassen sich niemals alle Exemplare unserer Gattung zugleich von einer Sache überzeugen, und einige hartnäckige (man kann auch sagen: sture) Biochemiker haben sich noch weit bis ins 20. Jahrhundert hinein damit beschäftigt, das Gegenteil zu beweisen. Sie haben sich weiterhin auf ihre Weise bemüht, das ganz allein aus sich heraus mögliche Werden von Leben zu demonstrieren, wobei sie der Ansicht waren, die Lösung sei nur eine Frage der geeigneten experimentellen Vorgaben und Bedingungen. Selbst einer der kreativsten Mitglieder dieser wissenschaftlichen Zunft, der mit dem Nobelpreis für Chemie ausgezeichnete

Otto Warburg, bewahrte jahrelang auf seinem Regal in der Berliner Universität eine geheimnisvolle verschlossene Flasche auf, die jedem Besucher auffallen musste. Wenn einer von ihnen den Mut aufbrachte, nach ihrer besonderen Funktion zu fragen, erklärte Warburg leicht verschämt, er versuche hierin aufkommendes Leben zu generieren und seinen Ursprung zu verstehen. Tatsächlich waren er und viele seiner Kollegen der Ansicht, dass nur derjenige ein guter Biochemiker werden könne, der auf diesem Gebiet etwas zustande bringen würde.

Dabei hatte Pasteur längst entdeckt, warum all diese Bemühungen sinnlos waren und für die Katz bleiben mussten. Pasteur hatte nämlich die Formen des Lebens gefunden, die wir heute Mikroorganismen nennen und um die sich längst professionelle Mikrobiologen kümmern. Wir können inzwischen ziemlich sicher sein, dass das zumeist pelzige oder pilzige Leben, das sich plötzlich in leeren Apfelsaftflaschen, in offenen Milchtüten oder bei anderen Gelegenheiten ausbreitet, nur scheinbar dort spontan entstanden ist, und sein Erscheinen eigentlich nur verrät, wie weit verbreitet und hartnäckig die Keime sind, denen das Organische entspringt. Vor allem dort, wo es warm und feucht ist und ausreichend Nährstoffe zu finden sind – aber auch in ausgeschalteten Kühlschränken, deren Tür verschlossen bleibt –, zeigt sich ein vielfältiger und unbeugsamer Lebenswille in Form von weit verbreiteten Kontaminationen. Mit diesem Fachwort beschreiben die Biologen die Tatsache, dass sich nahezu überall Bakterien, Sporen und andere Zelle finden lassen, und wenn sie nur genug Zeit haben und unbehelligt bleiben, teilen sie sich so lange und breiten sich so weit aus, bis sie als formlose Masse oder als formbildende Organismen sichtbar zu Tage treten. Tötet man die Keime (nahezu) vollständig ab – zum Beispiel durch starkes Erhitzen, durch Alkohol oder durch ein Verfahren, das nach seinem Erfinder Pasteurisierung heißt und der Milch eine längere Lebensdauer gibt, wie es in unserer Sprache seltsamerweise heißt –, dann ist bald Schluss mit dem raschen Aufblühen neuen Lebens.

Doch so klar die Auskunft der Wissenschaft zu diesem Tatbestand auch ist, sie muss trotz dieser Einsicht bzw. gerade ihretwegen die Möglichkeit zulassen, dass irgendwann einmal in der fernen Vergangenheit der Erde doch passiert sein muss, was heute nicht mehr so ohne weiteres klappt, nämlich der spontane Übergang von lebloser Materie in lebendige Form. Irgendwann muss sich etwas, das noch nicht gelebt hat, in etwas anderes verwandelt haben, das leben konnte, das sich also vermehren, Stoffwechsel betreiben und auf seine Umwelt reagieren konnte. Wann kann dieses Auftauchen – diese besonders sinnfällige Emergenz – passiert sein und was musste dazu geschehen? Welche Voraussetzungen mussten zusammenkommen, um den Schritt vom Nicht-Leben zum Leben zu vollziehen, um dem Anorganischen seine Vorsilbe zu nehmen und die nächste Schicht beim Aufbau der realen Welt zu bilden? Und lassen sich diese Bedingungen nachstellen bzw. reproduzieren?

»Was war das Leben?« – the unanswered question[1]

Es waren genau diese Fragen, die sich Otto Warburg und seine Mitstreiter stellten. Sie taten dies in denselben Jahren, in denen sich auch ein Schriftsteller für das Thema interessierte, nämlich Thomas Mann. Er hielt die Biologie des frühen 20. Jahrhunderts für fortgeschritten genug, um grundlegende Fragen diskutieren zu können, und er wollte dieses Thema in den Roman packen, den er damals schrieb und in dem so ziemlich alles Platz finden musste, was zur Kultur dieser Zeit gehörte. Gemeint ist der Roman, der auf dem *Zauberberg* spielt und eine geschlossene Gesellschaft beschreibt, die es kurz darauf nicht mehr geben sollte. Die unter Tuberkulose leidenden Patienten mussten bald nicht mehr in ein Sanatorium, um geheilt zu werden. Ihnen standen dank der Wissenschaft plötzlich Antibiotika – zum Beispiel Chloramphenicol – zur Verfügung. Nun konnte man mit den Lungeninfektionen billiger, zuverlässiger, effizienter und somit wahrscheinlich letztendlich humaner umgehen als durch die endlosen Liegekuren in der Höhe.

Im Sanatorium »Berghof«, in dem die vergehende Zeit die Hauptrolle spielt und der Tod stets präsent ist, lässt der Autor seinen Helden, Hans Castorp, so genannte »Forschungen« betreiben, um die Frage zu erkunden, »Was war das Leben?« Im *Zauberberg* spielt die Zahl Sieben eine große Rolle – sieben Jahre verbringt Hans Castorp, dessen Name aus sieben Buchstaben besteht, auf Zimmer 34 des Sanatoriums, in dem es sieben Tische mit sieben Plätzen gibt –, und so kann aus der Tatsache, dass Thomas Mann die »Forschungen« im siebten Kapitel eines Hauptteils spielen lässt, geschlossen werden, dass er dem Thema keine geringe Bedeutung beimaß. Er lässt seinen Helden mit dicken Büchern in die Welt der Biologie eindringen und sich Gedanken über die Herkunft des Lebens machen.

Thomas Mann hatte zur Vorbereitung der entsprechenden Passagen die *Allgemeine Biologie* gelesen, die Oscar Hertwig 1920 vorgelegt hatte. Diesem war als einem der ersten Entwicklungsbiologen aufgefallen, dass die Vererbungsvorgänge wesentlich im Kern einer Zelle stattfinden und von dort gesteuert werden. Was der Schriftsteller in dem Lehrbuch gefunden und notiert hat, stellt sich in Hans Castorps Gedankenwelt wie folgt dar:[2]

»Was war das Leben? Niemand wusste es. Niemand kannte den natürlichen Punkt, an dem es entsprang und sich entzündete. Nichts war unvermittelt oder nur schlecht vermittelt im Bereiche des Lebens von jenem Punkte an; aber das Leben selbst erschien unvermittelt. Wenn sich etwas darüber aussagen ließ, so war es dies: es müsse von so hoch entwickelter Bauart sein, dass in der unbelebten Welt auch nicht entfernt seinesgleichen vorkomme. Zwischen der scheinfüßigen Amöbe und dem Wirbeltier war der Abstand geringfügig, unwesentlich im Vergleiche mit dem zwischen der einfachsten Erscheinung des Lebens und jener Natur, die nicht einmal verdiente, tot genannt zu werden, weil sie unorganisch war. Denn der Tod war nur die logische Verneinung des Lebens; zwischen Leben und unbelebter Natur aber klaffte ein Abgrund, den die Forschung vergebens zu überbrücken strebte. Man mühte sich, ihn mit Theorien zu schließen, die er verschlang, ohne an Tiefe und Breite im Geringsten einzubüßen.«

Die eher pessimistisch wirkende Ansicht, mit der Thomas Mann im letzten Satz seiner deutlich spürbaren Unzufriedenheit über die erreichten Einsichten der Biologen poetisch Ausdruck gibt, könnte sich vielleicht als zeitlos gültig herausstellen. Man müht sich nämlich bis heute vergeblich, die Kluft zwischen Leben und Nicht-Leben mit Theorien zu schließen, und nach wie vor werden alle Vorschläge von dem Graben verschlungen, der dabei nicht nur weder an Tiefe noch an Breite einbüßt, sondern sich allem Anschein nach noch weiter öffnet. Thomas Manns Ansicht wird von mindestens einem prominenten Molekularbiologen, dem im vorhergehenden Kapitel schon erwähnten Max Delbrück geteilt – und zwar fast ein Menschenleben später, rund zwanzig Jahre vor dem Ende des 20. Jahrhunderts. In seinen letzten Vorlesungen, die unter dem Titel *Wahrheit und Wirklichkeit* veröffentlicht wurden, ging Delbrück auch auf die inzwischen vielfältigen Versuche ein, dem Ursprung des Lebens wissenschaftlich auf die Schliche zu kommen. Nach Durchsicht der modernen Fachliteratur und in Hinblick auf die anderen Bereiche der Forschung, die ja auch nicht müßig waren und immer neue Überraschungen bei der Erkundung der existierenden Lebensformen erlebt haben, fällt er ein ziemlich ernüchterndes Urteil:

»Tatsächlich hat sich […] im Lichte der neuen Erkenntnisse über die Komplexität selbst einfachster Organismen herausgestellt, dass die konzeptionelle Lücke, die zwischen der lebenden und der toten Materie klafft, nicht enger geworden ist, sie hat sich vielmehr beträchtlich erweitert. […]
In den letzten Jahren wurde eine Vielzahl von Theorien pub-

liziert, [und sie alle erscheinen zwar] plausibel und sehr intelligent, doch erzählen sie uns meiner Ansicht nach sehr wenig über den Ursprung des Lebens. So kommt es, dass ich mir vorgenommen habe, die Literatur zur präbiotischen Evolution nicht mehr zu lesen, bis jemand ein Rezept findet, das Folgendes besagt: ›Tu dies und jenes hier hinein, und in drei Monaten krabbelt da etwas herum.‹ Wenn es jemandem gelingt, Leben in einer Zeit zu erschaffen, die kürzer ist als die, die von der Natur ursprünglich gebraucht wurde, dann fange ich wieder an, mich mit der einschlägigen Literatur zu beschäftigen.«[3]

Keine Rakete aus dem Weltraum

Es ist offenkundig, dass die Frage nach dem Ursprung des Lebens noch keine eindeutige Antwort kennt, und es ist wahrscheinlich und denkbar, dass es so etwas niemals geben wird. Das heißt aber nicht, dass es sich nicht lohnen würde, die Bemühungen nachzuvollziehen, die bei den wissenschaftlichen Versuchen einer Klärung unternommen worden sind. *In magnis rebus voluisse satis est*, wie es in einem lateinischen Sprichwort heißt: »In großen Dingen gewollt zu haben, ist genug.«

Doch bevor es ernsthaft um diese Frage bzw. um eine Ergründung ihrer Unbeantwortbarkeit geht, noch eine Vorbemerkung. Hin und wieder ist selbst in unseren Tagen – und sogar von Nobelpreisträgern – die Ansicht zu hören, das Leben sei gar nicht auf der Erde, sondern irgendwo anders im Weltraum entstanden und anschließend zu uns geflogen bzw. von dort eingeflogen worden. »Rocket directed panspermia« lautet das meist englisch zitierte Zauberwort, das dann gerne angeführt wird. Solche Ideen sollen hier nicht einmal im Ansatz bedacht werden. Sie mögen ihren Sinn haben, wenn mit »Leben« etwas anderes gemeint ist, als das, was sich auf der Erde ausgebreitet hat, also das Leben, das mit Molekülen auskommt, die vor allem aus dem Element Kohlenstoff aufgebaut sind. Natürlich kann es auch andere Formen geben, die mehr auf Silizium basieren (wie die Computerchips). Aber davon wissen wir (noch) nichts. Das uns bekannte Leben, das auf der Grundlage von Kohlenstoff (und seinen Verbindungen mit Wasserstoff, Sauerstoff und Stickstoff) floriert, hat nach allem, was wir wissen, keine Chance, die hohe Intensität der kosmischen Strahlung im interstellaren Raum unbeschadet zu überstehen. Das Leben ist nicht von einem anderen Planeten unseres Sonnensystems zu uns gekommen, und es lässt sich da draußen auch keins finden – trotz aller Werbekampagnen der amerikanischen Weltraumbehörde NASA, die ihre Ausflüge zum Mars rechtfertigen und finanzieren muss. Es gibt zwar Milliarden Sterne wie die Sonne, aber trotzdem erscheint es unwahrscheinlich, dass sich irgendwo die Bedingungen wiederfinden, die auf der Erde herrschen. Für unsere Zwecke und Überlegungen kann in aller Redlichkeit nur gelten, dass der Übergang vom Nicht-Leben zum Leben auf der Erde stattgefunden haben muss. Punkt. Wie er eingetreten ist, bleibt allerdings eine fundamentale Frage der Biologie, und es könnte sogar *die* fundamentale Frage dieser Wissenschaft sein. Eine Rakete von außen hilft da nie und nimmer. Sie verlegt bestenfalls den Ort, an dem die Frage relevant ist.[4] Denn selbst wenn es zutreffen würde, dass Leben irgendwo weit draußen entstanden ist, bleibt ja immer noch zu erklären, wie es dann an diesem unbekannten Ort passiert ist. Alles Bemühen wird jetzt noch schwerer und letztlich unwissenschaftlich. Niemand kann erklären, was er nicht kennt, und erst recht dann nicht, wenn ihm zusätzlich noch sämtliche Bedingungen unbekannt bleiben, unter denen das Unbekannte entsteht.

Leben auf der Erde

Einer der wichtigsten Befunde für unsere Frage ist die zwar eher überraschende, aber inzwischen weitgehend akzeptierte Tatsache, dass es nicht lange gedauert hat, bis sich auf der Erde

Mio J.v.d.G.	Zeitalter	Größere Perioden	
(0,01)	QUARTÄR	HOLOZÄN	Eiszeiten. Nordhalbkugel stark betroffen, speziell angepaßte Säugetiere
1,64		PLEISTOZÄN	
5,2	TERTIÄR	PLIOZÄN	Verwandte des Menschen
23,3		MIOZÄN	Evolution auf getrennten Kontinenten und periodische Migrationen
35,4		OLIGOZÄN	
56,5		EOZÄN	
65		PALÄOZÄN	Säugetiere und Vögel diversifizieren sich ⎯ Massenaussterben
145,6	MESOZOIKUM	KREIDE	⎯ Ende der Dinosaurier Verbreitete Ablagerung von Kreide
208		JURA	Meere voller Ammoniten Dinosaurier zu Lande Moderne Ozeane verbreitern sich
245		TRIAS	Massenaussterben
290	OBER-PALÄOZOIKUM	PERM	Superkontinent Pangäa
362,5		KARBON	Kohlensümpfe
408,5		DEVON	Fische und Amphibien
438,1	UNTER-PALÄOZOIKUM	SILUR	Zenith der kaledonischen Gebirge, Besiedlung des Festlands
505		ORDOVIZIUM	Größte Ausdehnung des Urozeans
545		KAMBRIUM	Auftreten der Trilobiten und anderer mariner Tiere
2500	PRÄKAMBRIUM	PROTEROZOIKUM	Vielzelliges Leben
3500		ARCHAIKUM	Leben – eindeutige Spuren im Gestein

Abb. 8-1   Die Erdzeitalter und die Stufen des Lebens

Leben gezeigt hat. Das Leben hatte es offenbar sehr eilig mit seinem Auftritt (Abb. 8–1). Denn kaum hatten die kosmischen Energien und Explosionen den Platz geschaffen, auf dem wir einmal jährlich einen kostenlosen Rundflug um die Sonne genießen können – man hat gute Gründe für die Schätzung, dass dies vor rund vier Milliarden Jahren passiert sein muss –, da bildeten sich Strukturen auf der Erde, denen man die Lebensfähigkeit – oder besser: eine Überlebensfähigkeit – zutrauen kann. Mit dem »kaum« sind zwar mehr als einige Hundert Millionen Jahre gemeint, aber aus heutiger Sicht lässt sich trotzdem sagen, dass das Leben nicht lange gezögert hat, um auf dem Planeten Fuß zu fassen, der aus dem Weltall so schön blau erscheint.

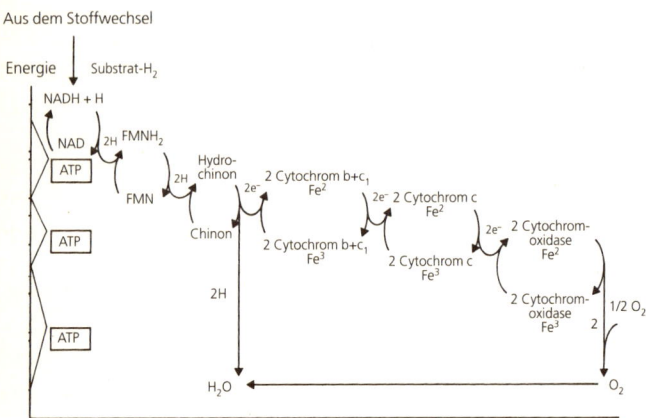

Abb. 8–2 Die Zellatmung
Wenn die Biologen von Zellatmung sprechen, dann meinen sie ein komplexes Übertragungssystem von Elektronen (e) – also wieder eine Signalumwandlung –, die aus dem Stoffwechsel kommend zuletzt auf Sauerstoff übertragen werden, wobei Wasser entsteht. Die bei den vielen, von Proteinen betriebenen Einzelschritten frei werdende Energie (ATP) wird entweder für chemische Syntheseleistungen oder direkt zur Wärmeerzeugung verwendet. Da jeder Körper unentwegt Energie benötigt, führt eine Unterbrechung der Atmung (Fehlen von Sauerstoff) rasch zum Tode.

Die blaue Farbe kommt bekanntlich als Folge der Streuung zustande, die das Sonnenlicht in der Erdatmosphäre erfährt. Das heutige Leben benötigt diese dünne Schicht um unseren Planeten vor allem wegen des Sauerstoffs, der darin enthalten ist. Er wird für die Atmung gebraucht, wobei die alltägliche Bedeutung des Wortes – also das mehr oder weniger tiefe Luftholen – mit seiner wissenschaftlichen Verwendung nicht unbedingt identisch ist. Für einen Physiologen zum Beispiel können auch Zellen atmen, obwohl sie keinen Mund (dafür aber Öffnungen) haben. Gemeint ist, dass sie das Element aufnehmen, das englisch »oxygen« heißt (Abb. 8–2). Der Sauerstoff gestattet aufgrund seiner physikalisch-chemischen Eigenschaften den Zellen, die Energie zu produzieren, die sie für andere Lebensvorgänge benötigen.

Sauerstoff ist ein sehr reaktionsbereites Element, das sich extrem gerne mit anderen Substanzen verbindet, die auf diese Weise »oxidieren«, wie Chemiker sagen. Wenn der Sauerstoff dies tut, nimmt er seinen Reaktionspartnern Elektronen ab, und dabei kann so viel Energie frei werden, dass Wärme und manchmal sogar ein Feuer entsteht. Beim Verbrennen wird zum Beispiel das Element Schwefel in die Verbindung Schwefeldioxid verwandelt. (Was im Übrigen zeigt, dass sich der gesunde Menschenverstand täuscht, wenn er denkt, dass beim Brennen etwas entweicht. Das Gegenteil ist der Fall, etwas kommt hinzu, nämlich der Sauerstoff.)

So lebenswichtig der Sauerstoff für uns und andere derzeit präsente (rezente) Lebensformen ist, die eben genannte Qualität macht Sauerstoff aus der Sicht des Chemikers eher ungeeignet, um den ersten zarten Regungen des Lebens in Ruhe zu gestatten, sich zu bilden. Und so sind einige von ihnen schon vor Jahrzehnten auf den Gedanken gekommen, einmal mit der Annahme zu spielen, dass auf einer frühen (präbiotischen) Erde gar kein freier Sauerstoff vorhanden war. Mann kann sich leicht vorstellen, dass er sich schon längst mit den Mineralien der Erde in Form von so genannten Oxiden verbunden hatte oder im Wasser (H_2O) gefesselt war.

Diese damals völlig neuartigen Überlegungen wurden in den dreißiger Jahren des 20. Jahrhunderts vorgetragen, und zwar durch den russischen Biochemiker Alexander I. Oparin, der das erste Buch über den *Ursprung des Lebens* geschrieben hat, das heutigen wissenschaftlichen Ansprüchen genügt. Oparin empfahl seinen Kollegen, nur dann Experimente zu diesem Thema zu machen, wenn sie die Bedingungen simulieren könnten, die auf einer unbelebten Erde geherrscht hätten, und er schlug vor, es mit einer so genannten reduzierten Atmosphäre zu versuchen. Der Sauerstoff, den wir heute atmen, ist erst aufgetaucht, nachdem das Leben schon da war, wobei sogar denkbar ist, dass es ihn selbst produziert hat.

Mit dem Begriff der Reduktion bezeichnen die Lehrbücher das Gegenteil einer Oxidation, wobei anzumerken ist, dass dieser chemische Prozess nicht viel mit dem philosophisch-methodischen Reduktionismus zu tun hat. »Reduzieren« bedeutet wörtlich »zurückführen«, und mit diesem Fachwort wurde zunächst die Entfernung (Rückführung) des Sauerstoffs aus oxidierten Verbindungen verstanden. Später trat der nehmenden eine gebende Bedeutung an die Seite, nämlich die Übertragung von Wasserstoff, die so genannte Hydrierung. Sie hat nicht solche einschneidenden Konsequenzen wie eine Oxidation, und insgesamt kann man sich vorstellen, dass in einer reduzierenden Atmosphäre alles gemächlicher abläuft als im Beisein von vagabundierendem Sauerstoff. Oparins Vorschlag machte also vom chemischen Standpunkt aus sehr viel Sinn. Er wurde zudem von Kosmologen bestätigt, die mit Radioteleskopen – also mit Teleskopen, die Wellen im Millimeterbereich registrieren – ermittelten, dass der Kosmos viele reduzierende »Wolken« beherbergt, also Bereiche, die zum Beispiel voller Wasserstoff und Kohlenmonoxid sind, aber keinen Sauerstoff aufweisen.

Das Miller-Experiment

Es dauerte trotz der genannten Evidenz sehr lange, bis sich jemand konkret ein Herz fasste, um das im Laboratorium zu simulieren, was man abschätzig die »Ursuppe« nannte. Erst im Jahre 1953 baute der damals noch als Student tätige Stanley Miller eine Apparatur, mit der er in einem Experiment erkunden wollte, ob Leben spontan entstehen kann und welche Bauteile des Lebens dies zustande bringen. Miller kreierte eine reduzierende Atmosphäre, die unter anderem aus Wasserstoff, Ammoniak und Methan bestand. Er ließ diese Substanzen über einem kleinen Teich aus Wasser schweben und führte dem Ganzen Energie in Form von Blitzen hinzu, die beim Entladen geeigneter Apparaturen ausgelöst wurden. Miller war überzeugt, damit eine echte Simulation der präbiotischen Situation auf der frühen Erde zu bewerkstelligen, und er konnte hoffen, in seinem Glaskolben dem scheinbar göttlichen Wirken ein klein wenig mit wissenschaftlichen Augen zusehen zu können.

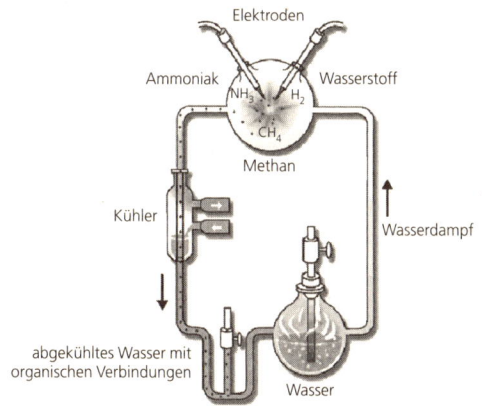

Abb. 8–3 Das legendäre Miller-Experiment: Wasser wird erhitzt und der Dampf mit anderen anorganischen Verbindungen elektrischen Entladungen ausgesetzt. Nach einer Woche finden sich einige Bausteine, die in Proteinen vorkommen (Glycin, Alanin, Asparaginsäure).

Tatsächlich waren die Ergebnisse der Analyse sensationell (selbst wenn sie im Jahre 1953 gewissermaßen im Schatten der Doppelhelix verkündet werden mussten). Miller fand nämlich nicht nur, dass sich nach einer geeigneten Zeit die kleinen Moleküle zu größeren Gebilden zusammenfanden, er stellte vor allem fest, dass sich unter diesen Molekülen genau diejenigen befanden, von denen jeder Wissenschaftler geträumt hätte, nämlich die Bausteine der Proteine. Der erste wissenschaftliche Schritt zum Ursprung des Lebens schien damit gelungen, und die nächsten lagen auf der Hand. Man musste zuerst einen Weg finden – vielleicht mit etwas Lehm –, auf dem die Bausteine zu ersten primitiven Proteinen zu verknüpfen waren, und konnte anschließend hoffen, dass diese Makromoleküle die Neigung zeigten, sich in Form von noch größeren Einheiten zu organisieren, die vielleicht schon wie Zellen aussahen oder funktionierten.

Der warme kleine Teich, in dem Miller die Möglichkeit der spontanen Entstehung wenigstens einer zentralen Molekülsorte nachgewiesen und der lange Jahre hindurch die Gedanken und Gemüter beschäftigt hat, wird bis heute in den Lehrbüchern vorgestellt. Es ist nicht nur ein wunderbares Experiment, das technisches Geschick mit romantischen Träumen verbindet. Es öffnet tatsächlich eine Tür, durch die das Leben aus dem Gefängnis der Materie hätte heraustreten können, und es lässt ahnen, was möglich gewesen wäre, wenn ... ja wenn die frühe Atmosphäre der Erde tatsächlich so reduzierend gewesen wäre, wie Miller sie bereitet hat. Doch die Wirklichkeit war nicht so, jedenfalls nicht nach den jüngsten geologischen und geophysikalischen Befunden. Die erste Schicht, die sich um die Erde legte, muss neutral gewesen sein, wie die Chemiker sagen, und sie meinen damit, dass sie voller träger Substanzen – wie etwa Neon – steckte, die nichts erschüttern und kaum etwas verwandeln konnte. Was am Anfang über den Wassern schwebte, muss von der Art gewesen sein, die sich auch beim besten Willen nicht in Formen verwandeln lässt, von denen aus man das Leben zu erkennen meint.

Mit anderen (und traurigen) Worten: Über die Quelle des Lebens auf der Erde sagt Millers Experiment nicht so viel aus, wie wir alle gerne möchten. Sein warmer Tümpel gibt im Lichte der modernen Wissenschaft nicht mehr viel her, und er wirkt von Jahr zu Jahr belangloser. Zwar ist nach wie vor klar, dass es vom chemischen Standpunkt aus viel leichter ist, das Leben mit Proteinen anfangen zu lassen – es gibt aber trotz zahlreicher Versuche und umfangreicher Anstrengungen nach wie vor kein Experiment, in dem sich die Bausteine von RNS oder DNS generieren lassen. So schön Millers Experiment auch war – es zeigt uns immerhin, was alles hätte passieren können, wenn sich reduzierende Substanzen am Himmel der frühen Erde gezeigt hätten –, das Bild, das es vermittelt, stimmt nicht mit der neuen wissenschaftlichen Evidenz überein. Ihre neuen Ergebnisse zwingen die Forscher, den Blick von der Oberfläche der Erde wegzulenken und den Ursprung des Lebens – nein, nicht hinaus in den Weltraum, sondern in die andere Richtung zu verlegen, nämlich hinein in den Ozean. Seit einigen Jahren sind unerwartet vielfältige Lebensformen entdeckt worden, die ihren Ort tief unter Wasser gefunden haben, und zwar da, wo der Meeresboden Öffnungen aufweist. Solche Abgründe sind in großer Zahl gefunden worden, als man im Rahmen von geophysikalischen Forschungen die Erdplatten und ihre Bewegungen vermessen wollte, auf denen sich die uns bekannten Kontinente erheben und mit denen sie verschoben werden.[5] Heute weiß man, dass aus vielen Löchern und Spalten heißes Wasser aus der Tiefe der Erde heraufströmt, und die wallende Wärme ist gesättigt mit Schwefelwasserstoffen und metallischen Schwefelverbindungen. Dabei kommt genau das reduzierende Milieu zustande, das Oparin und Miller in anderer Zusammensetzung auf der Erdoberfläche im Auge hatten, und möglicherweise kommt der anvisierte Prozess hier in Gang (vgl. Abb. 8–4). Die moderne Wissenschaft hätte dann einen langen Umweg gemacht, um bei derselben Einsicht – auf höherem technischem Niveau – zu landen, mit der ihre abendländische Geschichte in der Person von Thales von Milet be-

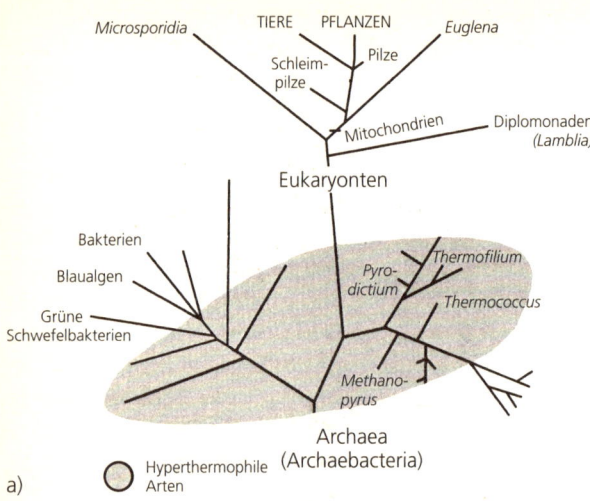

Abb. 8–4 (a) Der grundlegende Stammbaum des Lebens (nach Richard Fortey). Er beginnt mit vielen Bakterien, die im heißen Wasser leben und hyperthermophil heißen. Aus diesen Urformen (Archaebacteria) können sich neben den heute bekannten Bakterien auch die Zellen mit Zellkern – die Eukaryonten – entwickelt haben, die als Grundlage der Evolution gedient haben, die Tiere und Pflanzen hat entstehen lassen. Ein wesentlicher Schritt scheint dabei die Übernahme der Zellbestandteile gewesen zu sein, die Mitochondrien (mt) heißen und für die Energie sorgen. Man stellt sich vor, dass die Mitochondrien früher selbstständige Bakterien waren. Die auf Lynn Margulis zurückgehende Idee ihrer Vereinnahmung zum Zwecke der Bildung von Zellorganellen liefert die bisher beste Erklärung für das Auftreten zunehmend komplexer Zellen und der dazugehörenden Le-

gonnen hat, der 600 Jahre vor Christi Geburt meinte, das Leben komme aus dem Meer.

Zwar bringt das unheimlich wirkende Bild der heißen Quelle im dunklen Gewässer mit dem aufsprudelnden Schwefel unweigerlich den Gedanken an die Hölle mit sich, die dann hinter dem Ozeanschlund lauert, und man könnte diese Gelegenheit nutzen, um nun augenzwinkernd die Hypothese zu wagen, das

Das Miller-Experiment

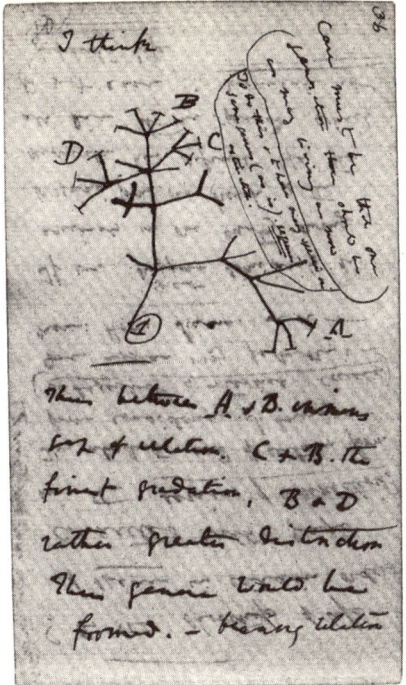

b)

bensformen. Es ist höchst spannend zu sehen, dass dieser moderne, grundlegende Stammbaum dem Urstammbaum ähnlich sieht (b), den Charles Darwin in einem frühen Notizbuch entworfen hat. Der Baum scheint das archetypische Bild zu sein, mit dem Menschen sich die Entwicklung des Lebens vorstellen.

Leben sei eine Gabe des Teufels an den Herrn, der sich ohne die entsprechenden Erscheinungen langweilte. Aber unabhängig davon gilt es, mit diesem Ursprung des Lebens aus der Tiefe zu leben. Die Wissenschaft denkt vor allem in diese Richtung, seit sie immer mehr Bakterien entdeckt hat, die sehr heiße Umgebungen bevorzugen und es dort nicht nur aushalten, sondern unter diesen Bedingungen besonders gut gedeihen (Abb. 8–4).

Eigens Hyperzyklus

Ob nun warme Teiche oder heiße Strömungen – als Millers Experiment gelang und Oparins Idee einer reduzierenden Atmosphäre noch akzeptiert wurde, stellten sich die Wissenschaftler, die über den Ursprung des Lebens nachdachten, auf jeden Fall vor, dass von den beiden maßgeblichen Molekülsorten die Proteine vor den Genen erschienen sind. Die Bezeichnung der Biokatalysatoren drückte genau diese Annahme aus, denn das Wort Protein ist vom griechischen *proteon* abgeleitet, was »ich nehme die erste Stelle ein« bedeutet.

Erst die Proteine, dann die Gene, so lautete die Grundregel, die von dem Augenblick an ins Wanken geriet und schließlich umgekehrt wurde, als die Doppelhelix ins Zentrum der forschenden Aufmerksamkeit rückte und sich bald zeigte, dass Moleküle aus DNS und RNS einfacher und stabiler gebaut sind als die manchmal primadonnenhaften Proteine. Es war vor allem der Göttinger Biophysiker Manfred Eigen, der die »Stufen zum Leben« von den Genen bzw. von DNS- und RNS-Molekülen aus erklimmen wollte. Er hat viele seiner Ideen in einem Buch mit diesem Titel zusammengefasst, in dessen Zentrum eine Konzeption steht, die grandios und eigenwillig zugleich ist (der Name Eigen führt leicht zu unfreiwilligen Wortspielen). Das zentrale Modell in Eigens Bild vom entstehenden Leben heißt »Hyperzyklus«, wobei das Wort ausdrückt, dass es um einen (großen) Kreislauf geht, der dadurch zustande kommt, dass mehrere (kleinere) Kreisläufe ineinander greifen.

Eigens wesentliche Entscheidung bestand darin, zunächst nicht mit allen Mitteln nach den konkreten Strukturen zu suchen, mit denen das Leben anfangen konnte, sondern nach ihrer Funktion zu fragen. Er überlegte, was die Moleküle können müssten, denen man die Aufgabe überträgt, das Leben zu erzeugen. Dabei schien es ihm für den Anfang nicht so wichtig, Reaktionen zu katalysieren – sie konnten ruhig langsam verlaufen –, sondern er lenkte stattdessen seine Aufmerksamkeit auf die Herkunft der Gene. Wie immer man Leben definiert, die

Abb. 8–5 Der von Manfred Eigen entworfene Hyperzyklus versucht aus vielen kleinen Replikationsaktivitäten den großen Kreislauf zu initiieren, der zum Leben gehört. Die Details hat Eigen in seinem wunderbar illustrierten Buch *Stufen zum Leben* dargestellt.

Fähigkeit zur Vermehrung gehört dazu, die Fähigkeit also zur wiederholten Anfertigung von all den Strukturen, die Leben ermöglichen. Solche Herstellungen erfordern selbstverständlich viel Energie und geeignete Werkzeuge, sie benötigen aber vor allem Anleitungen, sprich Informationen. Eigen stellte die Hypothese auf, dass die Frage nach dem Ursprung des Lebens beantwortet werden kann, wenn die Frage nach dem Ursprung der biologischen (genetischen) Information geklärt ist, und er machte sich an die Arbeit (denn wehe denen, die nur reden und nicht forschen, wie Eigen Brechts Galilei gerne zitiert).

Die erste Frage, die dabei auftaucht, gilt der Definition von Information. Natürlich lässt sich diese ziemlich genau formulieren und präzise vorgeben – bei Eigen selbst heißt es zum

Beispiel, eine »Informationsmenge ist die Zahl binärer Ja-nein-Entscheidungen, die man im Mittel braucht, um eine bestimmte Symbolfolge zweifelsfrei zu identifizieren«.[6] Aber wir wollen an dieser Stelle nicht die Raffinessen der mathematisch formulierten Informationstheorie kennen lernen, sondern den maßgeblichen Grundgedanken nachvollziehen, den es zu entwickeln gilt. Übrigens scheint die einfachste Bestimmung von Information zu gelingen, wenn man sagt, Information ist das, was jemand versteht (woraus im Übrigen folgt, dass Information das ist, was Information erzeugt).

Das fundamentale und von Manfred Eigen erkannte Problem bestand darin, dass sich zwei Informationsmengen unterscheiden ließen, die verbunden werden mussten. Da war auf der einen Seite die Information, die spontan entstehen kann – durch zufällige Verbindungen zwischen genetischen Bausteinen –, und da war auf der anderen Seite die Information, die benötigt wird, um einem System die Fähigkeit zu geben, sich selbst zu reproduzieren. Mit Hilfe thermodynamischer, genetischer, mathematischer und kombinatorischer Überlegungen konnte Eigen quantitativ bestimmen, was intuitiv jedem einleuchtet, dass nämlich die maximale Menge an Information, die sich selbst zusammenstellt, und die minimale Menge, die zur Replikation benötigt wird, nicht identisch sind, sondern – im Gegenteil – durch eine leider ziemlich beträchtliche Lücke voneinander getrennt bleiben, die es zu schließen galt.

Hier war viel Phantasie gefragt, und Eigen bot sie auf. Er überbrückte den von ihm vermessenen und von Thomas Mann bereits beschworenen Abgrund mit dem schon erwähnten wirbelnden Hyperzyklus. Dies war ein großartiger Vorschlag mit allen Qualitäten, die ein wissenschaftliches Vorgehen zu bieten hat. Tatsächlich lassen sich Aspekte und Vorhersagen des Hyperzyklus in Experimenten testen, und dies wurde auch gemacht. Dabei passierte, was man immer wieder zum allgemeinen Bedauern erleben muss: Es zeigten sich leider ein paar hässliche Tatsachen, die dem schönen Hyperzyklus ein wenig Glanz nahmen.

Trotzdem lohnt das Modell eine Diskussion, weil sie mit den Schwierigkeiten vertraut macht, die ein Wissenschaftler hat, der ein uraltes und tiefes Problem aus den Höhen der philosophischen Spekulationen holen und in die Niederungen des wissenschaftlichen Argumentierens und Experimentierens bringen will. An den Anfang stellte Eigen dabei nicht die DNS, die mit ihrer Schraubenform zu kompliziert und wahrscheinlich erst später entstanden ist, um dann als ideales Versteck bzw. als perfekter Speicher für die einmal erworbene Information zu dienen. Für den Anfang ist eine Doppelhelix zu schwierig, und so platzierte Eigen an diese Stelle eine Reihe von RNS-Molekülen, die getrennte Gruppen (Populationen) bilden und sich in diesem Rahmen quasi selbst vermehren können (wenn sie dabei auch viele Fehler machen). Denen gesellten sich Proteine hinzu, die alle auf Vermehrung angelegten Tätigkeiten der RNS-Maschinerie beschleunigten und erweiterten, und in einem dritten Schritt wurde alles umhüllt, um die Zellen entstehen zu lassen, so wie wir sie heute kennen.

Das Modell von Eigen, das Delbrück im Ganzen für fehlgeleitet hielt, erfreut sich deshalb immer noch großer Beliebtheit unter den Molekularbiologen, weil Eigen mit RNS-Molekülen beginnt und in der Zwischenzeit bekannt ist, dass einige dieser Gebilde etwas können, das sonst nur von Proteinen erwartet wurde, nämlich katalytisch wirken. RNS-Moleküle, die auch Enzyme sein konnten (RNzyme oder Ribozyme, wie sie bald genannt wurden), schienen in ihrer doppelten Eigenschaft die Erhörung der Gebete darzustellen, die Biochemiker auf der Suche nach der Antwort auf die Frage nach dem Ursprung des Lebens zum Himmel geschickt hatten.[7] Vor ihren Augen entstand das Bild einer »RNS-Welt«, die als Bühne die ersten Schritte eines Lebenstanzes erlauben sollte und von der aus sich anschließend – über den Hyperzyklus – das ganze Leben durchschreiten und erobern ließ.

Viele Menschen – Laien ebenso wie Experten –, die ihr Weltbild aus Informationstheorie und Molekularbiologie zusammensetzen, die also mit Genen (gedanklich) und Computern (praktisch) spielen, scheinen davon überzeugt, dass nach diesen Vorgaben nur noch Details zu klären sind, um den Ursprung des Lebens zu verstehen. Man denkt, dass sich irgendwie ausreichend RNS-Moleküle bilden, die sich gegenseitig aktivieren und nach einigen kleinen Kreisbewegungen den Hyperzyklus in Gang setzen, der den ursprünglichen Trägern der Information dann hilft, das rettende Ufer des Lebens zu erreichen, bevor sie spurlos verschwinden.

Doch so schön vieles aus dieser Erzählung in ein zugleich computerorientiertes und genetisch ausgerichtetes Weltbild passt, so sehr muss bezweifelt werden, dass die Betonung und Berechnung der genetischen Information uns zu guter Letzt nützliche Informationen über den Beginn des Lebens zukommen lässt. Zu viele Zweifel lassen sich an dem Eigenschen Programm und seinen Teilen anmelden. Das fängt bei den RNS-Molekülen an, für die es keine Bausteine gibt, und das setzt sich fort mit den Ribozymen, deren katalytische Fähigkeiten zwar vorhanden sind, die aber erstens wahrhaft winzig bleiben und die zweitens nur mit sich selbst beschäftigt sind. Ribozyme ändern Ribozyme, die wieder Ribozyme ändern, und mehr passiert vorläufig nicht.

Umfassender wird die Kritik, wenn der Hyperzyklus selbst ins Visier gerät und gefragt wird, wie die RNS mit dem Auftrag fertig wird, den sie in diesem kreisenden Rahmen hat. Leider nicht gut, und es können schlimme Dinge eintreten, von denen einige genannt sein sollen. Wenn sich die RNS-Moleküle reproduzieren, müssen natürlich Varianten – »Fehler« – zugelassen werden. Das gilt allgemein, wenn sich etwas entwickelt, sonst könnte es keinerlei Fortschritt geben. Aber die Fehler dürfen keinesfalls überhand nehmen, sonst gibt es nichts mehr, was eigentlich vermehrt und erhalten werden soll. Leider passiert genau dies mit der RNS, wenn sie allein gelassen wird. Alle Versuche, die Fehlerhäufigkeit einzuschränken, sind fehlgeschlagen, und dabei ist man sowohl experimentell als auch theoretisch (mit Computersimulationen) vorgegangen.

Ein fast gegenteiliges Problem taucht auf, wenn es einer Form der RNS gelingt, sich sehr genau – also fast fehlerfrei – und zugleich sehr schnell zu replizieren. Dann überrennt sie alles, was sonst noch vorhanden ist, was konkret bedeutet, dass nur sie zurückbleibt und kein Zyklus aufgebaut wird. Dies gelingt auch nicht, wenn aufgrund statistischer Schwankungen eine RNS-Gruppe plötzlich ihr letztes Mitglied verliert, was ebenfalls leicht passieren kann.

Zwei Ursprünge des Lebens

Man kann es drehen und wenden, wie man will: So schwungvoll der Hyperzyklus präsentiert wurde und so sinnvoll der Ansatz auch erscheint – er klemmt von Anfang an. Es ist zum einen sehr unwahrscheinlich, dass irgendwo RNS-Moleküle spontan entstehen. Es gibt zum anderen zu viele Möglichkeiten, den koordinierten Umschwung fiktiver RNS-Populationen im Keim zu ersticken. Es bleibt in diesem Ansatz völlig ungeklärt, woher die geeigneten Proteine kommen. Und man ist völlig chancenlos, wenn man versuchen will, die Verbindung zwischen Proteinen und Genen – also den Code – zu rekonstruieren. Außerdem wird in den letzten Jahren immer deutlicher, dass Leben alles mögliche sein kann – nur nicht einfach. Hier stellt sich eine ganz neue Frage, nämlich warum Leben so kompliziert sein muss, aber sie hat bisher wenig Wissenschaftler in Versuchung gebracht.

Die letzten Hinweise machen bei aller Sympathie für alle bisherigen Erklärungsansätze, ob sie nun mit Proteinen beginnen oder mit RNS-Molekülen, eines deutlich: Irgend etwas Entscheidendes scheint immer zu fehlen. Irgendwo steckt ganz tief der Wurm in allen bisherigen Modellen. Irgendein grundsätzlicher Fehler wird gemacht.

Wenn nun ein Physiker solch eine scheinbar ausweglose Situation sieht, versucht er zwar den Missstand zu beheben, aber er versucht dies so einfach und behutsam wie möglich zu tun.

Und was könnte einfacher sein, als eins und eins zusammenzuzählen. So dachte der unter Fachkollegen legendäre Freeman Dyson, und er verfasste ein Buch, in dem er über die Möglichkeit nachdenkt, dass es »zwei Ursprünge des Lebens« gegeben haben könnte.[8] Der Erste ist bereits bekannt, denn für Dyson hat das Leben mit den Proteinen begonnen, so wie es Millers Experiment im Prinzip denkbar macht, und es ändert nichts, wenn dies unter Wasser passiert. Es ist weiter möglich, dabei geschlossene Gebilde entstehen zu lassen, in denen dann nicht nur die Proteine, sondern auch die Grundbausteine des genetischen Materials zu finden sind.

Der Witz von Dysons Argument besteht nun in dem zweiten Ursprung des Lebens, der durch das Einschmuggeln von RNS-Bausteinen in die geschlossenen zellartigen Kompartimente gekennzeichnet ist, die zu den Molekülen werden können, die wir aus dem Leben kennen. Das Besondere an dieser These besteht darin, dass mit ihm sofort ein biologischer Gedanke in das bislang leblose Gemisch kommt. Dyson funktioniert nämlich die genetischen Moleküle zu Parasiten um, die bald zur Symbiose gezwungen werden. Jetzt ist das Leben auf seinem Weg, aber nur, weil mit diesem zweiten Anfang Prinzipien aufgetaucht und wirksam geworden sind, die metamolekular sind, also über die molekulare Ebene hinausgehen.

Anders ausgedrückt: In Dysons Ansatz stecken nicht nur zwei Molekülsorten, sondern auch zwei Ebenen. Der Physiker blickt auf das Leben nicht nur von unten aus Richtung der Moleküle, er betrachtet es auch von oben aus Richtung des Lebens selbst. Nur in dieser doppelten Schau lässt sich – wenn überhaupt – erkennen, wie das Leben in die Welt gekommen ist.[9]

Wie kommt das Neue in die Welt?

Wir werden das von Dyson benutzte Prinzip wiederfinden, wenn es um die biologische Evolution geht, die ins Rollen kommt, nachdem das Leben da ist und höher hinaus will. Die grundlegende Qualität dieses Vorgangs besteht darin, dass es gelingt, immer mal wieder etwas Neues in die Welt zu setzen. Und die grundlegende Frage lautet: Kann man mit wissenschaftlichen Mitteln verstehen, was dabei abläuft bzw. wie dies möglich wird? In gewisser Weise ist die Frage nach dem Ursprung des Lebens nur die Frage nach einer neuen Eigenschaft, die entsteht. Die Kluft, die immer beschworen wird, ist im Grunde nur das Neue, das wahrnehmbar wird, wobei das Leben durch die Vielzahl der von ihm hervorgebrachten Gestalten eben besonders auffällig ist.

Thomas Mann hat diesen umfassenden Zusammenhang auch angesprochen und die Frage nach Übergängen im *Zauberberg* ganz allgemein so formuliert:

> »[...] die Idee der Urzeugung, das hieß: der Entstehung des Lebens aus dem Nichtleben, war ja nicht von der Hand zu weisen, und jene Kluft, die man in der äußeren Natur vergebens zu schließen suchte, die nämlich zwischen Leben und Leblosigkeit, musste sich im organischen Inneren der Natur auf irgendeine Weise ausfüllen oder überbrücken. Irgendwann musste die Teilung zu ›Einheiten‹ führen, die, zwar zusammengesetzt, aber noch nicht organisiert, zwischen Leben und Nichtleben vermittelten, Molekülgruppen, den Übergang bildend zwischen Lebensordnung und bloßer Chemie. Allein beim chemischen Molekül angekommen, fand man sich bereits in der Nähe eines Abgrunds, der weit mysteriöser gähnte als der zwischen organischer und unorganischer Natur: nahe dem Abgrund zwischen dem Materiellen und dem Nichtmateriellen. Denn das Molekül setzte sich ja aus Atomen zusammen, und das Atom war bei weitem nicht groß genug, um auch nur als außerordentlich klein bezeich-

net werden zu können. Es war dermaßen klein, eine derart winzige, frühe und übergängliche Ballung des Unstofflichen, des noch nicht Stofflichen, der Energie, dass es kaum schon oder kaum noch als materiell, vielmehr als Mittel und Grenzpunkt zwischen dem Materiellen und dem Immateriellen gedacht werden musste. Das Problem einer anderen Urzeugung, weit rätselhafter und abenteuerlicher noch als die organische, warf sich auf: der Urzeugung des Stoffes aus dem Unstofflichen. In der Tat verlangte die Kluft zwischen Materie und Nichtmaterie ebenso dringlich, ja noch dringlicher nach Ausfüllung als die zwischen organischer und unorganischer Natur.«

Das Neue entsteht in einer Bewegung, und Leben entspringt nicht aus dem einen Punkt, den Thomas Mann angesprochen hat. Leben ist Bewegung und entsteht durch Bewegung. Leben ist Bildung und entsteht durch Bildung. Weil wir das wissen, suchen wir an seinem Ursprungsort nach dem Symbol des Fließens, also nach Wasser. Mit anderen Worten, wir suchen im Wasser. Es macht dann keinen Unterschied, ob es sich dabei um himmlische Teiche oder höllische Tiefen handelt.

Der irrationale Einzelfall

Ein Problem, das die Wissenschaft mit dem Ursprung des Lebens hat, steckt darin, dass sie sich entscheiden muss, ob es sich dabei um einen zufälligen Einzelfall handelt, der nicht wiederholt werden kann, oder ob es um ein naturgesetzliches und damit notwendiges Geschehen geht, das reproduzierbar ist. Delbrücks Bitte um ein Rezept der Art »Tu dies und jenes hier hinein, und in drei Monaten krabbelt da etwas herum« kann ja nur funktionieren, wenn dabei ein Naturgesetz waltet, das erkannt worden ist. Die Naturwissenschaft fühlt sich nur in solchen Fällen zuständig. Delbrück verlangt von den Erforschern der anorganischen Stufen zum Leben, diese reproduzierbar zu machen, und zwar schneller, als dies im Original abgelaufen ist. Millers Experiment, Eigens Theorie, Dysons Ansatz – sie alle denken an einen wiederholbaren Vorgang mit einer zwar kleinen, aber durch einen Zahlenwert anzugebenden Wahrscheinlichkeit.

Doch könnte die Entstehung des Lebens nicht ein einmaliger Vorgang gewesen sein? Die Wissenschaft würde dann etwas versuchen, was niemand wollen kann, nämlich das singuläre Ereignis des Ursprungs zu einem statistischen Vorgang zu degradieren, der rational erfassbar und berechenbar wird und dem damit jedes Geheimnis fehlt. Wenn Leben einmalig entstanden ist, dann ist es irrational, und sein Ursprung kann *per definitionem* nicht mit rationalen Mittel erfasst werden. Möglicherweise lässt sich so verstehen, warum die Kluft alle Theorien verschlingt, und die einzige Aufgabe, die uns bleibt, besteht darin, der Frage danach eine poetische Form zu geben.

Wenn dies der Fall ist, hätten wir etwas erreicht, nämlich den Grund, der uns erkennen lässt, warum wir den Ursprung des Lebens nicht mit den Mitteln der Wissenschaft erfassen können. Die Frage nach seiner Entstehung wäre dann nicht die Erkundung einer Tatsache, sondern die Erfassung eines Wertes. Was kann man Schöneres über das Leben sagen?

9 Die Idee der biologischen Evolution

Es gibt keinen Gedanken in den biologischen Wissenschaften, der fester mit dem Namen einer einzigen Person verbunden ist als die Idee der Evolution. Im Bewusstsein der meisten Menschen stammt sie allein von dem Engländer Charles Darwin (1809–1882),[1] der sie im Jahre 1858 zum ersten Mal öffentlich vorgetragen hat, ein Jahr bevor sein maßgebliches, bis heute lesenswertes Buch erschien, das Auskunft *Über die Entstehung der Arten* zu geben verspricht (Abb. 9–1). Darwin hat zwar nie einen akademischen Titel besessen, aber seine Zeitgenossen haben ihm die höchste Auszeichnung zukommen lassen, die sich denken lässt. Sie haben den Ausdruck »scientist« auf ihn und sein Tun neu angewendet. Darwin war also so etwas wie der erste Wissenschaftler, und seine Einsichten gehören zum Grundbestand jeder Bildung. Dabei hat Darwin weder als Erster bemerkt, dass die lebenden Arten keineswegs so stabil sind, wie vielfach seit der Antike angenommen wurde, noch hat er als Erster mit dem Hinweis auf die natürliche Zuchtwahl (Selektion) die Ursache des Wandels benannt, die zu einer Weiter- bzw. Höherentwicklung – einer Evolution – des Lebens führt. Aber Darwin war der Erste, der beide Gedanken zusammenbrachte, der die Erklärung durch Selektion nicht auf Spezialfälle eingrenzte, sondern bemerkte, dass er damit ein Werkzeug zum Verständnis der ganzen Vielfalt der Natur in der Hand hielt. Darwin erkannte zudem, dass er damit eine radikale Neuorientierung in der wissenschaftlichen Betrachtung des Lebens einleitete. Darwin wusste, was nach ihm andere formuliert haben: Nichts ergibt in der Biologie Sinn, es sei denn, man betrachtet es im Licht der Evolution.

Allerdings – beim Umgang mit dem Wort »Evolution« gilt es, vorsichtig zu sein. Darwin selbst, der seine Ansichten als revolutionär begriffen hat, verwendet die scheinbar weniger radikalen Ausdrücke »evolutionär« bzw. »Evolution« nicht, weil sie schon zu seiner Zeit zu viele Bedeutungen trugen, um wissenschaftlich angemessen verwendet werden zu können. Und heute wird in der Fachwelt so inflationär mit dem Konzept der Evolution umgegangen, dass man sich fragen muss, ob dabei nicht mehr verloren als gewonnen wird.

Die Idee der Evolution spaltet bis heute sowohl Laien als auch Wissenschaftler. Denen, die fest daran glauben und sich als Evolutionisten bekennen, stehen andere gegenüber, die immer neue Argumente für die Unzulänglichkeit des Konzeptes von Darwin suchen und vorlegen. Es lohnt sich hier, vorsichtig zu argumentieren und allen Beweisen für die Evolution sowie allen Widerlegungen skeptisch gegenüberzutreten. Wer sich gegen die Evolution ausspricht, muss noch kein Feind der Wissenschaft sein. Im Gegenteil – ich kenne einige ausgezeichnete Biochemiker, die gerade aus ihren Kenntnissen der molekularen Details heraus eine Entstehung des Lebens nach dem Schema Darwins für so unwahrscheinlich halten, dass sie nach alternativen Erklärungen suchen. Es scheint, dass man im Bereich der Biologie ebensogut unter der Akzeptanz einer evolutionären Ordnung forschen kann wie unter ihrer Ablehnung. Die Evolution ist dabei fast so etwas wie der Gedanke an Gott. Ob man ein guter Physiker ist oder nicht, hängt nicht erkennbar damit zusammen, ob man gläubig oder ein überzeugter Atheist ist. Dem menschlichen Tun steht hier ein Spielraum zur Verfügung, den es nicht kleinlich einzuengen gilt. Wenn man diese Verbindung zwischen dem Glauben an Gott und dem Vertrauen in die Idee der Evolution noch einen (ästhetischen) Schritt weiterführt, kann der Hinweis dienlich sein, dass sich der Gott der Bibel nur dadurch zeigt, dass er sich uns entzieht. Vielleicht gilt dies auch für die Evolution. Vielleicht existiert sie dadurch, dass sie sich uns entzieht. Sinnlich wahrnehmbar sind für uns nur die Formen bzw. Arten, die aus ihr heraus entstehen. Evolution wäre dann die Bewegung, durch die immer wieder neue Formen des Lebens entstehen.

Die Mühseligkeit des Lebens

Wir sind philosophisch sehr weit vorgeeilt und sollten erst die Mühseligkeiten des existierenden Lebens ins Auge fassen. Wenn in diesem Kapitel von Evolution die Rede ist, dann ist zunächst ausschließlich die von einer selektiven Kraft angetriebene biologische Evolution gemeint. Um sie allein geht es Darwin in seinem Buch, das meist nur mit dem Kurztitel *On the Origin of Species* zitiert wird. So lauten aber nur die ersten Worte im Titel des Originals, der in voller Länge sehr genau erläutert, welcher besonderen Kraft die lebenden Arten ihren erstaunlichen Variantenreichtum und ihre große Vielfalt verdanken, nämlich der »natürlichen Zuchtwahl« bzw. der »natürlichen Selektion«: *On the Origin of Species by Means of Natural Selection, or the Preservation of Favoured Races in the Struggle for Life.*

Es lohnt sich deshalb, den vollen Titel von Darwins großem Werk anzuschauen, weil er erstens klarmacht, dass es im wissenschaftlichen Kontext nur sinnvoll ist, von einer Evolution zu sprechen, wenn man auch die wirkende Kraft angeben kann und weiß, wie sie zur Geltung kommt. Wer zum Beispiel von einer Evolution des Kosmos oder seiner Sterne spricht, muss dann auch sagen, welche Auswahl da auf welche Weise durch welches Kriterium getroffen wird. Und zweitens führt Darwins langer Titel mit den letzten drei Worten ein vielfach missverstandenes und oft missbrauchtes Konzept ein, das sehr schlecht ins Deutsche übersetzt worden ist und auf diese Weise für unnötige Verwirrung gesorgt hat, die bis in unsere Tage hinein wirkt. Was in englischen Worten fast freundlich als »struggle for life« bezeichnet wird und mit der Mühseligkeit des täglichen Existierens zu tun hat, die uns allen vertraut ist, wandelt die deutsche Gründlichkeit brutal in einen »Kampf ums Dasein« um, der Sieger und Besiegte kennt und zudem falsche Philosophen anzog und radikale Politiker hellhörig machte.[2]

Wie falsch dieser kriegerische Unterton ist, kann jeder erkennen, der das dritte Kapitel der *Entstehung der Arten* liest.

Die Mühseligkeit des Lebens 301

Hier lässt Darwin alle erdenkliche Sorgfalt walten, um zu erklären, wie der Ausdruck »struggle for life« gemeint ist, den er »in einem weiten metaphorischen Sinne« gebraucht und mit dem er etwas meint, das ganz selbstverständlich ist, nämlich »die Abhängigkeit der Wesen voneinander«. Darwin erläutert das Gemeinte an einigen konkreten Beispielen:[3]

> »Mit Recht kann man sagen, dass zwei hundeartige Raubtiere in Zeiten des Mangels um Nahrung und Dasein kämpfen; aber man kann auch sagen, eine Pflanze kämpfe am Rande der Wüste mit der Dürre ums Dasein, obwohl man das ebensogut so ausdrücken könnte: sie hängt von der Feuchtigkeit ab. Von einer Pflanze, die jährlich Tausende von Samenkörnern erzeugt, von denen im Durchschnitt nur eines zur Entwicklung kommt, lässt sich mit noch viel größerem Recht sagen, sie kämpfe ums Dasein mit jenen Pflanzen ihrer oder anderer Art, die bereits den Boden bedecken. Die Mistel ist vom Apfelbaum und einigen anderen Baumarten abhängig, aber es kann von ihr nur in gewissem Sinne gesagt werden, sie kämpfe mit diesen Bäumen, denn wenn zu viele dieser Schmarotzer auf demselben Baum wachsen, so verdorrt er und geht ein. Wenn aber mehrere Mistelsämlinge auf demselben Ast beisammen wachsen, so kann man schon mit mehr Grund sagen: sie kämpfen miteinander. Da der Samen der Mistel durch Vögel verbreitet wird, so hängt ihr Dasein von diesen ab, und man könnte bildlich sagen, die Misteln kämpften mit anderen fruchttragenden Pflanzen, um ihre Samen von den Vögeln verstreuen zu lassen. In diesen verschiedenen Bedeutungen, die ineinander übergehen, gebrauche ich der Bequemlichkeit halber die allgemeine Bezeichnung ›Kampf ums Dasein‹« – also »struggle for life«.

302 Die Idee der biologischen Evolution

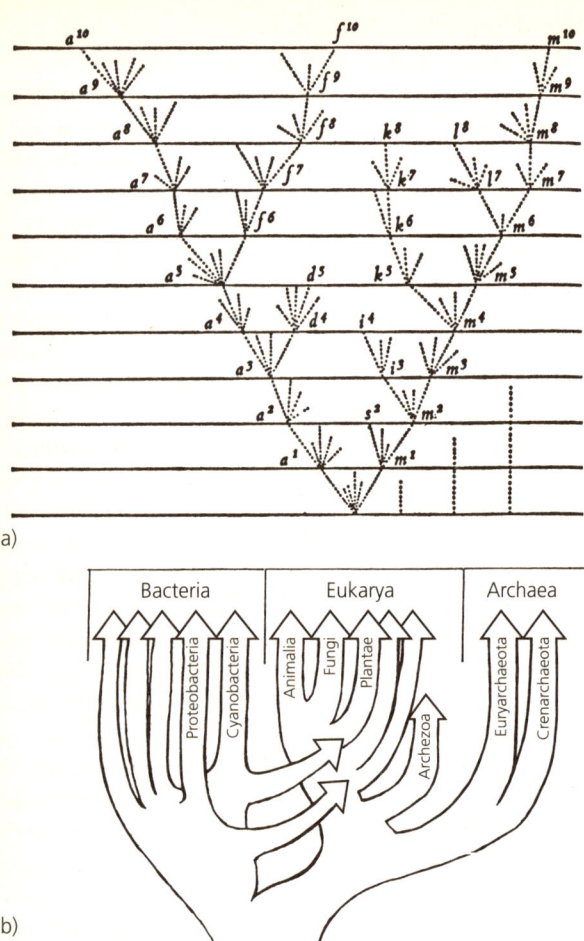

Abb. 9–1 In der einzigen Illustration, die seinem Werk *On the Origin of Species* von 1859 beigegeben ist, versucht Darwin die Vielfalt der von ihm beobachteten Variationen der Lebensformen in einem Stammbaum zusammenzufassen und ihr Aussterben (Ende einer Linie) zu illustrieren (a). Daraus ist heute ein Standardmodell der Biologie geworden (b), dem in Zukunft gewiss noch größere Verwicklungen und Korrelationen hinzugefügt werden müssen.

Der Mensch und sein Schöpfer

Doch so vorsichtig Darwin an diesen (und vielen anderen) Stellen mit seinen Worten umgeht, den Titel seines Hauptwerkes hat er leider nicht besonders genau formuliert, denn von einer *Entstehung der Arten* erfahren seine Leser nicht viel, und dieses Thema hat bis heute allen wissenschaftlichen Erklärungsversuchen widerstanden. Was Darwin im Detail schildert (und was die Biologen einigermaßen verstehen), ist nicht das Auftreten neuer Arten, sondern die Anpassung (Adaptation) der schon vorhandenen Lebensformen an ihre jeweilige Umwelt, die man dann gerne als ihre Nische bezeichnet, wenn sie sich deutlich abgrenzen und erkennen lässt.

Auf diese Weise ist der Titel von Darwins Buch zwar wissenschaftlich nicht ganz korrekt, aber er klingt dafür umso verlockender, und dieser Verkaufstrick hat tatsächlich funktioniert. Denn die erste Auflage des Werkes war innerhalb von 24 Stunden vergriffen. Darwins Konzept von den sich wandelnden Arten und seine Analyse der dazugehörenden Ursachen lösten bald danach zahlreiche Diskussionen aus, deren Grundtenor leider sehr früh einen unangemessen Beiklang bekam und unter anderem den Eindruck erweckte, hier ginge es um einen Streit zwischen Wissenschaft und Religion und um eine Erniedrigung des Menschen. Was die letzte Frage angeht, so sagt Darwin in der *Entstehung der Arten* zwar kaum etwas über den Menschen – dies tut er erst später in zwei anderen Büchern, die *The Descent of Man, and Selection in Relation to Sex* (1868) und *The Expression of the Emotions in Man and Animals* (1872) behandeln –, aber seine Ideen werden von Anfang an und für alle Zeiten so verstanden, als ob sie sich auf den Menschen beziehen würden und etwas über ihn aussagten. Es gibt dabei drei Tendenzen in der Diskussion: Eine befasst sich mit der konkreten Abstammung des Menschen, und sie findet ihr rhetorisches Glück in der Karikatur, dass die Vorfahren der Menschen Affen gewesen seien, von denen man sich dann vorzustellen versucht, wie sie auf Bäumen gelebt haben. Wir werden das Thema nicht los und wünschten nur, es würde immer so witzig abgehandelt wie von der englischen Lady, die auf diese dümmlich einseitige Variante des Evolutionsgedankens mit der Bemerkung reagierte, man könne zum einen hoffen, dass es nicht stimmt, doch wenn es stimmt, dann müsse man eben dafür sorgen, dass es möglichst wenig Menschen erfahren. Diese Einstellung ist viel intelligenter als das dumme Gezänk einiger geistlicher und wissenschaftlicher Männer, die sich im Anschluss an Darwin darüber stritten, ob man nun mütterlicherseits oder väterlicherseits von den Affen abstamme. Die unerbittliche Sturheit der Teilnehmer an dieser Debatte, die meinten, sie müssten die Schöpfungsgeschichte gegen die Stammesgeschichte ausspielen, hat dabei die Einsicht verhindert, dass der biblische Bericht über die Erschaffung der Welt und Darwins Darstellung der Anpassung der Arten viel besser zusammenpassen, als man meint. Sie sind als literarische Erzählung und als wissenschaftliche Darstellung komplementäre Formen des Umgangs mit ein und demselben Geheimnis.

Eine zweite Tendenz nimmt Darwins Gedanken der natürlichen Zuchtwahl ernst und sieht die besondere Rolle des modernen Menschen darin, dass er offenbar nicht mehr so grausam und mitleidlos handelt wie manchmal die Natur. Menschen heben die Selektion auf, indem sie zum Beispiel Medizin treiben, Kranke pflegen und sich um Bedürftige sorgen. Die ganze Idee der christlichen Nächstenliebe scheint der biologischen Evolution entgegenzuwirken und ihre Vorteile aufzuheben, und seit dieser Gedanke im Gefolge von Darwins gefährlicher Idee durch die Köpfe schleicht, werden wissenschaftliche und unwissenschaftliche Vorschläge zur Verbesserung des Erbguts (Eugenik) unterbreitet und betrieben.[4]

Eine dritte Richtung bekommt die Debatte um Darwin durch die Vorstellung, dass die Evolution ja nicht zu Ende ist und folglich der Entwicklungsprozess beim Menschen nicht zum Stehen kommt. Die Mühlen der Selektion werden weiter mahlen und keine Rücksicht auf uns nehmen. Die Evolution wird über unsere Köpfe hinweggehen, was durch die Behauptung ausgedrückt wird, dass wir nur die Neandertaler der Zukunft sind. Mit anderen (philosophischen) Worten: Der Mensch ist etwas, das überwunden wird, und aus dieser Einsicht zieht der Philosoph Nietzsche – wie weiter oben bereits erwähnt – den Schluss, dass der Mensch etwas ist, das überwunden werden muss.

Mit Darwins Idee hat das alles herzlich wenig zu tun, wie leicht einsieht, wer Darwin liest. In den Schlussbemerkungen seines Buches bekennt er sich freimütig und elegant zugleich zu einem Schöpfer, den er wahrnimmt, wenn er die Natur wahrnimmt:

> »Wie anziehend ist es, ein mit verschiedenen Pflanzen bedecktes Stückchen Land zu betrachten, mit singenden Vögeln in den Büschen, mit zahlreichen Insekten, die durch die Luft schwirren, mit Würmern, die über den feuchten Erdboden kriechen, und sich dabei zu überlegen, dass alle diese so kunstvoll gebauten, so sehr verschiedenen und doch in so verzwickter Weise voneinander abhängigen Geschöpfe durch Gesetze erzeugt worden sind, die noch rings um uns wirken. [...] Es ist wahrlich etwas Erhabenes an der Auffassung, dass der Schöpfer den Keim des Lebens, das uns umgibt, nur wenigen oder gar nur einer einzigen Form eingehaucht hat und dass, während sich unsere Erde nach den Gesetzen der Schwerkraft im Kreise bewegt, aus einem so schlichten Anfang eine unendliche Zahl der schönsten und wunderbarsten Formen entstand und noch weiter entsteht.«

Die Idee der Naturgeschichte

Der Naturforscher soll das Erforschbare erforschen und das Unerforschliche verehren, wie Goethe einmal gesagt hat, und genau nach dieser Maxime hat Darwin gehandelt. Wie so viele hatte auch er zwei Seelen in seiner Brust, von denen die eine wissen und die andere glauben wollte. Beide haben ihre Aufgabe und ihren Platz, und zwar gerade in der Wissenschaft.

Schief läuft die Sache nur, wenn der Glauben sich an eine Stelle setzen will, an der man wissen kann, und wenn das Wissen sich auch da breit macht, wo uns nur der Glaube bleibt. Religiöse Bedürfnisse lassen sich nicht rational stillen, und intellektuelle Neugier lässt sich nicht durch unsinnige Scheinlösungen befriedigen. Als der junge Darwin 1831 zu seiner langjährigen Weltreise mit dem Vermessungsschiff »Beagle« antrat, wunderte er sich über eine Bemerkung, die jemand in die Schiffsbibel geschrieben hatte: »Gott hat die Welt am 28. Oktober 4004 vor Christi Geburt um 9.00 Uhr morgens geschaffen.«

Die Berechnung dieses Datums hatte im 17. Jahrhundert begonnen, als ein Bischof namens Ussher sich daran machte, das Lebensalter von jedem der in der Bibel genannten Patriarchen zu eruieren, um die dabei gefundenen Zahlen zu addieren und so den zeitlichen Anfang der Welt – den Moment der Schöpfung – zu bestimmen. Bei diesem Bemühen werden die beiden oben erwähnten Seelen deutlich spürbar. Die eine will Gott, die andere die Natur erkennen. Ussher kam bald zu der Jahreszahl 4004 vor Christus. Doch wenn das Wissenwollen einmal in Schwung gekommen ist, dann macht es unerbittlich weiter, und so fügten die Schriftgelehrten dem Jahr den Monat, dem Monat den Tag und dem Tag zuletzt die Uhrzeit hinzu. Das Unternehmen war erst albern und dann selbstauflösend. Es sorgte für seine eigene Abschaffung.

Den Unsinn bemerkte Darwin beim Blick in die Schiffsbibel. Eine immer präziser werden wollende Natur*theologie* führte sich selbst ad absurdum und musste durch eine Natur*forschung* abgelöst werden. Solch eine Wissenschaft gedachte Darwin zu betreiben. Er konnte dies unter anderem deshalb tun, weil sich im Jahrhundert davor die Vorstellung von den Zeiträumen gewaltig geändert hatte, die der Erde und dem Leben zur Verfügung standen, um so zu werden, wie sie erscheinen. Während das 17. Jahrhundert bestenfalls ein paar tausend Jahre zurückdenken konnte – was im Übrigen auch nicht so leicht ist, da jeder Einzelne von uns bestenfalls seine eigene Lebensdauer

Die Idee der Naturgeschichte 307

und schon nicht mehr ganz die rund hundert Jahre bis zur Geburt der Großeltern überblicken kann –, lieferten die Geologen des 18. Jahrhunderts Beweise für eine viel längere »Tiefenzeit« der Erde, in denen sich verschiedene Epochen der Natur abgelöst haben mussten. Immanuel Kant kommt 1755 zum ersten Mal auf die Idee, von einer »Naturgeschichte« zu sprechen, und er räumt dem dazugehörenden Geschehen einen Zeitraum von rund 500 000 Jahren ein. Dabei geht es um die Vollendung der Schöpfung, wie er meint, wobei die göttliche Leistung selbst als unerschütterlich fest und unveränderlich gut betrachtet wird.

Die Überzeugung von der Unveränderlichkeit der Arten gehört zu den solidesten und härtesten Brettern, die sich das Abendland vor den kollektiven Kopf gestellt hat. Bei seiner Anbringung kommt es sogar zu einer Zusammenarbeit der Vertreter von religiösen und naturphilosophischen Traditionen. Die fanatischen Anhänger von Platons Ideenlehre sind ebenso wie die gläubigen Christen davon überzeugt, dass zwar einzelne Tiere Variationen aufweisen können, dass ihr Wesen aber ewig, perfekt und somit unabänderlich ist. Christentum ist Platonismus für das Volk, soll Nietzsche einmal gesagt haben, und beide verhindern den Blick auf die lebendige Wirklichkeit der Natur und ihre wahrnehmbare Wechselwirkung, könnte man hinzufügen.

Es ist also kein Wunder, dass es lange dauerte, bis die Wandelbarkeit der Arten erkannt wurde. Tatsächlich öffnete sich der Blick auf das Wandelbare im organischen Leben erst beim Betrachten toter Formen. Die Geologen des 18. Jahrhunderts brachten immer mehr versteinertes Leben – Fossilien – in die Museen, und je genauer sich ein wissenschaftlich geschulter Geist die Funde anschaute, desto deutlicher trat ihm die Idee vor Augen, dass es in der Vergangenheit der Erde andere Organismen und Gestalten gegeben haben musste. Mit anderen Worten: Man entdeckte Arten, die nicht mehr lebten und daher ausgestorben sein mussten. Doch so selbstverständlich unsere aufgeklärte Zeit diesen Gedanken hinnimmt, für eine

> ### Der Begriff der Art
>
> Forderung: Die einzige Kategorie, deren Grenzen objektiv sind
> Morphologisch: Betont messbare anatomische Unterschiede
> Biologisch: Hebt reproduktive Isolierung hervor; nur Vertreter einer Art bekommen fruchtbaren Nachwuchs
> Perzeptiv: Definiert nach Merkmalskombinationen, die Paarungserfolg mit Mitgliedern einer Population optimieren (schließt Wahrnehmung ein)
>
> Zur Art: Der wesentliche Begriff der Evolutionsbiologie ist die Art (Spezies). Sie ist das, was sich an die Umwelt anpassen und neu entstehen soll. Für Darwin war eine Art einfach das, was die Naturforscher als solche erkannten. Individuelle Lebewesen – zum Beispiel ein Leopard – gehören zu einer Art, die gewöhnlich durch zwei Begriffe bezeichnet wird (*Panthera pardus* im Fall des Leoparden). Arten sind in Gattungen zusammengefasst, die wiederum als Ordnungen (Fleischfresser oder Carnivora), als Klassen (Säugetiere oder Mammalia), als Stämme (Chordata) und zuletzt als Reiche (Tierreich) organisiert sind. Lässt sich eine objektive Definition der Art finden, etwa durch den Hinweis, dass nur zwei Vertreter einer Art fruchtbaren Nachwuchs zeugen können? Allerdings müssen sich die Partner erst finden. Mir scheint der bislang nicht konsequent betriebene Versuch sinnvoller, Mitglieder einer Art über die Wahrnehmung zu bestimmen. Darwin und seine Kollegen waren dazu in der Lage.

Epoche, in der auch der kritische Philosoph Kant noch mit Gott rechnete und seiner Weisheit vertraute, war diese Vorstellung äußerst erschütternd. Wie konnte Gott es in seiner Güte und Weisheit zulassen, Leben aussterben zu lassen? Warum hatte er es dann überhaupt in die Welt gesetzt?

In Paris gab es einen Naturforscher, der diese Frage sehr ernst nahm, der schwer unter ihr litt und sie deshalb dringend zu lösen versuchte, nämlich Jean Baptiste Lamarck (1744–1829). Wie konnte er die Befunde der Fossilien und die eindeutige Auskunft der Wissenschaft, dass Arten ausgestorben waren, mit seinem Vertrauen in Gott versöhnen?

Die Antwort fiel ihm rechtzeitig zum Jahrhundertwechsel 1800 ein, und sie war wunderbar einfach, sobald man das alte Brett vom Kopf nahm: Die Geologen hatten gezeigt, so Lamarck, dass sich die Erde im Laufe von Jahrtausenden immer wieder geändert hatte. Dann müssen sich die Arten mit ihnen gewandelt haben, so sein anschließender und damals sensationeller Gedanke. Gott hat seine Geschöpfe nicht aussterben lassen, konnte er nun verkünden, er hat sie vielmehr umgebildet und umgeformt. Sie sind nicht tot, sondern anders. Damit brachte Lamarck den Gedanken der biologischen Evolution in die Welt, den er – zunächst nur auf ein Reich der Biologie beschränkt – im Jahre 1800 im Anschluss an den uralten Gedanken einer (statischen) Leiter des Lebens so formulierte:

> »Die Natur hat alle Tierarten nacheinander hervorgebracht. Sie hat mit den unvollkommenen begonnen und den vollkommenen aufgehört. Sie hat ihre Organisation graduell entwickelt.«

Wie groß die Erkenntnis Lamarcks gewesen war, zeigt sich darin, dass Darwin seine Weltreise 1831 noch im festen Glauben an die unwandelbare Konstanz der Arten antrat. Dieses oftmals unbeirrte Festhalten an unveränderlichen Formen hat sicher viele Ursachen. Eine davon steckt – wie erwähnt – in der Geistesgeschichte und ihrem griechischen Ausgangspunkt. Genauer ist die Philosophie Platons gemeint, der ein Verächter der äußeren Erscheinungsformen war, auf ihre Unzulänglichkeiten verwies und sie für unwesentlich erklärte.[5] Wesentlich seien nicht die konkreten Pferde und Pflanzen, wesentlich seien die unveränderlichen Ideen »Pferd« und »Pflanze«. Mit diesem Verdikt im Nacken wagte es kein Naturforscher so schnell, die angeschaute Vielfalt der Natur in einem dynamischen Zusammenhang zu sehen. Den Mut brachte erst Lamarck auf, dessen Vorschlag deswegen gar nicht hoch genug eingeschätzt werden kann.

Leider verdunkelte Lamarck seine große Leistung durch den vergeblichen Versuch, einen Mechanismus für den Wandel anzugeben, den wir heute Evolution nennen. Er postulierte 1809 – also ein halbes Jahrhundert vor Darwin –, dass die im Laufe eines Lebens erworbenen Eigenschaften vererbt werden können. Das ist ganz naiv und gut gemeint. Eine Giraffe versucht an die süßen Früchte in der Höhe eines Baumes zu kommen und streckt und streckt und streckt ihren Hals. Dabei wird der Hals im Laufe des Lebens ein wenig länger; diese Qualität erben die Giraffenkinder, die ihren Hals wieder strecken und strecken, und ihn auf diese Weise erneut verlängern, und so geht das immer weiter.

Dies ist die Ansicht des naiven Menschenverstands, der sich nicht einfach unterdrücken lässt. Der Ausdruck »Lamarckismus« bezeichnet die falsche Vorstellung von der Vererbung erworbener Eigenschaften. Diese Idee gilt heute als grundlegender Irrtum, der durch Darwins Einsichten korrigiert worden ist. Er hat erkannt, dass die Evolution anders vorgeht, nämlich mit zufälligen Variationen, die sich der schon erwähnten natürlichen Selektion stellen, wie im Folgenden dargestellt werden soll.

Variationen mit Folgen

Darwins Vorstellung von der natürlichen Selektion kann in fünf Beobachtungen zusammengefasst werden, aus denen drei Folgerungen zu ziehen sind. Darwin führt eher unauffällig einen neuen Begriff ein, der zwischen dem Individuum und der Art angesiedelt ist, nämlich den der Population. Mit diesem Begriff wird eine Gruppe von Lebewesen bezeichnet, die als Lebensgemeinschaft zusammengehören und gemeinsam in einem Habitat die eigene Existenz sichern und für Nachkommen sorgen. Wie sich herausstellt, sind es nämlich nicht die Arten, die sich anpassen, sondern Populationen, und es lässt sich vorstellen, dass die jeweiligen Adaptationen die Entfernung von der ursprünglichen Art so lange immer größer werden lassen, bis die ersten Exemplare einer neuen Art erscheinen. Soviel zu den allgemeinen Vorstellungen, die im Detail wie folgt entwickelt werden:

Die erste Beobachtung betrifft die Fruchtbarkeit der Arten. Darwin bemerkte bei seiner Reise um die Welt, dass die Natur verschwenderisch vorgeht und ihre Geschöpfe äußerst fruchtbar macht. Wenn alle Individuen, die in einer Population zusammen leben, sich in aller Freizügigkeit vermehren würden, so stellte er fest, könnte ihre Zahl über alle Maßen zunehmen. Doch – und damit ergibt sich die zweite Beobachtung – dies passiert nicht, denn abgesehen von saisonalen Schwankungen bleiben Populationen stabil, das heißt, die Zahl ihrer Mitglieder hält sich konstant. Mit der dritten Beobachtung, dass die natürlichen Ressourcen in jeder Umgebung begrenzt sind und mit ihr stabil bleiben, kann die erste Schlussfolgerung gezogen werden:

Unter den Individuen einer Population muss es Auseinandersetzungen um die Lebensgrundlagen geben, und dieser Wettbewerb gehört für Darwin zum Ringen um das Überleben, zum »struggle for life«, mit dem jedes Tier und jede Pflanze beschäftigt ist.

Von den Individuen, die sich abmühen und mit- und gegeneinander agieren, sind keine zwei identisch, wie die vierte Beobachtung festhält. Innerhalb einer Population zeigen sich zahlreiche Unterschiede, die Darwin als Variationen bezeichnet. Wie in der Musik lässt sich dabei an ein Thema denken, das von der Natur in verschiedenen Variationen gespielt wird. Das Thema ist natürlich durch die Art bzw. die Population vorgegeben, und es ist klar, dass das von ihm Ausgedrückte – also zum Beispiel »ein Pferd sein« oder »eine Rose sein« – vererbt wird. Doch – so die fünfte und letzte Beobachtung – auch die Variationen sind erblich, zumindest ein Teil von ihnen. Und damit kann man die gesamte Ernte des Gedankens einfahren, denn nun lassen sich zwei weitere Folgerungen ziehen. Da sich unter den verschiedenen Individuen nicht alle in gleicher Weise behaupten und es notwendigerweise zu einem Ausleseprozess kommt, lässt sich zunächst sagen, dass das Überleben von der erblichen Konstitution abhängig ist. Es kommt – dritte und letzte Schlussfolgerung – zu einer (natürlichen) Selektion von Variationen, die zum Wandel der Population führen. Dies wiederum findet seinen wahrnehmbaren Ausdruck in einer Anpassung der Art.

Eine Frage des Zufalls

Das Entscheidende an dieser Idee einer Anpassung von Arten durch natürliche Selektion ist die Wirkung von Variationen. Ihr Auftreten wird von Darwin als zufällig angesehen, als eine Möglichkeit unter vielen. Das unterscheidet seine Konzeption grundsätzlich von den Überlegungen, die Lamarck ausgestellt hatte. Nach Auffassung der modernen Genetik kommen Variationen durch Änderungen (Mutationen) im genetischen Material zustande, und sie treten im Verständnis der zeitgenössischen Wissenschaftler genau so auf, wie Darwin angenommen hatte, nämlich zufällig. Mutationen finden ohne lenkende Ursache statt, aber nachdem sie einmal vorliegen und sich auswirken, kann die natürliche Selektion zwischen ihnen wählen und dafür sorgen, dass sich einige verstärken und andere überhaupt nicht ausbreiten.

Der Zufall stellt also einen wesentlichen Bestandteil des Evolutionskonzepts dar, und dies hat mindestens eine bemerkenswerte Konsequenz. Eine Theorie der Evolution kann niemals vollständig sein. Sie kann auch nicht die Qualität einer Theorie gewinnen, wie sie Naturwissenschaftler zum Beispiel von der Physik gewohnt sind. Wenn Darwin – wie zitiert – davon schwärmt, mit der natürlichen Selektion ein Naturgesetz gefunden zu haben, und möglicherweise davon träumt, ein »Newton des Grashalms« zu werden, dann entgeht ihm, dass er in Wirklichkeit eine viel größere Leistung vollbringt. Er macht nämlich klar, dass es neben den Naturgesetzen, die einen physikalischen oder chemischen Ablauf determinieren, auch andere Formen von Naturgesetzen gibt. Er findet das erste statistische Gesetz der Natur, wie bereits 1877 durch den amerikanischen Philosophen Charles Peirce festgestellt worden ist:[6]

»Die Kontroverse um Darwin ist zu weiten Teilen eine Frage der Logik. Darwin schlug vor, die statistische Methode auf die Biologie anzuwenden. Dasselbe ist in einem sehr verschiedenen Zweig der Wissenschaft geschehen, in der Theorie der Gase. Obwohl sie nicht sagen konnten, wie die Bewegung eines bestimmten Gasmoleküls unter gewissen Voraussetzungen über die Zusammensetzung dieser Art von Körpern aussehen würde, konnten [die Väter des Zweiten Hauptsatzes der Thermodynamik] – schon acht Jahre vor der Publikation von Darwins unsterblichem Werk – durch Anwendung der Wahrscheinlichkeitspostulate voraussagen, dass auf lange Sicht der und der Anteil der Moleküle unter den und den Umständen die und die Geschwindigkeit erreichen würde; dass sich da jede Sekunde soundsoviel Zusammenstöße ereignen würden und so weiter; und aus diesen Aussagen gelang es ihnen, bestimmte Eigenschaften der Gase abzuleiten, besonders was ihr Verhalten bei Wärme anging. In gleicher Weise kann Darwin nicht sagen, was die Wirkung der Variation und natürlichen Selektion in irgendeinem Einzelfall sein wird, er zeigt aber, dass sich Tiere, auf lange Sicht gesehen, ihren Lebensumständen anpassen werden und angepasst haben.«

Mit anderen Worten: Darwin entdeckt die universelle und weitreichende Gültigkeit des statistischen Gedankens.

Der Gang der Evolution

Wenn heute jemand gefragt wird, wie Evolution funktioniert, wird er versucht sein, mit den Begriffen der Mutation und Selektion zu antworten. Sie stecken zwar den Rahmen ab, aber das eigentliche Bild muss dann noch gezeichnet werden, und zwar für jeden einzelnen Fall. Man kann im Übrigen die beiden Begriffe genauer definieren und sagen, dass unter einer Mutation eine genetische Variation verstanden wird, die zufällig und ungerichtet passiert, und sich die Selektion dadurch zeigt, dass sich die Träger von unterschiedlichen Variationen unterschiedlich vermehren. Selektion ist also – kurz ausgedrückt – differenzielle Reproduktion und damit nichts Geheimnisvolles. Trotzdem: Wie kommt dabei Evolution zustande? Sind dies alle Mechanismen, die eine Rolle spielen?

Die Antwort lautet natürlich Nein. Die Lehrbücher der Biologie erwähnen zahlreiche andere Faktoren, die eine Rolle spielen – zum Beispiel Annidation, Isolation, Rekombination und Gendrift. Sie können hier nicht ausreichend gewürdigt oder auch nur halbwegs vollständig angeführt werden. Doch ein Mechanismus verdient besondere Erwähnung, weil er erstens zeigt, wie raffiniert es vorzugehen gilt, wenn man die Entstehung biologischer Strukturen erklären will, und weil er zweitens deutlich macht, welche Möglichkeiten der Natur offen stehen, lebende Formen zu bilden.

Gemeint ist die Idee der Doppelfunktion, die uns allen aus dem Alltag vertraut ist, wenn wir zum Beispiel einen Kugelschreiber, dessen Hauptfunktion das Schreiben ist, dazu verwenden, die Uhr im Auto zu stellen. Die meisten Dinge, mit denen wir hantieren, haben neben ihrer Haupt- auch eine Nebenfunktion, und die Idee liegt darin, dass die Natur sich dadurch entfalten kann, dass sie Nebenfunktionen – etwa die Fähigkeit von Knöchelchen nicht nur Gelenke zu bilden, sondern auch Schall zu übertragen – zu Hauptfunktionen werden lässt und auf diese Weise ganz andere Anpassungen erreicht – zum Beispiel einen Hörapparat. Die Lehrbücher über die Evolution führen zahlreiche Funktionswechsel und eine ungeheure Funktionsvielfalt an. Die Vordergliedmaßen der Wirbeltiere dienen zum Beispiel zum Laufen, zum Graben, zum Greifen, zum Klettern und zum Fliegen. Ein Insektenbein kann viel sein: Laufbein und Grabschaufel, Kiefer und Saugrüssel, Ruder und Geräuscherzeuger, Paarungswerkzeug und Legeröhre und sicher noch mehr. Die Wirbeltierzunge arbeitet als Nahrungsleiter und Fangorgan, als Leimrute und Saugröhre für Honig, als Pollenbürste und Trinkbecher und noch einiges andere.

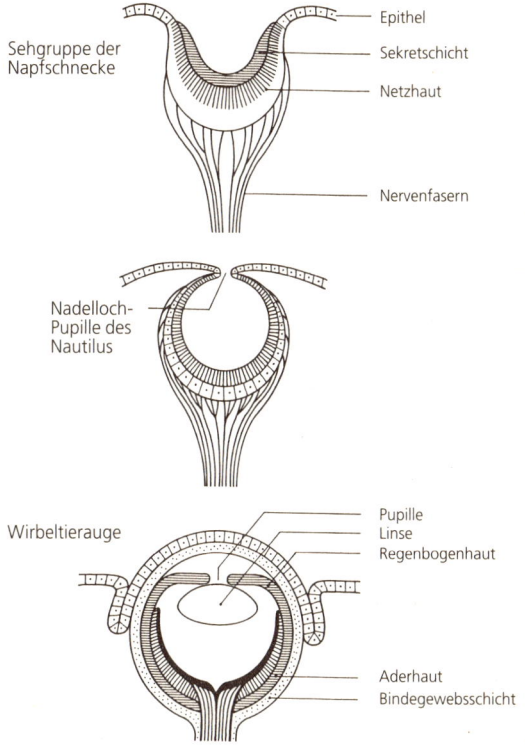

Abb. 9–2 Die Evolution des Auges in drei Stufen

Besonders eindrucksvoll lässt sich die Konzeption der Doppelfunktion einsetzen, wenn es gilt, die Entstehung des menschlichen Auges im Kontext der Evolution zu verstehen. An dieser Stelle ist es unerlässlich, Darwins berühmten Satz zu zitieren: »Wenn ich an das menschliche Auge denke, bekomme ich Fieber.« Darwin wollte damit ausdrücken, dass er auch beim besten Willen nicht sehen konnte, wie solch ein kompliziertes Gebilde allein durch natürliche Selektion zustande kommen sollte. Er kannte die unerledigten Aufgaben seiner Konzeption sehr genau, deutete jedoch eine noch nicht gelöste Aufgabe nicht als Schwäche. Darwin sah in ungelösten Fragen weniger einen Grund zum Verzagen und mehr einen Grund, sich forschend umzutun und nach neuen Erklärungen zu suchen.

Was die Evolution des Auges angeht, so soll im Folgenden wenigstens angedeutet werden, wie die Idee der Doppelfunktion mit der möglichen Vertauschung von Haupt- und Nebenaufgabe einige Stufen verständlich machen kann, über die der Aufstieg von lichtempfindlichen Prozessen zum menschlichen Auge gelingen kann.

Am Anfang steht die biochemische Möglichkeit, das Licht der Sonne einzufangen. Einzellige Frühformen des Lebens, die dazu in der Lage waren, konnten sich dort durchsetzen, wo das Licht hinfiel, weil der Lichteinfang zum Gewinn von Energie eingesetzt wurde. Dies war seine Hauptfunktion.

In einem zweiten Schritt stellen wir uns aus vielen Zellen bestehende Organismen (Mehrzeller) vor, die über lichtempfindliche Zellen verfügen und denen es gelingt, sie auf einer Seite zu konzentrieren. Die Aufgabe der Energieproduktion bleibt zwar erhalten, sie tritt aber in den Hintergrund im Vergleich zu der neuen Möglichkeit der Orientierung. (Tatsächlich verwenden viele Bakterien das Licht heute noch auf diese zweifache Weise, was unser Auge aufgegeben hat; unser Organ nutzt das Licht nur zum Sehen und nicht für andere Zwecke.)

In einem dritten Schritt wird die neue Hauptfunktion der Orientierung ernst genommen, was bedeutet, dass die dafür verantwortlichen Zellen zu schützen sind. Da sie an der Oberfläche bleiben müssen, liegt die einfachste Lösung darin, sie einzustülpen und als Grube anzulegen. Mit der Hauptfunktion des Schutzes gewinnt der Organismus eine neue Möglichkeit, nämlich die Richtung zu erkennen, aus der das Licht kommt. Wird nun in einem vierten Schritt die Grubenöffnung stark verkleinert, wird diese Nebenfunktion nicht nur zur Hauptaufgabe, sie eröffnet darüber hinaus eine neue Möglichkeit, nämlich die Abbildung der Außenwelt. Eine Grube mit engem Verschluss ist so etwas wie eine Lochkamera, die ein umgekehrtes Bild auf ihre Rückseite projiziert.

Natürlich sind winzige Öffnungen gefährdet, und es lohnt sich, sie durch durchsichtige Deckel zu verschließen. Dieser Hauptfunktion tritt sofort die Nebenfunktion an die Seite, als Linse zu fungieren, die ein besseres Bild der Welt liefert, als es die alte Lochkamera tat.

Es ist ausgeschlossen, die vollständige Geschichte des Auges zu schildern, die mindestens noch erklären müsste, warum es zwei Organe des Sehens im Kopf gibt – dies hängt mit der zweiseitigen (bilateralen) Grundstruktur von Organismen und ihrer Bewegungsrichtung zusammen –, und die verständlich machen müsste, warum die Verschiebung der zwei Augen von der Seite des Kopfes nach vorne vonstatten ging. Die Idee der Selektion ist dabei nicht die Lösung der Aufgabe, sondern das Werkzeug, mit dem eine Lösung möglich ist.

Das Programm der Evolution

Wenn um die Idee der Evolution gestritten wird, sagen die einen, es handle sich hier um eine Theorie, und die anderen meinen, die Evolution sei eine Tatsache. Ich vermute, es ist für die Praxis der Wissenschaft am besten, hier von einem Forschungsprogramm zu sprechen. Die Idee der Evolution ist ein Angebot, die mannigfaltigen Formen des Lebens zu verstehen, und die Frage lautet, wie weit der Gedanke getrieben werden kann und soll. Es ist durchaus möglich, dass viele Eigenschaften der Natur – etwa die grüne Farbe der Blätter, der lange Hals der Giraffe oder der aufrechte Gang des Menschen – keine raffinierten Anpassungen, sondern zufällig entstandene und nicht weiter entwickelte Eigenschaften sind. Doch selbst wenn dies so ist, dürfte es lohnend sein, eine adaptive Erklärung zu versuchen. Auf diese Weise versteht man auf jeden Fall besser, was gemeint ist, wenn von Evolution die Rede ist und wie Individuum und Umwelt aufeinander einwirken.

Im Folgenden sollen drei Probleme angesprochen werden, die immer wieder auftauchen, wenn im Rahmen von evolutionären Debatten um die Relevanz von Darwins Idee gestritten wird. Da ist erstens die Tatsache, dass Darwin die hohe Zahl von Nachkommen betont, die von der Natur produziert werden. Er erblickt hierin das Rohmaterial der Selektion. Wenn dies zutrifft und nicht ergänzt zu werden braucht, dann müssten vor allem die Arten hoch differenziert sein, die viele Nachkommen und kurze Generationszeiten haben. Doch in der Wirklichkeit ist das Gegenteil der Fall. Gerade die Arten sind besonders entwickelt – und wir gehören dazu –, die wenig Nachkommen haben und viel Zeit brauchen, um Kinder in die Welt zu setzen. Wie lässt sich dies im Kontext der Evolution erklären?

Das zweite Problem stellen die Eigenschaften dar, die offenbar keinen Nutzen haben und eher als Luxus anzusehen sind. Als Beispiele dienten Darwin die Federpracht der Paradiesvögel, die bunten Farben von Fasanen und die prunkvollen Schwanzfedern des Pfaus. Wie kann die Evolution so etwas hervorbringen? Was haben solche Formen mit der natürlichen Selektion zu tun? Oder ist hier ein anderer Mechanismus am Werk?

Und die dritte Frage bemüht sich um die schon angesprochene und immer wieder aktuelle Menschwerdung des Affen. Was hat unsere Vorfahren ausgezeichnet, um etwas anderes als eine weitere Affenart zu werden? Welchen Druck hat die Selektion ausgeübt, um unser großes Gehirn möglich zu machen? Wie sieht die biologische Geschichte der Menschwerdung aus?

Die Familie des Menschen

Alle genannten Fragen waren Darwin bekannt, und mindestens die zweite hat er so gut beantwortet, dass man über seine Weitsicht und die Harmlosigkeit seiner Nachfolger staunen muss, die der Natur an dieser Stelle erst hundert Jahre später auf die selektiven Schliche gekommen sind.

Zu dem ersten Thema konnte sich Darwin nicht qualifiziert äußern, weil ihm die genetische Grundlage fehlte, die zu einer Antwort gehört. Die Lösung steckt in den Genen bzw. in der Tatsache, dass Organismen, die sich sexuell vermehren, zwei Exemplare (so genannte Allele) eines Gens tragen, die unterschiedlich sein können. Zwar war dies schon zu Darwins Lebzeiten in Ansätzen erkannt worden – durch Gregor Mendel. Darwin besaß sogar ein Exemplar von Mendels Schrift, aber er hat sie wohl nicht gelesen und die Druckbogen ungeschnitten auf seinem Schreibtisch liegen gelassen.

Wenn man einmal annimmt, dass sich nicht beide Allele (Genkopien) gleichzeitig ändern und nur eins von ihnen eine Mutation trägt, die für die Evolution günstig ist, dann besteht die Aufgabe darin, ein Lebewesen in die Welt zu setzen, das zwei Kopien dieser Variante hat. So kann die Variante nämlich am besten zum Ausdruck kommen und von der Selektion erfasst und bevorzugt werden. Die geeignete Strategie, um Gene mit günstigen Wirkungen nicht nur möglichst oft zusammen zu bringen, sondern danach auch möglichst effizient zusammen zu halten, besteht nun in kleinen Fortpflanzungsgemeinschaften (Familien), wie eine genaue (mathematische) Analyse im Rahmen der Wissenschaft zeigt, die als Populationsgenetik bekannt ist. In Riesengemeinschaften (großen Populationen) zerstreuen sich geeignete Gene sehr rasch, bis sie völlig unauffällig werden. Genau hier liegt der Grund, warum Arten mit hohen Nachkommenzahlen weniger komplex werden als Arten mit wenig Nachwuchs. Wenn aber die Zahl der Kinder klein ist – dies kommt als zweites hinzu –, muss jedes einzelne von ihnen möglichst gut betreut und ausführlich versorgt werden.

Mit andern Worten, kleine Nachkommenzahlen und langsame Generationenfolgen weisen in dieselbe Richtung, und so lässt sich in aller Kürze verständlich machen, was die Evolution an dieser Stelle hervorgebracht hat. Das Leben in Familien und der Abstand von ein paar Jahren, in denen wir Kinder bekommen, können als evolutionäre Strategien verstanden werden, die dem Ziel der höheren Komplexität dienen, das offenbar auch erreicht wurde.

Die sexuelle Selektion

Die zweite Frage nach den Luxuseigenschaften kann dann beantwortet werden, wenn man zunächst bedenkt, dass die natürliche Selektion, die Darwin zunächst als Motor der Evolution ausgemacht hat, nur zu Anpassungen an die äußere Umwelt führen kann. Damit gemeint sind zum Beispiel das Klima, das Angebot an Nahrung, die Konkurrenz durch andere (feindlich gesinnte) Arten, die konkreten geographischen Vorgaben (wie Berglandschaft oder Seeufer, Tiefebene oder Hochplateau), die Verfügbarkeit von Materialien (wie Holz oder Steine), das Vorhandensein von geschützten Höhlen und was einem sonst noch einfällt. Man kann sich weiter gut vorstellen, dass für eine Lebensgemeinschaft die Anpassung nach außen weitgehend abgeschlossen sein kann und somit keine natürliche Selektion mehr stattfindet. Damit tritt aber kein Stillstand ein, vielmehr besteht die Möglichkeit der Lebenssteigerung. Für diesen Vorgang verlagern sich die Auswahlkriterien nach innen. Damit ist die Lebensgemeinschaft selbst gemeint. Vor dem Ziel der Vermehrung steht bekanntlich die Hürde der Partnerwahl, und die Evolution hat zwei Möglichkeiten, hier Einfluss zu nehmen und Faktoren auszuwählen. Entweder überlässt sie das Feld den Männchen, oder sie gestattet die Auswahl den Weibchen. Beide Fälle sind in der Natur realisiert, und sie führen zu vollständig unterschiedlichen Ergebnissen.

Bevor die sexuelle Selektion und ihre Hervorbringungen dar-

Die sexuelle Selektion 321

gestellt werden – der Ausdruck geht auf Darwin zurück, der ihn im Titel seines bereits zitierten Buches verwendet, in dem seine Ansicht von der Abstammung des Menschen beschrieben wird –, muss erläutert werden, was Männchen und Weibchen in Hinblick auf die Evolution unterscheidet, und zwar so neutral und wertfrei wie möglich. Wir setzen die Existenz von zwei Geschlechtern voraus (ohne zu fragen, ob es auch drei oder vier geben könnte) und betrachten die Alternative, die dazugehörigen Geschlechtszellen (Samen und Eizelle) entweder gleich oder unterschiedlich groß anzulegen. Die Natur bietet beide Möglichkeiten, mit dem Ergebnis, dass die beiden Geschlechter sich nur dann äußerlich sichtbar unterscheiden, wenn ihre Geschlechtszellen unterschiedlich aussehen. Ausschlaggebend ist dabei ihre Größe, wobei die Natur sich so entwickelt hat, dass sie eine Form sehr klein und die andere sehr groß macht.

Bisher haben wir zwar von zwei Geschlechtern gesprochen, aber noch keine Zuordnung vorgenommen. Wir definieren nun eher rücksichtslos und wenig poetisch als weibliches Geschlecht die Produzentinnen der großen Geschlechtszellen – also der Eizellen –, und es sollte nicht schwer zu verstehen sein, warum die Natur dafür gesorgt hat, die Eizelle zu schützen. Es gibt nämlich viel weniger Ei- als Samenzellen, da ihre Produktion mehr Energie und Zeit erfordert. Aus diesem Grund macht es auch Sinn, die Eier im Inneren des weiblichen Körpers zu belassen, insbesondere dann, wenn sie hier von Samen erreicht und befruchtet worden sind.

An dieser Stelle sieht man die dramatische Wirkung einer an sich geringfügigen evolutionären Festlegung. Die Konsequenz aus der Tatsache, dass ein Geschlecht mit größeren Keimzellen ausgestattet wird, besteht darin, dass die Geburt im Inneren des dazugehörigen Körpers stattfindet. Diese Situation beeinflusst nun entscheidend die Interessenlage, wie Darwin sofort erkannte. Ein Weibchen, das Mutter wird, investiert ungleich mehr, als ein Männchen, das Vater wird. Dieses unterschiedliche »parental investment« macht den wesentlichen Unterschied zwischen Mann und Frau aus: Wenn nämlich die Evolution und ihre Kräfte vor allem mit der reproduktiven Fitness beschäftigt sind, dann werden sie dafür sorgen, dass Weibchen auf Qualität und Männchen auf Quantität achten. Die Männchen schauen den Weibchen nach, und die Weibchen schauen sich die Männchen an. Und genau damit kann die Wirkung der sexuellen Selektion genauer erklärt werden, oder wie Darwin es formuliert:

> »Hier besteht ein krasser Gegensatz zu den Männchen, die gewöhnlich bereit sind, sich mit jedem Weibchen zu paaren, und häufig nicht einmal einen Unterschied zwischen Weibchen der eigenen und anderen Art machen.[...] Die Gründe für diesen krassen Unterschied beruhen auf dem Prinzip der Investition. Ein Männchen hat genug Samen, um zahlreiche Weibchen zu befruchten, seine Investition in eine einzelne Kopulation ist daher klein. Ein Weibchen dagegen produziert relativ wenige Eier und investiert viel Zeit und Mittel im Ausbrüten der Eier, Austragen der Embryonen und in der Brutpflege.«

Männchen werden sich darum bemühen, so viele Weibchen wie möglich – in Form eines Harems – zu begatten, und sie erreichen dieses Ziel, indem sie die Konkurrenten angreifen und zu verjagen versuchen. Ein Weg der sexuellen Selektion besteht also in männlichen Rivalenkämpfen, und die Lebensgemeinschaften und Arten, bei denen diese Praxis vorherrscht, bringen kräftige und ausdauernd kampffähige Tiere hervor, wogegen nichts einzuwenden ist. Beispiele finden Biologen vor allem unter Huftieren und Robben.

Doch die Natur hat auch Gelegenheiten geschaffen, bei denen den Weibchen die entscheidende Rolle der Partnerwahl zufällt, und sie dürfte auf Qualität ausgerichtet sein. Darwin spricht dabei von der weiblichen Wahl (»female choice«). Er erkennt, dass er mit ihrer Hilfe die Schmucktrachten der Männchen erklären kann. Weibchen wählen offenbar das Männchen, das ihnen am besten gefällt, und dieses Gefallen hat nicht unbedingt mit unbeugsamer Kampfeslust und brutaler Muskelkraft zu tun. Vögel, bei denen die weibliche Wahl praktiziert wird, sind schön (für den menschlichen Blick) wie zum Beispiel Paradiesvögel, während nahe Verwandte, die ohne »female choice« vorgehen, grau oder schwarz wie Krähen sind.

Wie kommt dieser Unterschied zustande? Darwin wusste, dass die Jungen bei Vögeln entweder Nesthocker oder Nestflüchter sind. Nun leuchtet es ein, dass eine Henne mit Nestflüchtern alleine besser zurecht kommt als mit Nesthockern, für die sie auf die Hilfe des Männchens angewiesen ist. Das heißt, die weibliche Wahl funktioniert vor allem bei der möglichen Alleinversorgung, bei der sich das Männchen nicht durch nützliche Qualitäten wie Futterbeschaffungsfähigkeit auszeichnet, sondern dem weiblichen »Schönheitsbedürfnis« genügen muss. Die Männchen müssen sich möglichst prächtig schmücken, während die Weibchen gerade umgekehrt unauffällig sein müssen, um ungestört brüten zu können.

Mit diesen wenigen Bemerkungen kann natürlich nur angedeutet werden, was alles in Bewegung gerät, wenn die Prinzipien der Evolution ihre Auswahlarbeit verrichten. Der wesentliche Punkt besteht darin, dass Darwins Idee der sexuellen Selektion – vor allem in Form der weiblichen Wahl – eine Strategie darstellt, bei der es nicht um die klassischen Eigenschaften des Lebens geht, die mit dem dummen Ausdruck vom Kampf ums Dasein in Verbindung gebracht werden, also zum Beispiel um Härte, Stärke, Durchsetzungsvermögen und Gewaltbereitschaft. Die sexuelle Selektion sorgt vielmehr dafür, dass all die Qualitäten sich entfalten, die wir so sehr schätzen, wie Farbmuster, Schönheit, Mitgefühl und Anmut, um nur einige von ihnen zu nennen.

Diese Richtung kann die Evolution natürlich nur dann einschlagen, wenn sie den Organismen – vor allem denen aus dem weiblichen Geschlecht – die Fähigkeit gibt, den anderen wahrzunehmen und richtig einzuschätzen. Wie dies gelingt, wie Weibchen ihre Wahrnehmungsfähigkeiten steigern und Männchen im Gegenzug versuchen, sie zu überlisten, ist leider kaum untersucht, und diese Lücke stellt nach meinem Dafürhalten das eigentliche »missing link« der Evolutionsforschung dar. Wie maßgeblich dies ist, zeigt sich daran, dass Schönheit und Prächtigkeit der Farben ästhetische Aspekte sind: die griechische Grundbedeutung von Ästhetik ist die Wahrnehmung der Welt durch die Sinne. Sie spielt offenbar auch dann eine große Rolle, wenn es nicht allgemein um die Evolution des Lebens, sondern speziell um die Evolution des Menschen geht.

Die Menschwerdung eines Affen

Die dritte Frage, warum einige Affen Affen geblieben sind, während unsere Vorfahren den Weg zum Menschen einschlagen konnten, kann nach dem oben Gesagten nicht mit der natürlichen Selektion beantwortet werden. Sie lassen wir zunächst noch wirken, als vor rund zwei Millionen Jahren – so sagen es die Paläontologen – die ersten menschenähnlichen Wesen (die so genannten Hominiden) in Afrika auftauchen und sich zu dem Urmenschen entwickeln, den die Experten *Homo erectus* nennen, weil er aufrecht gehen konnte.

Nach heutiger Auffassung hat sich der *Homo erectus* langsam entwickelt und rund eine Million Jahre lang als eine gut an die Umwelt angepasste Männergesellschaft gelebt, in der Frauen wenig zu sagen hatten. Man stand auf zwei Beinen, um die Hände frei zu haben und dem Gehirn die Chance zu geben, besser mit der Hitze fertig zu werden. Vor rund 500 000 Jahren – die Zeit, die Kant der Weltgeschichte insgesamt zugestehen wollte – verschwindet der *Homo erectus* und wird unter anderem durch den Neandertaler ersetzt, der eine erste Form von Humanität zeigt. Er versorgt verkrüppelte (rachitische) Artgenossen – er hat also Mitleid, was die Wahrnehmung des Anderen voraussetzt –, und er bestattet seine Toten. Dieses Verhalten hat nichts mit einer Anpassung an die umgebende Natur zu tun. Hier entsteht etwas, das mit menschlichen Werten, mit Kultur und Ästhetik zu tun hat. Der Selektionsvorteil kann nur beim Menschen selbst liegen, und die Frage ist, wer oder was den dazugehörenden Druck ausgeübt hat.

Die Antwort ist – mit der weiblichen Wahl als Vorgabe – einfach: es waren die Frauen. Nehmen wir an, die Evolution hat Bedingungen geschaffen, die ihnen die Freiheit des Wählens gab, wie haben sie sich dann entschieden? So, dass das Verhalten (Benehmen) entsteht, das sich bei den Neandertalern zeigt und das wir mit Menschlichkeit verbinden. Die Frauen wählen solche Männer, bei denen sie ein Gefühl für Verantwortung wahrnehmen, bei denen sie spüren, dass hier jemand ist, der Mitgefühl zeigt und die Interessen von anderen mitberücksichtigt, wenn Entscheidungen zu treffen sind. Wenn dieses Szenario zutrifft, dann wäre die Entwicklung zum Menschen möglich geworden, weil Frauen erstens gelernt hatten, Männer wahrnehmend zu bewerten, und weil sie zweitens die Macht bekommen hatten, ihren Willen durchzusetzen. Wir nehmen an, dass diese Situation dadurch möglich wurde, dass die natürliche Selektion ihre Mittel ausgereizt hatte und die betroffene Art bzw. ihre Mitglieder von der Umwelt mehr oder weniger unabhängig geworden waren. Konkret hatte dies – wie oben angeführt – zu kleinen Familien mit langen Erziehungszeiten für Kinder geführt, und an dieser Stelle musste die Evolution dafür sorgen, bei den starken und ausdauernden Männern, die ja zur Jagd gehen mussten, um ihre Familien zu ernähren, zusätzlich die Fähigkeit des verantwortlichen und rücksichtsvollen Handelns zu entwickeln.

Genetische Gedanken zur Evolution

Die sexuelle Selektion kann also helfen, den ersten Schritt zum *Homo sapiens* zu erklären, also zu uns selbst. Sollen auch die weiteren Schritte evolutionär begründet und auf eine biologische Basis gestellt werden, besteht die große Aufgabe darin, das Aufkommen von künstlerischen und wissenschaftlichen Fähigkeiten durch Selektionsdruck verständlich zu machen.

Wie groß die Tragweite des Darwinschen Gedankens tatsächlich ist, erkundet das kommende Kapitel. Hier soll es noch um die Überlegung gehen, ob sich die Idee der Evolution nicht als ein wahrhaft umfassendes Konzept auffassen lässt, das unserem gesamten Handeln und Denken zugrunde liegt. Mir scheint dies möglich, wenn auf die Bewegung Bezug genommen wird, die sich an vielen Stellen als maßgeblicher Ausgangspunkt erwiesen hat. Wir leben in dauernder Bewegung, unser Sein besteht aus Bewegung. Alles Sein ist Werden, oder ganz einfach ausgedrückt: Wir sind, was wir geworden sind.

Was ist, muss zunächst entstanden sein, aber eine philosophische Lehre des Werdens gibt es im Abendland nicht. Überhaupt ist unsere kulturelle Tradition auf das Erfassen von Stillstand und Festigkeit ausgerichtet. Am Anfang aller Bewegungen stand früher entweder ein festes Bewegungsgesetz – etwa bei Newton – oder eine unverrückbare Instanz, die alles verändern und umwandeln kann – etwa der »unbewegte Beweger«, den Aristoteles bemüht, um der Welt den nötigen Schwung zu geben. Und am Anfang aller bewegten Dinge steht heute ein Atom (als fest gefügter Baustein) oder ein Gen (als fest umrissene Struktur).

Die westliche Welt denkt statisch seit der Antike, in der Platon Wert auf unveränderliche (ewige) Ideen legte und Euklid unbewegliche geometrische Figuren berechnete. Das heißt, wir beweisen unsere ungebrochene Vorliebe für das Unbewegliche, indem wir ganz selbstverständlich das Attribut »platonisch« – etwa für die Liebe – oder »euklidisch« – etwa für den Raum – verwenden, während wir der entsprechenden Wendung »heraklitisch« eher verständnislos gegenüberstehen. Dabei hat der Philosoph Heraklit die Aufmerksamkeit schon früh auf das Werden lenken wollen. »Niemand steigt zweimal in denselben Fluss« und »Alles fließt« lauten Einsichten, die von ihm überliefert sind.

Der Anfang der Bewegung

Es ist leicht zu verstehen, warum eine an platonischen Texten und euklidischen Figuren ausgerichtete Geisteshaltung Schwierigkeiten mit der heraklitischen Idee der Evolution hat, die als wissenschaftliche Erfassung des Werdens verstanden werden kann. Vor dem 19. Jahrhundert war offenbar nicht daran zu denken. In unserem Weltbild wollten und wollen wir das Verändern und Wandeln nicht als Grundtatsache anerkennen. Wir suchen stattdessen feste Formen und fragen unentwegt, was der eherne Grund bzw. die ewige Ursache der Evolution ist und aus welcher nie versiegenden Quelle sie strömt. Welche unveränderliche Kraft treibt sie voran?

Wer so fragt, denkt immer noch nach den festen Vorgaben von Aristoteles, der meinte, ein Körper – etwa ein Ball – bewegt sich nur dann, wenn eine Kraft auf ihn einwirkt. Hört diese Kraft auf, hört auch die Bewegung auf. Zwar bleibt in diesem Rahmen unklar, wieso ein Speer weiterfliegt, wenn er die Hand eines Werfers verlassen hat. Aber diese Frage hat man damals nicht gestellt (und die wenigsten könnten sie heute beantworten).

Es hat fast zweitausend Jahre gedauert, bis Newton den massiven Irrtum in der Sichtweise des Griechen korrigieren und den Spieß umdrehen konnte. Erst Newton bemerkte, dass nicht der Zustand der Bewegung, sondern umgekehrt der Zustand der Ruhe eine Erklärung braucht. Ihm war klar geworden, dass ein Körper so lange in seiner Bewegung fortfährt, so lange keine Kraft auftritt, die ihn daran hindert. Nicht die Ruhe, sondern die Bewegung ist der natürliche und ungezwungene Zustand jedes Körpers – zum Beispiel auch des Mondes und der Erde. »Und sie bewegt sich doch« gilt auch für die Sonne und die ganze Milchstraße, zu der wir gehören.

Ich möchte vorschlagen, diese über dreihundert Jahre alte Einsicht Newtons in den Vorrang der Bewegung erstens ernst zu nehmen, zweitens auszuweiten und dabei drittens das Werden an den Anfang allen Seins zu stellen. Warum machen wir nicht die Evolution zum bewegten Ausgangspunkt der Welt und des Denkens, mit dessen Hilfe sich erst Linien und anschließend Flächen und Körper zeichnen lassen? Geometrische Figuren müssen erst geschaffen werden und eine Spur hinterlassen, bevor man sie vermessen kann, und auch die Welt kann nicht statisch begonnen haben. In dem Fall muss doch immer noch etwas vor diesem Anfang gewesen sein (und so weiter). In meinen Augen kann die Welt nur in dynamisch unbestimmter Form begonnen haben. Dieser Gedanke ist ohne inhärente Widersprüche und entspricht ihrem und unserem Wesen. Schließlich hat die Welt doch nie etwas anderes getan, als sich zu verändern.

Im Anfang war also die Bewegung, die wir Evolution nennen und im Verständnis der modernen Naturwissenschaften dadurch charakterisieren können, dass sie ohne einen Plan verlaufen ist: Bewegung pur, sozusagen. Wir wollen an dieser Stelle auf die Stufen der kosmischen Evolution mit einem sich urknallartig entfaltenden Weltall nur hinweisen und auch über die Evolution des Sonnensystems und der Erde hinweggehen, um zur Genese des Lebens auf unserem Planeten und damit zu uns selbst kommen zu können. Wir wollen sehen, wie die anfängliche Bewegung in uns angekommen ist und von uns ausgedrückt wird.

Es ist anzunehmen, dass die irdische Evolution mit einzelligen Formen des Lebens den Anfang gemacht hat. Aus ihnen haben sich im Laufe der Zeit die Mehrzeller entwickelt, wobei der Begriff der Entwicklung bei ihnen eine besondere Bedeutung bekommen hat, nämlich als Bezeichnung des Lebensabschnitts, in dem sich aus einer Zelle – der befruchteten Eizelle – der ganze Organismus bildet. Die Fachleute sprechen in diesem Fall von der Ontogenese, die sie von einer umfassenderen Entwicklung, der Phylogenese (Stammesgeschichte), unterscheiden. Wichtig an den Begriffen sind die gemeinsamen Endsilben »genese«, in der das griechische Wort für »werden« steckt. Bibelkundige kennen es als »Genesis«, das 1. Buch Moses, in dem die Schöpfungsgeschichte erzählt wird.

Die Fortsetzung der Bewegung

Unter einer »genetischen« Betrachtung verstand man ursprünglich eine Analyse, die das Werden erfassen sollte. In genau diesem Sinne soll es hier um eine genetische Darstellung der menschlichen Natur gehen, und nicht um Anwendungen der Wissenschaft namens Genetik.

Im Rahmen einer so verstandenen genetischen Betrachtung lässt sich nun sagen, dass die Bewegung der Evolution keine fertigen Produkte oder angepassten Lebensformen hervorbringt, sondern eine neue Bewegung: Die Evolution bringt nämlich keine Menschen hervor, sondern den Vorgang (Ontogenese), durch den Menschen entstehen können. Die Bewegung der Evolution generiert einen Prozess der Entwicklung. Dieser Prozess unterscheidet sich auf eine wohl definierte Weise von der Bewegung der Evolution selbst. Die Entwicklung verläuft nämlich nicht mehr ganz ohne Plan. In diesem Fall gibt es die (im engeren Sinne »genetischen«) Instruktionen der Erbmoleküle, die den Vorgang einleiten und steuern. Die Gene operieren dabei nicht autonom. Sie agieren keineswegs isoliert, sondern bekommen die Möglichkeit, gezielt auf Eigenheiten der Umgebung reagieren zu können. Zu diesem Zweck werden die Zellen mit Mechanismen ausgestattet, mit denen sich Signale verarbeiten lassen, die von der äußeren Welt kommen und nach innen gelangen.

Neue Formen der Bewegung

Der noch langsamen Evolution entwächst die rascher werdende Entwicklung, die sich in sich wandelt und zuletzt ein Organ – das Gehirn – hervorbringt, dessen Formation immer stärker von der Wechselwirkung mit der sinnlich zugänglichen Welt bestimmt wird. Wer diesen Prozess der Verinnerlichung als Wissenschaftler studiert, bekommt den Eindruck, dass die Erschaffung des Gehirns weniger wie die geplante Herstellung eines Werkzeugs, sondern eher wie die Anfertigung eines Gemäldes vor sich geht. In beiden Fällen spielt die Wechselwirkung zwischen der ursprünglichen Vorgabe und ihrer Umsetzung eine Rolle. Während ein Maler seine Arbeit mit seiner bildhaften Vorstellung beginnt, lässt ein Organismus erst seine Gene agieren. Für Lebewesen und Künstler stellt die Grundkonzeption – entweder die Gene in der Zelle oder die Idee im Kopf – den Ausgangspunkt des bewegten Handelns dar, das anschließend von dem entstehenden und wahrgenommenen Werk mitbestimmt wird, und zwar in der Form, in der es sich nach und nach vor den Augen des Künstlers auf der Leinwand oder in der natürlichen Umgebung des wirklichen Lebens zeigt.

Mit anderen Worten: Die Entwicklung stellt einen Vorgang dar, der alle Chancen hat, Kreativität in die Welt zu bringen, und im Gehirn ist dieses Potenzial weidlich genutzt worden. Diese schöpferische Qualität können wir in unserem genetischen Gesamtbild als die dritte Stufe der Bewegung deuten, die aus der anfänglichen Urbewegung der Evolution entstanden ist. Kreativität ist so gesehen nichts Geheimnisvolles. Sie ist jedenfalls nicht geheimnisvoller als die Evolution und die Entwicklung des Lebens. Beide Bewegungen sind so angelegt, dass eine weitere möglich wird, eben die Erschaffung von Produkten.

Wer jetzt fragt, wie der nächste Schritt in der Veränderung der Bewegung aussieht, findet die Antwort, wenn er vergleicht, wie Plan und Ausführung im Verhältnis zueinander stehen bzw. wie sie ihren Einfluss gegenseitig verschieben. Erst gab es die reine Ausführung ohne Plan – das war die Evolution, die Grundbewegung, das ursprüngliche Prinzip des Werdens. Dann trat mit den Genen ein Plan auf, der die Ausführung bestimmte. Das entstehende Produkt hatte zunächst zwar wenig Einfluss auf den Plan, doch dies änderte sich mit dem entstehenden Gehirn und seiner Kreativität. Dem fertigen Denkorgan gelingt es nun, die Instruktionen für eine Handlung und deren Durchführung zu entkoppeln. Kreative Menschen sind nämlich in der Lage, ein Konzept in der Weise vorzulegen, dass dessen Durchführung und Realisierung von anderen übernommen werden kann. Das Ergebnis kennen wir unter der eher schlichten Bezeichnung Herstellung oder Fabrikation, die beide auf das tätige Treiben von Menschen und den von ihnen geformten Gesellschaften hinweisen, das sich am deutlichsten im Bereich der Ökonomie erkennen lässt.

In dieser Sicht der Welt ist die wirtschaftliche Produktion eine hoch entwickelte Form der Bewegung, die allein deshalb unsere Aufmerksamkeit bekommt, weil sie durch uns hindurch gegangen ist und aus uns heraus gefunden hat. Dabei ist etwas völlig Neues entstanden: eine menschengemachte Natur, die mit der Natur der ursprünglichen Bewegung namens Evolution kaum noch etwas zu tun hat. Diese menschliche Natur der Wirtschaft ist bislang zwar äußerlich geblieben, aber die künftige Richtung der Bewegung scheint nach innen zu gehen. Die modernen Biowissenschaften können nämlich inzwischen die innere Natur (die Gene) verändern und entsprechend in Bewegung setzen. Lässt sich damit erkennen, wie die nächste Stufe der Leiter aussieht, die von der Evolution über Entwicklung und Kreativität zur Produktion geführt hat?

Diese Frage kann nur beantworten, wer alle Faktoren, die bei diesem Prozess eine Rolle spielen, kennt und gewichten kann. Ein entscheidender Aspekt der dargestellten Geschichte steckt in der zunehmenden Wechselwirkung zwischen dem Geplanten und dem Ausgeführten. Es kommt immer mehr darauf an, wie die geschaffene Natur wahrgenommen wird, und wenn nicht alles täuscht, fällt den Menschen unserer Zeit etwas auf. Sie nehmen wahr, dass die Natur, die sie geschaffen haben, ihnen nicht mehr gefällt. Wir sehen zerstörte Landschaften und bedrückende Wohngebiete, um nur zwei Beispiele zu nennen, und fühlen uns unbehaglich. Die menschliche Natur meldet ihre ästhetischen Ansprüche an. Ihre genetische Geschichte hat uns mit ihrer Wahrnehmung Handlungsmöglichkeiten eröffnet. Wir sind nicht nur, was wir geworden sind. Wir sehen es auch. Die nächste Bewegung hängt davon ab.

10 Wie weit trägt der evolutionäre Gedanke?

Über das Thema der Evolution gibt es mehr Bücher, als man selbst in einem langen Leben lesen könnte. Zu den fleißigsten Autoren solcher Bücher gehört Stephen J. Gould, der in New York geborene Zoologe und Geologe aus Harvard, der in seiner Heimat längst Prominentenstatus erreicht hat und von US-Präsidenten aller Couleur um Rat gefragt wird. Jedes Jahr fließt Gould ein neuer Band aus der Feder, wobei mehr und mehr auffällt, wie kritisch er mit seinem Lieblingskonzept umgeht, dem der Evolution.[1] In letzter Zeit hat er anderen (ebenfalls sehr prominenten) Anhängern der Evolutionsidee – zum Beispiel Richard Dawkins und Stephen Pinker – den Fehdehandschuh hingeworfen, weil er deren allzu umstandslose Verwendung des Darwinschen Gedankens zur Erklärung nicht nur des menschlichen Körpers, sondern auch der menschlichen Psyche für verfehlt und überzogen hält. Gould hält nichts von einem Fach namens »evolutionäre Psychologie« und verhöhnt alle entsprechenden Bemühungen als »Ultradarwinismus«. Während es bei uns eher wenig Aufregung um die Tragweite des evolutionären Gedankens gibt, hat die Debatte in der intellektuellen angelsächsischen Welt ein breites Interesse auch außerhalb der naturwissenschaftlichen Sphäre gefunden.

Goulds Abneigung gegen eine evolutionäre Erklärung der Seele hat vor allem damit zu tun, dass er einen Gedanken explizit und mit all seiner Wortgewalt ablehnt, der zwar offiziell längst als überwunden gilt, der von vielen Menschen aber immer noch gerne durch die Hintertür in ihr Denken eingelassen wird. Gemeint ist der Gedanke, dass der Mensch die Krone der Schöpfung sei. Natürlich drücken sich die modernen Biologen heute nicht mehr so aus, aber Goulds Beobachtung zufolge meinen sie trotzdem nichts anderes, wenn sie sagen, dass Menschen die komplexesten Formen des Lebens sind, die im Laufe der Evolution entstanden sind. Dabei wird ganz selbstverständlich vorausgesetzt, dass der umfassende Prozess unserer Stammesgeschichte eine Tendenz zur fortschreitenden Komplexität in und mit sich trägt (mit uns selbst als deren vorläufigen Schlusspunkt).

Genau gegen diesen Gedanken wendet sich Gould zum Beispiel in einem Buch über »die vielfältigen Wege der Evolution«, mit dem Titel *Illusion Fortschritt*, in dem er den Menschen zum bloßen Schaum auf der bewegten Geschichte der Bakterien degradiert, der auch ganz anders hätte werden können. Gould wird nicht müde, im Großen zu behaupten und im Kleinen zu belegen, dass Menschen zufällige Produkte der Evolution sind, und zwar in dem Sinne, dass eine Wiederholung der Geschichte des Lebens, die zu einem Zeitpunkt vor dem Auftreten des Menschen beginnt, mit höchster Wahrscheinlichkeit nicht noch einmal ein Wesen unserer Art hervorbringen würde. Was immer die Geschichte des Lebens bestimmt, was ihr eine Richtung gibt und unsere Eigenschaften vorzubereiten scheint – Fortschritt kommt nach Goulds Ansicht als Modell dafür nicht in Frage.[2] In seinem jüngsten Buch hat er diese Ansichten in der folgenden Form zusammengefasst, »die man sich wie ein Hare-Krishna-Mantra mehrmals am Tag vorsingen sollte, damit sie umso tiefer in die Seele eindringt«:

> »Menschen sind nicht das Endergebnis eines vorhersehbaren Evolutionsfortschritts, sondern ein zufälliger kosmischer Nachzügler, ein winzig kleiner Zweig an dem unglaublich üppigen Busch des Lebens, der, würde er ein zweites Mal aus dem Samen heranwachsen, mit ziemlicher Sicherheit nicht noch einmal diesen Zweig oder überhaupt einen Zweig mit einer Eigenschaft, die wir Bewusstsein nennen könnten, hervorbringen würde.«[3]

Evolutionäre Medizin

Goulds Gegner lassen sich durch solche Glaubensbekenntnisse trotz all der starken Worte nicht beeindrucken, woraus im Einklang mit der Komplementarität etwas zu lernen ist: Wer der Evolution vertraut, um die Eigenschaften des Menschen zu erklären, muss ebenso damit rechnen, widerlegt zu werden wie einer, der meint, ohne Suche nach Anpassungen auskommen zu können. Vielleicht sollte man sich darüber freuen, dass selbst hier im Herzen der wissenschaftlichen Bemühungen eine der vielen unentscheidbaren Fragen lauert, die Wissenschaft zum Abenteuer mit offenem Ausgang machen. Wichtig ist nur, dass man sich auf die Unternehmung einlässt, zum Beispiel durch Einnahme eines festen Standpunkts, um zu prüfen, wie gut man von ihm aus das Gebiet des Humanen erkunden und erfassen kann. Dies soll im Folgenden geschehen, wobei ich mich trotz all meiner Sympathie für den quirligen Gould lieber an den schon einmal zitierten Satz des Biologen Theodosius Dobzhansky halte, demzufolge nichts in der Biologie Sinn macht, wenn man es nicht im Licht der Evolution betrachtet. Begonnen werden soll im Bereich der Medizin. Auch Krankheit und Gesundheit scheinen nämlich besser verständlich zu werden, wenn man sie evolutionär deutet. Die Frage »Warum werden wir krank?« sollte immer auch vor dem Hintergrund unserer Herkunft betrachtet werden. Wer zum Beispiel verstehen will, warum man Gicht bekommt, wird nicht nur wissen wollen, dass dafür Harnsäurekristalle in den Gelenken verantwortlich sind, sondern wird auch fragen, warum ein Körper überhaupt so viel Harnsäure in seinem Blut mit sich führt, dass es zur Kristallbildung kommen kann. Und er ist zumindest aufs Erste zufrieden, wenn man ihm erläutert, dass Harnsäure eine schützende Funktion hat. Sie fängt besondere toxische Stoffe (so genannte Radikale) ab, die unvermeidlich mit der Nahrungsaufnahme in den Körper gelangen und das Gewebe zerstören würden, wenn sie niemand daran hinderte. Man würde die Natur bzw. die Evolution überfordern, wenn man verlangte, immer die perfekte Menge an Harnsäure bereitzustellen. Einige Menschen produzieren zuviel von diesem Stoff, und für sie steigt die Wahrscheinlichkeit, an Gicht zu leiden.

Eine auf die geschilderte Weise vorgehende Form der Medizin nimmt in den angelsächsischen Ländern inzwischen immer mehr Gestalt an. Seit einigen Jahren ist von einer »New Science of Darwinian Medicine« die Rede, die hier vorgestellt werden soll.[4] Um den entsprechenden Überlegungen zu folgen, muss man sich – wie oben gezeigt – von der Vorstellung befreien, dass die Selektion nur perfekte Lösungen ohne Fehl und Tadel liefert. Auch die Natur muss unentwegt Kompromisse eingehen, auch sie muss Kosten und Nutzen abwägen, allerdings immer unter der Vorgabe, dass der Vermehrungserfolg optimiert wird, was heißt, dass die Zahl der geeigneten Gene, die in der nächsten Generation auftauchen, möglichst groß wird.

Die Fachwelt spricht in diesem Fall von der reproduktiven Fitness, und man sollte sich klarmachen, dass die natürliche Auswahl dabei nicht unbedingt an Gesundheit denkt. Ihr geht es – im Verständnis der Wissenschaft – weniger um ein individuelles »Sich-fit-fühlen«, sondern um die Menge der Nachkommen. Damit wird denkbar, dass es zum Beispiel Gene gibt, die sich zwar im Alter – also nach der Phase der Vermehrung – negativ auswirken, die aber in der davor liegenden reproduktiven Phase des Lebens nützlich sind und zur Fitness beitragen. In diesem Fall wird die Selektion Gene dieser Art bevorzugt auftreten lassen und für ihre Verbreitung sorgen, statt sie auszumendeln.

Als Beispiel hierfür kann die Alzheimer-Krankheit dienen, die vor allem ältere Menschen betrifft und die ganz sicher genetische Komponenten hat. Bei Patienten, die unter Morbus Alzheimer leiden, sind vor allem die Teile des Gehirns betroffen, die sich erst in jüngster Zeit unserer Stammesgeschichte entwickelt haben. Andere Primaten haben diese Regionen nicht. Damit liegt die Idee nahe, dass die betroffenen Patienten nicht nur den Nachteil der Alzheimer-Demenz haben, sondern dass sie vielleicht früher im Leben über besser vorbereitete (entwickelte) Gehirne mit stärker vernetzten Neuronen verfügten und also mit den entsprechenden Genen intelligenter sind als ohne sie.

Dies ist jedoch keinesfalls bewiesen und bleibt zur Zeit nur eine Vermutung. Sie hat allerdings den Vorteil, wissenschaftlich nachprüfbar zu sein. Noch hat dies niemand versucht, aber es lässt sich vorhersagen, dass eine entsprechende Studie unternommen werden wird, wenn sich die Medizin darwinistisch orientiert und evolutionäre Kausalitäten zu erforschen beginnt.

Infektionen

Das Problem einer evolutionär orientierten Heilkunde besteht letzten Endes darin, zu erklären, warum die Evolution zwar all die faszinierenden Konstruktionen wie etwa das Auge, das Immunsystem und das Gehirn hervorbringen konnte, zugleich aber nicht in der Lage war, im Vergleich dazu scheinbar simple Sachen wie die Sichelzellenanämie, die Zuckerkrankheit, Allergien oder Krebs durch Selektion verschwinden zu lassen. Warum werden wir immer noch von Infektionskrankheiten belästigt und oftmals selbst mit den einfachsten Bakterien und Viren nicht fertig?

Die Antwort auf die letzte Frage ist einfach, wenn man sie durch die Brille der Evolution betrachtet. Denn nicht nur wir Menschen unterliegen diesem Prozess, sondern die Bakterien und Viren auch, und sie haben den großen Vorteil einer sehr viel kürzeren Generationszeit. Sie entwickeln sich also viel schneller als wir, und fast scheint es, als müsste man die Frage eher umgekehrt stellen: Warum haben es die Mikroorganismen noch immer nicht geschafft, uns völlig auszusaugen und auszurotten?

Die klassische Antwort darauf lautet, dass es von den Parasiten ganz schön dumm wäre, ihre Wirte umzubringen. Schließlich fehlte ihnen anschließend der geeignete Lebensraum. Es wird sich also eine Art von Gleichgewicht in diesem ewigen Wettstreit zwischen Mensch und Pathogen einstellen, den wir hier nur unter einem, medizinisch relevanten Aspekt behandeln. Gemeint ist einer der Abwehrmechanismen, den Wirtsorganismen (unter anderem Menschen) in diesem Zweikampf entwickelt haben, um Bakterien und Viren zu bekämpfen.

So lassen sich etwa bei Patienten mit chronischer Tuberkulose niedrige Eisenwerte im Blut feststellen, was den Arzt dazu verführen könnte, diese Anämie durch Eisenzufuhr von außen zu überwinden. Wer dies tut, verwechselt einen Abwehrmechanismus mit einer Krankheit. Denn wie heute zweifelsfrei dank gezielter Experimente feststeht, sind es vor allem die Tuberkulosebakterien, welche das Eisen brauchen. Wenn nun der Wirt ihnen das Leben so schwer wie möglich machen soll, muss er den Eisengehalt im Blut so niedrig wie möglich einstellen. Die Evolution wäre also gut beraten, den Wirt so einzurichten, dass er alles unterlässt oder vermeidet, was seinem Körper Eisen zuführt. So gesehen ist es dann überhaupt kein Wunder mehr, dass uns Schinken und Eier nicht mehr schmecken, wenn wir Grippe haben. In diesen Lebensmitteln steckt eben viel Eisen. Wir bevorzugen als Patienten stattdessen Toast und Tee, und zwar unter anderem deshalb, weil beide keinerlei Eisen abliefern und den Pathogenen somit das Überleben schwer machen.

Bleiben wir noch ein wenig bei den Abwehrmaßnahmen des Körpers, die leicht mit Krankheitssymptomen verwechselt werden können. Zu ihnen gehört auch die Diarrhö. Versuche haben gezeigt, dass es sich bei dieser unangenehmen Reaktion des Körpers um einen Abwehrmechanismus handelt, den man deshalb nicht um jeden Preis medikamentös unterbinden sollte. Rund zwei Dutzend freiwillige Probanden wurden mit dem *Shigella*-Bakterium infiziert und die Hälfte von ihnen mit einem Medikament behandelt, das die als Konsequenz der *Shigellosis* (Bakterienruhr) auftretende Diarrhö unterband. Wer das Medikament *(Lomotil)* bekam, blieb zur allgemeinen

Überraschung doppelt so lange krank wie diejenigen, die mit Placebo behandelt wurden, das heißt, es dauerte doppelt so lange, bis kein Bakterium mehr im Stuhl nachzuweisen war.

Solch ein Versuch zur evolutionären Medizin macht deutlich, dass es wichtig ist zu wissen, wann man ein Medikament gegen Durchfall einnehmen sollte und wann nicht, und mir scheint, dass es neben all den Studien zur Arzneimittelsicherheit, zur Dosisfindung und zur Verträglichkeit auch Untersuchungen geben sollte, die etwas über die Hauptwirkung – die Unterbindung der Diarrhö – aussagen. Doch wer danach in der medizinischen Literatur sucht, tut dies bislang in der Regel vergeblich.

Die häufigste Erbkrankheit

Wer allerdings nach einer genetischen Komponente sucht, die den geschilderten Abwehrmechanismus kontrolliert und ermöglicht, kann seit kurzem wenigstens einen Anhaltspunkt finden. Wir leben ja bekanntlich unter dem Eindruck der neuen Genetik, die immer mehr Gene findet, die für Krankheiten zuständig sind, und da liegt unter dem evolutionären Gesichtspunkt natürlich die bereits erwähnte Frage nahe, wieso die Selektion überhaupt Gene zugelassen hat, die krank machen. Bei einem der bekanntesten Gene scheint sich da eine Antwort abzuzeichnen, und zwar bei dem Gen, das für die Mukoviszidose bzw. Zystische Fibrose verantwortlich ist. Die Mukoviszidose ist die häufigste Erbkrankheit unter Europäern, und einer von 25 Menschen im Norden Europas trägt ein entsprechendes Gen in sich. Es muss also eine starke selektive Kraft für diese Variante gegeben haben, und zur Zeit vermutet man, die Kraft könnte dadurch zustande gekommen sein, dass die medizinisch relevante Variante des Mukoviszidose-Gens dafür sorgt, dass im Kindesalter der Tod durch Diarrhö weniger häufig eintritt und die entsprechende Sterberate abnimmt.

Bekanntlich tragen wir zwei Kopien eines Gens – zwei so genannte Allele – in unseren Zellen, und es wird immer deutlicher, dass Gene, die zu Krankheiten bei einem Menschen führen, der *zwei* ungeeignete Varianten geerbt hat, dann von der Evolution weitergegeben wurden, wenn die Träger nur *einer* ungeeigneten Variante Vorteile hatten. Die wenigen homozygoten (mit gleichartiger väterlicher wie mütterlicher Erbanlage versehenen) Patienten sind also der Preis, den die Natur zahlt, um viele heterozygote Menschen besser auszustatten, auf dass sie in einer feindlichen Umgebung überleben und Nachkommen zeugen können.

Was das Gen für die Mukoviszidose angeht, so weiß man inzwischen auch, dass es in der Kindheit und in der Jugend gegen Asthma schützt. Dieser Schutz muss sehr wichtig gewesen sein, wie man sich leicht ausmalen kann, wenn man sich vorstellt, wie eng und rauchig es in den Hütten und Höhlen der Steinzeit gewesen sein muss (was uns vielleicht heute bei all der Verschmutzung zum Vorteil wird).

Molekulare Krankheiten

Den gerade geschilderten Mechanismus, dass rezessive schädliche Gene in einfacher Ausgabe Vorteile mit sich bringen, kennen viele von der Sichelzellenanämie, die bereits 1948 als molekulare Krankheit identifiziert werden konnte. Das Gen verleiht seinen Trägern in Einzeldosierung wenigstens ein wenig Resistenz gegen die Malaria, was sich inzwischen durch die Beobachtung, dass die Häufigkeit dieses Gens in Gegenden, in denen Malaria keine Rolle spielt, verschwindend gering ist, immer besser in den evolutionären Argumentationsrahmen einfügen lässt. Unter den hier betrachteten evolutionären Gesichtspunkten muss die Antwort auf die eingangs gestellte Frage nach den Ursachen des Krankseins demnach lauten: »Weil die Selektion kein besseres Mittel gegen Malaria gefunden hat.«

Gene bzw. ihre Produkte können indes nicht nur lebende Menschen vor Infektionen schützen; sie können auch schon wirken, bevor wir auf die Welt kommen. In letzter Zeit ist immer deutlicher beobachtet worden, dass – überspitzt ausgedrückt – die meisten Menschen gar nicht erst geboren werden. Vermutlich führen acht von zehn Konzeptionen nicht zu Nachwuchs, sondern brechen in Form eines Spontanaborts sehr früh ab. Eine Analyse dieser spontanen Abgänge hat nun ergeben, dass sie nur in sehr wenigen Fällen ein Gen enthalten, das unter dem Kürzel DR3 bekannt ist und zur Zuckerkrankheit beiträgt. Es liegt also der Verdacht nahe, dass das Gen DR3 zwar später im Leben den Nachteil des Diabetes mit sich bringt, dass es aber zunächst einmal hilft, das Leben überhaupt auf die Welt kommen zu lassen. Der Vorteil an dieser frühen Stelle wiegt offenbar den Nachteil später auf.

Leider gibt es bis heute nur sehr wenige systematische Untersuchungen zu diesem Thema. Es ist aber zu erwarten und zu hoffen, dass sich dies in den nächsten Jahren ändern wird, wenn mehr und mehr darwinistische Wissenschaftler versuchen werden, die Frage, warum wir krank werden, in dem hier beschriebenen Sinne zu beantworten.

Die Frage nach Krebs

Eine besondere Variante der eingangs gestellten Frage, nämlich »Warum bekommen wir Krebs?«, gilt allgemein als bester Kandidat für eine evolutionäre Antwort, unter anderem deshalb, weil inzwischen klar geworden ist, dass es starke genetische Komponenten für die Bildung von Tumoren und Metastasen gibt. Die dazugehörenden Gene müssen folglich eine wichtige Rolle im Leben der Zellen und Organismen spielen.

Das zur Zeit beste Beispiel für einen evolutionären Ansatz beim Verständnis von Krebs scheinen die Tumoren der weiblichen Organe zu sein, die der Reproduktion dienen. Gemeint sind die Brust, der Uterus und die Eierstöcke. In den USA sind unlängst alle hierzu vorhandenen Daten zusammengestellt worden, um zu erkunden, warum diese Krebsformen in einigen menschlichen Populationen besonders zunehmen und in anderen nicht. Die dabei zusammengetragenen Ergebnisse machen deutlich, dass diese moderne Menschheitsplage mit dem reproduktiven Verhalten korreliert ist, das viele Frauen in den entwickelten Industrieländern an den Tag legen.

Natürlich hat die zunehmende Krebsrate zunächst einfach mit der in diesem Zusammenhang eher langweiligen Tatsache zu tun, dass die Frauen älter und damit krebsanfälliger als Männer werden. Interessanter ist aber der Befund, dass die Wahrscheinlichkeit, dass im reproduktiven System Krebs auftaucht, direkt mit der Zahl der Menstruationszyklen verknüpft ist, die eine Frau im Laufe ihres Lebens erfährt. Die in dieser Hinsicht am stärksten gefährdete Person ist demnach eine in die Jahre gekommene Frau, die sehr früh ihre erste Periode bekommen hat, deren Wechseljahre erst spät eingesetzt haben und die keine oder nur wenige Kinder zur Welt gebracht hat.

Solche Frauen gibt es natürlich in großer Zahl, und es braucht kaum betont zu werden, dass solch ein Leben wenig mit dem reproduktiven Muster gemeinsam hat, dem Steinzeitfrauen unterlagen und für das unsere Gene selektioniert worden sind. Wenn man sich vorstellt, dass Steinzeitfrauen später als heutige Mädchen geschlechtsreif wurden, bald danach schwanger wurden und ihre Kinder über Jahre hinweg stillten, wenn man weiter insgesamt fünf bis sechs Schwangerschaften annimmt und eine nicht allzu hohe Lebenserwartung in seine Überlegungen einbezieht, dann lässt sich leicht abschätzen, dass eine Steinzeitfrau im Laufe ihres Lebens auf rund 150 Menstruationszyklen gekommen ist. Eine Frau in unserer Gesellschaft, selbst wenn sie zwei oder drei Kinder zur Welt bringt, kommt leicht auf die doppelte bis dreifache Zahl.

Es ist natürlich noch längst nicht klar, wie und warum die vielen Zyklen zu einer erhöhten Krebsrate führen. Unter evolutionären Aspekten bietet sich jedoch folgende Hypothese an, die deshalb nahe liegt, weil Krebs vor allem ein ungezügeltes

Wachsen von Zellen, das heißt, die außer Kontrolle geratene Fähigkeit der Vermehrung darstellt, die an sich überlebenswichtig ist. Ein Menstruationszyklus bringt große Schwankungen im Hormonspiegel mit sich, die ihrerseits umfassende Reaktionen der Zellen nach sich ziehen. Wir müssen uns vorstellen, dass Zellen vor allem eins gut können müssen, nämlich sich zu vermehren, und dass die Zellen der reproduktiven Organe dazu in besonderem Maße in der Lage sein müssen. Es gehört vermutlich ein ausgeklügeltes System dazu, die Zellen daran zu hindern, sich dauernd zur falschen Zeit zu vermehren. Nur ihre Bereitschaft dazu muss bestehen bleiben, und diese wird von Hormonen kontrolliert, deren Schwankungen genau angepasst werden müssen. Wenn diese Moleküle nun ihre Konzentration allzu stark ändern, ist leicht vorstellbar, dass die natürlichen Eindämmungsmaßnahmen irgendwann nicht mehr ausreichen. Als Folge davon entsteht Krebs. Die vielen hundert Menstruationszyklen im modernen Leben sind etwas, worauf die Evolution, die nur mit den erwähnten 150 Perioden zu rechnen hatte, die Frauen von heute nicht vorbereiten konnte.

Alte Gene in neuer Umgebung

Das hier aufgezeigte Beispiel der Krebserkrankung hat grundsätzlich damit zu tun, dass ein Mechanismus, der sich in unserer biologischen Vergangenheit entwickelt und zur menschlichen Adaptation beigetragen hat, nachteilige Effekte mit sich bringen kann, wenn sich der Rahmen ändert, in dem er wirkt. Wenn alte Gene in eine neue Umgebung kommen, müssen sie nicht adaptiv sein. Sie können dann Schaden anrichten, selbst wenn sie früher optimal selektioniert worden sind. Wir wollen uns diese Idee an einem Beispiel genauer ansehen, das mit unserer Ernährung zu tun hat.

Die Vorstellung fällt sicher nicht schwer, dass es für die Menschen der Steinzeit von Vorteil war, sich die süßesten Früchte auszusuchen und möglichst viel davon zu nehmen, wenn sie welche finden konnten. Und jetzt stellen Sie sich vor, wie immer noch mit den gleichen Genen veranlagte Menschen – also wir alle – einen Supermarkt mit all seinen verlockenden Angeboten an Schokolade, Pralinen und anderen Leckereien durchstreifen. Wir werden diesen Verlockungen einfach erliegen und uns ihnen bereitwilliger zuwenden als dem Apfel, der daneben liegt, selbst wenn dieser viel mehr Zucker enthält als sein Verwandter, der unseren Vorfahren zur Verfügung stand. Die Frage »Warum werden wir durch Essen krank und halten uns nicht an einen Diätplan?« lässt sich so gesehen ganz einfach beantworten. Wir geben nur einem im Rahmen der Evolution selektionierten Verlangen nach – und das kann doch keine Sünde sein.

Man kann die Exzesse der Schlemmerei noch genauer erklären, und zwar durch die Idee des übernormalen Reizes, mit der die Verhaltensforscher operieren. Sie haben beobachtet, dass Gänse, denen ein Ei aus dem Nest rollt, dieses zurückholen. So gut und nützlich diese Reaktion ist, sie lässt sich verwirren, wenn man den Gänsen neben dem Ei einen Tennisball anbietet. Offenbar reizt der Tennisball die Tiere mehr als das eigene Produkt. Er übt einen übernormalen Reiz auf ihr Nervensystem aus und sorgt dafür, dass die Gänse ihr eigentliches Ziel – das Ei – vernachlässigen und stattdessen den Tennisball in ihr Nest rollen.

Ohne die evolutionäre Relevanz solch eines Verhaltens im Detail zu erörtern, sollte man sich klarmachen, dass auch wir Menschen solchen übernormalen Reizen erliegen, zum Beispiel dann, wenn wir lieber zu einem Stück Apfeltorte greifen als zum Apfel selbst.

Tatsächlich lässt sich sagen, dass unsere Gewichts- und Diätprobleme dadurch verständlich werden, dass es eine Fehlanpassung gibt zwischen dem Geschmack, der unser Überleben in der Steinzeit mit knappen Nahrungsmengen sicherte, und den Auswirkungen, die diese Neigung in der heutigen Welt voller Supermarktregale mit all ihren Verführungen hat. Es war in der Steinzeit stets adaptiv, soviel wie möglich von den lebenswichtigen Stoffen zu sich zu nehmen und immer dann soviel Fett, Salz und Zucker wie möglich zu essen, wenn sie einem zur Verfügung standen. Wenn wir heute immer noch nach fettreicher Kost lechzen, dann tun wir dies aus dieser Anlage heraus, obwohl wir inzwischen längst von verstopften Arterien und Arteriosklerose bedroht sind. Unser evolutionäres Erbe wirkt zu stark nach und lässt viele gut gemeinte Ratschläge ins Leere gehen.

Die Fehler in der Ernährung wirken sich vor allem deshalb besonders nachteilig aus, weil wir nicht nur zu viel essen, sondern uns auch noch zu wenig bewegen, um an die Lebensmittel heranzukommen. Es reicht, mit dem Auto zum nächsten Geschäft zu fahren und sich dort großzügig zu bedienen. Und diese Tendenz zur Faulheit, die jeder von uns kennt, lässt sich noch einmal unter den Bedingungen der Evolution erklären. Denn es war im Laufe unserer Entwicklung mit Sicherheit adaptiv, immer dann so wenig wie möglich zu tun, wenn die Gelegenheit sich dazu bot. Man musste Energie sparen, wo es ging, um für die harten Zeiten und die langen Jagden gerüstet zu sein, und vermutlich hat uns die Evolution gerade deshalb ein kleines Lustgefühl mit auf den Weg gegeben, wenn wir Pause machen. Früher war die Körperenergie etwas, was keineswegs vergeudet werden durfte; heute ist daraus nur die Lust geworden, im Bett liegen zu bleiben, wenn es regnet, oder im Fernsehsessel zu ruhen, wenn man laufen oder Sport treiben sollte.

Die Leute im Fernsehen

Mit den Stichworten »Lust« und »Fernsehen« sind zwei Themen angesprochen, die bislang ebenfalls noch viel zu wenig unter evolutionären Gesichtspunkten analysiert worden sind. Gemeint sind psychische Regungen wie Vertrauen und Angst, mit denen uns die natürliche Selektion versorgt hat, allerdings nicht in Hinblick auf die Umstände, unter denen wir heute leben. Dies führt zu einer Vielzahl von Problemen, die eine evolutionär orientierte Psychologie in Angriff nehmen müsste (wie sie seit kurzem in den USA trotz der Kritik von Stephen Gould praktiziert wird).

Hier ein paar Beispiele, die im Rahmen unserer Fragestellung relevant sind: Die meisten Menschen, mit denen wir heute im Verlauf eines Tages zu tun haben, sind nicht mehr die vertrauten Familienmitglieder, mit denen es der Steinzeitmensch fast ausschließlich zu tun hatte. Die meisten Menschen, denen wir heute begegnen, sind uns biologisch vollkommen fremd, und so ist es eigentlich kein Wunder, dass sich so etwas wie Vertrauen nicht mehr einstellen will und Angst und Verzweiflung in zivilisierten Gesellschaften immer mehr um sich greifen.

Angst ist ganz sicher ein Produkt der Selektion. Wer sich früher ohne Angst im Dunkeln der Nacht oder des Waldes bewegte, hatte keine Überlebenschance und damit auch keine Nachfahren. Warum aber entsteht daraus in unserer Welt soviel Verzweiflung? Warum werden so viele Menschen depressiv? Warum bringen sich so viele Mitglieder von hochmodernen Gesellschaften – wie etwa der Schweiz – um? Und warum ist der Selbstmord (nach Autounfällen und Morden) zur dritthäufigsten Todesursache unter jungen Amerikanern geworden?

Natürlich kann man zerrüttete Ehen oder die Auflösung der Familie dafür verantwortlich machen; aber wir sollten gleichzeitig auch fragen, ob sich im Hintergrund nicht evolutionäre Ursachen für diese Probleme finden lassen. Wer solch eine Spur aufnimmt, wird bald bei den Medien und besonders beim Fernsehen landen. Man sollte nämlich die Hypothese sehr ernst nehmen, dass das Fernsehen, abgesehen von vielen anderen unklaren Einflüssen wie etwa dem auf das Lernen, vor allem eine Störung der Selbstwahrnehmung bewirkt. Damit meinen die Vertreter einer evolutionär zu begründenden Psychologie Folgendes: Die Selektion hat uns Menschen offenbar mit einem leichten Hang zum Wettbewerb ausgestattet. Wir wollen immer ein wenig mehr haben und mehr sein als andere, und viele von uns versuchen mit wachsendem Vergnügen, ihre Nachbarn oder Kollegen in der einen oder anderen Form zu übertreffen.

Warum solch ein Verhalten in der Evolution sinnvoll war, braucht nicht eigens erläutert zu werden. Wohl aber sollte man die Tatsache betonen, dass sich diese Lust am Wettstreit in den kleinen Gemeinschaften ausgebildet hat, in die unsere Vorfahren eingebunden waren. Solange man nur mit Verwandten und Nachbarn in Konkurrenz stand, brachten diese Adaptationen keine Probleme mit sich. Die Situation änderte sich grundlegend erst im Zeitalter der Massenkommunikation. Jetzt vergleicht man sein Leben nicht mehr nur mit dem der Verwandten oder Nachbarn, jetzt starrt man auf die phantastischen Lebensläufe, die auf dem Bildschirm vorgeführt werden. Die eigene Qualität, die eigene Umwelt können einem hoffnungslos unzureichend vorkommen, und das entscheidende Wort ist dabei »hoffnungslos«. Wir werden verzweifelt und unzufrieden mit uns und unserem Leben und beginnen, unsere Befriedigung auf andere Weise zu suchen. Die so definierte Verzweiflung des modernen Menschen hat – zumindest in den USA – genau zu der Zeit angefangen, in der das Fernsehen alle Haushalte erreicht hatte. Zeitgleich mit diesem statistischen Tatbestand fingen in den fünfziger Jahren des 20. Jahrhunderts die Frauen in den Vorstädten an, zum Alkohol zu greifen, und ihre Kinder gingen auf Diebestouren, wie durch die amtlichen Zahlen nachprüfbar und korrelierbar ist.

Der hier vorgestellte evolutionäre Blickwinkel soll nicht der Ansicht das Wort reden, dass alle Probleme und alle Krankheiten in den evolutionären Vorgaben namens Genen stecken. Aber die Gene stecken in uns. Wir kommen ohne sie nicht aus, und wir sollten die Kräfte zur Kenntnis nehmen, die sie geformt haben. Die Gene bestimmen unser Leben nicht, aber es könnte sein, dass ein Leben, das gegen die Gene und ihre Herkunft geführt wird, uns krank werden lässt.

Evolutionäre Erkenntnislehre

Nach dem Körper kommt der Geist, und eine ganz spannende Frage lautet, ob der evolutionäre Gedanke noch trägt, wenn es nicht nur um die menschliche Gesundheit, sondern um unsere Erkenntnisfähigkeit geht. Hat es so etwas wie eine Evolution des Erkennens gegeben? Es gibt viele Wissenschaftler, die darauf nicht nur positiv antworten, sondern die dieses philosophische Terrain für die Biologie reklamieren wollen. Sie formulieren ihre Hauptthese unmissverständlich: »Unser Erkenntnisapparat ist ein Ergebnis der (biologischen) Evolution. Die subjektiven Erkenntnisstrukturen passen auf die Welt, weil sie sich im Laufe der Evolution in Anpassung an diese reale Welt herausgebildet haben. Und sie stimmen mit den realen Strukturen (teilweise) überein, weil nur eine solche Übereinstimmung das Überleben ermöglichte.«[5]

Völlig neu ist dieser Gedanke nicht, denn die erste Vorstellung, dass die kognitiven Strukturen des Menschen eine evolutionäre Erklärung vertragen, findet sich bereits in Darwins Tagebüchern. Er hat in den platonischen Dialogen gelesen und die Ansicht des griechischen Philosophen kennen gelernt, dass Verstehen etwas mit seelischen Bildern (Ideen) zu tun hatte, die es schon immer gab, die also vor den Menschen da gewesen sind. Für den evolutionär ausgerichteten Blick hat dieses »vor« eine konkrete Bedeutung, und so vermerkt Darwin, »lies Affe für Präexistenz«.

Abgesehen von diesem Einfall hat sich lange Zeit hindurch weder ein Biologe noch ein Philosoph um die Erklärung der kognitiven Fähigkeiten unserer Art gekümmert, die mit der Evolutionsidee möglich wird, wobei es vor allem die Zurückhaltung der Erkenntnistheoretiker ist, die in diesem Zusammenhang überrascht. Schließlich hatte spätestens Immanuel Kant am Ende des 18. Jahrhunderts in seiner *Kritik der reinen Vernunft* von angeborenen Strukturen des Erkennens gesprochen, die er mit den beiden Worten »a priori« belegte. Was angeboren ist, muss doch irgendwie etwas mit biologischen Gegebenheiten zu tun haben, und es hätte den reinen Denkern nicht geschadet, wenn sie genauer nach den im Leben verankerten Wurzeln unserer Denkgewohnheiten gefragt hätten.

Der Wiener Physiker Ludwig Boltzmann hat ihnen diese Aufgabe abgenommen. Er hat in zahlreichen Vorträgen und *Populären Schriften* um die Wende zum 20. Jahrhundert vorgeschlagen, Darwins Lehre auf die Philosophie anzuwenden und angeregt, das Gehirn »als das Organ zur Herstellung der Weltbilder [zu betrachten], welches sich wegen der großen Nützlichkeit dieser Weltbilder für die Erhaltung der Art entsprechend der Darwinschen Theorie beim Menschen geradeso zur besonderen Vollkommenheit herausbildete, wie bei der Giraffe der Hals, beim Storch der Schnabel zu ungewöhnlicher Länge.«[6]

Für Boltzmann war wichtig, »dass die Darwinsche Lehre keineswegs bloß die Zweckmäßigkeit der Organe des menschlichen und tierischen Körpers erklärt, sondern auch davon Rechenschaft gibt, warum sich oft Unzweckmäßiges, rudimentäre Organe, ja geradezu Fehler in der Organisation bilden konnten und mussten«.

Seine entscheidende Beobachtung trägt Boltzmann im November 1900 in Leipzig vor:

»Nach meiner Überzeugung sind die Denkgesetze dadurch entstanden, dass sich die Verknüpfung der inneren Ideen, die wir von den Gegenständen entwerfen, immer mehr der Verknüpfung der Gegenstände anpasste. Alle Verknüpfungsregeln, welche auf Widersprüche mit der Erfahrung führten, wurden verworfen und dagegen die allzeit auf Richtiges führenden mit solcher Energie festgehalten und dieses Festhalten vererbte sich so konsequent auf die Nachkommen, dass wir in solchen Regeln schließlich Axiome oder Denkgewohnheiten sahen. […] Man kann diese Denkgesetze aprioristisch nennen, weil sie durch die vieltausendjährige Erfahrung der Gattung dem Individuum angeboren ist.«

Damit nimmt Boltzmann vorweg, was sein Landsmann Konrad Lorenz einige Jahrzehnte später prägnant formuliert, als er die angeborenen Formen der Erfahrung unter den biologischen Gesichtspunkten untersucht, die ihm als Verhaltensforscher besonders wichtig scheinen. In allerkürzester Form identifizierte Lorenz die Kategorien, die uns ontogenetisch ohne Erfahrung (a priori) gegeben sind, mit den Erkenntnisstrukturen, die sich im Laufe der Stammesgeschichte (phylogenetisch) an der Erfahrung bewährt haben. Der besondere Vorteil dieses Ansatzes bestand darin, dass sich damit die Frage beantworten ließ, wieso die Denkkategorien mit den Realkategorien (wenigstens teilweise) übereinstimmen, und zwar

> »aus denselben Gründen, aus denen die Form des Pferdehufes auf den Steppenboden und die Fischflosse ins Wasser passt. [...] Zwischen der Denk- und Anschauungsform und dem an sich Realen [besteht] genau dieselbe Beziehung, die zwischen Organ und Außenwelt, zwischen Auge und Sonne, zwischen Pferdehuf und Steppenboden, zwischen Fischflosse und Wasser auch sonst besteht [...], jenes Verhältnis, das zwischen dem Bild und dem abgebildeten Gegenstand, zwischen vereinfachendem Modellgedanken und wirklichem Tatbestand besteht, das Verhältnis einer mehr oder weniger weit gehenden Analogie.«[7]

Wie konkret etwa die Apriori-Kategorie des Raumes im Verlauf der Evolution entstanden sein könnte, hat der englische Biologe George G. Simpson einmal sehr drastisch ausgedrückt, als er geschrieben hat: »Um es grob, aber bildhaft auszudrücken: Der Affe, der keine realistische Wahrnehmung von dem Ast hatte, nach dem er sprang, war bald ein toter Affe – und gehört daher nicht zu unseren Urahnen.«[8]

Etwas sachlicher lässt sich der Tatbestand bei dem deutschen Zoologen Bernhard Rensch nachlesen, der in seiner Geschichte des *Homo sapiens* schreibt:

»Ein Affe, der auf der Flucht durch die Baumkronen eilt, sieht fast niemals auf die Aststelle hin, wo seine vier Hände jeweils zugreifen. Mit den Augen beurteilt er den Fluchtweg und schätzt nur die Sprünge auf erreichbare Äste ab. Diese Zusammenarbeit der Augen und der Tastorgane an den vier Händen wäre nicht möglich, wenn nicht aus Sehraum und Tastraum eine einheitliche Raumvorstellung gebildet worden wäre. [...] Der geistige Aufstieg in der tierischen Stammesgeschichte hat also wahrscheinlich eine zunehmende Anpassung der nervösen Strukturen und ihre parallel zugeordneten psychischen Komponenten an einen physikalischen ›objektiven‹ Raum und eine ›objektive‹ Zeit mit sich gebracht.«[9]

Die Grenzen der Evolutionären Erkenntnistheorie

Wenn die Evolution bemüht wird, um etwas zu erklären, dann geht es vor allem um Anpassungen oder noch kürzer um Passungen. Eine sich in diesem Sinne orientierende Theorie des Erkennens versucht eine Frage zu beantworten, die im Rahmen der traditionell ausgerichteten und sich an ihre eigenen disziplinären Grenzen haltenden Philosophie gar nicht ins Blickfeld geraten ist, nämlich die Frage, wie es kommt, dass die Strukturen des Denkens überhaupt auf die konkret sicht- und fassbare Realität passen. Die Antwort, die darauf gegeben wird, kann offenbar nur innerhalb bestimmter Grenzen gültig sein, und zwar der Grenzen, die durch das Anschauliche bzw. das unseren Sinnen Zugängliche abgesteckt werden. Die evolutionäre Erklärung des menschlichen Erkenntnisvermögens kann nur in den Bereichen greifen, mit denen unsere Vorfahren im Verlauf der Stammesgeschichte in Berührung gekommen sind und der ihrem Wahrnehmungsapparat zugedacht war. Mit anderen Worten, wissenschaftliche Erklärungen und die Möglichkeit einer mathematischen Theoriebildung zur Beschreibung der atomaren Bewegungen und Wandlungen sind nicht gemeint, wenn es um die Verbindung der Begriffe Evolution und Erkenntnis geht. Weder im Makrokosmos des Universums mit seinen ungeheuren Entfernungen und gigantischen Energien noch im Mikrokosmos der Atome mit ihren extrem schnellen Bewegungen und unvorstellbar dichten Packungen lassen sich Passungen finden. Sie gibt es einzig in dem Zwischenraum, in dem sich unser sinnliches Leben abspielt und für den der Wissenschaftsphilosoph Gerhard Vollmer den Ausdruck »Mesokosmos« vorgeschlagen hat. Früher gab es schon die vergleichbare Vorstellung des »Mediokosmos«, und beide Begriffe erfassen sicher den gleichen Teil der Wirklichkeit, den man sich als kognitive Nische vorstellen kann. Der neue Mesokosmos hat dabei gegenüber dem alten Mediokosmos den Vorzug, dass er seine biologische Begründung mitliefert und *cum grano salis* auch präziser definiert werden kann.

Was räumliche Entfernungen angeht, so reicht der Mesokosmos vielleicht von der Dicke eines Haares bis zu der Strecke, die man im Verlauf eines Tages zurücklegen kann. Werden die Abstände kleiner oder größer, können wir unseren evolutionär erworbenen Fähigkeiten – unserem gesunden Menschenverstand – nicht mehr vertrauen und benötigen die Hilfe von Wissenschaft und Technik. Auf die Enge der Nanometer, um die es bei Lichtwellen geht, und die Weiten der Lichtjahre, die sie durcheilen, sind wir sicher nicht von Natur aus vorbereitet. Unser einfaches Fassungsvermögen gerät doch schon in Schwierigkeiten, wenn es um Entfernungen geht, die wir innerhalb eines Tages in einem Flugzeug zurücklegen können.

Was zeitliche Dimensionen angeht, so reicht der Mesokosmos vielleicht von der Dauer eines Herzschlags bis zum Zeitraum, den ein langes Leben währen kann, also vom Bruchteil einer Sekunde bis zu einhundert Jahren. Alles, was kürzer dauert – zum Beispiel der Takt eines Elektrons in einem Atom – oder länger – wie die Stammesgeschichte des Menschen –, kann der gewöhnliche Verstand nicht fassen, den die Evolution uns beigebracht hat (wobei sie ihn so verankert hat, dass wir ihn als heranwachsendes Wesen im Umgang mit der Umwelt ausbilden). Unser gesundes Fassungsvermögen wird schon überschritten, wenn wir uns die vierhundert Jahre seit der Geburt der modernen Wissenschaft vorstellen sollen.

Was Geschwindigkeiten angeht, so reicht der Mesokosmos in etwa vom Schreiten eines friedlichen Fußgängers bis zum Sprint eines professionellen Sportlers, also bis rund 40 Kilometer pro Stunde. Alles was viel schneller ist – wie die Rennwagen der Formel I – oder was wesentlich langsamer abläuft – wie das Kriechen einer Schnecke oder das Wachsen unserer Haare –, können wir nur nach rationaler und systematischer Erkundung in den Griff bekommen, denn die Evolution hat an dieser Stelle nichts für uns tun können.

Man kann dieses mesokosmische Zwischenspiel mit vielen anderen Größen fortsetzen – mit Beschleunigungen, mit Kräften, mit Energien –, um ein Gefühl für die Reichweite der evolutionären Erkenntnistheorie zu bekommen, die nicht weiterhilft, wenn Zufälligkeiten statt einfacher Kausalitäten eine Rolle spielen und/oder wenn die Komplexität und Verwebung von Systemen zunimmt und Rückkopplungen möglich werden. Die Evolution hatte wenig Grund, uns auf unanschauliche Gegebenheiten der genannten Art vorzubereiten, und wir mussten eigens die Wissenschaft und ihre Methoden erfinden, um damit umgehen zu können. Wissenschaftliche Erkenntnisse – zum Beispiel die Relativitätstheorien oder die Idee der natürlichen Selektion – können nicht im Rahmen einer evolutionären Erkenntnislehre erläutert werden, und die Frage, wie die Menschen nach ihrem natürlichen Start im Mesokosmos diesen mittleren Teil der wirklichen Welt in die Richtungen, die ins Große und ins Kleine führen, verlassen konnten, bildet ein spannendes Thema der Wissenschaftstheorie, bei dessen Bearbeitung man vielleicht lernt, wie der Schritt aussieht, der in der Natur beginnt und in der Kultur endet.

Selektion und Sexualität

Es hat schon zahlreiche Versuche gegeben, die Kulturwerdung des Affen zu verstehen, durch die unsere Art entstanden ist, und viele Vorschläge sind gemacht worden, um den Punkt bzw. eine Qualität zu finden, die auf keinen Fall durch die Natur (sprich: durch die Selektion) zu erklären ist. Lange Zeit glaubten Mitglieder der philosophischen Fakultäten, das Inzest-Tabu als kulturelles Urphänomen festmachen zu können, aber sie mussten erfahren, dass es dafür einen ganz natürlichen Mechanismus gibt und die Evolution großen Wert auf die Unterbindung der Geschwisterliebe gelegt hat. Wenn sich zwei Menschen früh genug schon nah kommen – etwa beim Spielen im Sandkasten oder beim Baden in einer Wanne –, werden beide in der Regel so beeinflusst (geprägt), dass ihnen die sexuelle Lust aufeinander genommen wird. Dies klappt nicht nur bei Geschwistern, für die dieser Trick seitens der Evolution erfunden worden ist, sondern auch für nicht verwandte Personen, die in enger Nachbarschaft aufwachsen – etwa in einem Kibbuz.

Der Grund für die Inzestvermeidung ist dabei derselbe wie für die Sexualität selbst, nämlich das Bemühen der Evolution um eine möglichst große genetische Vielfalt. Sexualität meint dabei die Heterosexualität, die zur Zeugung von Nachkommen führt. Dem naiven Menschenverstand leuchtet in diesem Zusammenhang die Behauptung ein, dass das Gegenstück, nämlich die Homosexualität, unnatürlich ist, und tatsächlich wird diese Ansicht – mit ihren vielen traurigen und schlimmen Folgen – bis heute von manchen vertreten. Dabei ist längst empirisch geklärt, dass Homosexualität ein Verhalten ist, das in der Tierwelt verbreitet und also von der Evolution hervorgebracht worden ist. Dieser Tatbestand sollte weniger überraschen und mehr Anlass zum Nachdenken geben, denn wie kann die natürliche oder irgendeine andere Selektion etwas hervorbringen, das scheinbar gerade das nicht verbessert, auf das es der Evolution ankommt, nämlich die reproduktive Fitness?

Homosexualität verbessert selbstverständlich nicht die Reproduktionsfähigkeit einer einzelnen Person – an diesem Tatbestand ändert sich auch nichts, wenn bürgerlich erzogene Menschen ihre entsprechenden Neigungen verbergen und pflichtgemäß heiraten und Nachwuchs zeugen. Sie kann aber die Überlebenschancen einer Population verbessern, und zwar dann, wenn der Nachwuchs von seinen genetischen Gaben nicht an die Leine gelegt, sondern von ihnen mit der Fähigkeit ausgestattet wird, sich individuell anzupassen und zu lernen. Irgendwann im Laufe der Evolution sind die so genannten »Helfer am Nest« aufgetaucht, die auf eigenen Nachwuchs verzichten, um andere erziehen zu können.

Wie du mir, so ich dir

Im Zusammenhang mit der Sexualität taucht im evolutionären Kontext oft die Frage auf, wozu man eigentlich die vielen Männer braucht. Warum pendelt sich das Geschlechterverhältnis in der Nähe von eins zu eins ein? Man braucht sicher viele Frauen, um den Fortbestand unserer Art zu sichern, aber reichen nicht ein paar wenige Männer aus?

Mit diesem Problem hat sich zwar schon Darwin geplagt, aber einen akzeptablen Vorschlag für eine Antwort gibt es erst seit den dreißiger Jahren, als ein Mathematiker namens Ronald Fisher sich zum Populationsgenetiker wandelte und die Idee entwickelte, die man heute »evolutionär stabile Strategie« (ESS) nennt. Gemeint ist die Vorstellung, dass eine einmal erreichte Situation sich nicht von einer Generation zur nächsten völlig verändert, sondern eine maßvolle Stabilität zeigt, bei der es zu natürlichen Schwankungen kommen kann.

Fisher empfahl, sich eine Generation vorzustellen, in der es schon viel mehr Mädchen als Jungen gibt, und den Blick auf die übernächste Generation zu richten. Eine Frau, die so veranlagt ist, dass sie mehr Jungen als Mädchen zur Welt bringt, hätte sehr viel mehr Enkel als eine Frau, die mehr Mädchen bekommt, wie leicht vorstellbar ist. Die Ausgangsituation würde sich relativ bald ändern. Dasselbe gilt, wenn man die Betrachtung umkehrt, also mit mehr Jungen als Mädchen beginnt. Die mathematische Analyse ergibt, dass nur eine Situation wirklich stabil ist, nämlich die, bei der die Zahl der Individuen beider Geschlechter sich in etwa die Waage hält. Dabei spielt es keine Rolle, ob monogame Paare für Nachwuchs sorgen, ob es Harems gibt oder ob viele promiskuitive Personen agieren.

Die Suche nach evolutionär stabilen Strategien wird heute mit den Mitteln der Spieltheorie betrieben, und dabei ist es gelungen, einige Verhaltensweisen als evolutionär bedingt zu erkennen, die auf den ersten Blick anders erscheinen. Gemeint ist vor allem die Kooperation, deren Evolution bevorzugt am Beispiel des so genannten Gefangenen-Dilemmas plausibel gemacht wird. Dabei geht es um zwei Menschen, die in getrennten Räumen gefangen gehalten werden und keine Möglichkeit haben, miteinander zu kommunizieren. Der Verdacht, unter dem sie stehen, spielt keine Rolle. Wichtig ist nur die Tatsache, dass die Polizei jedem der beiden Gefangenen im Einzelgespräch folgenden Handel vorschlägt:

1) »Wenn du die Tat gestehst, während der andere sie abstreitet, lassen wir dich frei und sperren den anderen für 20 Jahre ein.«
2) »Wenn dein Partner die Tat gesteht, während du sie ableugnest, lassen wir ihn frei und sperren dich für 20 Jahre ins Gefängnis.«
3) »Wenn ihr beide gesteht, wird jeder von euch für zehn Jahre eingesperrt.«
4) »Wenn ihr beide schweigt, dann können wir euch zwar noch ein paar Monate festhalten, aber nur, um euch danach frei zu lassen.«

Dieses »Spiel« ist so angelegt, dass nur ein altruistisches Verhalten den beiden Gefangenen helfen kann. Sie kommen beide genau dann besser weg, wenn sie nicht nur überlegen, wie lange sie im Gefängnis landen, sondern zusätzlich bedenken, wie lange der andere dort sein wird. Wenn sie die Gesamtzeit, die sie im Gefängnis verbringen, so klein wie möglich halten wollen, sollten beide schweigen und nichts zugeben.

Eine einzelne Situation, wie sie in dem seit Jahren in der wissenschaftlichen Literatur für immer neue Fälle erörterten Gefangenen-Dilemma erfasst wird, ist nicht auflösbar, und das individuelle Verhalten der beiden Betroffenen hat ja nur Konsequenzen, wenn es zu wiederholten Situationen der dargestellten Art kommt. Realistischer sieht die Sache aus, wenn es viele Zusammentreffen gibt, die aufeinander folgen, und man sich in jedem Einzelfall zwischen Kooperation und Konfrontation zu entscheiden hat. Was ist in dieser Lage besser: Soll man immer kooperieren (dauernd »schweigen«) oder soll man immer versuchen, den anderen zu hintergehen (immer »gestehen«)?

Die spieltheoretischen Analysen geben auf diese Frage eine Antwort, und die läuft unter dem hübschen englischen Ausdruck »tit-for-tat«, oder auf Deutsch: Wie du mir, so ich dir. Konkret heißt dies, dass man am besten abschneidet, wenn man mit einem kooperativen Verhalten beginnt und anschließend sich so wie der Mitgefangene verhält. Dieses Schema scheint tatsächlich in der Natur zu funktionieren, aber nur, solange jedes agierende Mitglied einer Gruppe sicher sein kann, seinem »Mitgefangenen« irgendwann einmal erneut zu begegnen. Aber wo ist dies der Fall?

In einer traditionellen und nicht übermäßig großen Gesellschaft konnte man sich höchst wahrscheinlich darauf verlassen, jemandem immer wieder über den Weg zu laufen. Heute sieht die Situation anders aus. Die meisten Menschen, die wir treffen, sehen wir anschließend nie wieder. Solche Menschen sind für uns Fremde, und für sie hat die Evolution keine kooperative Strategie geplant.

Sippenselektion

Wer das Verhalten von Tieren beobachtet, wird oft finden, dass sich die Mitglieder einer Gruppe gegenseitig unterstützen. Das trifft für Wolfsrudel ebenso zu wie für Schimpansenkolonien, in denen es zum Beispiel passiert, dass zwei männliche Tiere ein kopulierendes Paar stören und das aktive Männchen so ablenken, dass nun einer der beiden Störenfriede bei dem nach wie vor erregten Weibchen zum Zuge kommen kann. Verhaltensweisen dieser Art fallen unter den Begriff des Altruismus, womit im wissenschaftlichen Rahmen Handlungsweisen gemeint sind, die keineswegs die reproduktive Fitness des agierenden Lebewesens erhöhen, dafür aber die eines anderen. Solche Vorkommnisse waren lange Zeit ein Problem für die Evolutionstheorie, konnten aber inzwischen unter dem Dach eines Konzepts verstanden werden, das im Englischen den Namen »kin selection« trägt und vielleicht am besten mit »Sippenselektion« übersetzt werden kann.

Das Grundkonzept der Sippenselektion lässt sich am besten erklären, wenn man sich Zwillinge vorstellt und der Einfachheit halber annimmt, dass beide mit den gleichen Genen ausgestattet, also vom Standpunkt der natürlichen Selektion aus betrachtet gleichwertig oder äquivalent sind. Nehmen wir weiter an, einer der beiden Zwillinge (man kann dabei an Affen, Vögel oder ähnliche Lebensformen denken) schenkt dem anderen etwas. Dieses Geschenk (Bananen oder Würmer) musste natürlich besorgt werden, und wir setzen einmal an, dass der erste Zwilling dafür dieselbe Mühe aufbringen muss, die sonst für eine Paarung nötig ist. Von dem beschenkten Zwilling wollen wir annehmen, dass er das Präsent geschickt nutzen kann, um den Aufwand für eine Paarung zu reduzieren, wobei es leicht vorstellbar ist, dass er dazu nicht alle Gaben (Bananen), sondern nur einen Teil davon benötigt, um zum Ziel zu kommen. Dadurch bekommt das Beispiel seinen Reiz, denn in diesem Fall hat der altruistische Akt des Schenkens die gemeinsame Fitness der Zwillinge erhöht. Ihr genetisches Erbe kommt in größeren Mengen und leichter eine Runde weiter, wenn die beschenkte Hälfte des genetisch gleichen Duos auch den Restteil des Geschenks erfolgreich zur Paarung einsetzt. Mit dieser Vorgabe macht der Gedanke keine Schwierigkeit mehr, dass die Evolution dafür sorgt, dass sich altruistische Verhaltensweisen der geschilderten Art durchsetzen.

Den oben in aller Einfachheit vorgestellten Gedanken hat 1964 W. D. Hamilton, ein britischer Evolutionstheoretiker, in Form einer allgemeinen Theorie präsentiert. In ihr wird gezeigt, dass die Selektion ganz allgemein altruistisches Verhalten hervorbringt und favorisiert, wenn die Kosten dafür kleiner sind als das Produkt aus dem gleichzeitig möglichen Gewinn und der genetischen Verwandtschaft.

Hamiltons Theorie der Sippenselektion hat ihre größten Erfolge bei der Erklärung der Lebensweisen von Insekten erzielt, die merkwürdige Sozialformen entwickelt haben. Bekanntlich gibt es bei Bienen Arbeitsbienen, die »geschlechtslos« bleiben und sich nicht selbst fortpflanzen, und Ameisen halten sich Sklaven, denen ein ähnliches Schicksal bestimmt ist. Nicht nur in den genannten, sondern in allen untersuchten Fällen hat sich Hamiltons Idee durchgesetzt, die einen Teil der natürlichen Außenwelt (die Kosten für das Verhalten) mit einem Teil der biologischen Innenwelt (der genetischen Ausstattung) verbindet und die Selektion aus beiden Richtungen wirken lässt.

Hamiltons Theorien sind dadurch sehr populär geworden, dass ihre genetische Seite überbetont wurde und das Gegengewicht, mit dem die Gene den Altruismus der Lebewesen kompensieren, mit dem Gegenbegriff »Egoismus« belegt wurde. Mit vollem Ernst wurde im Gefolge von Hamilton die Idee von »egoistischen Genen« propagiert.[10] Auch wenn immer betont wird, das sei alles nur metaphorisch gemeint, ist dies natürlich unsinnig, weil der Ausdruck »egoistisch« ebenso wie »altruistisch« keine Bedeutung für eine vollzogene Handlung selbst hat, sondern sich nur auf die dazugehörige Absicht beziehen kann. Natürlich können Gene etwas tun, allein schon dadurch, dass es sie in molekularer Form gibt, aber sie verfolgen dabei keine Absicht. Diese Kategorie entsteht erst, wenn ein Gehirn gegeben ist, das wahrnehmungsfähig ist und einen Begriff von Zukunft hat.

Unschlagbare Strategien

Im Gefolge seiner Idee der Sippenselektion hat W. D. Hamilton[11] noch die Idee der unschlagbaren Strategie entwickelt, die dadurch definiert ist, dass es keine bessere Vorgehensweise gibt, wenn alle Mitglieder einer Population sich nach ihr richten. Gemeinsam mit J. M. Smith und G. Price hat Hamilton die Idee der evolutionären Spiele entwickelt, in deren Verlauf die evolutionär stabilen Strategien entstehen, die eine Art Endpunkt der Selektion darstellen und ohne eine Änderung in der Umwelt immer weiter laufen würden, bis an das Ende aller Tage.

Die für die menschliche Lebensweise relevanteste Strategie hat mit der Frage zu tun, wie es eine Gruppe erreichen kann, ein Stück Land zu besetzen. Was ist die beste Strategie zu diesem Zweck?

Wie bei allen Modellen muss die Wirklichkeit schubladenförmig eingeteilt und zu diesem Zweck drei Verhaltensweisen unterschieden werden. Jemand kann einen anderen angreifen (a), er (oder sie) kann das lassen und zurückweichen (z), oder es kommt nur zu einem kurzen Säbelrasseln bzw. einem Schautanzen (s), um zu zeigen, was man hat, ohne zuzuschlagen. In dem evolutionären Spiel, in dem den Individuen diese drei Möglichkeiten zur Verfügung stehen, kann man es zum Beispiel mit zwei Strategien versuchen. Eine nennt Hamilton Vorgehensweise eines Falken (F), und sie besteht darin, dass er angreift (a) und kämpft, bis er sein Ziel (Paarung) erreicht hat oder der Gegner erledigt ist. Die zweite Strategie ist die der Taube (T), die immer nur zeigt, was sie hat (s), bis der Gegner sie angreift (a), was zu ihrem Rückzug (z) führt.

Auf den ersten Blick scheinen Tauben keine Chance zu haben, aber das Spiel kennt auch ein Risiko, nämlich das der Verletzung (v), und dem sind nur die Falken ausgeliefert und die Tauben nicht. Natürlich gewinnt ein Falke immer gegen eine Taube, aber was im Spiel der Evolution entscheidet, ist nicht der individuelle, sondern der durchschnittliche Ertrag. Die Details der mathematischen Analyse zeigen, dass keine der beiden genannten Strategien sich auf lange Sicht als stabil und damit als durchsetzungsfähig erweist.

Sie kommen in dieser Form auch nicht in der Natur vor. Hier passiert etwas anderes, zum Beispiel bei Rhesus-Affen, die im Normalfall ritualisierte Kämpfe kennen, an deren Ende der Verlierer einen harmlosen Biss akzeptiert, um die Auseinandersetzung zu beenden. Wenn allerdings einer der Streithähne im Kampf plötzlich böse gebissen wird – mit den gefährlichen Backenzähnen –, dann setzt er sich zur Wehr und der Kampf eskaliert.

Aus dieser und anderen Beobachtungen lässt sich eine dritte Strategie entwickeln, die zwischen Tauben und Falken Platz findet und sich als evolutionär stabil erweist. Im Englischen heißt sie »retaliator«, womit jemand bezeichnet wird, der von sich aus nicht angreift, der sich aber wehrt und Vergeltung übt, wenn er attackiert wird. Die Vorgehensweise eines Vergelters (V) sieht so aus, dass er solange präsentiert, was er hat (s), solange der Gegner (sein Gegenüber) nicht angreift. Wenn es dazu kommt, schlägt er zurück und attackiert selbst.

Unter Falken ist der Vergelter zwar ein Falke, aber in gemischten Populationen schneiden die sich wehrenden Lebewesen besser ab, da sie taubenartig miteinander umgehen. Je mehr Vergelter sich in einer Population aufhalten, desto mehr agieren sie wie Tauben und desto besser stehen sie im Vergleich zu den Falken dar.

Die Rolle, die den Vergeltern im einfachen Begegnen und Zusammenleben von Tieren zukommt, übernimmt der »Bourgeois« – so das Fachwort –, wenn es um die Beanspruchung von Land geht (wahrscheinlich zum Zweck des Häuschenbaus). Die Strategie der Bürgerlichkeit (B) sieht wie folgt aus: Wenn du zuerst vor Ort bist, dann verhalte dich wie ein Falke (F).

Wenn du aber als Zweiter auftauchst, dann weiche lieber zurück (z).

Die genauere Analyse dieses Vorgehens ergibt, dass dann, wenn ein Bourgeois auf einen zweiten trifft, beide die gleichen Chancen haben. Es gibt weder einen Kampf, noch wird Zeit für irgendein Schaulaufen verschwendet. Wenn ein Bürger auf einen Falken trifft, der zuerst da war, benimmt er sich wie eine Taube. Kommt der Falke nach dem Bürger zum umkämpften Ort, agiert der Bourgeois wie ein Vergelter, was ihm eine 50-prozentige Chance gibt.

Der langen Analysen erster kurzer Sinn: Die bourgeoise erweist sich als unschlagbare und damit evolutionär stabile Strategie zur Besetzung von Land, weil die Bürger mit sich selbst besser zurechtkommen als mit eindringenden Falken oder auftauchenden Tauben. Doch am Ende der Analyse erscheint noch ein zweiter Sinn, nämlich eine seltsame Vorhersage, die aus diesem Ansatz folgt. Hamilton bemerkte, dass sein Modell Folgendes nahe legte: Wenn es einem Tier gelingt, zwei Tiere so zum Narren zu halten, dass sie meinen, über das Gebiet zu verfügen, dann wird man einen besonders hässlichen Streit zwischen den beiden beobachten, wenn sie dies und den anderen bemerken. Genau das findet in der Natur statt, und zwar sowohl bei Affen als auch bei Schmetterlingen, wie hier aber nicht im Detail ausgeführt werden soll.[12]

Das überladene Pferd

Zwar kann die Evolution mit all ihren selektiven Kräften eine Menge erreichen, alles zustande bringen kann sie nicht. Es gibt sowohl genetische als auch physikalische Gründe, warum vieles nicht erreichbar ist und die Selektion nicht nur gute Ergebnisse produziert. Seit vielen Jahren wird versucht, den erfolgreichen Bemühungen um eine evolutionäre Erkenntnislehre eine ebenso gelungene evolutionäre Psychologie an die Seite zu stellen. Es gibt auch gute Gründe, die Frage nach einer evolutionären Ästhetik zu stellen. In diesen Projekten geht es ganz allgemein um ein Verständnis der Natur der Menschen, und da wir eine evolutionäre Geschichte haben, muss uns irgendwie eine Fitness auszeichnen, die auf Darwins Idee zurückgreift.

Die Vertreter der evolutionären Psychologie nehmen an, dass der Übergang vom Tier zum Menschen im Wesentlichen glatt und eben gelungen ist, und in der Tat lassen sich bestimmte Verhaltensweisen der Menschen – vor allem die bereits erwähnten sexuellen Praktiken und auch die Vergewaltigungsbereitschaft von Männern – mit Rückgriff auf selektive Kräfte und genetische Vielfalt unter dieser Vorgabe besser erklären als durch irgendein obskures Gemurmel über Ödipuskomplexe und Penisneid. Doch heißt dies nicht, dass es keine Gegenposition aus dem Lager der darwinistisch geschulten Biologen gäbe. Eine solche Position nennt sich »immanenter Darwinismus«. Sie geht aus von einer Verlagerung der evolutionären Bewegung nach innen.

Die Idee der immanenten Evolution berücksichtigt die besondere Rolle des Gehirns. Immerhin verbraucht jeder Mensch rund 40 Prozent seiner Energie zum Betreiben des Organs unter der Schädeldecke. Fast die Hälfte seiner Arbeit steckt der Körper in die Versorgung des Gehirns, woraus ein Vertreter der darwinistischen Gegenposition zur evolutionären Psychologie den Schluss zieht, dass die Selektion durch einen offenen Prozess ergänzt wird – nämlich den der Gehirnentwicklung.

Um dies an einem Beispiel zu erläutern: Es wird häufig gesagt und ist auch hier im Rahmen der evolutionären Medizin als Möglichkeit belassen worden, dass Menschen, die durch Supermärkte laufen, zu diesem Zweck optimale Strategien des Suchens entwickelt haben, und zwar analog zu den Vögeln, die Nektar suchend im tropischen Regenwald unterwegs sind. Natürlich verhalten wir uns oft so, als ob wir uns – im Hinblick auf ein darwinistisch gesehen optimales Verhalten – weiterentwickelt hätten. Aber es ist wissenschaftlicher Unsinn, dafür genetische Varianten verantwortlich zu machen. Die Erklärung der Verhaltensweisen muss anders gelingen. Sie muss im Gehirn stecken, wo sie natürlich nur unbewusst vorliegen kann.

Im Sinne der im letzten Kapitel dargelegten Idee einer grundlegenden Bewegung können wir annehmen, dass die Dynamik der Evolution sich in einem ebenso dynamischen (kollektiven) Unbewussten niederschlägt und die Individuen agieren lässt. Solche Überlegungen bekommen im Kontext der Wissenschaft nur dann eine Bedeutung, wenn sie Prognosen abgeben, mit denen sie sich testen lassen. Dies gelingt nun an dieser Stelle, denn falls es zur Natur des Menschen gehört, mit Hilfe eines unbewussten immanenten Darwinismus gebildet worden zu sein, dann sollte es hin und wieder Individuen geben, bei denen diese Adaptation misslungen ist. Wie sehr die Fähigkeit des Sehens eine Anpassung an eine Welt mit Sonnenlicht ist, wissen wir ja auch zum Teil deshalb, weil wir die Blindheit kennen. Tatsächlich gibt es Menschen, die im Englischen als »sociopaths« bezeichnet werden und sich dadurch auszeichnen, dass sie auf den ersten Blick freundlich und intelligent erscheinen, aber unter der Maske der Bürgerlichkeit gefährlich sind und zu brutalen Verbrechen neigen. Diese Menschen können sich also bewusst normal verhalten, ihnen fehlen allerdings – in der Interpretation des immanenten Darwinismus – die unbewussten Elemente der Kontrolle.

Mit diesen Bemerkungen soll nicht der Eindruck erweckt werden, hier sei die Wissenschaft schon sehr weit vorgedrungen. Es geht nur um den Hinweis, dass es einen Ansatz zum Verstehen der menschlichen Natur gibt. Weder naive adaptive Begründungen noch ideologische Festsetzungen werden dazu benötigt. Die Idee der Evolution reicht sehr viel weiter, als selbst ein Kenner wie Stephen J. Gould meint. Wir stehen erst am Beginn ihrer Erkundung.

11 Revolutionen in der Naturwissenschaft

Es ist schon seltsam – während wir im Alltag und im politischen Leben ungeheure Angst vor revolutionären Veränderungen haben, scheinen wir die entsprechenden Neuerungen in den Sphären des Geistes geradezu herbeizusehnen. Mit großem Stolz sprechen zahlreiche Forscher von den wissenschaftlichen Revolutionen, zu denen sie beigetragen haben, und ihre Zuhörer reagieren oft dann erst aufmerksam, wenn ihnen ein medizinischer oder biotechnischer Durchbruch angeboten wird.[1] Es ist offenbar chic, Revolutionär zu sein und revolutionär zu denken, und das hat Folgen. In Festansprachen ist nämlich von mehr Revolutionen die Rede, als die Wirklichkeit liefern kann. Das Publikum hört dabei von derart vielen Umwälzungen im wissenschaftlichen Denken und Vorgehen, dass der Begriff nahezu wertlos geworden ist. Es gibt kaum noch wissenschaftliche Tagungen, die nicht mit dem Hinweis darauf eröffnet werden, dass sich in dem verhandelten und vorgestellten Bereich – zur Zeit vor allem in den Biowissenschaften – gerade ein revolutionärer Wandel vollzieht, bei dem eine neue Sicht oder – wie dieser Gedanke dann philosophisch verbrämt heißt – ein neues Paradigma zustande kommt und entsprechend ein Paradigmenwechsel vollzogen wird.

Als Beispiel sei die Eröffnung des Weltkongresses »Biotechnology 2000« genannt, bei der im Sommer 2000 gebetsmühlenartig von allen Rednern betont wurde, dass mit dem Abschluss des Humangenomprojekts und der nahezu vollständigen Kenntnis (Offenlegung) der menschlichen Gene ein Paradigmenwechsel in den biologischen Wissenschaften und in der Medizin stattfinden und ein revolutionäres Umdenken beginnen werde, mit dem auch revolutionäre neue Methoden für die Entwicklung von Medikamenten verbunden seien.

Niemand wird die Brisanz der Biowissenschaften und der Biotechnologie bestreiten wollen, aber welche Paradigmen nun variiert oder gewechselt werden müssen, blieb in allen Verlautbarungen mehr oder weniger unerwähnt. Vermutlich meinen die Wissenschaftler nur, dass sie von nun an erstens ihre technischen Fertigkeiten einsetzen, um all die genetischen Informationen zu sammeln, die sie finden können, und dass zweitens einige von ihnen Biologie mit einer Maschine betreiben, nämlich mit dem Computer, in dem die Daten des Genoms gespeichert sind. Bioforscher können jetzt direkt auf die Gene zugreifen, um dabei zu versuchen, sich mit den Kenntnissen über ihren linearen Aufbau dem Leben und seinen Krankheiten zu nähern.

Ohne Zweifel, dies ist für den Fachmann äußerst spannend und könnte für die Öffentlichkeit vielleicht auch irgendwann einmal nützlich sein. Schließlich kommt die Forschung damit effizienter und schneller voran als vorher. Aber von einem Gedanken, der das Attribut »neu« verdient hätte, oder gar von einer Gedankenplattform, die sich als originelle Theorie verstehen ließe, sind wir nach wie vor sehr weit entfernt. Wer aber in solch einer Situation von einem Paradigmenwechsel spricht und damit den Übergang von einer Gedankenlosigkeit in die nächste kaschiert, gibt nur ein wunderschönes Wort aus der Hand, das seit den Tagen von Platon seine Dienste getan hat und bei ihm zum Beispiel die Urbilder der Dinge bezeichnete, die sinnlich wahrnehmbar sind. Von einem Paradigma sollten die heutigen Biologen besser erst dann reden, wenn sie sich im Rahmen der Genomforschung ein Bild von den Menschen machen, deren Gensequenzen sie auf ihren Bildschirmen »quasi-sinnlich« verfügbar haben und fassen können.

Der alte Begriff des Paradigmas, der im Verlauf der Geschichte Eingang in die Rhetorik fand und hier so etwas wie ein Argumentationsverfahren und seine Grundlage meinte, kommt heute aus allzu vieler Forscher Munde. Deren eher gedankenloser Sprachgebrauch täuscht darüber hinweg, dass sie weder im allgemeinen Sinne der Wissenschaftsphilosophie noch im speziellen Sinne ihres Faches sagen können, was das denn sein soll, das sie so nennen und angeblich immer wieder verändern.

Wo stehen sie denn geschrieben, die Paradigmen der Biologie, der Geologie oder der Medizin, und wer wüsste zu beschreiben, was sich an ihnen auf welche Weise und durch welchen Anlass wandelt?

»Die Struktur wissenschaftlicher Revolutionen«

Paradigma hat seine Popularität für die Moderne durch das Werk eines amerikanischen Wissenschaftshistorikers gewonnen, und zwar durch *Die Struktur wissenschaftlicher Revolutionen*, die Thomas Kuhn zu Beginn der sechziger Jahre analysiert und vorgestellt hat. Kuhn hatte im Detail die Entstehung der modernen Atomphysik namens Quantenmechanik studiert und war dabei zu dem Schluss gekommen, dass die traditionelle Vorstellung einer »Logik der Forschung« unzureichend ist, wenn man verstehen will, wie Wissenschaft voranschreitet. Wie alle Menschen bewegen sich auch die kühnsten und kreativsten Forscher an und in einem Denkrahmen, der das Fenster definiert, durch das die befriedigende wissenschaftliche Lösung einer Frage in Sicht kommt – etwa der nach der Natur der Materie oder dem Ursprung des Lebens. Solch ein Rahmen, so Kuhn, wird durch nicht weiter bezweifelte und als gegeben angenommene Grundauffassungen oder Standards bestimmt, die zusammen das Paradigma einer Disziplin abgeben, das im konkreten Detail keineswegs leicht zu beschreiben ist und sich im Laufe der Zeiten ändern kann. Salopp ausgedrückt beschreibt der Ausdruck »Paradigma« in heutiger Verwendung das Brett, das alle Forscher einer Generation vor dem Kopf haben und an dem sie nicht vorbeisehen können. Allerdings – so lehrt es der Blick in die Geschichte – im Laufe der Zeit ist es immer wieder gelungen, ein Brett abzunehmen und durch ein anderes zu ersetzen, und Kuhn interessierte die Frage, wie Wissenschaftler dies jeweils fertig bringen konnten.

Seine einleuchtende Antwort lautete: Durch eine wissenschaftliche Revolution bzw. durch einen revolutionären Wandel in der Wissenschaft. Um solch eine Phase zu definieren, führte Kuhn das Gegenstück ein, das sich von dem Umbruch abhob, nämlich die normale Wissenschaft. Sie ist das, was die meisten Praktiker des Forschens erledigen, wenn sie an ihren Diplomarbeiten basteln oder ihre Doktorarbeiten schreiben, wenn sie wissenschaftliche Veröffentlichungen vorbereiten und Experimente für ihre Forschungsberichte durchführen. Kuhn sprach in diesem Zusammenhang vom Rätsellösen, wobei betont werden sollte, dass dies keineswegs einfach ist, sondern – im Gegenteil – oft Höchstleistungen des eingesetzten Verstandes erfordert.[2] Unabhängig davon ist klar, dass Wissenschaftler im Normalfall konkret gestellte Rätsel lösen und die dazu gehörenden Aufgaben erledigen, und sie tun dies auf der Grundlage von Voraussetzungen, die zum Zeitpunkt ihrer Arbeit allgemein anerkannt sind und von niemandem bezweifelt werden. In der Physik berechnete man zum Beispiel Flugbahnen auf der Basis der Newtonschen Gesetze, und in der Medizin diagnostizierte man Störungen der Gesundheit auf Grund der Annahme, dass Krankheiten durch Flüssigkeiten und ihre Balance verursacht werden. So gesehen ist aktuell betriebene und berichtete Wissenschaft immer angewandte Wissenschaft, da sie in dem Versuch besteht, akzeptierte und erfolgreich eingesetzte Grundeinsichten weiter anzuwenden, um ihre Tragweite zu erkunden. Reichen die Newtonschen Gesetze auch, wenn man die Bewegungen von Molekülen erfassen will? Und kommt man mit den genannten Faktoren aus, um alle Störungen der Gesundheit erklären und auf sie reagieren zu können?

Ein Paradigmenwechsel in der Medizin

Das letzte Beispiel zeigt übrigens, wie vollständig ein über weite historische Strecken akzeptiertes Denkschema bzw. Argumentationsmuster aus dem Bewusstsein verschwinden kann (selbst wenn es partiell seine Verdienste hatte und noch haben kann). Die Ärzte früherer Zeiten haben viele Jahrhunderte hindurch angenommen, dass Gesundheit von dem Gleichgewicht verschiedener Säfte im Körper abhängt. Dieses Denkschema, das all die Einläufe und Aderlässe zur Folge hatte, die aus der Geschichte und in der Literatur überliefert sind, wird von Historikern kurz mit dem Begriff des Humoralparadigmas[3] gekennzeichnet. Erst im 18. Jahrhundert, als mutige Anatomen sich mit den verbesserten Instrumenten ihrer Epoche daran machten, Pathologen zu werden, erkannten Wissenschaftler, dass Krankheiten mit festen Strukturen in Verbindung gebracht werden können, und in der Folge löste sich das dann faul – weil zu feucht – gewordene Brett vor dem medizinischen Kopf auf, um eine neue Form mit neuer Festigkeit (Solidität) anzunehmen, die nun Solidarparadigma hieß.

Es ist übrigens empfehlenswert, an sich selbst zu prüfen, in wie weit man einem Paradigma unterliegt und seinen Vorgaben mehr oder weniger gedankenlos folgt. Wenn zum Beispiel heute mit Vorliebe Gene als Ursachen von Krankheiten ausgemacht und gleichzeitig als partikuläre Strukturen (als »ein Stück DNS«) verstanden werden, dann drückt sich darin zunächst vor allem nur die übertriebene Unterwerfung unter das Solidarparadigma aus, das mit Organen begonnen hat und anschließend den Weg über die Zellen nach innen bis zu den Genen gefunden hat.[4] Die Begeisterung für das Solidarparadigma ist zudem kulturabhängig und in den USA zum Beispiel größer als in Europa. Wer den Zusammenhang zwischen Kultur und Medizin untersucht, wird jedenfalls immer wieder bemerken, dass amerikanische Ärzte mit Vorliebe nach Viren und Bakterien als Krankheitsursache suchen und sich nicht mit Feststellungen wie »Herzinsuffizienz« oder »Altersschwäche« begnügen. In den USA sucht man mit Macht das »Solida«, das man gezielt angreifen kann, und mit dieser Vorgabe unterwirft sich die westliche Medizin gerne dem dazugehörigen Paradigma. Man ist (wissenschaftlich) zufrieden, wenn eine Seuche wie AIDS in einem greifbaren Punkt (einem Virus) festgestellt werden kann.

Die unzureichende Logik der Forschung

Wer heute Gene für Krankheiten sucht und findet, betreibt normale Wissenschaft im Sinne von Kuhn, was heißt, dass er Rätsel löst, und zwar auf eine Weise, die als wissenschaftlich anerkannt wird, da sie die berühmte *Logik der Forschung* beherzt, die der Philosoph Karl Popper in den dreißiger Jahren des 20. Jahrhunderts beschrieben hat. Poppers pfiffige Idee bestand darin, ein Vorgehen dann als wissenschaftlich auszuzeichnen, wenn es mit einer Hypothese beginnt, die sich in einem Experiment prüfen lässt. Als Beispiel können Sätze der Art dienen, »Feste, flüssige und gasförmige Stoffe ziehen sich bei Abkühlung zusammen« oder »Die elektrische Leitfähigkeit von Metallen nimmt bei sinkender Temperatur ab«. Wer mit solch einer Vorgabe ein Experiment macht – eine Frage an die Natur stellt –, kann im Prinzip zwei Antworten bekommen: Entweder stimmt die Hypothese oder sie stimmt nicht. Wenn das Versuchsergebnis mit der Vermutung übereinstimmt, mag dies auf den ersten Blick befriedigend erscheinen. Aber wissenschaftlich ist damit nichts gewonnen, denn nun weiß ich so viel wie vorher (nur etwas besser und sicherer). Erweist das Experiment hingegen, dass die Ausgangshypothese unzutreffend war, muss ich mir etwas Neues ausdenken und hoffen, bald mehr zu wissen. So wird man feststellen, dass es zum Beispiel beim Wasser kurz vor dem Gefrierpunkt Temperaturbereiche gibt, bei denen sich die Flüssigkeit ausdehnt, wenn sie abgekühlt wird. Und wer ein Metall ganz dicht an den absoluten Nullpunkt heranbringt, kann erleben, wie jeder Widerstand für den Strom verschwindet. Im ersten Fall sprechen die Wissenschaftler von der Anomalie des Wassers, die das völlige Einfrieren von stehenden Gewässern im Winter verhindert und somit für das Leben auf der Erde von großer Bedeutung ist, und im zweiten Fall wurde auf die so genannte Supraleitung angespielt, die für viele technische Anwendungen wichtig ist.

Mit anderen Worten: Nur ein Experiment, das eine Hypothese als falsch erweist, bringt die Wissenschaft voran, deren

Logik auf diese Weise die der Falsifizierung ist. Tatsächlich glaubten die Praktiker der Forschung selbst, mit Poppers »Logik der Forschung« verstanden zu haben, wie ihre Tätigkeit wissenschaftlich wird, und sie mussten bis Thomas Kuhn warten, bis ihnen klar wurde, dass die Idee der Falsifizierung auch ihre Grenzen hat. Sie beschreibt eben die »normale« Wissenschaft, in der zwar brav die anfallenden Aufgaben erledigt werden, in deren Rahmen aber niemand die Quantentheorie entwickelt, die chemische Bindung verstanden oder die Idee der Kontinentalverschiebung präsentiert hätte. Um diese Fortschritte zu erreichen, war etwas anderes nötig: eine Revolution oder der Wechsel eines Paradigmas.

Wie wenig Poppers Schema der Falsifizierung selbst an der Oberfläche der Wissenschaft kratzt, zeigt sich leicht durch drei Überlegungen: Zum Ersten setzt die philosophische Logik der Wissenschaft voraus, dass jemand sofort seine Hypothese ändert, wenn ein Experiment schief geht. Tatsächlich wird dies kein Forscher tun, sondern sich erst einmal überlegen, wo die Apparatur versagt hat und verbessert werden könnte, mit der er gearbeitet hat. Dafür gibt es zahlreiche Beispiele aus der Geschichte und der Praxis, und es ist durchaus zu verstehen, dass sich gute Wissenschaftler so verhalten, denn sie werden ein Gefühl dafür haben, ob ein Experiment gelungen ist oder nicht bzw. ob ihre Theorie in sich geschlossen und befriedigend ist oder nicht. Sie spüren, wie genau durchdacht ihr Ansatz ist bzw. wie gut der Versuch ausgeführt werden konnte und ob dabei alles geklappt hat. Mit anderen Worten, sie werden nach ihrer an vielen Erfahrungen trainierten Wahrnehmung beurteilen, was besser ist: die Hypothese aufzugeben oder den Versuch zu wiederholen. Mit Logik kann das dazugehörige Geschehen nie verstanden werden.

Zum Zweiten macht es große Schwierigkeiten, sich eine Hypothese vorzustellen, die nicht banal ist und in einem Experiment getestet werden kann. Natürlich lässt sich leicht in einem »Experiment« erkunden, ob Schwäne weiß sind oder ob der Samen von Männern mit schwarzer Hautfarbe schwarz ist.

Aber wie sollen Versuche aussehen, in denen Vermutungen der Art »Bakterien haben Gene« oder »Gene bedingen aggressives Verhalten« falsifiziert werden können?

Und zum Dritten schweigt die Logik der Forschung, wo es überhaupt erst spannend für jemanden wird, der sich nach der menschlichen Dimension des wissenschaftlichen Abenteuers erkundigt, nämlich bei der Frage, wie ein Forscher überhaupt zu seiner Hypothese kommt bzw. wie er von einer alten Vorstellung zu einer neuen wechselt. Wer unter diesen Vorgaben die Logik der Forschung auf Poppers *Logik der Forschung* anwendet, wird sie bald als unzureichend erkennen und als falsifiziert durchschauen. Die Logik der Forschung muss verworfen werden, wo sie beansprucht, den ganzen Vorgang der Wissenschaft zu erklären. Als Kuhn nach dieser Einsicht handeln wollte, machte er seinen nachhaltigen Vorschlag von revolutionären Änderungen im wissenschaftlichen Denken und Treiben.

Die Herkunft der »Revolution«

Der Titel von Kuhns berühmtem Buch drückt aus, dass der Autor keinen Zweifel an der Existenz wissenschaftlicher Revolutionen hat. Für ihn ist klar, dass es sie gegeben hat und geben wird, und zu klären bleibt nur, wie sie im Einzelnen vor sich gegangen sind. Die Sicherheit, mit der Kuhn aufgetreten ist, und die große Zahl der Wissenschaftler, die sich seiner Auffassung angeschlossen haben, darf nicht darüber hinwegtäuschen, dass die Idee einer Revolution als systematischer Beschreibung wissenschaftlicher Entwicklungen sehr jung ist und umstritten bleibt. Sie taucht erstmals nach dem Zweiten Weltkrieg auf, und zwar in Werken von Herbert Butterfield *(The Origins of Modern Science)* und A. Rupert Hall *(The Scientific Revolution 1500–1800)*, die 1949 bzw. 1954 erschienen sind. Das Konzept bezieht sich bei diesen Autoren vor allem auf die Geschehnisse, die im frühen 17. Jahrhundert, als es um die

Geburt der modernen Wissenschaft in Europa ging, eintreten und unter anderem mit den Namen Bacon, Kepler, Galilei und Descartes verbunden sind.

Die eben erwähnten englischen Historiker wollten ihre in unseren Breiten nur schwer zu vermittelnde Auffassung deutlich machen und belegen, dass es weder der Humanismus noch die Reformation waren, die für die bedeutendste Revolution im menschlichen Denken verantwortlich waren und sie ausgelöst haben. Diesen Ruhm sollten vielmehr die Naturwissenschaften für sich beanspruchen dürfen. Es heißt bei Butterfield zum Beispiel:

> »It is the so-called scientific revolution [that] outshines everything since the rise of Christianity and reduces the Renaissance and Reformation to the rank of mere episodes, mere internal displacements within the system of medieval Christendom. [...] It might be said that the course of the 17th century represents one of the great episodes in human experience, which ought to be placed amongst the epic adventures that have helped to make the human race what it is.«[5]

Es fällt auf, dass es vorwiegend angelsächsische Historiker sind, die den Begriff der Revolution aufnehmen, um die Wissenschaft damit ehrenhaft zu etikettieren. Der Grund dafür steckt vermutlich in den Erfahrungen der politischen Geschichte Englands, die 1688 das erlebt, was in den Geschichtsbüchern als »Glorious Revolution« bezeichnet wird und von den Zeitgenossen so empfunden wurde.[6] Mehr als hundert Jahre vor der radikalen und viele Menschenopfer kostenden Französischen Revolution, die dem hier verhandelten Begriff eine düstere Komponente auferlegt und Angst vor ihm gemacht hat, gelingt den Engländern eine wahrlich umwälzende Neuerung in Form einer Deklaration, die den englischen König zwar lässt, wo er ist, aber nur unter der Bedingung, dass ihm seine Macht nicht durch göttliches Recht, sondern von den Regierten – dem Parlament – verliehen wird.

Die Herkunft der »Revolution« 373

Das Besondere dieser englischen Revolution von 1688 besteht zum einen darin, ohne Vergeudung von Menschenleben eine bis heute haltbare und populäre Lösung gefunden zu haben. Und es besteht zum anderen darin, dem uralten Begriff der Revolution eine neue Bedeutung verliehen zu haben. Dieses Wort hat nämlich eine interessante Geschichte. Es taucht als Substantiv zum ersten Mal im Spätlateinischen auf und leitet sich aus einem Verb mit sehr weiter Bedeutung ab. *Revolvere* kann unter anderem mit »zurückrollen, wiederholen, wiederkehren, auswickeln, durchdenken« übersetzt werden. Die diese Tätigkeiten verdinglichende *revolutio* begann ihre wissenschaftliche Karriere als Fachausdruck der Astronomie, und seinen größten Bekanntheitsgrad bekam das Wort durch das Hauptwerk des Kopernikus, der damit die Umwälzungen der Himmelssphären bzw. in modernem Sprachgebrauch die Umdrehungen der Planeten meinte.

Festzuhalten ist an dieser Stelle, dass unter einer Revolution zunächst etwas verstanden wird, das in sich zurückläuft und zu bereits bestehenden Verhältnissen zurückkehrt.[7] Und in dieser zugleich konservativen und beruhigenden Bedeutung dringt der Ausdruck in die Politik ein. Revolution meint zunächst ein Auf und Ab der jeweiligen Lage, einen zyklischen Wandel, der eine stabile Grundlage hat, auf die alles Geschehen hinausläuft. Doch dann gelingt in England die »Glorious Revolution«, und damit ist der Kreislauf unterbrochen. Zwar kehrt man mit diesem Vorgang auch zu etwas Bestehendem zurück, nämlich zu einer Ordnung, und dies rechtfertigt den alten Begriff für die neue Sache. Doch die Ordnung selbst hat sich entwickelt und kann für sich die weiter gehende Bedeutung des *revolvere* in Anspruch nehmen. Die Revolution hat sich geändert, und zwar so, dass sie besser geworden ist.

Weitere wissenschaftliche Revolutionen?

Vielleicht wird daraus verständlich, weshalb angelsächsische Historiker dazu neigen, viele Revolutionen in der Geschichte der Naturwissenschaft zu sehen. Einige von ihnen halten bis heute Ausschau nach Kandidaten, die sich dem großen Wandel des 17. Jahrhunderts gleichberechtigt an die Seite stellen lassen. Doch nahezu alle bislang unterbreiteten Vorschläge sind auf Ablehnung gestoßen, weswegen viele Wissenschaftshistoriker inzwischen dazu raten, die eine wissenschaftliche Revolution als unvergleichbar anzusehen und keine weiteren Ereignisse als wissenschaftliche Revolutionen zu bezeichnen. Doch selbst wer – wie der Autor – eine Neigung zeigt, dieser Ansicht aus Bewunderung für den heroischen Gründungsakt der Wissenschaft nach 1600 zuzustimmen, sollte einige der Argumente zur Kenntnis nehmen, die dafür sprechen, dass es doch noch weitere wissenschaftliche Revolutionen gegeben hat, die diesen Namen verdienen.

Als möglicher Kandidat für den Titel »wissenschaftlich revolutionär« kommt die Idee der Wahrscheinlichkeit in Frage. Sie durchdringt das moderne Leben so sehr, dass sie gar nicht mehr bemerkt wird und wir uns keine Gesellschaft mehr vorstellen können, die ohne das dazugehörige statistische Denken auskommen könnte. Wir wissen zum Beispiel ganz selbstverständlich, dass Wettervorhersagen nicht sicher sind – in den USA ist es zum Beispiel üblich von einer 30-prozentigen Regenwahrscheinlichkeit zu sprechen –, und wir sind mit der Praxis von Versicherungsunternehmen vertraut, die auf Tabellen mit Sterbewahrscheinlichkeiten zurückgreifen, wenn sie ihre Prämien kalkulieren. Die mathematischen Voraussetzungen für ihre Berechnung gibt es seit dem Ende des 18. Jahrhundert, und sie waren auf dem Zehn-Mark-Schein dargestellt. Er bildet nicht nur den großen Mathematiker Carl Friedrich Gauß ab, sondern zeigt auch eine seiner wichtigsten Entdeckungen, nämlich die so genannte »Normalverteilung« (Abb. 11–1). Mit dieser Glockenkurve und der von ihr gelie-

Abb. 11-1 Gauß und die Glockenkurve

ferten Möglichkeit, neben Mittelwerten auch die so genannten Standardabweichungen zu berechnen und die Signifikanz von Einzeldaten abzuschätzen, wurde nicht nur die Geschäftsgrundlage für das Versicherungswesen gelegt, sondern ein völlig neuer Gedanke kreiert, der die Welt grundlegend veränderte. Zwar beherrschte noch um 1800 die Vorstellung einer determinierten Wirklichkeit die Phantasie der Forscher, doch gelang es im 19. Jahrhundert, mit Hilfe von Glockenkurven den Zufall zu zähmen und eine Welt voller Wahrscheinlichkeit zu etablieren. Erste statistische Gesetzmäßigkeiten bei natürlichen Erscheinungen wurden um 1820 festgehalten und bald danach gab es den ersten Kongress für Statistik. Zur gleichen Zeit wandten sich die Physik und die Biologie den Verteilungsgesetzen zu, am Ende des 19. Jahrhunderts trat mit dem schon zitierten Charles S. Peirce der erste Philosoph des Indeterminismus auf, und schließlich kam in den ersten Jahrzehnten des 20. Jahrhunderts die Quantenphysik, die im Innersten der atomaren Welt primäre Wahrscheinlichkeiten entdeckte und sonst nichts.

Der Hauptgrund, warum es schwer fällt, dieser nahezu vollständigen Abwendung von deterministischen Gesetzen mit der gleichzeitigen Hinwendung zur Wahrscheinlichkeit das

Attribut einer Revolution zu verleihen, liegt in der Gesamtdauer dieses Vorgangs. Als Eckdaten müssen die Jahre 1800 und 1930 genannt werden, und wenn etwas weit über einhundert Jahre in Anspruch nimmt, fällt der Gedanke an eine Revolution schwer. Trotzdem hat sich unser Denken and Argumentieren grundlegend erneuert, und dies macht verständlich, warum die Entdeckung und Akzeptanz einer Welt, die voller Wahrscheinlichkeit steckt und vielleicht sogar mit ihr beginnt, unter Historikern als Kandidat für eine weitere wissenschaftliche Umwälzung gehandelt wird.

Die Befürworter der Vorstellung von vielen wissenschaftlichen Revolutionen weisen auf die historische Tatsache hin, dass als Folge des sich ausbreitenden Konzepts der Wahrscheinlichkeit die deterministischen Gesetze à la Newton und Maxwell durch die statistischen Regelmäßigkeiten à la Mendel und Darwin abgelöst wurden, und sie ergänzen diese Erinnerung durch die Vermutung, dass damit doch wohl noch nicht das Ende der gesetzlichen Fahnenstange erreicht sei. Warum – so fragen sie in Erwartung der nächsten Revolution – soll es den Wissenschaften nicht gelingen, die deterministischen und statistischen Regelmäßigkeiten zusammenzuführen, um dabei einen dritten Typus von Naturgesetz zu schaffen, der beide Ansätze verknüpft und dabei dem Zufall eine Chance gibt?

Einen Vorschlag dafür gibt es schon, und zwar durch den Nobelpreisträger für Physik Wolfgang Pauli (1900–1958), der die Versuche der Wissenschaft, die evolutionären Adaptationen der Lebewesen an ihre Umwelt im darwinistischen Rahmen durch den reinen Zufall zu erklären, schon in den frühen Jahren des 20. Jahrhunderts für unvollständig hielt. In einer zu seinen Lebzeiten nicht veröffentlichten »Vorlesung an die fremden Leute« heißt es:[8] »Die Anpassung von Organen an die physikalischen Lebensbedingungen dürfte in der Tat kaum allgemein erklärbar sein durch einen zweckfreien Zufall, der schon *vor* der Realisierung dieser äußeren Umstände unter vielen anderen Mutanten auch die *eine*, erst später angepasste Mutante vorsorglich hat auftreten lassen.« Da nun aber vererbbare Eigenschaften – wie die Flugrichtung von Zugvögeln – im Laufe der Zeit erworben sein müssen, hat Pauli »den Eindruck, dass die äußeren physikalischen Umstände einerseits und die ihnen angepasste erbliche Veränderungen der Gene (Mutationen) andererseits zwar nicht kausal-reproduzierbar zusammenhängen, aber doch einmal – die »blinden«, zufälligen Schwankungen der auftretenden Mutationen korrigierend – sinnhaft und zweckhaft als unteilbare Ganzheit zusammen mit den äußeren Umständen aufgetreten sind.« Es gäbe also »eine Korrektur der Schwankungen des Zufalls durch sinnhafte oder zweckmäßige Koinzidenzen nicht kausal verbundener Ereignisse«. Wer sie in geeigneter Weise erfassen könnte, hätte eine neue Art der Naturgesetzlichkeit erkundet, für die jede Wissenschaft offen sein sollte. Mit ihr könnte sie die Ganzheitlichkeit bekommen, die von vielen Beobachtern angemahnt wird. Es braucht nicht betont zu werden, dass dies eine wünschenswerte Revolution wäre, auf die sich zu warten lohnt.

Institutionelle Revolutionen

Eine der Initiativen der Revolutionäre des 17. Jahrhunderts bestand in der Aufforderung an die Wissenschaftler, sich in Gesellschaften (engl. »societies«), Verbänden (engl. »associations«) und Akademien zusammenzuschließen. Tatsächlich entstanden bereits um 1650 die ersten Wissenschaftsorganisationen, und es lohnt sich, wenigstens in aller Kürze darauf hinzuweisen, dass auch auf diesem sozialen bzw. institutionellen Sektor so etwas wie revolutionäre Änderungen stattgefunden haben.

Zunächst lässt sich konstatieren, dass das, was wir heute die »scientific community« nennen, zu Beginn des 19. Jahrhunderts entsteht, als immer mehr Akademien Fachzeitschriften herausbringen und Zusammenkünfte veranstalten, und zwar auch mit der Absicht, allgemeinverständlich zu wirken und das breite Publikum zu erreichen. Das Musterbeispiel ist die Gesellschaft Deutscher Naturforscher und Ärzte (GDNÄ), die 1822 ins Leben gerufen wird und deren Jahrestagungen bis heute lebhaften Zuspruch finden. Nach dem deutschen Vorbild entstehen in England die British und in den USA die American Association for the Advancement of Science – BAAS und AAAS –, deren »annual meetings« zu großen Festen der Wissenschaft geworden sind und Teilnehmer aus aller Welt anlocken.

Im späten 19. Jahrhundert lässt sich eine weitere wissenschaftliche Revolution der Institutionen ausmachen, als die Universitäten beginnen, im großen Stil zu den Zentren von Forschung und Ausbildung zu werden, wie wir sie bis heute kennen. Parallel dazu richtet die Industrie erste Forschungslaboratorien ein. Wie umwälzend dieser Schritt war, kann sich klarmachen, wer zählt, wo heute die meisten Wissenschaftler arbeiten – eben in der Industrie. Hier sind viele von ihnen mit der Entwicklung neuer Medikamente oder mit der Konstruktion von Instrumenten für die Weltraumforschung beschäftigt. Solche Arbeiten werden nicht mehr in kleinen Einheiten, sondern in großen Gruppen – in Großforschungseinrichtungen – durchgeführt, und mit diesem Begriff ist eine weitere grundlegende Entwicklung des Wissenschaftsbetriebs bezeichnet, die inzwischen neue Formen der interdisziplinären Kommunikation und mit ihr die so genannten »invisible colleges« entstehen lässt.

Was ist eine revolutionäre Wissenschaft?

Großforschung ist in vielen Fällen unerlässlich, und die bekannte spöttische Frage, ob sie auch große Forschung sei, ist wenig hilfreich, wenn zum Beispiel neue Medikamente geprüft, bessere Waschmittel produziert oder haltbarere Kunststoffe synthetisiert werden müssen. Hier findet die normale Forschung statt, ohne die unser Leben nicht denkbar ist, und an dieser Stelle wäre viel Dankbares zu sagen. Doch die einen sind im Dunklen, und die anderen sind im Licht, und man sieht nur Revoluzzer, die Normalen sieht man nicht, wie man mit Brecht sagen könnte und was durch die Geschichte bestätigt wird. Deshalb kehren wir zu den Umwälzungen zurück, allerdings nicht ohne vorher zu betonen, dass es nun nicht mehr um umfassende wissenschaftliche Revolutionen geht, sondern um einzelne revolutionäre Wissenschaften, also um dramatische Entwicklungen in einzelnen Disziplinen wie Physik oder Biologie.

Das Sicherste, was sich dabei von einer revolutionären Wende in einer Wissenschaft sagen lässt, klingt negativ. Gemeint ist, dass in ihrem Verlauf die normalen Regeln nicht mehr gelten können und ungewöhnliche Vorgänge geschehen müssen. Tatsächlich greift Kuhn selbst auf Begriffe wie Eingebung und sogar Offenbarung zurück, ohne sie allerdings näher zu erklären. Es soll an dieser Stelle versucht werden, diese Lücke zu füllen, und dieses Vorhaben gelingt vielleicht am besten, wenn man sich an die zwar banale, gelegentlich aber in Vergessenheit geratende Tatsache erinnert, dass Wissenschaft von Menschen gemacht wird.

Während sich wissenschaftliche Revolutionen in einer Zeit bzw. in einer Kultur abspielen, beginnen revolutionäre Wissenschaften in einem Menschen und spielen sich in seinem Inneren ab. Es ist nicht zu übersehen, dass wissenschaftliche Großtaten, die mit einem massiven Umdenken einhergehen, oft mit einer Person identifiziert werden und ihren Namen tragen. Man denke in diesem Zusammenhang an die Kopernikanische, die Newtonsche und die Darwinsche Revolution. Während man gewöhnlich an ein gesellschaftliches oder politisches Ereignis denkt, wenn von Revolutionen die Rede ist, kommt es in der Wissenschaft auf individuelles Denken und ein persönliches Geschehen an, und dies ist wahrscheinlich der Grund, weshalb man nach einer Alternative zu dem Kuhnschen Erklärungsschema in der Wissenschaft suchen sollte.

Um Kriterien zu haben, mit denen sich konkret operieren lässt, orientieren wir uns an der These, die der amerikanische

Historiker I. Bernard Cohen in seinem Buch über *Revolutionen in der Wissenschaft* aufgestellt hat.[9] Er unterscheidet vier Entwicklungsstadien eines Umdenkens in der Wissenschaft, indem er sich an den beteiligten Forschern orientiert. Eine Revolution beginnt zunächst im Kopf, und zwar als schöpferische Tat eines oder einer Einzelnen. Er oder sie wird sich danach mehr oder weniger privat verbindlich auf die neue Methode und das neue Konzept festlegen, die zu Papier gebracht, veröffentlicht und damit einer kritischen Erörterung zugänglich und auch unterzogen werden. Als letzter Schritt erfolgt schließlich die Akzeptanz bzw. die Umsetzung in die breite Praxis der Forschung (die damit ein neues Paradigma gewählt hat), was natürlich seine Zeit dauern kann.

Der eigentlich spannendste Schritt ist das Erscheinen der schöpferischen Idee. Wenn er gelungen ist, setzt die normale Arbeit ein, die keineswegs unterschätzt werden darf und auf ihre Weise großartige Ergebnisse erzeugen kann. Der Historiker, der die Entwicklung der Wissenschaft gerade da verstehen will, wo sie die normalen Bahnen verlässt und neue Spuren findet, muss versuchen, diesen ersten Schritt zu verstehen, was natürlich bedeutet, zunächst die jeweilige Idee auf den Punkt zu bringen, der erklärt werden muss. Dazu sollen im folgenden einige Beispiele betrachtet werden.

Worin besteht zum Beispiel der wesentliche Gedanke, der Newton die Grundlegung der Mechanik erlaubt? Er hat mit der konsequenten Verwendung mathematischer Konzepte auf die Wirklichkeit zu tun. Newton beginnt seine Welterklärung mit einer rein mathematischen bzw. geometrischen Form, dem Massenpunkt. Das heißt, er stellt Gleichungen für etwas auf, das nicht real, sondern ideal ist. So gesehen ist es erlaubt, von Newtons Stil in der Wissenschaft zu reden, und hierin liegt seine revolutionäre Tat, die wir wegen ihres Erfolgs bewundern. Newtons Vorgehen – sein bis heute fortlebender Stil – besteht darin, das ideale Konstrukt der Wirklichkeit mit der realen Welt zu vergleichen, um anschließend eventuell nötige Korrekturen an der Ausgangsform vorzunehmen.

Was ist eine revolutionäre Wissenschaft?

Wie sehr sein Verfahren in die allgemeine Arbeits- und Denkweise der Wissenschaft eingegangen ist, zeigt sich dadurch, dass Newton in den nachfolgenden Jahrhunderten zum Symbol für erfolgreiche Wissenschaft und zum Ideal für wissenschaftliches Denken wurde. Das Programm der Aufklärung bezog sich auf seine Leistungen mit der Folge, dass alle Wissenschaften ihren Newton suchten – den »Newton des Grashalms« (Kant) ebenso wie den Newton der Seele, den Newton der Chemie ebenso wie den Newton der Naturgeschichte.

Der physikalischen Revolution folgte in gebührendem Abstand eine chemische durch den Franzosen Antoine Lavoisier, dessen zentraler Gedanke eine neue Theorie der Verbrennung lieferte, die er mit einer neuen Methode untermauerte. Während die Methode noch unmittelbar einleuchtet – Lavoisier griff zur Waage und bestimmte das Gewicht von Stoffen vor und nach dem Verbrennen –, ist die Einführung von Sauerstoff als »brennbarem Prinzip« nicht so leicht nachzuvollziehen und höchst bemerkenswert. Die entscheidende Frage für die Bewertung der Leistung Lavoisiers dreht sich um die Entdeckung von Sauerstoff als Bestandteil der Luft, was vor allem eine Trennung von dem damaligen, aus der Antike überlieferten Paradigma bedeutete, dass die Luft eines der vier Elemente darstellt. Wie es das Wort ausdrückt, galt sie als elementar und folglich konnte sie nicht zusammengesetzt sein. Lavoisiers lang lebige Leistung besteht darin, diese Sicht überwunden und die Luft als Mischung aus Gasen wahrgenommen zu haben. Die Frage, wie er zu dieser Erkenntnis gelangt ist, bleibt offen.

Die große biologische Revolution kommt dann durch Charles Darwin zustande, dessen Entdeckung der natürlichen Selektion als Antriebskraft der Evolution schon ausreichend gewürdigt worden ist und hier nicht noch einmal vorgestellt zu werden braucht. Stattdessen soll einmal gefragt werden, ob es schon in früheren Jahren wissenschaftliche Revolutionen in den Lebenswissenschaften gab. Ins Auge gefasst werden sollen erstens die Arbeiten von Paracelsus (1493–1541) und seine spezielle Art der Alchemie, zweitens die Bemühungen eines Zeitgenossen von Kopernikus, nämlich Andreas Vesalius (1514–1564) und seine Abhandlung »Vom Bau des menschlichen Körpers«, die 1543 erschienen ist, und drittens die Entdeckung des Blutkreislaufs durch William Harvey (1578–1657), der sie in seiner »Anatomischen Abhandlung über die Bewegung des Blutes und des Herzens in Lebewesen« von 1628 vorstellt.

Der Grund, warum sich die genannten Forscher gut im Hinblick auf die Frage vergleichen lassen, ob sie revolutionäre Fortschritte erzielt haben, liegt darin, dass sie alle dasselbe Paradigma benutzten, nämlich die wissenschaftliche Vorgabe, die ein Mann namens Galen (129–199) ausgearbeitet hatte, der der Leibarzt von Mark Aurel war. Galens Schriften waren im Mittelalter Lehrgrundlage der Medizin, und in ihnen wurde nach dem Vorbild des Hippokrates und in Übereinstimmung mit dem islamischen Kanon der Medizin, den Avicenna formuliert hatte, Krankheiten als Ungleichgewicht von vier Säften erklärt, dem Blut, dem Schleim und der schwarzen und grünen Galle. Heilung kam in dieser Vorstellung durch Reinigung zustande, zum Beispiel durch einen Aderlass oder einen Einlauf.

Paracelsus vertrat nun die neuartige und originelle Meinung, dass eine Krankheit »durch ein spezifisches, dem Körper fremdes Agens verursacht wird, das von einem Körperteil Besitz ergreift«. Heilung kam in seiner Sicht durch Wirkstoffe gegen dieses Agens zustande, und um die geeigneten Substanzen zu bekommen, ging Paracelsus dazu über, die Alchemie von ihren überlieferten Zielen zu befreien. Er stellte ihr eine völlig neue Aufgabe, nämlich nicht bloß Gold aus Blei, sondern wertvolle Heilmittel aus eher wertlosen Rohstoffen zu gewinnen. Diese Aufgabe hat die Pharmaindustrie im Laufe der Geschichte perfektioniert, indem sie zum Beispiel Arzneien für das Herz (Digitalis) aus Pflanzen (Fingerhut) gewonnen hat. Somit erscheint es unter vielen Aspekten gerechtfertigt, Paracelsus als Revolutionär zu betrachten (und es ist deshalb kein Wunder, dass er aus der Schweiz vertrieben wurde.)

Auch Andreas Vesalius musste sich auf Galen beziehen, obwohl dessen Beschreibung der menschlichen Anatomie mehr »eine Erläuterung der tierischen Anatomie war und häufig Irrtümer aufwies«, wie bald erkannt wurde. Vesalius korrigierte bei seinen anatomischen Studien viele alte Fehler, und er gab explizite Anweisungen, wie der Leser seines Buchs selbst bei einer Sektion zu verfahren habe. Er fügte eigens eine Tafel mit Werkzeugen hinzu. Er ist somit sicher der Begründer der modernen Anatomie, aber war er ein Revolutionär?

Die Antwort fällt eher negativ aus, und wer Vesalius, der nach der Publikation seines Buches die wissenschaftliche Laufbahn aufgab und Arzt erst am Hof Karls V. und dann bei Philipp II. wurde, tadeln will, sollte ihm zugute halten, dass er der erste Meister in der künstlerischen Darstellung wissenschaftlicher Ergebnisse gewesen ist.

Wie wenig Vesalius Revolutionäres im Sinne hatte, zeigt sich an seinem Satz, »Was die Struktur des Herzens und die Funktion seiner Teile angeht, so habe ich meine Aussagen mit den Lehren Galens in Übereinstimmung gebracht.« Böse formuliert verfeinerte Vesalius nur das Brett, das ihm die Sicht versperrte, und im Gegensatz zu Paracelsus kam er nie auf die Idee, es entfernen zu wollen.

Ganz anders ging an dieser Stelle William Harvey vor. In seinem Werk versucht er, im Inneren des Körpers nachweisbare Kreisläufe zu finden. Harvey hält nichts von unbewiesenen Annahmen und besteht auf empirisch fundierten quantitativen Kenntnissen (die allerdings lückenhaft bleiben und noch ohne Kapillaren auskommen). Harvey schlägt ein geschlossenes mechanisches System vor, in dessen Rahmen das Blut vom Herzen aus durch Arterien und Venen gepumpt wird. Er zeigt, dass Arterien stets Blut vom Herzen zu den Organen bringen und alle Venen in die umgekehrte Richtung arbeiten. In Harveys Worten: »Das Blut bewegt sich in einem Kreise, und es ist in immerwährender Bewegung, und dies ist die Tätigkeit des Herzens, die es mittels seines Pulses zustande bringt. Die Bewegung und der Schlag des Herzens sind die einzige Ursache.«

Als ein letztes (modernes) Beispiel für eine als revolutionär einzuschätzende Wende in der Wissenschaft soll die Theorie der Kontinentalverschiebung behandelt werden, die unter Geologen heute als Plattentektonik bekannt ist. Der Grundgedanke lautet, dass es eine Eigenbewegung der Kontinente auf der Oberfläche der Erde gab und gibt und dass die damit verbundenen Verschiebungen zahlreiche geologische Befunde wie Ozeangraben, Berge, Vulkanexplosionen und Erdbeben erklären und die teilweise komplementäre Gestalt der Kontinente verständlich machen können (am offensichtlichsten die Formen von Südamerika und Afrika).

Diese Idee wurde kurz vor dem Ersten Weltkrieg von dem deutschen Geologen Alfred Wegener vorgestellt und von seinen Kollegen unmittelbar als revolutionär eingestuft. In den folgenden Jahrzehnten wurde das Konzept umfassend diskutiert und von Wegener systematisch weiterentwickelt. Seit den sechziger Jahren des 20. Jahrhunderts ist die Kontinentaldrift Allgemeingut der Wissenschaft. Die Theorie der Plattentektonik besteht jede historische Prüfung und sollte auf jeden Fall als Revolution der Wissenschaft angesehen werden.

Woher kommen Revolutionen?

Bücher, die über die Verschiebung der Kontinente berichten, verwenden gerne Titel, in denen vom neuen Bild der Erde die Rede ist. Die Vorstellung eines »neuen Bildes« trifft vermutlich allgemein zu, wenn es um revolutionäre Wandlungen in der Wissenschaft geht, und dieses Bild taucht zuerst in einem einzelnen Kopf auf. Wer also verstehen will, wie Wissenschaft vorankommt, wenn sie nicht »normal« abläuft und ihre traditionelle Logik eingeschaltet hat, muss nach der Quelle der Bilder und Vorstellungen fragen, die sich in einem Forscherhirn melden und ins Bewusstsein der dazu gehörenden Person treten. Das heißt, am Anfang einer wissenschaftlichen Neuerung steht der kreative Akt eines einzelnen Menschen, und aus diesem Grund wird an dieser Stelle vorgeschlagen, dem Kuhnschen Konzept der normalen Wissenschaft nicht die revolutionäre, sondern die kreative Wissenschaft gegenüberzustellen. Wer forscht, hat viel Routinearbeit (»Normalität«) zu erledigen, wobei diese Tätigkeit durch hochwertige Eigenschaften charakterisiert ist. Wer als Wissenschaftler erfolgreich arbeiten (und damit sein Geld verdienen) will, muss sorgfältig, korrekt, logisch, detailbesessen und umfassend vorgehen und möglichst vollständig aufzeichnen, was er tut. All dies bringt allerdings kaum Kreativität hervor. Mit den genannten »unkreativen« Qualitäten ist der stetige technische Fortschritt derjenige, an den wir alle gewöhnt sind und der durch äußere Momente und Bedürfnisse angetrieben und ausgerichtet wird. Revolutionäre Neuerungen kommen nicht von außen, sondern von innen, und sie vollziehen sich so plötzlich, dass sie von den forschenden Personen, in denen innere Bilder auftauchen, als Offenbarung erlebt werden.

Dieser Prozess, der am Beginn jeder Revolution steht, ist bisher kaum erforscht, wie I. Bernard Cohen in seinem schon erwähnten Buch *Revolutionen in der Naturwissenschaft* ausführt: »Auffälligerweise ist bisher (1994) jedoch eine psychologisch orientierte Untersuchung der ›Revolutionäre‹ der Wissenschaft unterblieben. Hier eröffnet sich ein viel versprechendes, bisher unbearbeitetes Gebiet, das die historische Erforschung der wissenschaftlichen Revolutionen um eine ganz unerwartete Dimension erweitern könnte, womit eine neue Ära in der systematischen Analyse der Wissenschaft und der wissenschaftlichen Tätigkeit begründet würde.«

An dieser Stelle wird die Ansicht vertreten, dass revolutionäre Erweiterungen der Wissenschaft nicht nur rationale oder soziologische Vorgänge sind, sondern dass es sich dabei um Prozesse handelt, die Psychologen als archetypisch charakterisieren und bei denen sich die innere Gestalt des kulturellen Denkens ändert. Sie muss anschließend ihre Qualität in neuen empirischen Befunden beweisen, um akzeptiert zu werden und das neue Paradigma zu bilden, mit dem dann weitergearbeitet wird.

Archetypische Bilder

Mit dem Begriff des Archetypischen versucht die Psychologie eine Ebene zu markieren, auf der Denken und Erkennen beginnen, bevor es Begriffe oder Kategorien gibt. Es ist auch wenig plausibel, Rationalität durch rationale Konstrukte zu erklären. Vor der Rationalität kann keine Rationalität gewesen sein. Vor den Begriffen können keine Begriffe gewesen sein. Vor den Begriffen und vor den Kategorien des rationalen Denkens können aber dem Bewusstsein sehr wohl urtümliche oder archaische Bilder zur Verfügung gestanden haben, wobei die Attribute mehr oder weniger hilflos versuchen, eine frühe Form des menschlichen Erkennens zu benennen. In ihr tauchen Bilder auf, die wahrgenommen werden können und die es wahrzunehmen gilt. Mit »aisthesis«, dem griechischen Wort für Wahrnehmung, lässt sich sagen, dass Denken ursprünglich ästhetisch vor sich geht. Es beginnt nicht logisch, wie vielfach gelehrt wird, sondern mit den Bildern, die uns unter anderem im Traum zugänglich werden.

Im wissenschaftlichen Kontext stellen wir uns unter Archetypen wahrnehmbare Frühformen (Vorstufen) des Denkens vor, wobei gesagt werden muss, dass das mit einer langen Geschichte versehene Konzept des Archetypus im 20. Jahrhundert im Umkreis von C. G. Jung eine Art Renaissance erlebt und eine psychologische Bestimmung erfahren hat. Jung vermutete aufgrund zahlreicher Beobachtungen an Patienten, dass Menschen über einen kollektiven Fundus an archaischen Bildern und Symbolen verfügen, mit denen unbewusste Formen des Erkennens möglich werden. Diese Bilder werden – so verstehen es Jung und seine Mitstreiter – ihrerseits von Archetypen bestimmt, die auf diese Weise die menschliche Wahrnehmung und andere psychische Vorgänge mindestens beeinflussen und vermutlich sogar steuern.

Wie erst in den letzten Jahren des 20. Jahrhunderts allgemein bekannt geworden ist, bestand in Zürich ein sehr enger Kontakt zwischen dem Psychologen Jung und dem Physiker Pauli, der durch dieses interdisziplinäre Gespräch auf den Gedanken gekommen ist, dass viele physikalische Begriffe einen »archetypischen Hintergrund« haben könnten.[10] Pauli verfasste zu diesem Thema ein Manuskript, das im Juni 1948 entstanden und fast ein halbes Jahrhundert unpubliziert geblieben ist. Der Text trägt den Titel »Moderne Beispiele zur ›Hintergrundsphysik‹«, worunter er »das Auftreten von quantitativen Begriffen und Vorstellungen der Physik in spontanen Phantasien« verstand.[11] Pauli denkt an Konzepte wie Welle, Atom, Atomkern und Radioaktivität, und schlägt in diesem Zusammenhang und »in Anlehnung an die Philosophie Platons« vor, das wissenschaftliche Erkennen der Natur »als eine Entsprechung, das heißt als ein zur Deckung Kommen von präexistenten inneren Bildern der menschlichen Psyche mit äußeren Objekten und ihrem Verhalten zu interpretieren«:

> »Theorien kommen zustande durch ein vom empirischen Material inspiriertes *Verstehen*, welches am besten im Anschluss an Plato als zur Deckung kommen von inneren Bildern und äußeren Objekten und ihrem Verhalten zu deuten ist. Die Möglichkeit des Verstehens zeigt aufs Neue das Vorhandensein regulierender typischer Anordnungen, denen sowohl das Innen wie das Außen des Menschen unterworfen sind«.

Pauli versucht also eine wissenschaftliche Erkenntnistheorie, die Einsichten der modernen Psychologie berücksichtigt. Denn diese »hat den Nachweis erbracht, dass jedes Verstehen ein langwieriger Prozess ist, der lange vor der rationalen Formulierbarkeit des Bewusstseinsinhaltes durch Prozesse im Unbewussten eingeleitet wird: auf der vorbewussten Stufe der Erkenntnis sind an Stelle von klaren Begriffen Bilder mit starkem emotionalem Gehalt vorhanden, die nicht gedacht, sondern gleichsam malend geschaut werden. Die gesuchte Brücke zwischen Sinnesempfindungen und Ideen oder Begriffen scheint durch anordnende Operatoren oder Faktoren (die ich [...]

nicht als ›rational‹ bezeichnen möchte) bedingt zu sein, von denen auch diese vorbegriffliche Schicht der symbolischen Bilder beherrscht wird«.

Es geht also um präexistente innere Bilder, und es geht um unanschauliche Ordnungsfaktoren, und für beide ist im Laufe der europäischen Geistesgeschichte der Begriff »Archetypus« (griech. »Urbild«) verwendet worden. Johannes Kepler hat diesem Ausdruck bereits im 17. Jahrhundert die erste Fassung gegeben, als er an sich selbst erkannte, wie sein Wissen zustande kommt:

> »Erkennen heißt, das äußerlich Wahrgenommene mit den inneren Ideen zusammenbringen und ihre Übereinstimmung (congruum) beurteilen, was Proclus [der zu Keplers Lieblingsautoren gehört] sehr schön ausgedrückt hat mit dem Wort ›Erwachen‹ wie aus einem Schlaf. Wie nämlich das uns außen Begegnende uns erinnern macht an das, was wir vorher wussten, so locken die Sinneserfahrungen, wenn sie erkannt werden, die intellektuellen und innen vorhandenen Gegebenheiten (ante intus praesentia) hervor, so dass sie dann in der Seele aufleuchten (reluceant in anima), während sie vorher wie verschleiert in potentia dort verborgen waren.«[12]

Historische Beispiele dieser Art haben Pauli davon überzeugt, dass Archetypen als wirksame Bilder außerhalb des Bewusstseins vorhanden sind und sich mit der Zeit ändern können. Archetypen sind für Pauli also nicht unveränderliche Gegebenheiten, vielmehr entwickeln sie sich relativ zum Standpunkt des Bewusstseins: »Die Rückwirkung des Bewusstseins auf die Bilder des Unbewussten, welche von der umgekehrten Wirkung der Bilder auf das Bewusstsein im Sinne einer ›Komplementarität‹ nicht zu trennen sein dürfte, scheint mir gerade das Wesen […] der Entwicklung der menschlichen Erkenntnis auszumachen«, wie er eindeutig bekennt. Das Wechselspiel zwischen dem Bewussten und dem Unbewussten scheint Pauli grundsätzlich geeignet, um besser als jede »Logik der Forschung«

festzulegen, worin »eine wissenschaftliche Methode« besteht, nämlich darin, »eine Sache immer wieder vorzunehmen, über den Gegenstand nachzudenken, sie dann wieder beiseite zu legen, dann neues empirisches Material zu sammeln, und dies, wenn nötig, durch viele Jahre fortzusetzen. Auf diese Weise wird das Unbewusste durch das Bewusstsein angekurbelt und, wenn überhaupt, kann nur so etwas dabei herauskommen. Ich glaube, dass man Wissenschaft nicht *nebenbei* betreiben kann«.

Kepler war einer, der sein Leben der Wissenschaft gewidmet hat und dabei durch das Aufleuchten der Seele belohnt wurde, das man auch als Glücksempfinden bezeichnen kann. Es ist in der Wissenschaft möglich und für viele ihrer Entwicklungen verantwortlich – besonders für die revolutionären.

Im Übrigen begnügt sich Kepler in der zitierten Beschreibung der menschlichen Erkenntnisfähigkeit nicht mit dem Hinweis auf die »präexistenten inneren Bilder«; er fragt auch, wie diese Imaginationen in uns hineingekommen sind. Und er antwortet: »Alle Ideen oder Formbegriffe (formales rationes harmonicarum) liegen im Inneren der Wesen (inesse), die Erkenntnisvermögen besitzen, und sie werden nicht etwa diskursiv innen aufgenommen, sondern hängen von einem natürlichen Instinkt ab (instinctu naturali) und sind mit eingeboren (connasci), so etwa wie den Pflanzenorganen die Zahl der Blätter oder die Zahl der Kammern im Apfel mit eingeboren wird.«

Eine kühne und mutige Annahme, die Kepler hier macht, weil er ganz selbstverständlich den großen Zusammenhang bzw. die umfassende Einheit des Lebens und der lebendigen Formen sieht, die eigentlich erst der Gedanke der Evolution möglich macht, der im 19. Jahrhundert in Erscheinung tritt und bis heute gewöhnungsbedürftig bleibt.

Innere und äußere Wandlungen

Wer die großen und kleinen Veränderungen der Wissenschaft verstehen will, ist wahrscheinlich gut beraten, sie nach dem Ort zu unterscheiden, an dem sie beginnen. Der wissenschaftliche Geist reagiert, wenn außen – in der so genannten Realität – etwas nicht klappt oder stimmt. Vielleicht sagt die Wissenschaft ein Ereignis nicht richtig voraus – zum Beispiel den Zeitpunkt einer Sonnenfinsternis oder das Ende einer Schönwetterperiode. Vielleicht hat man auch das Bedürfnis nach genaueren Messmethoden oder haltbareren Materialien. In solchen Fällen werden die gewohnten Fortschritte der Wissenschaft die Folge sein, wie wir sie bis heute kennen und wie es sie auch weiterhin geben wird. Die daraus resultierenden Entwicklungen werden viele Verbesserungen, aber kaum Revolutionen mit sich bringen. Revolutionen sind erst dann zu erwarten, wenn der Ausgangsort der Veränderung innen – in der Wissenschaft – liegt und jemand damit beginnt, die Welt mit neuen Augen zu sehen. Als Einstein die Konstanz der Lichtgeschwindigkeit entdeckte, reagierte er nicht auf äußere Notwendigkeiten, sondern auf eine innere Problematik. Sie machte ihn kreativ. Die Wissenschaft lebt von einigen wenigen Menschen, die wahrhaft schöpferisch und phantasievoll auf offene Fragen der Wissenschaft reagieren. Aber erklären kann sie solche Neuerungen nicht. Die Wissenschaft steht ebenso staunend vor den großen Vertretern ihrer Zunft wie wir alle.

12 Besonderheiten der Wissenschaft im 20. Jahrhundert

Gegen Ende des 19. Jahrhunderts waren viele Wissenschaftler – vor allem Physiker – der Meinung, es gäbe nur noch wenige Probleme, die sich wirklich lohnten und spannende Forschung versprächen. Immer wieder wird die Geschichte von Max Planck erzählt, dem in München geraten wurde, auf ein Studium der Physik zu verzichten, weil bestenfalls noch Kleinigkeiten wie die Berechnung der spezifischen Wärme von Gasen aus den Freiheitsgraden der Moleküle zu klären wären und irgendwann in naher Zukunft auch die eher lästige Frage nach der Natur des Äthers gelöst sein würde, durch den sich die Lichtwellen angeblich bewegten. Die Chemiker schienen sogar kurz davor zu stehen, diesem sagenhaften Stoff, der schon bei Aristoteles erscheint, einen festen Platz in ihrem Periodensystem der Elemente zuzuweisen, mit dem dann ein umfassender und in sich geschlossener Überblick über den Gegenstand ihrer Wissenschaft vorliegen würde. Die Mathematiker erwarteten zur gleichen Zeit eine vollständige Formalisierbarkeit ihrer Fragen, also die lückenlose Übertragung von Aufgabenstellungen in die Sprache der mathematischen Formeln. Damit schien die bereits im 17. Jahrhundert von Gottfried Wilhelm Leibniz erträumte durchgängige Beweisbarkeit aller Behauptungen zum Greifen nah. Einer ihrer bedeutendsten Repräsentanten, der große David Hilbert aus Göttingen, fasste im Jahre 1900 in rund zwei Dutzend Problemen zusammen, was seinen Kollegen noch zu tun blieb. All diese Aufgaben sahen so lösbar aus wie das Vierfarbenproblem, das dazugehörte und in dem nach dem Beweis für die Behauptung gefragt wird, dass für eine Landkarte vier Farben reichen, um alle Länder mit gemeinsamer Grenze unterschiedlich zu markieren. Hilbert war tief überzeugt von der Lösbarkeit eines jeden Problems, und für ihn gab es kein »ignorabimus«, weder in der Mathematik noch in einer anderen Naturwissenschaft.[1] Und stellvertretend für die Biologen publizierte Ernst Haeckel 1899 seine legendären *Welträtsel*, die für ihn natürlich keine mehr waren, sondern das Gegenteil ankündigten, nämlich das Verschwinden aller Geheimnisse. Der Soziologe Max Weber sprach in diesem Zusammenhang von der Entzauberung der Welt und dem Verschwinden aller unerklärten Bereiche des Wirklichen. Die Wissenschaft hatte das Leben doch gut verstanden, nachdem sein zellulärer Aufbau und seine evolutionäre Entwicklung erkannt waren. Und was Gott und die Welt anging, so war Gott tot, wie der Philosoph Friedrich Nietzsche festgestellt hatte, der sich mit zu seinen Mördern rechnete (»Wir haben ihn getötet«), und die Welt bestand aus Atomen, die man zählen und vermessen konnte.

Am Ende des 19. Jahrhunderts, in dem die Eisenbahn zu fahren begonnen hatte, in dem eine chemische Industrie entstanden und mit ihr der Wohlstand der Nationen gewachsen war, war das Bedürfnis nach Erlösung durch das Streben nach Lösungen abgelöst worden. Die Wissenschaft beanspruchte und versprach die Lösbarkeit aller Probleme. Der alte Traum der Rationalisten schien sich in dem Maße zu erfüllen, wie es sich in einem Manifest niedergeschlagen hatte, das zur Zeit der Französischen Revolution unter der Federführung des Marquis de Condorcet entstanden war. In ihm waren die rationale Beherrschbarkeit der Welt und das planbare Glück der Menschen als erreichbares Ziel verkündet worden. Die Wissenschaftler glaubten an eine einzige und konkret sichtbare Wirklichkeit, die immer genauer zugänglich wurde und immer präziser vermessen werden konnte und keinen Platz mehr für Geheimnisse lassen würde.[2]

»Ich fürchte mich so«

Doch während man im großen Gebäude der Wissenschaft so dachte, saß jemand im Berliner Stadtteil Wilmersdorf in einem vermutlich kleinen Zimmer und brachte an seinem Schreibtisch das folgende Gedicht zu Papier:

Ich fürchte mich so

Ich fürchte mich so vor der Menschen Wort.
Sie sprechen alles so deutlich aus:
Und dieses heißt Hund und jenes heißt Haus,
und hier ist Beginn und das Ende ist dort.

Mich bangt auch ihr Sinn, ihr Spiel mit dem Spott,
sie wissen alles, was wird und war;
kein Berg ist ihnen mehr wunderbar;
ihr Garten und Gut grenzt grade an Gott.

Ich will immer warnen und wehren: Bleibt fern.
Die Dinge singen hör ich so gern.
Ihr rührt sie an: sie sind starr und stumm.
Ihr bringt mir alle die Dinge um.

Diese Zeilen stammen von Rainer Maria Rilke. Sie sind 1899 in dem Versbuch *Mir zur Feier* erschienen und zwei Jahre zuvor entstanden, also in einer Zeit, in der die Physik auf die Radioaktivität stieß und damit zusammen mit den 1895 entdeckten Röntgenstrahlen über zwei Instrumente verfügte, um in die Welt der Atome vorzustoßen. Es ist offensichtlich, dass Rilkes Verse »quer zur Zeit und zu ihrem Fortschrittsglauben« stehen, wie ein Interpret geschrieben hat.[3] Sie markieren dadurch umso deutlicher die Stelle, an der die Wissenschaft anfängt, eine Wendung zu nehmen, die so unglaublich und ungeheuer ist, dass sie vielen Zeitgenossen bis heute unbegreiflich geblieben ist. Die Wissenschaft vollzog und erlebte in der Mitte von Rilkes Leben eine radikale Umwertung ihrer Werte, und zwar sowohl in theoretischer als auch in praktischer Hinsicht. Ihre Vertreter entdeckten – meist gegen den eigenen Willen –, dass es für sie etwas gibt, das unsagbar bleibt.[4] Die Wissenschaft wird plötzlich von Bereichen betroffen und beeinflusst, von deren Existenz sie nichts gewusst hatte und wahrscheinlich auch nichts wissen wollte. Damit nähert sie sich aber einer

Sphäre, die ihr sonst fremd scheint, denn das Unsagbare und das Unvorstellbare sind Begriffe, die gewöhnlich den Bereichen der Dichtung bzw. der Kunst vorbehalten bleiben.

Die Wissenschaft dringt im 20. Jahrhundert zum Beispiel in die Sphären des Unbewussten vor, die natürlich schon vorher bekannt und beschrieben waren – etwa von den Philosophen der Romantik –, die aber damit noch nicht zum Einzugsgebiet der empirischen Wissenschaften gehörten und von den Vertretern dieser Fakultäten noch entdeckt werden mussten. Sie entdeckten darüber hinaus auch andere Erscheinungen, die sich auf der Nachtseite der Wissenschaft abspielen und somit nicht im Licht des Bewusstseins betrachtet werden können. Mit anderen Worten, die Wissenschaft verliert gewissermaßen ihre klassische Unschuld, und sie muss zur Kenntnis nehmen, dass es das Unsagbare, das Unaussprechbare, das Unzugängliche gibt.

Wer diese Worte hört, glaubt weit von dem entfernt zu sein, was ein Naturwissenschaftler vor Augen hat. Schließlich arbeitet er doch in der Überzeugung, dass er nicht nur herausfinden kann, wie die Natur funktioniert und die Welt beschaffen ist, sondern dass er dies auch immer in aller Klarheit sagen kann. Die Wahrheit ist für ihn aussprechbar. Und warum sollte er nicht in alle Bereiche der Natur Einblick nehmen?

Dies war jedenfalls die Ansicht der meisten Wissenschaftler am Ende des 19. Jahrhunderts, als die Physik die Form fand, die heute »klassisch« heißt, die sämtliche Bewegungen zu erklären schien und den Bau immer neue Maschinen ermöglichte, als die Chemie eine ganze Industrie in Gang setzte und als die Bakteriologie einen ersten rationalen Zugang zu Krankheiten offen legte. Damals machte man sich daran, die vielen messbaren Eigenschaften von Stoffen wie Temperatur und Druck aus ihren atomaren Bausteinen und deren Zusammensetzung bzw. Bewegung abzuleiten, wobei die Atome als kleine Klümpchen – eine Art Erdenrest, wie Nietzsche es ausdrückte – betrachtet wurden. Das Unsichtbare stellte man sich wie das Sichtbare vor, nur kleiner, und dieses Modell funktionierte zu seiner Zeit glänzend – doch dann kam alles anders. Plötzlich und unerwartet vollzog sich die Umwertung der Werte, die sich in dem Gedicht von Rilke zurückhaltend andeutet und die Nietzsche bereits vorher angekündigt hatte.

Die Umwertung wissenschaftlicher Werte

Als sich das Jahr 1900 näherte, wähnte sich die Wissenschaft auf sicherem Grund, und sie kannte ihren gesellschaftlichen und politischen Wert – insbesondere in Deutschland.[5] Damals hätte jeder Wissenschaftler sofort die Frage beantworten können, welche Werte für ihn wichtig waren. Das waren nach innen hin zum Beispiel Objektivität und Universalität der Gesetze, Eindeutigkeit der Beschreibung und Beweisbarkeit aller physikalischen Aussagen, und nach außen hin Nützlichkeit (für alle Menschen) und Autonomie (für einzelne Staaten, die mit Hilfe der chemischen Industrie unabhängig von Rohstoffeinfuhren werden wollten). Völlig selbstverständlich ging zudem jeder Wissenschaftler von der Annahme aus, dass die Natur sich so verhielt, wie es Leibniz einmal ausgedrückt hatte, als er (ursprünglich auf Lateinisch) sagte, die Natur mache keine Sprünge. Und ebenso klar war für jeden Forscher, dass eine Theorie der realen Welt mit Größen zu operieren hatte, die in dieser Wirklichkeit ihre präzise Entsprechung hatten und messbar waren, also mit Längen, Geschwindigkeiten, Massen und ähnlich konkreten Qualitäten der materiellen Dinge. Doch alle diese Überzeugungen und Werte mussten in den ersten Jahrzehnten des 20. Jahrhunderts mehr oder weniger plötzlich aufgegeben werden. Die Physiker wurden zu der Einsicht gezwungen, dass es Fragen gibt, die ohne Antwort bleiben – die Frage nach der Natur des Lichtes zum Beispiel oder die Frage nach dem Ort, den ein Elektron einnimmt. Das angestrebte Ziel eines abgeschlossenen Ganzen namens Naturwissenschaft mit einem dazugehörigen fertigen Weltbild erwies sich mit einem Mal als unerreichbar. In diesem Sinne lässt sich sagen, dass es mit dem Beginn des 20. Jahrhunderts tatsächlich zu einem massiven Wertewandel in der Naturwissenschaft gekommen ist.

Zuerst musste Max Planck – wie beschrieben – zulassen, dass die Energie, die von Atomen abgegeben wird und als Licht erscheint, nicht kontinuierlich fließt, sondern in diskreten Päckchen abgegeben bzw. ausgetauscht wird. Die Wechselwirkung zwischen Licht und Materie konnte nur verstanden werden, wenn eine Unstetigkeit zugelassen wurde. Planck entdeckte die diskreten Übergänge der Natur und die Lücken in ihrem Geschehen, die heute als Quantensprünge populär werden.

Im Anschluss daran nahm Einstein dem Licht – bzw. seiner Beschreibung durch die Physik – die Eindeutigkeit. Er erkannte dessen duale Natur und entdeckte zum ersten Mal in der Geschichte seiner Wissenschaft eine Frage, die sie nicht eindeutig beantworten konnte. Es trat sowohl als Welle als auch als Teilchen in Erscheinung, und die einzige Möglichkeit, damit umzugehen, bestand darin, diesen offensichtlichen Widerspruch auszuhalten.

Mit Einsteins ungewöhnlichen – später vielfach experimentell bestätigten und zuletzt auch mit Nobelpreiswürden geadelten – Einsichten hatten die Quanten ihren ersten physikalischen Sinn bekommen. Ihre Unentbehrlichkeit wurde den Physikern kurz vom dem Ersten Weltkrieg klar, als die duale Struktur der Atome entdeckt wurde. Es musste erstens einen Atomkern geben, in dem der größte Teil der Masse versammelt ist (in Form positiv geladener Partikel, die man Protonen nannte), und es musste zweitens eine Hülle geben, in der die negativ geladenen Elektronen sich bewegen. Um solch einem zweigeteilten Gebilde aus Kern und Hülle Stabilität zu verleihen, mussten die Physiker das Quantum der Wirkung zur Hilfe nehmen, wie Niels Bohr als Erster erkannte.

Damit war die Unstetigkeit an die zentrale Stelle der Physik gerückt, ohne selbst erklärt worden zu sein. Sicher war nur, dass es möglich sein musste, Elektronen und andere Bestandteile des atomaren Bereichs durch diskrete Zahlenwerte zu beschreiben, in denen sich die Sprunghaftigkeit der Natur ausdrückte. Bald ging man dazu über, Elektronen, Photonen und ihresgleichen durch so genannte Quantenzahlen zu charakterisieren, und tatsächlich gelang es dadurch eine Zeit lang, den meisten experimentellen Befunden theoretisch Rechnung zu tragen. Bis zum Beginn der zwanziger Jahre des 20. Jahrhunderts kamen die Physiker mit drei Quantenzahlen aus, die sich alle dadurch auszeichneten, anschauliche Qualitäten zu beschreiben, wie man sie aus der klassischen Physik kannte, also zum Beispiel die Geschwindigkeit oder die Stärke der Wechselwirkung mit einem elektromagnetischen Feld (magnetisches Moment). Doch nach und nach wurden in zahlreichen Versuchen physikalische Effekte beobachtet, die in diesem Rahmen nicht zu verstehen waren und zur Erklärung etwas verlangten, das klassisch nicht mehr beschreibbar war.

In dieser Situation schlug der 1900 in Wien geborene Wolfgang Pauli vor, den Elektronen (und anderen elementaren Partikeln) eine vierte Quantenzahl zuzuordnen, die zwei Werte annehmen konnte. Sie sollte die Zweideutigkeit der Materie erfassen, die zur Erklärung der experimentellen Ergebnisse benötigt wurde, und Pauli riet von jedem Versuch ab, die damit erfasste Eigenschaft von Atomen anschaulich beschreiben zu wollen. Paulis (später mit dem Nobelpreis ausgezeichneter) Vorschlag aus dem Jahr 1924 funktionierte glänzend, wobei es viele Lehrbücher und andere Darstellungen der neuen Physik bis heute nicht lassen können, dem Verlangen nach einfachen und einsichtigen Modellen doch nachzugeben. Was Pauli als nicht-klassische Qualität der Materie bezeichnete, nennt man heute den Spin der Elektronen, und diese Größe wird gerne als das Drehen eines Teilchens um die eigene Achse (Eigendrehimpuls) gedeutet, wie man es zum Beispiel bei Tennisbällen beobachten kann, denen ein entsprechender Spin mit auf den Weg gegeben worden ist. Das ist zwar anschaulich, doch leider auch falsch. Der philosophisch zugängliche Hauptgrund für die Nicht-Anschaulichkeit der Elektronen liegt darin, dass man sich in letzter Konsequenz nicht mehr vorstellen darf, dass auf der atomaren Bühne Dinge agieren. Vielmehr treten dort Kreationen unserer Phantasie auf, die wir erschaffen und betrachten.

Der Spin eines Elektrons bzw. Atoms ist weniger eine konkrete Drehung und mehr die abstrakte Form für die Freiheit, die einer Drehung offen steht, sich nämlich für die eine oder andere Richtung zu entscheiden. Der Spin – die vierte Quantenzahl auf der atomaren Ebene – stellt eine klassisch nicht beschreibbare Zweideutigkeit dar, die sich in ihren Auswirkungen messen lässt. Wer immer noch versucht, ein Elektron als ein rotierendes Kügelchen zu erfassen, verkennt, was tatsächlich mit der Einführung des Spin und den nachfolgenden Entwicklungen passiert ist, nämlich der Abschied von der Anschaulichkeit (die von vielen als Wert verstanden worden war). Es gibt keine Elektronen, die sich drehen, und es gibt auch keine Elektronen, die auf Bahnen unterwegs sind und einen Atomkern umkreisen. Diese Qualitäten werden von uns an die Elektronen herangetragen, die sich selbst ganz anders fassen lassen, als man es seit den Zeiten der klassischen Physik gewohnt war. Elektronen oder Photonen sind unbestimmt, solange sie unbeobachtet als Potenzial existieren, und sie nehmen ihre spür- und messbaren Formen erst an, wenn sie von einem Subjekt darauf festgelegt werden.

Die entscheidende Entwicklung hin zu einer völlig neuen Physik begann mit dem Hinweis auf eine vierte Quantenzahl ohne anschauliche (makroskopische) Entsprechung, und sie setzte sich fort mit dem Vorschlag, nicht nur dem Licht, sondern auch der Materie eine duale Natur zuzuerkennen. Dass ein Elektron mit bekannter Masse nicht nur als Partikel, sondern auch als Welle in Erscheinung treten konnte, galt zwar zunächst als unsinnig und absurd, wurde aber trotzdem bald im Experiment bestätigt. Mit diesen Vorgaben dauerte es nicht mehr lange, bis man nicht nur über eine Quanten*theorie* verfügte, sondern auch eine weiter gehende Quanten*mechanik* formulieren konnte, die in der Lage war, die Stelle der alten (klassischen) Mechanik einzunehmen. Mit der 1925/26 formulierten Quantenmechanik bekamen die Physiker endlich wieder den festen Boden unter die Füße, den sie über zwanzig Jahre vermissen mussten. Allerdings sah der Boden völlig anders aus, als sie erwartet hatten. Er lag nämlich nicht im gewohnten dreidimensionalen Raum der Anschauung, sondern in einem seltsam mehrdimensionalen Raum mit komplexen Koordinaten.

Die beiden für diesen Erfolg hauptsächlich verantwortlichen Physiker waren Werner Heisenberg und Erwin Schrödinger, die – ganz im Sinne der Dualität von Licht und Materie – zwei sowohl unabhängige als auch äquivalente Formen der neuen Mechanik erschaffen haben. Die eine betont mehr den Teilchencharakter, und die andere mehr den Wellencharakter der atomaren Ereignisse. Gemeinsam ist beiden mathematischen Darstellungen, die in den Lehrbüchern als Heisenberg-Bild bzw. Schrödinger-Bild vorgestellt werden, dass sie maßgeblich von Größen handeln, die es in der konkret fassbaren Wirklichkeit nicht gibt. Ein Elektron oder ein Lichtteilchen (Photon) wird durch eine so genannte Zustandsfunktion beschrieben, die nur in einem abstrakten Raum definiert ist. Die entsprechenden mathematischen Größen müssen zudem alle neben einem realen einen imaginären Anteil haben. Die grundlegende Theorie der realen Welt kann nicht ohne imaginäre Zeichen und Zahlen auskommen. Das wirklich Gegebene – gemeint ist das im Experiment Messbare – lässt sich durch eine präzise mathematische Operation berechnen, die den Imaginärteil zum Verschwinden bringt. Dafür muss aber ein Preis gezahlt werden, nämlich der, dass das Ergebnis keine bestimmte Größe mehr ist, sondern nur noch eine Wahrscheinlichkeit bezeichnet. Atome sind keine Wirklichkeit mehr in einem konkret anschaulichen Sinn, sondern Möglichkeiten in ihrer abstrakten Form. Was die Welt im Innersten zusammenhält, sind Unbestimmtheiten voller Potenzial und Möglichkeit.

Das Modell der Kunst

Die Besonderheit der wissenschaftlichen Entwicklung nach 1900 lässt sich für die hier verhandelten Zwecke in einem Satz zusammenfassen. Dieser Satz lautet: Im Bereich der exakten Forschung wurde entdeckt, dass es Fragen gibt, die ohne eindeutige Antwort bleiben müssen. Weder die Natur des Lichtes noch der Ort eines Elektrons lassen sich als einfache Tatbestände ermitteln, was zum Beispiel konkret heißt, dass sich nicht sagen lässt, wo die Elektronen in einem chemischen Molekül sitzen und zu welchem Atom sie zu rechnen sind. Ihre Position muss offen dargestellt – offen gelassen – werden, was in Lehrbüchern zum Beispiel durch die »Beweglichkeit« bzw. Verschiebbarkeit einzelner Striche angedeutet wird, wenn dort Molekülstrukturen – etwa von Benzol oder Naphtalin – gezeichnet werden.

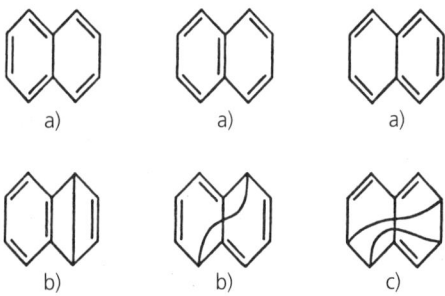

Abb. 12–1 Verschiedene Darstellungen des Moleküls, das Chemiker Naphtalin nennen. Es besteht aus zwei Ringen, die durch (nicht gezeigte) Kohlenstoffatome gebildet werden, an denen (ebenfalls nicht gezeigte) Wasserstoffatome hängen. Dabei bleiben einige Elektronen frei, die sich innerhalb der Struktur bewegen können. Ihr Ort ist unbestimmt, was durch drei mögliche Konfigurationen erfasst wird (a). Nun besteht die Möglichkeit, einem Molekül Energie zuzuführen und es in einen angeregten Zustand zu versetzen (b, c). Dabei wird der Ort noch unbestimmter, was durch die quer gezogenen Linien verdeutlicht werden soll.

Damit ist ein fundamentaler Wert verloren gegangen, denn wenn die Naturwissenschaften durch eine Überzeugung geleitet wurden, dann durch die Vorstellung, dass ihre Fragen Tatsachenfragen waren und folglich unmissverständliche Antworten – in Form von nachprüfbaren oder ermittelbaren Informationen – erlaubten. »Was ist der Schmelzpunkt von Eisen?« oder »Welche Nerven sind im Gehirn für die Verarbeitung visueller Informationen zuständig?« sind Fragen dieser Art, und die meisten Forscher verbringen auch heute noch ihre Zeit mit der Suche nach Antworten auf derartige Fragen. Viele glaubten lange Zeit hindurch, dass alle Fragen an die Natur diese Qualität hätten und zwei oder mehr Wissenschaftler letztlich immer zu übereinstimmenden Antworten kommen würden.

Die entscheidende Entdeckung der Wissenschaft nach 1900 bestand darin, dass es diese Eindeutigkeit durchgängig nicht mehr gibt. Ort und Impuls (oder Energie und Zeit) eines Elektrons wurden zu unbestimmten Größen, was nicht nur heißt, dass ihre gleichzeitige Ermittlung nur mit Ungenauigkeiten (oder »Unschärfen«) zu erkaufen ist, sondern in letzter Konsequenz, dass ein Elektron gar keine bestimmte Eigenschaft hat, solange sie nicht gemessen wird. Es ist nicht so, dass ein Atom einen genauen Ort hat, und dass ich nur nicht in der Lage bin, ihn zu messen. Es ist vielmehr so, dass es den Ort gar nicht gibt, solange ich ihn nicht bestimme. Der Beobachter bestimmt, was von Natur aus unbestimmt ist. Oder anders ausgedrückt: Ein Subjekt bestimmt, was als Objekt unbestimmt ist.

Damit wird deutlich, dass die Ergebnisse der Wissenschaft als Ausdruck menschlichen Handelns (und nicht als Resultat objektiver Gegebenheiten) zustande kommen, was allerdings nicht heißt, dass sie beliebig bzw. willkürlich wären. Ergebnisse des wissenschaftlichen Bemühens können sich sogar widersprechen – etwa wenn Licht als Welle oder als Teilchen interpretiert bzw. registriert wird –, weil in ihnen ein Stück freien Handelns enthalten ist. Das experimentierende Subjekt kann nämlich selbst entscheiden, ob es das Licht nach seinen Wellen- oder seinen Teilcheneigenschaften fragt. (Nachdem er oder sie sich entschieden hat, gibt es jedoch keine Möglichkeit mehr, das Ergebnis subjektiv zu beeinflussen. An dieser Stelle meldet dann die Natur bzw. das Ding an sich seinen Anspruch an und gibt die gewohnte objektive Antwort.)

Dieser Umbruch in der Wissenschaft bzw. in der Wissenschaftsphilosophie erinnert an die Zeit um 1800, als sich im europäischen Denken ein grundlegender Wandel im Menschenbild bzw. in der dazugehörenden politischen Philosophie vollzog.[6] Zu Beginn des 19. Jahrhunderts wurde die traditionelle Überzeugung, der zufolge man – etwa mit den Mitteln der Ethik – herausfinden könne, was die menschliche Natur ist, um ihr – mit den Mitteln der Politik – Rechnung zu tragen, erst kritisiert und dann aufgegeben. In der Zeit der Romantik vollzogen einige Intellektuelle die entscheidende Umkehrung im Denken, die zu der Einsicht führte, dass Fragen nach dem rechten Handeln ohne eindeutige normative Antwort bleiben können, ja müssen und es keine objektiven Gründe für richtige Entscheidungen gibt.

Zu den Geburtshelfern der skizzierten romantischen Wende gehört Immanuel Kant, der in seinen Schriften fragte, was der Mensch tun soll, und ihm die Freiheit der Wahl gab. Kant machte den Menschen auf diese Weise zum Urheber seiner Wertvorstellungen und damit wertvoll. In seiner Philosophie ist ein Wert etwas, das sich ein Mensch vorgibt, und nicht etwas, das er vorfindet. Wertvorstellungen sind – Isaiah Berlin zufolge – keine Naturprodukte, die eine Wissenschaft – etwa die Ethik oder die Soziologie – studieren könnte, sondern Ausdruck freien Handelns und damit des menschlichen Schöpfertums.

Diesen letzten Schluss hat Kant aber nicht mehr gezogen, sondern erst die Denker der Romantik. Ihre philosophischen Vertreter erhoben die Sittlichkeit zum schöpferischen Vorgang, und sie orientierten sich bei diesem Vorgehen am Modell der Kunst. Kreatives Tun – Schöpfung – ist in den Augen der Romantik die einzige ganz und gar selbstbestimmte Aktivität des Menschen. Nur auf diese Weise gelingt ihm die Selbstbefreiung von den kausalen Gesetzen der Physik und den Mechanismen der äußeren Welt. Indem die Romantiker den Blick auf die Kunst richteten und das Wesen des Menschen in seiner selbstbestimmten Tätigkeit sahen, zerstörten sie die alten Werte der europäischen Sittlichkeit. Ich bin nicht dadurch ich selber, dass ich logisch agiere oder mich der Natur füge. Ich bin erst dann ich selber, wenn ich etwas erschaffe. Die Natur ist – in diesem Modell – nicht mehr Mutter oder Gebieterin, sondern das Gegenstück zu meinem Tun und Denken. Natur ist etwas, dem ich meinen Willen aufzwingen kann. Sie ist der Gegenstand, den ich forme, dem ich Form verleihen kann.

Ein Entwurf der Natur

Zu Beginn des 20. Jahrhunderts hält mit der Entwicklung der Quantentheorie dieses gestaltende Element Einzug in die Physik. Der Physiker gibt einem Elektron die Bahn vor, auf der es sich bewegen kann. Er berechnet seinen Weg und entwirft auf diese Weise erst die Gestalt eines Atoms und dann die aller Elemente, die das Periodische System ausmachen. Der Wissenschaftler bestimmt mit Hilfe der vierten Quantenzahl sogar deren Bindung. Ein Wissenschaftler entwirft die Natur, die er selbst ist. Er ist *natura naturata* (geschaffene Natur) und *natura naturans* (schaffende Natur) in einem, ganz so, wie es die Denker der Romantik vorhergesehen hatten.

Könnte es nicht sein, dass sich heute in der Genbiologie wiederholt, was vor hundert Jahren in der Atomphysik geschehen ist? Könnte es nicht sein, dass Wissenschaftler viel mehr Künstler sind, als sie selbst ahnen? Auch ein Forscher erzählt doch nur, was er von der Natur weiß, und er könnte wissen, dass jede Erzählung auch Erfindung ist und durch ihre Form lebt. Wenn dies so ist, stellt sich die Frage, ob die Phantasie der Menschen, die sich in Kunst und Wissenschaft äußert, nur als zufälliges Nebenprodukt unserer Evolution anzusehen ist, oder ob sie sich sogar als deren Ziel begreifen lässt. Dazu müsste man den erklärenden Blick auf das evolutionäre Geschehen nicht ausschließlich auf das produktive Element der Vermehrung, sondern weiter gehend auf das rezeptive Element der Wahrnehmung lenken. Alles, was entsteht, muss ja von anderen zur Kenntnis genommen und eingeschätzt werden, und diese Tätigkeit hat unmittelbar Einfluss auf das Handeln. Mit anderen Worten, während sich die Lebensformen entwickeln, nimmt mit Sicherheit auch ihre Fähigkeit der Wahrnehmung zu. Und dieses Vermögen kann sich so sehr steigern, dass es nach immer raffinierteren Angeboten verlangt – nicht nur nach schönen Menschen, sondern darüber hinaus nach schönen Kunstwerken.

Von Zielen der Evolution zu sprechen ist nur im Rahmen einer neuen Naturwissenschaft sinnvoll. Doch von ihr ist noch nicht viel zu sehen, obwohl erste Vorschläge bereits seit längerem gemacht worden sind.[7] Eine solche neue Form der Wissenschaft würde vielleicht erkennen und zeigen können, dass die Evolution dahin strebt, die Schönheit hervorzubringen, die sich in Kunst und Wissenschaft offenbart. In diesem Fall würde ich verstehen, was Nietzsche meinte, als er behauptete, das Dasein und die Welt seien »nur als ästhetisches Phänomen« gerechtfertigt. Ein wunderbares Forschungsprogramm, das Aufmerksamkeit verdient und seine Zukunft noch vor sich hat.

Atome und Gene

In solch einem Rahmen würden Fragen der Art »Was ist ein Atom?« und »Was ist ein Gen?« völlig anders beantwortet werden als durch Hinweise auf Elektronen, die um Kerne kreisen, oder Basenpaare, die sich winden und Sequenzen ergeben. Beginnen wir mit den Atomen, die auf keinen Fall mehr als Dinge betrachtet werden dürfen, die über eine definierte Größe und einen wohlbekannten Umfang verfügen. Atome sind zwar etwas, in das man die Materie zerlegen kann, aber daraus folgt nicht, dass Materie aus Atomen besteht, wie dargestellt worden ist. Und wie alle Systeme, die im Rahmen der Quantenphysik beschrieben worden sind, sind die Atome selbst auch nicht unteilbar, doch ihre Bestandteile (Elektronen, Protonen, Neutronen) sind untrennbar. Sie existieren nicht als individuelle Objekte in Raum und Zeit, sondern als kontextuelle Objekte in ihrem Umfeld. Sie existieren also nur durch die Wechselwirkung mit ihrer Umgebung und können allein in Relation zu einem Mittel der Beobachtung definiert und erfasst werden.

Anders als klassische Objekte wie Eier oder Weintrauben lassen sich Quantenobjekte nicht einfach beschreiben. Sie haben in dem Sinne keine Individualität bzw. Identität und sind ununterscheidbar. Atome lassen sich weder rot anstreichen noch anderswie markieren; man darf sie sich nicht einmal gekennzeichnet denken. Sie sind in diesem Sinne unvorstellbar.

Man kann dies auch anders sagen: Atome sind zweifach zweigeteilte (uneinheitliche) Gegebenheiten, nämlich sowohl Welle als auch Teilchen, sowohl Kern als auch Schale. Atome sind sowohl mathematisch fassbar und damit Teil der *res cogitans*, als auch physikalisch existent und also Teil der *res extensa*. Atome stecken voller Möglichkeiten und bilden die Wirklichkeit. Sie sind (möglich) und sind nicht (dinglich).

Wie kann ein Etwas solch eine Form haben? Um hier überhaupt eine Antwort zu geben, hat Wolfgang Pauli vorgeschlagen, ein Atom weder als empirische oder heuristische Größe zu verstehen noch als logischen Begriff zu deuten, sondern das Atom als ein Symbol zu betrachten. Ein Symbol ist, wie bereits erläutert, durch die Eigenschaft charakterisiert, dass sich nur ein Teil seiner Bedeutung durch bewusste (wissenschaftlich prüfbare) Ideen ausdrücken lässt. Ein Symbol enthält immer mehr, als sich auf den ersten Blick erkennen lässt, es verbindet ein Innen und ein Außen – und genau dies entspricht dem Atom.

So lässt sich auch der Gedanke verstehen, im Atom eine Idee mit archetypischem Ursprung zu sehen. Sie verbindet das Innen der im kollektiven Unbewussten befindlichen Bilder mit dem Außen der manifestierten Naturgesetze und erlaubt ihre Erkenntnis, in dem die Wahrnehmung die äußeren Bilder liefert, die mit den inneren zur Deckung kommen können.

So wenig man Atome als Dinge verstehen kann, lassen sich Gene als Moleküle begreifen. Vielmehr gilt auch für sie, was wir über Atome gesagt haben, das heißt, dass auch Gene als Symbole zu verstehen sind. Ganz sicher existieren Gene nur in einem Kontext, dem so genannten Genom, das wiederum nur in einem anderen Kontext zu verstehen ist, und zwar in dem der Zelle. Aber wie bei den Atomen gilt, dass man zwar ein Genom in Gene zerlegen kann – und ein Gen in seine Bausteine (Nukleotide mit Basen für die Paarung) –, dass aber das Genom nicht aus den Genen besteht, sondern nur als Kontext innerhalb einer Zelle verstanden werden kann. Gene gehören in den Kontext eines Genoms, und ein Genom gehört in den Kontext einer Zelle.

Wie Atome sind Gene zweigeteilt, und zwar als Molekül (materiell) und als Information (immateriell). Gene bilden und werden gebildet, sie sind im Einzelnen und werden im Ganzen. Sie *sind* in einem einzelnen Leben, und sie *werden* im ganzen Leben, das man Evolution nennt.

Es lohnt sich, Atome und Gene als Symbole zu begreifen, und zwar auch deshalb, weil Symbole die Fenster sind, durch die jeder blicken kann, um das offene Geheimnis zu sehen, das sowohl in uns steckt als auch vor uns liegt.

Die Umwertung geht weiter

Die bislang dargestellte Umwertung der wissenschaftlichen Werte bescherte den Forschern zwar das Unsagbare, sie nahm ihnen aber nicht die Möglichkeit des Entdeckens. Doch in der Zwischenzeit hat sich die Situation verschärft. In vielen Bereichen der Wissenschaft kann man inzwischen weder bestimmen noch entscheiden und erst recht nicht mehr vorhersagen, wie die Dinge funktionieren und sich entwickeln. Die Wissenschaft wird immer stärker durch Unsicherheit, Unvorhersagbarkeit und Unentscheidbarkeit herausgefordert. Der zuletzt genannte Gedanke entstammt der Mathematik, und aufgebracht wurde er zu Anfang der dreißiger Jahre durch Kurt Gödel (1906–1978). Seine Idee wurde dann in der Zeit des Zweiten Weltkriegs durch die Entdeckung der Unlösbarkeit von Berechnungsaufgaben konkretisiert, wie sie vor allem mit dem Namen von Alan Turing (1912–1954) verbunden ist.

Schauen wir zuerst auf Gödel. Er konnte in einer Arbeit von 1931 mit dem Titel »Über formal unentscheidbare Sätze der Principia Mathematica und verwandter Systeme« zeigen, dass Hilberts Traum von der Lösbarkeit aller Fragen unerfüllbar bleiben muss. In einem logischen System, das auf einer Reihe von Festsetzungen (Axiomen) beruht, lassen sich – so zeigte Gödel – Sätze formulieren und Behauptungen aufstellen, die innerhalb des gegebenen Rahmens weder bewiesen noch widerlegt werden können. Sie bleiben schlicht und einfach unentscheidbar (was sich auch positiv wenden lässt, indem man sagt, sie erlauben eine freie Entscheidung). Im Anschluss an diesen Beweis konstruierte Turing zunächst gedanklich eine Maschine, die Rechenschritt für Rechenschritt konkret gestellte Aufgaben löst.[8] Anschließend bewies er, dass sich nicht entscheiden lässt, ob diese Maschine jemals an ein Ende kommt und fertig wird (das so genannte Halteproblem).

Als konkretes Beispiel für den Satz von Gödel lässt sich heute die Frage anführen, ob es nur wenige oder unendlich viele Formen von Unendlichkeit gibt. Bekannt sind zwei Formen, die als »abzählbar« und »überabzählbar« bezeichnet werden. Im ersten Fall sind vor allem die natürlichen Zahlen gemeint, und im zweiten Fall kann man an all die anderen einschließlich der irrationalen Zahlen denken. Der Mathematiker Georg Cantor hat im 19. Jahrhundert durch ein raffiniertes (konstruktives) Abzählverfahren zeigen können, dass es mehr irrationale als natürliche Zahlen gibt, was dem gesunden Menschenverstand, der sonst wenig mit Unendlichem zu tun hat, sogar einleuchtet. Doch Cantors Unterscheidung warf die Frage auf, ob sich noch weitere Unendlichkeiten finden lassen. Und es wurde sogar die Frage gestellt, ob es gar ein Kontinuum von Unendlichkeit gibt, also unendlich oft unendlich.

Die Antwort ist inzwischen bekannt. Sie leuchtet dem gesunden Menschenverstand allerdings nicht mehr ein, denn sie lautet, dass dies kein Mathematiker entscheiden kann. Man kann nur beweisen, dass man nichts über die Zahl der Unendlichkeiten beweisen kann. So seltsam es auch klingt, aber selbst die Welt der Zahlen steckt voll von Unbeweisbarkeiten, wie man es sich zum Ende des 19. Jahrhunderts nicht hat träumen lassen (wobei diese Aussage selbst ebenso bewiesen ist wie die Unbeweisbarkeit der Zufälligkeit einer Zahlenfolge). Sogar in den scheinbar von uns selbst geschaffenen Welten der Mathematik und der Zahlen tauchen Bereiche auf, denen gegenüber wir notwendigerweise als Unwissende dastehen.

Unvorhersagbarkeit

Als eine Art Krönung der zunehmenden Unverfügbarkeit des Wirklichen entwickelte die Physik in der zweiten Hälfte des 20. Jahrhunderts die inzwischen sehr populäre Chaostheorie, die überzeugend die prinzipielle Unvorhersagbarkeit der Welt demonstriert. Diese Unfähigkeit zur Prognose hat nichts mit der Unkenntnis von Gesetzen zu tun, sie hängt vielmehr mit dem seltsamen Befund zusammen, dass das Auftreten von Nichtlinearitäten in den Gleichungen dafür sorgt, dass sich anfängliche Ungenauigkeiten nicht verlieren und glätten, sondern vervielfachen. Die Determiniertheit von Vorgängen durch Naturgesetze führt deshalb nicht von selbst zu ihrer Vorhersagbarkeit (wie es für jeden bei Wetterberichten und den Verläufen von Börsenkursen zu erfahren ist).

Die Ungültigkeit der alten Gleichung aus Ordnung und Vorhersagbarkeit ist in aller Klarheit zum ersten Mal in den sechziger Jahren aufgefallen,[9] und diese Entdeckung wird meist mit den Namen Edward Lorenz und Benoit Mandelbrot verknüpft.

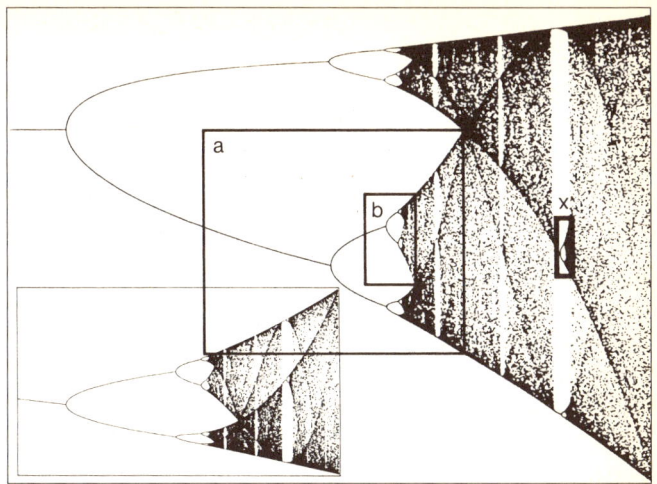

Abb. 12-2 Ein wesentlicher Aspekt der Chaos-Forschung besteht in der Einsicht, dass Determinismus und Vorhersagbarkeit nicht dasselbe sind. Dies lässt sich an dem so genannten Feigenbaum-Szenarium demonstrieren, das eine mathematisch formulierte Gesetzmäßigkeit entfaltet. Am Anfang steht eine einfache Formel, mit der Zahlenwerte zu kalkulieren sind, wenn numerische Daten eingegeben werden. Die Rechnung beginnt mit einer Zahl, die in eine einfache Gleichung gesteckt wird, mit deren Hilfe durch die gegebene Gleichung eine neue Zahl berechnet wird. Das Ergebnis wird erneut in die Ausgangsgleichung gegeben, und der Vorgang wiederholt sich (man spricht vom Iterieren). Wenn die Gleichung geeignet gewählt ist – und nicht nur immer größere Zahlen produziert –, kann es passieren, dass man nach einer bestimmten Zahl von Schritten wieder bei der Ausgangszahl landet. Man spricht dann von der Periode des iterativen Vorgangs, nach dem sich alles wiederholen würde. Nun können Mathematiker in die wiederholt (iterativ) verwendete Gleichung nicht nur feste, sondern auch variable Größen einbauen. Sie heißen Parameter, und mit ihnen lässt sich eine seltsame Beobachtung machen, die in der Abbildung vorgeführt wird. Die Parameter, die auf der horizontalen Achse eingetragen werden, beeinflussen die Periode, die auf der vertikalen Achse gezeigt ist. Aus einer Periode werden plötzlich immer mehr. Die Perioden verdoppeln sich, und nicht nur das, sie tun dies immer schneller, wenn ihre Größe zunimmt, und zuletzt werden die Abstände so eng, dass es mehr zu einem chaotischen Oszillieren zwischen Werten als zu festen Ergebnissen führt. Die Periodenverdopplung stellt das Feigenbaum-

Szenario dar, das in den siebziger Jahren erstellt worden ist und zunächst deutlich vor Augen führt, dass bereits einfache Gesetzmäßigkeiten äußerst komplexe Erscheinungen hervorbringen können. Man erkennt weiterhin das Phänomen der Selbstähnlichkeit, das heißt, Ausschnitte des Szenarios sehen bis auf Verzerrungen dem ganzen Bild ähnlich. Die entscheidende Einsicht besteht aber in der Universalität des Szenarios, das heißt, Feigenbaum konnte nachweisen, dass nicht nur einzelne Vorgänge, sondern ganze Klassen von dynamischen Systemen das Charakteristikum der Periodenverdopplung zeigen. Er erkannte weiter, dass man genau dann in zwei Ausschnitten a und b identische Bilder erhält, wenn man den kleineren Abschnitt um die Faktoren δ = 4.66920... parallel zur vertikalen und –2,500... parallel zur horizontalen Achse vergrößert. δ heißt heute die Feigenbaum-Konstante, und sie wird zu den grundlegenden universellen Konstanten wie π gerechnet. Denn so wie man die Zahl π näherungsweise empirisch wiederfindet, wenn man bei einem Atomkern, einem Tennisball oder einem Saturnring Umfang und Durchmesser vergleicht, so hat man auch in vielen dynamischen Systemen – von den Strömungen des Wassers über die elektronischen Schwingkreise bis zum Laser – die Feigenbaum-Konstante empirisch gefunden. Sie tritt als Zahlenverhältnis von Parametern in Erscheinung, bei denen das Verhalten des Systems nach dem Durchlaufen von Zyklen mit immer wieder verdoppelter Periodenzahl schließlich chaotisch wird.

Das Großartige der im Gefolge ihrer Pionierarbeiten entstandenen Chaostheorie liegt nun nicht darin, dass sie zeigt, wie wenig uns die Naturgesetze weiterhelfen, sondern dass man beschreiben kann, nach welchen Regeln sich der Übergang von einer klaren Ordnung in ein als determiniert zu bezeichnendes Chaos vollzieht. Die Wissenschaftler sprechen an dieser Stelle von so genannten Szenarien, von denen das bekannteste nach dem amerikanischen Physiker Mitchell Feigenbaum benannt ist. Szenarien bringen eine neue Form von Wirklichkeit bzw. Wirksamkeit mit sich, indem sie zwischen den Naturgesetzen und der Natur selbst vermitteln. Man kann sagen, dass Szenarien die Gesetze entfalten; sie lassen sich daher mit den biochemischen Vorgängen in Zellen vergleichen, die zwischen den Genen und dem Leben stehen und regeln, wie sich das entfalten und ausleben kann, was im genetischen Material vorliegt.

Übrigens: Die Unvorhersagbarkeit der Zukunft hängt nicht nur von der ungradlinigen Komplexität der Wirklichkeit ab, sondern auch davon, dass das, was auf uns zukommt, immer stärker von dem beeinflusst wird, was wir wissen. Nun können wir zwar vieles wissen, nur nicht das, was wir in Zukunft wissen werden. Mit dem Wissen der Wissenschaft nimmt also das Unwissen über die Zukunft zu, wie Karl Popper als Erster erkannt hat (ohne damit den Rat zu verbinden, auf weiteres Wissen zu verzichten).

Gesetze	⇨	Szenarien	⇨	Wirklichkeit
⇧		⇧		⇧
Einfach		Verkoppelt		Komplex
⇩		⇩		⇩
Gene	⇨	Biochemie	⇨	Leben

Abb. 12–3 Szenarien entfalten die Naturgesetze so, wie die Biochemie die Informationen der Gene entfaltet. Szenarien schieben sich so zwischen die Gesetze und die Wirklichkeit, wie es die Biochemie zwischen Genen und Leben tut. Mit den Szenarien und der Chaostheorie für komplexe Erscheinungen ist endgültig das Ende der einfachen Physik gekommen, die sich durch die Newtonsche Physik charakterisieren lässt und das Weltall als Uhrwerk darstellt.

Ungenauigkeit

Als jüngstes Beispiel für die Wirksamkeit der Vorsilbe »un-«, die der Wissenschaft im 20. Jahrhundert offenbar seinen Stempel aufgedrückt hat, sei auch auf ein logisches Thema hingewiesen. Seit einiger Zeit gibt es eine Alternative zur traditionellen Logik des Aristoteles, die als zweiwertig bezeichnet wird, weil sie dem Postulat *tertium non datur* folgt. Entweder ist man pünktlich, oder man ist es nicht, wie Aristoteles klar gestellt hat, und ein Drittes gibt es nicht. Dies haben die Logiker so lange behauptet, bis einige ihrer Vertreter merkten, dass in den meisten Feststellungen soviel Ungenauigkeit steckt, dass eine vage Logik den Tatsachen besser Rechnung trägt. Es wurde daher eine »Fuzzylogik« (engl. fuzzy »undeutlich«, »verschwommen«) etabliert, die versucht, Abstufungen zuzulassen und zum Beispiel berücksichtigt, dass man mehr oder weniger unpünktlich sein kann. Natürlich ist man unpünktlich, wenn man eine halbe Stunde zu spät zum Abendessen erscheint, aber ist ein Flugzeug unpünktlich, dass von Deutschland nach Australien fliegt und 30 Minuten länger braucht als im Flugplan angegeben? Es gibt eben verschiedene Grade von Unpünktlichkeit, und dies gilt auch für andere Begriffe, die wir ganz selbstverständlich auf fuzzylogische Art im Alltag verwenden. Natürlich gibt es auch scharf definierte Begriffe, aber die meisten Begriffe behalten ihre Vagheit, selbst wenn ich sie auf mich selbst anwende. Ich bin doch selten völlig zufrieden oder rundum gesund. Zumeist stört mich etwas – im Kopf oder im Körper –, und wenn ich darüber verständlich (und das heißt wohl zumindest logisch) reden soll, kann ich mit der zweiwertigen Form des Aristoteles wenig anfangen.

Fuzzylogik stellt nicht den Versuch dar, unklar zu argumentieren. Sie bemüht sich vielmehr darum, die unvermeidliche Unklarheit vieler Konzepte (zum Beispiel pünktlich, klein, müde, mutig) ernst zu nehmen und trotzdem ein korrektes logisches Denken bzw. einen korrekten logischen Umgang mit ihnen zu ermöglichen. Wer sich darauf einlässt, kann in Wissenschaft und Alltag viele Vorteile entdecken. Was den Alltag angeht, so wird jeder schon bemerkt haben, dass es viele Situationen gibt, in denen Präzision höchst unwillkommen ist. Wer etwa rückwärts in eine enge Parklücke manövrieren will und dabei auf Anweisungen von seinem Beifahrer angewiesen ist, wird merken, dass ihm nur Angaben der Art »noch ein Stück zurück« oder »etwas mehr nach rechts einschlagen« helfen. Würden hier Winkel und Zentimeter genannt, käme der Fahrer schnell ins Schwitzen.

Dieses Beispiel illustriert einen allgemeinen Zusammenhang zwischen Signifikanz und Präzision, und zwar den ihrer Inkompatibilität in komplexen Situationen. Anders ausgedrückt: Die Genauigkeit von Messungen verliert jede Bedeutung, wenn sie Komponenten in einem System betreffen, das stark vernetzt ist und nur in dieser Form funktioniert. Diese Grundidee geht auf Lotfi Zadeh zurück, der 1972 sein Prinzip der Inkompatibilität so formuliert hat:

> »Wenn die Komplexität eines Systems zunimmt, wird unsere Fähigkeit geringer, präzise und zugleich signifikante Aussagen über sein Verhalten zu machen, bis ein Grenzwert erreicht ist, über den hinaus Präzision und Signifikanz (der Relevanz) sich nahezu gegenseitig ausschließende Charakteristiken werden.«

Oder anders und positiv gewendet: »Je genauer man sich ein Problem der realen Welt anschaut, desto fuzziger wird seine Lösung.«[10]

Die reale Welt kann auch die der Wissenschaft sein, und in der Tat lässt sich das Prinzip der Inkompatibilität in diesem Bereich anwenden, und zwar wie folgt: Je genauer ein Begriff definiert ist, desto weniger Bedeutung hat er für die Wissenschaft. Im Umkehrschluss bedeutet dies, dass die wichtigen Konzepte der Wissenschaft »fuzzy« sein und bleiben sollten. Wenn man genau wüßte, was ein Atom oder ein Gen ist, blieben die ihnen zugeordneten Wissenschaften steril. Ihre maßgeblichen Größen müssen unscharf sein und für die Diskussion offen bleiben, was natürlich nicht heißt, dass sie beliebig benutzbar sein können. Es muss einen festen Kern, eine klare Mitte geben, auf die sich ein Begriff wie Energie, Leben, Natur oder Potenzial bezieht. Wenn zum Beispiel von der Reinheit eines Stoffes oder einer Substanz als wissenschaftlichem Konzept die Rede ist, sollte klar sein, dass es darum geht, Eigenschaften zu bestimmen, die nicht von Beimischungen stammen. Trotzdem bleibt vage, was zum Beispiel die Reinheit von Wasser bedeutet. Ein

Ökologe versteht darunter etwas anderes als ein Chemiker. Wenn Reinheit von Wasser meint, dass es ausschließlich aus H_2O-Molekülen besteht, dann handelt es sich um einen giftigen Stoff, und an den denkt weder ein Biologe noch ein anderer Wissenschaftler, der seinen Blick nicht nur auf das Wasser, sondern auch auf das Leben lenkt, das von ihm abhängt.

Kunst mit Wissenschaft verbinden

Wer das bislang in diesem Kapitel Geschilderte in einem Punkt zusammenfassen will, kann auf eine Beobachtung zurückgreifen, die der große Niels Bohr im Rahmen der sich entwickelnden Quantentheorie gemacht hat. Für ihn waren Wahrheit und Klarheit komplementäre Eigenschaften, mit der Konsequenz, dass derjenige, der wirklich verstanden hat, was es zum Beispiel mit den Atomen auf sich hat, dies am besten in Gleichnissen und Bildern ausdrücken sollte. Bohr entwickelte deshalb virtuos die Fähigkeit, die Wahrheit so auszusprechen, dass sie ihr Geheimnis bewahren konnte.

Warum versuchen wir nicht, seiner Vorgabe zu folgen und bemühen uns, das ästhetische Potenzial der Wissenschaft zu entwickeln? Die Physik bzw. die Biologie der Zukunft könnten poetisch formuliert werden und damit eine poetische (oder: poietische) Vernunft entfalten, also die Erkenntnisformen der Literatur nutzen. Ein Grund für diese Empfehlung steckt in der Tatsache, dass die moderne Wissenschaft mit energetischen Dimensionen, komplexen Bereichen bzw. individuellen Tatbeständen zu tun hat, die dem traditionell entscheidenden Werkzeug der Forschung, dem Experiment, Grenzen setzen. Wir können weder mit dem Urknall, noch mit der Evolution oder dem Ozonloch Versuche anstellen. Wissenschaft erhält also ihre Qualität nicht mehr unbedingt durch den Anspruch auf überprüfbare Wahrheit, sondern immer mehr durch die Annahme einer ästhetischen Form. Und das öffentliche Interesse an Wissenschaft wird weniger durch raffinierte Beweise, sondern stärker durch Präsentationsformen bestimmt – zum Beispiel durch ein schwarzes Loch, durch das Buch des Lebens, durch das Apfelmännchen oder andere Fenster, die einen Einblick versprechen. Die Natur enthüllt den Forschern schon länger keine Wahrheiten mehr, sondern in der Formulierung Ilya Prigogines »eine Reihe von Erzählungen, von denen eine Bestandteil der anderen ist: die Geschichte des Kosmos, die Geschichte der Moleküle, die Geschichte des Lebens und des Menschen bis zu unserer persönlichen Geschichte. Unweigerlich denkt man an Scheherazade, die jede ihrer Erzählungen unterbricht, um eine neue, noch schönere zu beginnen«.[11]

Man kann diesen Gedanken auch so ausdrücken, wie es Frank Zöllner getan hat: »Wir sind mit Kunst ohne Wissenschaft ebenso wenig zufrieden, wie wir andererseits einer Wissenschaft ohne ein künstlerisches Element misstrauen. Wahrscheinlich wünschen wir uns in der Wissenschaft mehr künstlerische Elemente, um sie uns vertrauter zu machen, und mehr Wissenschaft in der Kunst, um sie uns verständlicher zu machen.«[12]

Aus diesen Beschreibungen folgt meines Erachtens, dass der Wissenschaft eine neue Ethik aus der Zusammenarbeit mit der Kunst zufließen müsste, und es könnte sich lohnen, diesen Gedanken sehr ernst zu nehmen, wenn der Wissenschaft die vielfach am Menschen vorbeigehende und in diesem Sinne unmenschliche (bzw. ohnmenschliche) Seite ihres Vorgehens genommen werden soll. Ich vermute, dass Rilke sie gespürt hat, als er die erste Zeile des zitierten Gedichts aufschrieb: »Ich fürchte mich so vor der Menschen Wort«, nämlich dann, wenn es aus der Wissenschaft kommt und ohne Erleben bleibt. Dann verhindert es nämlich, dass wir hören, wie die Dinge singen. Man kann die Natur zwar beherrschen, wie Bacon vorgeschlagen hat, aber nur, solange man auf sie hört. Dazu muss sie zu uns reden können. Dass sie auch singen kann, müssen wir erst noch lernen.

13 Ausblick: Wissenschaft als Kunst denken

Wir sind alle auf die eine oder andere Weise Gäste der Wissenschaft. Bei ihr haben wir uns seit ein paar hundert Jahren eingerichtet, sie erfüllt viele unserer Wünsche, von der Versorgung mit diversen Lebensmitteln bis zur Bereitstellung immer ausgefallenerer Luxusgüter. Dies gilt zumindest für diejenigen, die in den reichen Ländern leben und aus der kulturellen Tradition unseres kleinen europäischen Kontinents heraus argumentieren. Zwar weiß unsere Gastgeberin, was wir so alles wollen – etwa billigere Energie, schnellere Methoden in der Diagnostik, umfassendere Möglichkeiten der Kommunikation, vielleicht auch faszinierende Antworten auf die Fragen nach der Entstehung der Welt und der Entwicklung des Lebens. Doch wissen wir auch umgekehrt, was unsere Gastgeberin will?

Im Grunde sind gastfreundliche Wesen leicht zufrieden zu stellen. Sie möchten zumeist nur, dass man ihnen dankt. Und damit stellt sich die Frage: Wie bedankt man sich bei der Wissenschaft, ohne blind für ihre Mängel, Übertreibungen und Gefahren zu sein? Mir scheint, dass wir dies am besten können, wenn wir lernen, die Wissenschaft auch in ihrem Eigenwert zu akzeptieren, also nicht nur als Nutznießer von ihr zu profitieren, sondern als Kenner ihrer Eigenschaften und Hervorbringungen an ihr zu partizipieren. Dabei erlangen wir die Möglichkeit, eine Gegeneinladung auszusprechen und die Wissenschaft in das Haus der Kultur aufzunehmen. Wenn Wissenschaft auf unsere Kennerschaft aus der Kultur heraus rechnen könnte, würde sie auch lernen, solche Formen anzunehmen, mit denen sie Menschen ansprechen und aktivieren könnte.

Wege zur Kennerschaft

Wenn von Kennerschaft die Rede ist, meint man meist den Bereich der schönen Künste. Es gibt Kunst- und Literaturkenner, die Romane und Gedichte lesen, Gemäldegalerien besuchen und vieles mehr, allerdings nicht, um faktische Informationen über die Welt zu bekommen, sondern um ihr rezeptives Tun zu genießen und um Erfahrungen zu machen, die nur die Kunst bieten kann. Kennerschaft ist Kompetenz, die diesen Namen nicht braucht und sich durch eine Eigenschaft charakterisieren lässt, die man Wahrnehmung nennen könnte. Wahrnehmung nimmt niemals nur einen Teil, sondern stets ein Ganzes in den Blick. Wer etwa ein Gesicht oder einen Menschen wahrnimmt, beobachtet weder eine Nase noch lenkt er seine Aufmerksamkeit auf die Kleidung oder auf andere Details. Wahrnehmen heißt, das Objekt des Begehrens ungeteilt in sich aufzunehmen. Wahrnehmung braucht zunächst keine Worte, um zu gelingen und Wirkung in uns zu zeigen.

Kennerschaft bringt eine innere Bereitschaft zur Wahrnehmung mit sich, die im Dialog gefördert und gesteigert werden kann. Natürlich wechselt man im Gespräch Worte, die durch die Wahrnehmung ermöglicht wurden. Die Worte entspringen der Reflexion der Wahrnehmung. Die Worte sind nötig, denn sie öffnen dem Anderen den Blick für mein Verstehen. Mit ihnen errichten wir ein Fenster für die anderen, die wir und die uns wahrnehmen.

Wahrnehmen heißt, etwas durch die Sinne wissen. Wer wahrnimmt, will ein Fenster werden, das die Durchsicht zu sich selbst gestattet. Kennerschaft zeigt sich in dieser Öffnung. Sie zeigt sich durch die Fähigkeit zur Wahrnehmung, die nicht nur auf Menschen, sondern auch auf deren Hervorbringungen gerichtet sein kann. Sprach- oder Bildkunstwerke werden dabei nicht Satz für Satz oder Farbe für Farbe, sondern ganzheitlich erfasst und verstanden.

Kennerschaft in der Wissenschaft wird möglich, wenn auch sie eine Form bekommt, die so etwas wie Ganzheit wahrnehmbar werden lässt. Die Wissenschaft sollte daher anfangen, Zusammenhängendes zu zeigen und darzustellen. Sie sollte aufhören, der Öffentlichkeit in erster Linie mit Informationen über fachliche Einzelheiten gegenüberzutreten. Durch die Bereitschaft des Publikums zu Kennerschaft könnte die Wissenschaft darüber hinaus den Mut finden, die Hilfe der Kunst in Anspruch zu nehmen, die sie braucht, um wahrnehmbar zu werden. In diesem Zusammenhang sei an die eingangs bereits zitierte Bemerkung aus Goethes *Farbenlehre* erinnert:[1] »Wenn wir von [der Wissenschaft] eine Art von Ganzheit erwarten, so müssen wir uns die Wissenschaft notwendig als Kunst denken.«

Ohne dieses Bemühen, das letztlich auf eine Vermittlung zwischen dem Technischen und dem Ästhetischen hinausläuft, bleibt die Beschäftigung mit der Wissenschaft als Kultur in den Anfängen stecken, ohne jemals relevant zu werden. Erst mit der Wahrnehmung – dem griechischen »aisthesis« – wird das möglich, was wir brauchen, nämlich das schauende Erkennen des Schönen und das reflektierende Denken des Machbaren, das auch den Weg zum Richtigen weist.

Die Einseitigkeit der bisher üblichen Vorgehensweise wird besonders deutlich, wenn man sich klar macht, dass Goethe die Forderung nach Ganzheit als eine Bedingung versteht, die sowohl den Betrachter als auch den Forscher betrifft und beiden etwas abverlangt:

»Um aber einer solchen Forderung sich zu nähern, so müsste man keine der menschlichen Kräfte bei wissenschaftlicher Tätigkeit ausschließen. Die Abgründe der Ahndung, ein sicheres Anschauen der Gegenwart, mathematische Tiefe, physische Genauigkeit, Höhe der Vernunft, Schärfe des Verstandes, bewegliche sehnsuchtsvolle Phantasie, liebevolle Freude am Sinnlichen, nichts kann entbehrt werden zum lebhaften Ergreifen des Augenblicks.«

Die ästhetische Funktion

Von den Funktionen der menschlichen Psyche, die Goethe hier aufzählt und anspricht, ist meistens nur eine Hälfte in Gebrauch, wenn heute Wissenschaft getrieben wird. Wir haben diese missliche Trennung als Kopernikanische Konsequenz geschildert, durch die zunächst die Erkenntnis unserer wahrnehmenden Sinne von der Erkenntnis unseres theoretischen Denkens abgesondert wird, um anschließend in der wissenschaftlichen Praxis den empfindungslosen Begriffen den Vorrang einzuräumen. Anders ausgedrückt: Westliche Wissenschaft nimmt die Welt schon länger nicht mehr sinnlich wahr, und sie präsentiert sich und ihre Welt auch nicht mehr in einer Form, die wahrnehmbar wäre. Westliche Wissenschaft betrachtet ihre Gegenstände stattdessen lieber aus der sicheren Entfernung der theoretischen Begriffe, und ihre traditionellen Vermittler legen vor allen Dingen Wert auf genaue Informationen. Sie sind dabei zu »Idioten der Präzision« geworden, wie es der Dichter Durs Grünbein einmal ausgedrückt hat, als er sich über Galileis Wunsch amüsierte, die Temperatur von Dantes Hölle präzise messen zu wollen.

Was bei Galilei vor allem kurios klingt, hat längst umfassende Dimensionen angenommen – mit der Folge, dass diese Situation zunehmend Unbehagen bereitet und die Wissenschaft immer weniger in der Lage ist, für ihr Treiben eine ethische Grundlage zu finden. Spätestens mit der Entwicklung und dem Einsatz der Atombombe, erneut im Anblick der zerstörten Umwelt und erst recht im Kontext der neuen Genetik mit der aufstrebenden Biomedizin und ihren technischen Möglichkeiten ist die alte Gleichung von rational geplanter wissenschaftlicher Fortentwicklung und gutem – sprich humanem – Fortschritt fragwürdig geworden und eine neue sittliche Basis des wissenschaftlichen Tuns gefragt.

Auf diesen Punkt hat der Basler Biologe Adolf Portmann bereits kurz nach dem Zweiten Weltkrieg hingewiesen[2]. Portmann spürte in den Jahren nach dem Abwurf der Atombombe, dass Wissenschaftler hier nicht nur eine neue Waffe geschaffen, sondern auch ein neues Gesicht gezeigt haben. Etwas war aus dem Gleichklang geraten, und Portmann hielt fest, dass die westliche Wissenschaft das überbetont hatte, was er die theoretische Funktion, und das verdrängt hatte, was er die ästhetische Funktion nennt. Diese ästhetische Funktion hat mit dem Eindruck der Sinne – also mit unserer Wahrnehmung – zu tun. Portmann glaubt, dass es die Abwertung dieser Funktion ist, die den »Krisenzustand« zu verantworten hat, in den die »Zivilisation des Abendlands« seiner Ansicht nach damals geraten war. Ob man von einer Krise des Abendlands sprechen will oder nicht, die von Portmann beschriebene Situation hat sich seither nicht grundlegend geändert.

Es ist wichtig zu wissen, dass Portmann nicht meinte, die Menschen der westlichen Welt sollten die Hypertrophie des Verstandes durch einen »Umschlag ins Schwärmen« ersetzen. Ihm schwebte vielmehr »ein harmonisches Gleichgewicht, ein glücklicherer Mensch« vor, und zwar durch wissenschaftlich erzielte Erkenntnis, die als Erfüllung und nicht als Mittel zu einem nützlichen Zweck angesehen werden sollte. Der angestrebte Einklang könne, so Portmann, erreicht werden, wenn man der logisch-verstandesgemäßen Form die sinnliche Form des Erkennens, die Ästhetik, an die Seite stelle.

Wie wichtig sie wäre, zeigt ein Blick auf die derzeit (im Sommer 2001) hohe Wellen schlagende und auch das Parlament aufwühlende Debatte um Stammzellen, menschliche Embryonen und eine neue Form der medizinische Diagnostik, die unter dem Stichwort Präimplantationsdiagnostik (PID) geführt wird. Das zuletzt genannte Verfahren wendet sich den künstlich befruchteten Eizellen zu, die zuerst in einer Schale im Laboratorium heranwachsen und anschließend einer Frau implantiert werden sollen, in der dann zuletzt – wenn alles gut geht – ein Kind heranwächst. Das Verfahren der In-vitro-Fertilisation (IVF) wurde für Paare entwickelt, die sich ihren Kinderwunsch nicht auf dem üblichen Weg erfüllen können, und die PID liefert zusätzlich die Möglichkeit, unter den befruchteten und sich teilenden Eizellen diejenigen auszuwählen, die am wenigstens genetisch belastet sind (wenn man es neutral ausdrückt) und die größte Hoffnung auf ein gesundes Kind bieten. Das hier nur sehr knapp geschilderte Vorgehen birgt jedoch zahlreiche ethische Fragen und Probleme, die auf vielen Zeitungsseiten, bei Podiumsdiskussionen und in eigens eingerichteten Kommissionen äußerst kontrovers debattiert werden. Von welchem Zeitpunkt an – so die vielfach gestellte Frage – handelt es sich bei den sich teilenden Zellen um menschliches Leben, das dann – wenigstens zum Teil – seine besondere Würde hat und somit auch unter dem Schutz des Staates steht? Ist ein Embryo schon ein Mensch oder eine Zeit lang noch ein Zellhaufen? Gilt die Unantastbarkeit der Menschenwürde schon für das Zellgebilde, das da in einer Schale heranwächst und ein Mensch werden kann?

Trotz all des zum Thema Gesagten ist eine Einigung unter den streitenden Parteien – Politiker, Ethiker, Biologen, Christen, Unternehmer und viele mehr – nicht einmal in Ansätzen in Sicht. Ein Historiker könnte nun anmerken, dass die Debatte nicht neu ist und im Prinzip bereits mit Platon und Aristoteles begonnen hat. Schon damals ging es um die Frage, was mehr zählt, der Wert eines Individuums oder der Wert der Gemeinschaft.[3] Niemand sollte sich darüber wundern, dass die alten Gegensätze der Bewertung nicht plötzlich durch ein neues Argument verschwinden. Die Gegensätze werden vielmehr so lange bestehen bleiben, solange man nur mit Worten trefflich streitet und das ästhetische Element keine angemessene Beachtung findet. Kann aus Worten, aus mehr oder weniger triftigen Argumenten das geeignete Handeln folgen? Wir werden doch nur dann zu moralisch handelnden Wesen, wenn wir ein Gegenüber in seiner individuellen Besonderheit wahrnehmen und erkennen können. Anders ausgedrückt und auf den konkreten Fall der PID bezogen: Ein Zellhaufen ohne wahrnehmbare Form löst in einem Betrachter keine Reaktionen aus, die moralische Konsequenzen hätten, selbst dann nicht, wenn er in wissenschaftlich fundierten Worten zu sagen weiß, was er vor sich hat, nämlich Zellen, die ein humanes Genom beherbergen. Man weiß sich erst dann angemessen zu verhalten, wenn etwas über die Fachbegriffe hinaus wahrgenommen werden kann, wenn sich eine Form zeigt, die in dem Betrachter den werdenden Menschen erkennen lässt und Mitgefühl hervorruft. Diese Disposition lässt sich nicht von außen anordnen. Sie bildet sich eigenständig im Individuum als ästhetische Reaktion. Dabei helfen weder Konzepte noch Institutionen, selbst wenn sie eine besondere Nähe zu Gott für sich in Anspruch nehmen.

Wie offenkundig die Wahrnehmung allen Menschen helfen kann, sich richtig zu verhalten, hat Hans Jonas am Beispiel von Eltern erklärt, die sich auch ohne ethische Grundausbildung für ihr Kind verantwortlich zeigen. Im seinem Buch *Das Prinzip Verantwortung* erkennt Jonas »das elementare ›Soll‹ im ›Ist‹ des Neugeborenen«, dessen bloßes Atmen von den Mitmenschen verlangt, sich seiner anzunehmen.[4] Jonas fasst seine durch und durch ästhetische Einsicht in dem überzeugenden und schönen Satz zusammen, »Sieh hin und du weißt« – nämlich was für den Menschen zu tun ist, den du anschaust. Unsere Fähigkeit, die Besonderheit eines Individuums wahrzunehmen, versetzt uns in die Lage, moralisch zu werden und richtig zu handeln. Wenn diese Besonderheit verloren geht, verlieren wir unseren moralischen Halt.

Festzuhalten bleibt, dass ethische Entscheidungen dann eher nachzuvollziehen und mehrheitlich mit zu tragen sind, wenn sie nach ästhetischen Gesichtspunkten getroffen werden. Moralisches Vorgehen fließt für jeden von uns unmittelbar aus der Anschauung, und vielleicht kommen wir mit diesem sinnlichen Kriterium weiter als mit den vielen theoretischen Debatten, die sich um komplizierte Begriffe drehen. Was uns fehlt, ist ein Vertrauen in die Wahrnehmung und die Gelegenheit, sie einzuüben.

Für die Gegenwart ist von besonderer Bedeutung, dass dies im Angesicht menschlicher Klone nicht mehr trägt. So liefert das Scheitern der Ästhetik bei identischen Humankopien die

Die ästhetische Funktion 423

Basis, auf der dazugehörige unerwünschte Entwicklungen verhindert werden können.

Das »Sieh hin und du weißt« kann auch bei der aktuellen Frage weiterhelfen, wie es um die Würde des menschlichen Embryos bzw. um dessen moralischen Status bestellt ist. Der Weg von einer befruchteten Eizelle zum Kind durchläuft die zwei Stadien, die als Embryo und als Fötus bezeichnet werden. Der Unterschied zwischen diesen beiden Lebensstufen wird heute einfach durch einen Zeitpunkt festgelegt. Es heißt, dass sechs bis acht Wochen nach der Befruchtung aus dem Embryo ein Fötus wird. In dieser Rede verpasst man den wesentlichen Punkt, denn was wirklich passiert, ist nicht das Vergehen von Zeit, sondern das Entstehen von Form. Wir reden von einem Fötus, wenn wir erste Gliedmaßen und auch schon erste Gesichtszüge erkennen können. Wir sehen sie und wissen, was zu tun ist.

Ohne Hilfe der Ästhetik kommt die ethische Debatte aus meiner Sicht kaum voran, und deshalb ist es bedauerlich, dass immer noch gilt, was schon Portmann wusste, dass nämlich »die Einsicht in die Notwendigkeit der ästhetischen Position […] nicht gerade weit verbreitet [ist] – allzu viele machen noch immer die bloße Entwicklung der logischen Seite des Denkens zur wichtigsten Aufgabe unserer Menschenerziehung«. Dadurch wird nicht nur die Chance versäumt, der ethischen Diskussion aus ihren Sackgassen zu helfen, sondern, wie Portmann schreibt, auch vergessen, »dass das wirklich produktive Denken selbst in den exaktesten Forschungsgebieten der intuitiven, spontanen Schöpferarbeit und damit der ästhetischen Funktion überall bedarf; dass Träumen und Wachträumen, wie jedes Erleben der Sinne, unschätzbare Möglichkeiten öffnen«.

Wir sind eben nicht nur aus dem Stoff, *aus* dem die Träume sind, wie es in Shakespeares *Sturm* heißt, wir sind auch der Stoff, *in* dem die Träume sind, und diese Nachtseite gehört zu unserer Wissenschaft, ganz so, wie es Goethe im anschaulichen Detail gefordert hat und wie es für Menschen, die im Bereich der Kunst arbeiten, wohl immer selbstverständlich war.

Eine Wissenschaft, die sich darüber klar wird und sich zu dieser Ganzheit nach außen bekennt, braucht nicht mehr das Gebäude zu bleiben, das sie heute ist, nämlich ein zwar stabiles und funktionsfähiges, aber letztlich seelenlos bleibendes Haus, in dem zwar komplizierte, zuletzt aber tote Begriffe akrobatisch gehandhabt werden, in dem aber kein Erleben mehr stattfindet. Solch eine Konstruktion und solch ein Geschehen bleiben für die meisten Menschen äußerlich und deshalb weitgehend unverständlich. Wissenschaft wird erst wieder verständlich (und für die Öffentlichkeit zugänglich), wenn sie ihre ästhetischen Komponenten offen legt und nutzt, um sich auf diese Weise als Teil der *condition humaine* zu offenbaren, wie es Kunst und Literatur sind.

Der legendäre Elfenbeinturm

Das seelenlos bleibende Haus der Wissenschaft ist in der Öffentlichkeit unter einem gefälligeren Namen bekannt, nämlich als Elfenbeinturm. Dieser Ausdruck wird gern benutzt, wenn es darum geht, der Wissenschaft selbst die Schuld an ihrer Unverständlichkeit zu geben. »Die Wissenschaftler haben es offenbar nicht nötig, den Elfenbeinturm zu verlassen«, heißt es dann, wobei selten jemand auf die Idee kommt, den umgekehrten Weg – in den Turm hinein – zu gehen. Könnte es nicht sein, dass dies die bessere Richtung wäre?

Zur Erinnerung: Als der Begriff vom Elfenbeinturm in dieser Bedeutung zum ersten Mal verwendet wurde, diente er als Bild für die selbstgewählte Isolation eines Künstlers bzw. Wissenschaftlers, »der in seiner eigenen Welt (nur in seinem Werk) lebt, ohne sich um Gesellschaft und Tagesprobleme zu kümmern«, wie sich zum Beispiel im Brockhaus nachlesen lässt. Dieser Elfenbeinturm ist eine Vorstellung des 19. Jahrhunderts und geht auf den französischen Schriftsteller und Literaturkritiker Charles-Augustin Sainte-Beuve zurück, der ihn speziell auf das Werk des Dichters Alfred Comte de Vigny bezog. In dessen Texten treten Ausnahmeerscheinungen (Genies) auf, die innerhalb einer verständnislosen, weil materialistisch orientierten Gesellschaft keinen Platz finden und sich deshalb in einer eher melancholischen Gestimmtheit von ihr entfernen. Sie ziehen sich in einen Elfenbeinturm zurück, wie Sainte-Beuve es elegant und einprägsam ausgedrückt hat. Dabei darf der Hinweis nicht fehlen, dass Sainte-Beuve dieses Wort auf zustimmende und positive Weise verwendete, weil er keinen anderen Weg sah, auf dem ein dichterisches Werk entstehen konnte.

Bereits in diesem historischen Kontext trifft sich die Kunst mit der Wissenschaft. Elfenbeintürme hat es in der jüngeren Geschichte häufig gegeben, in Europa zum Beispiel in Niels Bohrs Kopenhagen und in Max Borns Göttingen (in den zwanziger und dreißiger Jahren des 20. Jahrhunderts), und in den USA in Robert Oppenheimers Princeton (New Jersey) mit seinem Institute for Advanced Studies, an dem Einstein in den Jahren nach dem Zweiten Weltkrieg so lange zurückgezogen arbeiten und sich wohlfühlen konnte. Das zur Zeit des Ersten Weltkriegs geplante Niels-Bohr-Institut in Dänemarks Hauptstadt wurde von seinem Gründer ausdrücklich als Hafen für einige zwar höchst intellektuell veranlagte, sonst aber eher hilflos agierende Mitglieder der Spezies »Homo scientificus« wie den Amerikaner J. Robert Oppenheimer oder den Russen Lew Landau verstanden, die mit ihren Schrullen gesellschaftlich nicht leicht zurechtkamen und ein Refugium für ihre Arbeit brauchten. Damit soll nicht nur die Notwendigkeit von Elfenbeintürmen für die Entwicklung der Wissenschaft betont werden, es soll auch deutlich werden, dass es gerade die Forscher, für die man diesen gesonderten Raum geschaffen hat, nicht an ihrem Refugium hielt, als die Gesellschaft sie dringend und unter dramatischen Umständen brauchte. Schließlich ist zum Beispiel der öffentliche Ruhm Oppenheimers erstens durch sein politisch-militärisches Wirken gegen Nazi-Deutschland und zweitens durch seinen Einsatz aus den Jahren nach 1950 begründet, in denen er versucht hat, Dichter wie T. S.

Eliot mit Forschern zusammenzubringen, um im gemeinsamen Gespräch den Ort zu bestimmen, den die Naturwissenschaft in der westlichen Kultur einnimmt.

Elfenbeintürme haben ihre Qualität und ihren Nutzen, und auch das phantasievolle Wort selbst weckt ein wohlgefälliges Bild im Hörer bzw. Leser. Es darf vermutet werden, dass gerade das poetische Element dafür verantwortlich ist, dass es noch immer kursiert. Somit liefert der Elfenbeinturm gewissermaßen selbst einen Hinweis, wie Wissenschaft öffentlich zugänglich gemacht werden kann, nämlich durch ihre Verbindung mit der Poesie und mit der Kunst allgemein. In jüngster Zeit hat Richard Dawkins, der in Oxford Professor »for the public understanding of science« ist, dieses Bedürfnis nach einer poetischen Vernunft ausgedrückt. In seinem neuen Buch *Unweaving the Rainbow* schreibt Dawkins: »Wissenschaft ist poetisch, sollte poetisch sein, hat viel von Dichtern zu lernen und sollte sich eine gute poetische Bildersprache zu Diensten machen.«[5]

Was Dawkins heute fordert, war in der Goethezeit nahezu selbstverständlich, als die Wissenschaft nicht nur für die Menschen gemacht, sondern ihnen zugleich auch noch auf poetische Weise vorgestellt wurde. Alexander von Humboldt, zum Beispiel, verlangte von Naturforschern, die Humanität, die ihre Tätigkeit bestimmt, bis in die Sprache hinein erkennen zu lassen und ihren »Hauch des Lebens« für das Publikum erfahrbar und erlebbar zu machen.

Der gedachte Elfenbeinturm

Dennoch weckt der Elfenbeinturm in vielen Menschen abweisende Gedanken. Wer das Wort heute benutzt, meint es als Vorwurf. Möglicherweise taucht mit ihm das Bild eines Wachturms auf, der ein verbotenes Gelände kontrolliert, um vermeintlich Unbefugte, wie sie in der Beamtensprache heißen, daran zu hindern einzutreten. Tatsächlich fühlen sich die meisten Menschen heute eher bedroht, wenn sie von Wissenschaft hören, und ein Turm verstärkt diesen Eindruck.

An dieser Situation ändert sich natürlich nichts, wenn Wissenschaftler gelegentlich ihr Refugium (sprich: ihr Laboratorium) verlassen, um die Menschen draußen über ihre Forschungen zu informieren. Wenn man ein »public understanding of science« erzielen und die Menschen wirklich erreichen will, dann müssen nicht nur die Wissenschaftler den Turm verlassen, sondern die Menschen vor dem Turm müssen Wege aufgezeigt bekommen, auf denen sie in ihn hineingelangen können.

Natürlich darf das Bild nicht wörtlich genommen werden. Wenn jemand, der nicht selbst Wissenschaft treibt, in ein Forschungslaboratorium kommt, dann ist er zwar im Inneren eines Gebäudes, aber die Wissenschaft und das wissenschaftliche Denken selbst bleiben so äußerlich wie zuvor. Das Innere kann nicht materiell gemeint sein. Nicht die Menschen müssen in das Innere der Wissenschaft gebracht werden, sondern die Wissenschaft muss ihren Platz im Inneren der Menschen finden. Erst wenn dies gelingt, kann man von einem öffentlichen Verständnis für Wissenschaft sprechen.

Gestaltung von Wissenschaft

Wie erreicht man dieses Ziel eines inneren Bildes von der Wissenschaft, die auf Kennerschaft beruht? Hier wird die Ansicht vertreten, dass die Antwort in der Verbindung zur Kunst steckt. Mit ihrer Hilfe kann die Wissenschaft eine Form bekommen, mit der die Wahrnehmung und die Erlebnisfähigkeit der Menschen angesprochen wird. Die Wirkung poetischer Bilder zu nutzen wäre die Aufgabe der Menschen, die sich vorgenommen haben, für ein »public understanding of science« zu sorgen. Es genügt nicht, die Ergebnisse wissenschaftlicher Publikationen aus Fachblättern abzuschreiben und umzuformulieren und dieses Vorgehen als Wissenschaftsvermittlung zu deklarieren. Worauf es zunächst ankommt, ist, den Menschen zu zeigen, wo die Wissenschaft in Hinblick auf jeden Einzelnen als denkende Macht steht und welchen Platz im Weltbild der Wissenschaft er einnimmt. Wissenschaftsvermittlung – zum Beispiel in Form von Wissenschaftsjournalismus – muss versuchen, ein »Abschreiben auf höherer Ebene« zu sein,[6] also eine Darstellung wissenschaftlich gewonnener Einsichten in einer Form, die jenes aktive Erleben ermöglicht, von dem Humboldt gesprochen hat. Wissenschaftliche Ergebnisse müssen so gestaltet werden, dass sie eine wahrnehmbare Form bekommen, die Menschen keine Begriffsakrobatik abverlangt, sondern sie vielmehr innerlich betrifft.

Was Kunst für die Wissenschaft tun kann

Als Vorbedingung dafür müssten die Wissenschaftler besser über die Vorgehensweise der Kunst und die Verbindung zu ihr informiert sein. An dieser Stelle herrscht bislang eine auffällige Asymmetrie. Wissenschaftler nicken rasch und einvernehmlich, wenn sie hören, dass Fortschritte aus ihrem Bereich Wirkungen in der Kunst nach sich gezogen haben. Sie denken dabei etwa an die physikalische Theorie der Farben, die sich auf die impressionistische Malerei auswirkte, oder sie weisen auf die Entwicklung von Tubenfarben hin, die es den Künstlern erlaubte, ihr Atelier zu verlassen und mit ihren Leinwänden in die Landschaft zu gehen. Und im Detail können sie sogar bestaunen, welche dramatischen Spiralen Vincent van Gogh an seinen »Sternenhimmel« malte, nachdem er erfahren hatte, dass die Astronomen seiner Zeit in dieser Form die Gestalt von Galaxien erkannt hatten.

Wissenschaftler reagieren aber eher ungläubig, wenn man ihnen sagt, dass es auch umgekehrt geht, dass die Kunst die Wissenschaft voranbringen kann – durch eine neue Ästhetik. Dabei geschieht dies ganz offenkundig, zum Beispiel im Rahmen des Vorgangs, durch den Bilder etwa auf Computerbildschir-

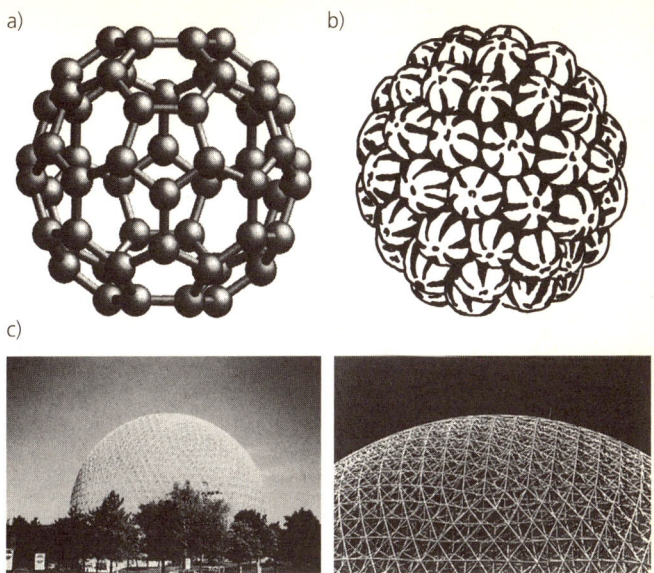

Abb. 13–1 Die C_{60}-Struktur aus 60 Kohlenstoffatomen, die Buckminsterfulleren genannt wird (a) und die Struktur eines Virus (b), wie sie 1962 publiziert worden ist. Die Architekten des Montreal Geodesic Dome (c) bezogen sich ausdrücklich auf die geodätischen Strukturen von Richard Buckminster Fuller.

men in abgetrennte Flächen aus Farbe (Pixel) zerlegt werden. Dieses Verfahren wurde von pointillistischen Malern wie George Seurat erfunden und vorgeführt. Und die Technik der Falschfarben, mit deren Hilfe Wissenschaftler unauffällige Elemente in ihren Daten betonen, stammt aus der Malerei der Fauvisten.

Einige Beispiele für die Hilfestellung, die Wissenschaft durch Kunst erfährt, sind kürzlich in dem britischen Wissenschaftsmagazin *Nature* zusammengestellt worden, das seit längerem eine Kolumne eingerichtet hat, die zwar »Science in Culture« heißt, die aber nicht nur darstellt, welche Spuren die Wissenschaft in der Kultur hinterlassen hat, sondern auch in die Gegenrichtung schaut:[7]

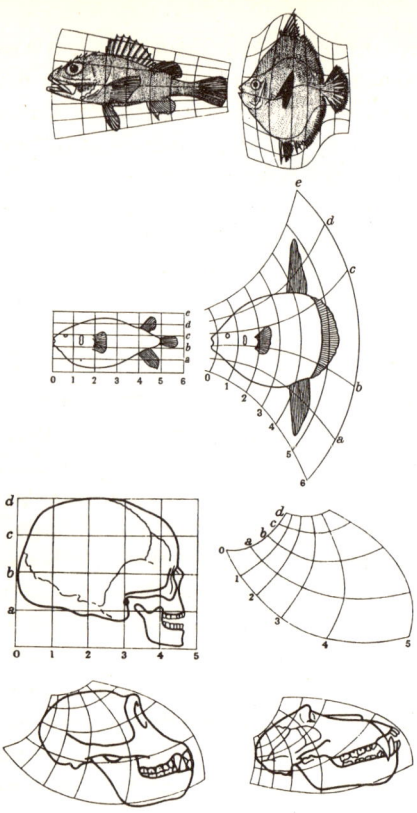

Abb. 13–2 Bilder aus D'Arcy W. Thompsons Buch *On Growth and Form*, das zum ersten Mal 1917 erschienen ist. Die verzerrende Transformation radialer Koordinaten eines Fisches *(Scorpaena,* oben links) ergibt die eigenartige Gestalt eines anderen Meeresfisches *(Antigonia capros,* oben rechts). Aus dem Umriss des Körpers eines Stachelfischs ergibt sich durch Transformation der rechtwinkligen in so genannte hyperbolische Koordinaten die Gestalt des Sonnenfisches. Werden die einem Menschenschädel unterlegten Koordinaten harmonisch verformt, lässt sich daraus der Schädel eines Schimpansen oder eines Pavians bilden. Bei D'Arcy W. Thompson heißt es: »Die Harmonie der Welt wird in Form und Zahl offenbar, und Herz und Seele und die ganze Poesie der Naturphilosophie verkörpern sich im Begriff der mathematischen Schönheit.«

»Künstler erfinden oft neue Strukturen, die Wissenschaftler anschließend in der Natur finden. Virologen, die in den 50er Jahren versucht haben, die Struktur der Proteinhüllen zu verstehen, die kugelförmige Viren wie den Polio-Virus umgaben, wurden durch die geodätischen[8] Strukturen geleitet, die Richard Buckminster Fuller entworfen hatte. Sie dienten auch als Modelle für zahlreiche Kohlenstoffmoleküle, die mit dem passenden Ausdruck Fullerene benannt wurden und zu denen der perfekte geodätische Dom eines C_{60} Moleküls gehört – einem ›Buckminsterfulleren‹.« (Abb. 13–1)

Mit anderen Worten: Die Entwürfe der Kunst können eine Schule des Sehens für die Naturwissenschaften werden, die doch mit immer neuen Techniken versuchen, das Unsichtbare sichtbar zu machen, ohne dabei zu verstehen, dass sie das mit technischen Hilfsmitteln dargebotene Material sowohl auf biologisch vorgegebene als auch auf kulturell eingeübte Weise betrachten. Man sieht auch in der Wissenschaft nur, was man weiß. Was für das Erkunden von äußeren Bereichen gilt, trifft auch für die Reisen in innere Räume zu. Wir sollten den Gedanken ernst nehmen, dass die Kunst eine notwendige Bedingung zur Herstellung des neuen Bewusstseins sein kann, von dem die zukünftige Wissenschaft ihre Bilder – und damit sowohl ihre Einsichts- als auch ihre Kommunikationsfähigkeit – bezieht.

Doch die Kunst macht der Wissenschaft nicht nur neue Formen zugänglich. Sie liefert auch technische Hilfsmittel. Das lässt sich am Beispiel der Anamorphose zeigen. Mit diesem Ausdruck meint man einen Gestaltwandel, und die dazugehörende Vorgehensweise leitet sich aus der Einführung der Perspektive zur Zeit der Renaissance ab. Es geht dabei konkret um die Frage, wie ein raumerfüllendes dreidimensionales Objekt auf einer zweidimensionalen Oberfläche abgebildet werden kann. Bereits vor rund 500 Jahren entdeckten Künstler die entsprechenden Regeln der Transformationen, die in der Naturwissenschaft schließlich zu Beginn des 20. Jahrhunderts angewendet wurden, etwa von D'Arcy W. Thompson, der sie in seinem Buch *On Growth and Form* nutzte, und von Julian Huxley, als er *Problems of Relative Growth* untersuchte. In beiden Werken geht es um evolutionäre und embryologische Prozesse, die sich als anamorphe Verzerrungen darstellen lassen (Abb. 13–2). Bedauerlicherweise hat die moderne (molekulare) Biologie zu diesem Thema nur wenig zu sagen. Der Gestaltwandel der Organismen bleibt als anschauliches Rätsel.

Während man bei Gestaltbildung (Morphogenese) fast erwartet, dass künstlerische Vorgaben der Wissenschaft helfen, scheint dies eher unwahrscheinlich, wenn es um die Verdinglichung von Logik in modernen Computerchips geht. Doch wer tiefer gräbt, findet auch hier eine Verbindung. Die Chips werden nämlich mit Hilfe von Methoden hergestellt, die von Radierungen und aus dem Gewebefilmdruck übernommen und angepasst worden sind. Logische Operationen können so gesehen in elektronischen Apparaten durchgeführt werden, weil es bereits die Kunst gab, sie in physikalische Muster zu übertragen; und diese Muster existierten wahrscheinlich vor allem deshalb, weil ihre Designer besser als rationale Wissenschaftler verstehen, wie man logische Operationen in Bilder verwandelt.

Es ist zu hoffen, dass bald mehr Forscher einsehen, wie die Kunst ihrer Wissenschaft helfen und sie nach innen und außen voranbringen kann. Von Mitchell Feigenbaum, einem der Pioniere der Chaosforschung, stammt die Vermutung, dass ein Verständnis dafür, wie Künstler malen, zu kognitiven Einsichten führen kann, mit denen eine bessere Wissenschaft möglich wird. Für Feigenbaum ist zum Beispiel offensichtlich, dass wir die Welt um uns herum nicht in jedem Detail kennen. Und Künstler zeigen uns das, was wichtig ist. Sie versuchen also dasselbe wie ein Wissenschaftler und können deshalb laut Feigenbaum »einen Teil meiner Forschungsaufgaben übernehmen«.

Wenn vom Verhältnis von Wissenschaft und Kunst die Rede ist, kommt man immer wieder auf die Renaissance zurück. In dieser Epoche gehörten Wissenschaft und Kunst so eng zusammen, dass sie noch mit hoher Qualität von einer Person ausgeübt werden konnten. Vor allem in Leonardo da Vinci vereinigen sich wissenschaftliche Analyse und poetische Intuition und bringen eine Weltsicht hervor, die als »morphologisch« bezeichnet worden ist.[9] Ihm gelang es, in Bildern die Bewegung des Denkens zu erfassen. Die Malerei liefert auf diese Weise nicht nur ein Modell der Wissenschaft, sie stellt auch die Chance für ihre Gestaltung dar. Wenn Malerei – wie Leonardo sie betrieb – die dauernde Bewegung auf ein Urbild hin ist, dann wird in der entstandenen und gestalteten Form auch deren Bildung und die Formwerdung deutlich. Und damit wird die Bewegung des Denkens sichtbar, die zur Wissenschaft gehört.

Feigenbaums Idee, dass kognitive Einsichten möglich werden, wenn wir verstehen, wie Malen geschieht, kann erweitert werden, wenn man die neueren Ergebnisse der Neurobiologie zur Kenntnis nimmt, die besagen, dass das Gehirn malt, wenn es uns das Bild der Welt liefert, das wir vor Augen haben. Die moderne Analyse des Sehvorgangs zeigt, dass die betrachtete visuelle Szene in Punkte, Striche, Winkel, Kreise und all die anderen Elemente zerlegt wird, die ein Zeichner braucht, um ein Bild zu komponieren.[10] Wer malt, so lässt sich vermuten, führt bewusst durch, was das Gehirn unbewusst vollzieht, wenn es eine wahrgenommene Situation bildend rekonstruiert. Diese Annahme fügt sich auch in unser erkenntnistheoretisches Schema, in dem Denken mit inneren Bildern als malendes Schauen beginnt. Die Welt erschließt sich uns tatsächlich über Bilder und innere Bildungen, die von der Kunst ausgedrückt – also außen sichtbar hervorgebracht – werden.

Wissenschaft und Poesie

Kunst kann wissenschaftliche Wahrheiten sicher dann besonders gut erhellen, wenn sich ein Sachverhalt der Präzisierung widersetzt und nur in poetischer Form ausdrücken lässt. Wir hatten Bohr zitiert, der davon gesprochen hat, dass dies im Falle des Atoms und seiner Theorie oft der einzige Weg ist. Der legendäre Physiker Richard P. Feynman hat seine eigene Fassungslosigkeit angesichts der atomaren Wirklichkeit in der Form eines japanischen Haikus zur Sprache gebracht:

> Prinzipien.
> Man kann nicht sagen,
> A besteht aus B oder umgekehrt.
> Masse ist stets Wechselwirkung.

Doch wenn es darum geht, einer wissenschaftlichen Frage eine poetisch geformte Antwort zu geben, scheint man besser beraten zu sein, einem Dichter das letzte Wort zu überlassen. In diesem Buch soll es Cees Nooteboom gehören. Er hatte sicher keine wissenschaftliche Veröffentlichung im Sinn, als er bei seinen Reisen und Reflexionen eher zufällig auf die Frage »Was ist ein Gen?« stieß und sie sich selbst beantwortete. In seiner Darstellung steckt nicht die volle Wahrheit der Wissenschaft. In ihr könnte aber mehr enthalten sein als in manch einer fachlich einwandfreien Abhandlung, auch deshalb, weil die Sätze von Nooteboom unmittelbar verstanden werden können und das menschliche Erleben ansprechen.

In seinem Reisebericht *Der Buddha hinter dem Bretterzaun*[11] beschreibt Nooteboom, wie er, irgendwo in Südostasien unterwegs, Erklärungen zu der Frage zuhört, was Karma bedeutet, jener religiöse Begriff, der von Wirkungen für die erst noch kommende nächste Existenz eines Menschen spricht. Anfänglich versteht der Autor nichts, doch plötzlich bleibt etwas hängen und er beginnt zu verstehen:

»Bei der Wiedergeburt werde man nicht selbst, die Person, in einer anderen Gestalt wiedergeboren, nein, das Gepäck geht weiter, werde gleichsam wie bei einer Flugreise, bei der man umsteigen müsse, vorausgeschickt. Das hatte ihm gefallen. […] Er erinnerte sich, vor nicht allzu langer Zeit etwas über Gene gelesen zu haben, die sich unseres Körpers nur vorübergehend auf dem Weg zu ›etwas anderem‹ bedienten, die einfach damit beschäftigt seien, mit uns als Zwischenstation. Auch das hatte ihm gefallen. Der Körper als Durchgangsstation für eine unbekannte Größe. Dann war die Idee des vorausgeschickten Gepäcks als Metapher gar nicht so schlecht.«

Mit dieser Beschreibung von Genen könnte gelungen sein, was Goethe vorschwebte, als er schrieb, dass Wissenschaft und Poesie »sich wieder freundlich, zu beiderseitigem Vorteil, auf höherer Stelle gar wohl wieder begegnen können.«

Wer die Wissenschaft schätzt, der hofft, dass es bald häufiger zu solchen Begegnungen kommt. Poesie heißt ja ursprünglich nichts anderes als »Machen«, »Schaffen«, »Hervorbringen«. Wenn wir die Evolution als Bewegung denken, die Kreativität hervorbringt, dann erscheint in diesem heraklitischen Licht ganz selbstverständlich, dass Menschen, die als Bildung aus der (ersten) Natur hervorgegangen sind, sich an die Bildung der (zweiten) Natur wagen, die wir Kultur nennen. Um diese Bildung geht es den Menschen, die immer beides sein wollen – aufgeklärt und romantisch, rational abwägend und emotional erlebend, logisch und intuitiv. Jeder von uns führt in diesem Sinne ein bewegtes Leben, dessen Balance immer wieder neu zu finden ist. Bildung kann dabei helfen, und zwar nicht nur die eine, sondern auch die andere.

Danksagung

Ich danke Leo Jenni und Paul Burger von der Koordinationsstelle Mensch-Gesellschaft-Umwelt (MGU) der Universität Basel, dass sie den Vorschlag gemacht und mir die Gelegenheit gegeben haben, gemeinsam mit Jörg Hagmann Vorlesungen über das zu halten, was für mich die »Naturwissenschaftliche Bildung« ausmacht. Ich danke allen MGU-Mitarbeitern – vor allem den Damen Ruth Förster, Felicitas Maeder und Margrit Ledergerber – für die damit verbundene Zusammenarbeit, und ich danke den Studierenden, die an der Veranstaltung teilgenommen und mir durch ihre Fragen geholfen haben, meinen eigenen Standpunkt zu finden. Ich danke Hans Haag, Dr. Erich Zettl und Professor Gerhard Schäfer für geduldige Hinweise auf einige Ungereimtheiten und Fehler, die mit ihrer Hilfe behoben werden konnten.

Anmerkungen

1 Einblick: Wissenschaft als Fenster denken

1. Schwanitz, Dietrich: *Bildung*. Frankfurt 1999, S. 367.
2. Mehr dazu in meinem Buch *Einstein*, das von den Schwierigkeiten berichtet, die auftreten, wenn sich »ein Genie und sein überfordertes Publikum« treffen. (Heidelberg 1996).
3. a. a. O., S. 369.
4. Wenn ich eine Figur der Geistesgeschichte herausheben sollte, die Wissenschaft als Kultur begriffen und betrieben hat, dann ist es der Däne Niels Bohr, der einer breiten Öffentlichkeit viel zu wenig bekannt ist. Inzwischen hat das Theater Bohr und sein Wirken entdeckt – der englische Schriftsteller Michael Frayn hat ein Theaterstück mit dem Titel »Copenhagen« geschrieben, das in der Saison 1999/2000 mit großem Erfolg in London und New York lief. Auf deutschen Bühnen (in Essen und in Berlin) war das Stück nur kurz zu sehen. Dem deutschen Publikum traut man Wissenschaft auch dann nicht zu, wenn sie unterhaltsam präsentiert wird.
5. Goethe, Johann Wolfgang von: »Zur Farbenlehre«. *Sämtliche Werke*. Band 23/1. Frankfurt 1991, S. 604.
6. Auf die Frage nach der Verantwortung wird häufig mit dem Hinweis geantwortet, dass die Wissenschaft selbst für ihre Folgen verantwortlich sei. Mir scheint diese Antwort aber an der Sache vorbeizugehen. Zum einen: Wenn die Folgen der Wissenschaft Luxus und Wohlergehen sind, fragt niemand nach der Verantwortung. Und wenn Forschung Schäden und Probleme nach sich zieht, kann unsere Gesellschaft nur wieder mit wissenschaftlichen Mitteln reagieren. Zum anderen: »die Wissenschaft« kann streng genommen keine moralische Verantwortung übernehmen. Dies können nur Menschen. Es bleibt zudem unklar, für welche Folgen die Wissenschaft Verantwortung übernehmen soll. Die Folgen der Tatsache, dass die abendländische Zivilisation Wissenschaft treibt, sind die Möglichkeiten, die auf diese Weise in die Welt gesetzt werden. Bäcker liefern Brötchen, und Wissenschaftler liefern Möglichkeiten, deren Nutzung Veränderungen nach sich ziehen, und zwar die Veränderungen unserer Lebensbedingungen. Mit

anderen Worten, die Folgen der Wissenschaft nennen wir unsere Geschichte, und für sie sind alle Menschen gemeinsam verantwortlich.

7 Ich verdanke diesen Hinweis Friedrich Kabermann, der im August 2000 in Ascona in einem Vortrag mit diesem Titel die Umrisse einer »poietischen Vernunft« skizziert hat. Die Veröffentlichung des Manuskripts ist in Vorbereitung. Der genaue Wortlaut des Zitats aus Rilkes »Testament« von 1921 lautet: »Daß sie mir Fenster sei in den erweiterten Weltraum des Daseins ... (nicht Spiegel).« Rilke, Rainer Maria: *Werke*. Kommentierte Ausgabe in vier Bänden, Band 4. Hg. v. M. Engel et al. Frankfurt 1996, S. 721.

8 Wer sich für solche Themen der Wissenschaft interessiert, sei auf folgende Bücher verwiesen: Wolke, Robert: *Woher weiß die Seife, was der Schmutz ist?* München 1998; O'Hare, Mick (Hg.): *Warum fallen schlafende Vögel nicht vom Baum?* München 2000.

9 Als das Manuskript zu diesem Buch in einer ersten Fassung vorlag (im September 2000), fand in Bonn die 121. Versammlung der Gesellschaft Deutscher Naturforscher und Ärzte statt. Bei dieser Gelegenheit wurde eine Broschüre verteilt, die von einer »Wittenberger Initiative« berichtet und »Vorschläge zur Allgemeinbildung durch Naturwissenschaften« unterbreitet. Darin wird mit Bedauern festgestellt, dass Dietrich Schwanitz in seiner Bildung den Naturwissenschaften mit gerade 1,9 % viel zu wenig Platz einräumt. Die Autoren beklagen sich in Anschluss daran über folgende Situation: »Viele Mitbürger denken bei Physik wohl spontan an Brennweite, Galvanometer, Ampère, bei Chemie an Zyankali, pH-Wert, chemische Formeln und bei Biologie an Quallen, Blattränder, Calvin-Zyklus, und sie sehen darin eher Spezialbegriffe für Naturwissenschaftler als allgemeinbildende Begriffe, die sie selbst persönlich angehen. Wer denkt schon bei Physik, Chemie, Biologie an *Sprachvermögen,* an *Geschichte,* an *Denkweisen, Lernkompetenz, Ethik* – also an Dinge, die jeder zweifellos zur ›Allgemeinbildung‹ zählen würde?« So richtig dies ist und so sehr man bedauern möchte, dass die hier angesprochenen Inhalte im Land der Dichter und Denker nicht selbstverständlich sind und immer wieder in Erinnerung gerufen werden müssen, so ganz glücklich bin ich mit den Feststellungen nicht. Mir fallen nämlich bei Zyankali Kriminalromane ein, und bei Quallen denke ich eher an Sommertage am Meer, und noch habe ich niemanden getrof-

fen, der bei Physik an Galvanometer denkt. Der Wunsch nach naturwissenschaftlicher Bildung kann offenbar in verschiedenen Kontexten verschiedene Formen annehmen und dann auch verschiedene Inhalte aufgreifen. Auf diese Unterschiede sollte es aber nicht ankommen. Wichtig ist das gemeinsame Ziel, das man vielleicht schneller erreicht, wenn es gelingt, den Weg zu ihm zusammen zu gehen. Wir sollten möglichst bald damit beginnen. Die Bildung kann nicht warten.

2 Die doppelte Bildung

1 Mit Billy Joy hat in den letzten Monaten eine ins Feuilleton hineinwirkende Diskussion über die Gefahren der Nanotechnologie begonnen. Unter Nanotechnologie versteht man ein Teilgebiet der Physik, in dem einzelne Atome manipuliert werden. Damit wird es möglich, etwa winzige Maschinen zu bauen, die im Nanometerbereich operieren. (Atome sind von dieser Größenordnung, die sich als tausendster Teil eines Tausendstels eines Millimeters ausdrücken lässt.) Einige Forscher sind der Ansicht, dass die Nanotechnologie potenziell gefährlicher ist als die Gentechnologie, und sie fordern deshalb einen Hippokratischen Eid, um die Risiken gering zu halten. Vorgeschlagen wurde zum Beispiel folgende Formel: »Alle Wissenschaftler, die sich mit Nanotechnologie befassen, sollen vollständig verzichten auf die Entwicklung von physischen Entitäten, die sich in einer natürlichen Umwelt selbst reproduzieren können«. Keine physische Entität soll einen Code zur Selbstreproduktion enthalten. Das klingt natürlich vernünftig und wurde sicher in guter Absicht formuliert. Es bleibt aber so wirkungslos wie alle anderen Versuche, einen hippokratischen Eid für Wissenschaftler zu formulieren. Bemühungen darum gibt es seit 1945. Das Ziel solcher Initiativen, die zum ersten Mal im Angesicht der Atombombe ergriffen wurden, ist die Stärkung der Verantwortung von Forschern. Die Naturwissenschaftler sollen verpflichtet werden, ihr Wissen und Können einzusetzen »zum Besten der Menschheit« (1946), »für die Wohlfahrt der Menschheit« (1956), »zum Wohl der gesamten Menschheit« (1976), »für das Wohlergehen der Menschheit« (1988), und immer so weiter in immer neuen Variationen. Abgesehen davon, dass Vorschläge dieser Art zumeist unverbindlich – und damit unwirksam – bleiben, scheitert die Idee, eine hippokratische Eidesformel für Wis-

senschaftler nach dem medizinischen Vorbild zu entwickeln, vor allem an dem Punkt, dass Hippokrates eine wohl definierte und unumstrittene Größe in den Mittelpunkt seiner Festlegung der Verantwortlichkeit stellen konnte – nämlich das Leben des Patienten, das es unter allen Umständen zu erhalten gilt. Für Physiker, Chemiker, Biologen und andere Naturforscher gibt es nichts Vergleichbares. Konkret auf Joy bezogen, kann man zum Beispiel fragen, wer bestimmt eigentlich, was eine natürliche Umgebung ist? Und wie verzichtet man auf etwas, das man nicht kennt? Vielleicht sollte zum Verhaltenscodex von Wissenschaftlern eine Regel der Art gehören: »Du sollst nicht unnötig für Aufregung sorgen.«

2 Fuhrmann, Manfred: *Caesar oder Erasmus?* Tübingen 1995.
3 Wer sich für die »Hintertreppe« zur Wissenschaft interessiert, die über die Kenntnis ihrer handelnden Personen möglich wird, sei auf meine beiden Bücher *Aristoteles, Einstein & Co* (München 1995) und *Leonardo, Heisenberg & Co* (München 2000) hingewiesen. Insgesamt 46 Wissenschaftler (mehr als 10 Prozent davon Frauen) werden in ihrem historischen Kontext und durch ihren persönlichen Beitrag vorgestellt.
4 Kopperschmidt, Josef: »Literarisches Sprechen im Zeitalter der Wissenschaften«. *Sprachnot und Wirklichkeitszerfall*. Hg. v. Elisabeth Meier. Düsseldorf 1972, S. 62–97.
5 Habermas, Jürgen: *Technik und Wissenschaft als Ideologie*. Frankfurt a. M. 1968.
6 Wolfgang Koeppen, zitiert nach: Emter, Elisabeth: *Literatur und Quantentheorie*. Berlin 1995.
7 Schwedhelm, Karl: »Das Gedicht in einer veränderten Wirklichkeit«. *Zeitalter des Fragments*. Hg. v. Horst Lehner. Herrenalb 1964, S. 143–158.
8 Wer zu diesem Thema mehr wissen und genauer informiert sein will, sei auf mein Buch *Kritik des gesunden Menschenverstandes* (Hamburg 1989) hingewiesen.
9 Vergleiche dazu den Band *Glanz und Elend der zwei Kulturen* (Konstanz 1991), den ich zusammen mit Helmut Bachmaier herausgegeben habe.
10 Snow verwendet im Englischen das Wort »science«, das die Naturwissenschaften meint. »Scientific« muss daher mit »naturwissenschaftlich« übersetzt werden. »Wissenschaftlich« ist mehr.
11 Heisenberg, Werner: *Der Teil und das Ganze*. München 1969, S. 89.

12 Details dazu in meinem Buch *Einstein.* Heidelberg 1996.
13 Fischer, Ernst Peter: »Der Missbrauch der Entropie«. *Entropie und Pathogenese.* Hg. v. Volker Becker et al. Heidelberg 1993, S. 71–83.
14 In gewisser Weise sind wir dauernd auf Zeitreise. Wenn wir zum Beispiel die Sequenz eines Genoms anschauen, was ja in unseren Tagen möglich wird, dann erblicken wir etwas, das in der Vergangenheit entstanden ist und unsere Zukunft bestimmt. Unsere Gene sind also Spiegel und Fenster zugleich: Spiegel des Vergangenen und Fenster des Kommenden.
15 Koch, Heinrich: »Chaplin und die Atomphysik«. *Athena 1* (1946/47), H. 2, S. 55–63.

3 Die Geburt der modernen Wissenschaft in Europa

1 Rossi, Paolo: *Die Geburt der modernen Wissenschaft in Europa.* München 1997.
2 Mehr über den Begriff der Revolution in Kapitel 11.
3 Sie lassen sich z. B. finden in dem Porträt des Kopernikus, das ich in meinem Band *Aristoteles, Einstein & Co.* (München 1995) gebe.
4 Aristarch hat seine heliozentrische Idee geäußert, nachdem er sich durch zahlreichen Beobachtungen und Messungen davon überzeugt hatte, dass die Sonne viel größer ist als die Erde. Wenn die Sonne größer ist, warum soll sie sich dann bewegen? Niemand trägt ein Klavier zum Schemel, es ist viel leichter, den Schemel zu verschieben. Übrigens: Wer könnte Aristarchs Leistung heute nachvollziehen und sich durch eigene Erfahrungen davon überzeugen, dass die Sonne größer ist als die Erde? Wir lesen davon oder erfahren es von Lehrern. Wie aber überzeugt man sich durch seine Sinne davon? (Abb. 3–1)
5 Die Darstellung folgt K. Simonyis *Kulturgeschichte der Physik.* Frankfurt 1995, S. 99 ff.
6 Freud unterschied insgesamt drei solche Kränkungen: Neben der Lehre des Kopernikus zählte er noch die Evolution Darwins und seine eigene Deutung der Psyche bzw. die Entdeckung des Unbewussten hinzu, wonach das Ich nicht mehr Herr im eigenen Haus ist.
7 Mehr hierzu findet sich in dem Kapitel über Revolutionen in der Wissenschaft und in meinen Büchern *Die aufschimmernde Nachtseite der Wissenschaft* (Lengwil 1995) und *An den Grenzen des Denkens* (Freiburg 2000).

8   Arasse, Daniel: *Leonardo da Vinci*. Köln 1999.
9   Zitiert nach: Arasse, Daniel a. a. O.
10 In einem jüdischen Witz wird die Frage so geklärt: Ein Philosoph erklärt Kohn, dass Pythagoras sagt, die Menschen hätten die Zahlen nicht erfunden, sondern gefunden. Kohn ist begeistert: Du hast Recht, ruft er aus. Anschließend erklärt ein Mathematiker Kohn, wie kompliziert imaginäre und irrationale Zahlen seien und dass die Menschen eine nach der anderen im Laufe der Geschichte definiert und somit nicht entdeckt, sondern erfunden hätten. Kohn ist wieder begeistert und ruft erneut aus: Du hast Recht. Ein Dritter, der dabei steht, wundert sich und weist Kohn darauf hin, dass doch nicht beide Recht haben können. Kohn stutzt erst, um dann zu strahlen: Du hast auch Recht.
11 Mit Energie kann man Arbeit leisten. Energie und Arbeit haben physikalisch dieselbe Dimension. Wirkung ist also auch Arbeit mal Zeit, und mit dieser Vorgabe machen die Physiker gerne einen Scherz. Demnach werden Sportler nach Leistung bezahlt, die Arbeit pro Zeit ist. Wer nur kurz genug braucht, erzielt eine hohe Leistung und also eine entsprechende Honorierung. Professoren werden nach Wirkung bezahlt. Es kommt nicht darauf an, wie viel sie arbeiten, sie müssen nur lange genug dafür brauchen.
12 Wer mehr wissen will, sei auf das wunderbare Buch von Richard P. Feynman hingewiesen, das *QED* (München 1985) heißt.

4   Die Aktualität der Alchemie und die Hartnäckigkeit der Astrologie

1   Tatsächlich haben Chemiker des 20. Jahrhunderts – zum Beispiel Otto Hahn oder Ernest Rutherford – von moderner Alchemie gesprochen, nachdem sie verstanden hatten, wie Elemente durch Beschuss mit Neutronen umgewandelt werden können.
2   Der Begriff »Alchemie« stammt offenbar aus dem Arabischen: al-kimiya. Das Präfix: *al-* ist der bestimmte Artikel; unklar bleibt die Bedeutung des Wortstamms. Die lateinische Fassung lautet: *alkimia, alchimia*. In der Literatur werden drei Möglichkeiten genannt: Ägyptisch: *keme, chemi* »die schwarze Erde«, griechisch: *chemeia* »gießen (flüssiges Metall)« sowie hebräisch: *ki mija* »was von Gott ist«.
3   Dieser alchemistische Leitsatz geht auf den mythischen Begründer der Alchemie zurück, der unter dem Namen Hermes Trisme-

gistos geführt wird. Drei Schriften werden ihm zugeschrieben; eine trägt den Titel »Tabula Smaragdina«, und hier findet sich der zitierte Satz.

4   Das Buch ist 1998 im Frankfurter Campus Verlag erschienen; es hat einen Untertitel, der deswegen interessant ist, weil der deutsche Verlag aus dem klaren italienischen Original *Uomini e idee che la scienza non ha capito* – also etwa »Menschen und Ideen, die von der Wissenschaft nicht verstanden wurden« – eine irreführende Botschaft gezaubert hat: *Geniale Außenseiter, die die Wissenschaft blamiert haben*, steht jetzt auf dem Buchumschlag, mit dem sich der Verlag nur selbst blamiert und ein gutes Buch in ein schlechtes Licht rückt.

5   Di Trocchio, Federico: *Newtons Koffer*. Frankfurt 1998.

6   Vgl. dazu meine beiden Bücher *Die aufschimmernde Nachtseite der Wissenschaft* (Lengwil 1995) und *An den Grenzen des Denkens* (Freiburg 2000).

7   Portmann, Adolf: *Vom Lebendigen*. Frankfurt 1971.

8   Niehenke, Peter: *Astrologie*. Stuttgart 1994, S. 11.

9   Das Lexikon ist von Udo Becker verfasst worden (Freiburg 1997).

10   Zitiert nach: Arasse, Daniel: *Leonardo da Vinci*. Köln 1999, S. 74.

11   Lovelock, James: *Gaia*. Oxford 1995 (zum ersten Mal 1979 publiziert).

12   *Griechische Sternsagen*, erzählt von Wolfgang Schadewaldt. Frankfurt 1956, S. 21 f.

5   Der Kosmos und seine Grenzen

1   An dieser Stelle mag der Hinweis erlaubt sein, dass die Idee des Urknalls kurz nach der Explosion der ersten Atombombe auf- und angekommen ist. Das heißt, nachdem die Physik einen Feuerball produziert hatte, der in Photographien für jedermann und überall sichtbar wurde, glaubte sie so auch die Schöpfung verstehen zu können.

2   Dies klingt wie ein vertrautes Motiv der Literatur: Um mich selbst zu finden, muss ich erst in die Welt hinausfahren. Die Wissenschaft ist da ganz so wie das Leben, das die Literatur beschreibt.

3   Ist das Zufall oder steckt dahinter ein erklärbarer Zusammenhang? Völlig verstanden ist das Phänomen noch nicht – wie Vieles in der Wissenschaft –, aber es gibt gute Antworten. Die meisten schlagen vor, sich den Mond wie ein einigermaßen rundes Ei vorzustellen,

also als Gebilde mit hartem Kern und weicher Hülle. Da nun der Mond auf der Erde Gezeiten hervorruft, tut die Erde dasselbe mit ihrem Trabanten (nach dem Newtonschen Prinzip: actio gleich reactio). Diese Kräfte bremsen irgendwelche Umdrehungen des Mondes so lange ab, bis seine Rotationszeit gleich der Umlaufperiode ist.

4 Beliebt ist das Attribut »kosmisch«, etwa als »kosmisches Gefühl« oder als »kosmische Religion«. Es darf auf keinen Fall mit »komisch« oder gar mit »kosmetisch« verwechselt werden. Vorgekommen ist es schon, zum Beispiel als die berühmte Lise Meitner einen Vortrag über den Kosmos gehalten hat. In einem Bericht darüber schrieb eine Berliner Zeitung, Frl. Meitner hätte Ergebnisse der »kosmetischen Physik« vorgestellt.

5 Kayser, Rainer: »Die Harmonie der Welt«. *Scheibe, Kugel, Schwarzes Loch.* Hg. v. Uwe Schultz. Frankfurt 1996, S. 142.

6 Es gibt vermutlich kein Etwas, das die Welt im Innersten zusammenhält. Es gibt aber ein Etwas, das die Welt als Ganzes zusammenhält, wie im nächsten Kapitel erläutert wird, wenn es um »die verschränkte Welt« der Atome geht.

7 Mehr zu diesem Bereich zwischen Makrokosmos und Mikrokosmos in dem Kapitel, das die Tragweite der Evolution erkundet und dafür die Bedeutung des Mesokosmos erklärt.

8 Im Folgenden geht es um die Farbe der Nacht, also um Schwarz. So interpretiert unser Auge mit unserem Gehirn, was wir zwischen den Sternen sehen, die selbst als weiße Punkte am Nachthimmel erscheinen. Von Farben merken wir zunächst nichts. Dass die Nacht trotzdem bunt ist, lässt sich allerdings mit physikalischen Messgeräten nachweisen, die Licht mit den entsprechenden Wellenlängen registrieren. Uns erscheint der Nachthimmel deshalb schwarz, weil wir die lichtempfindlichen Zellen, die für Farben empfänglich sind, nur tagsüber nutzen und nachts schonen. Doch um diese physiologische Erklärung geht es in den folgenden Abschnitten nicht.

9 Am nächtlichen Himmel werden natürlich nicht Milliarden Sterne sichtbar, sondern nur etwa 6000 Stück. Insgesamt schätzen die Astronomen, dass es 10^{22} Sterne im Kosmos gibt: In 100 Milliarden Galaxien jeweils 100 Milliarden Sterne – so kommt die Riesenzahl zustande.

10 Spätestens seit der Mondlandung ist bekannt, dass die Frage allgemeiner formuliert werden müsste, nämlich: Warum ist das Welt-

all schwarz? Vom Mond aus gesehen wirkt der Himmel fast überall völlig lichtlos. Dass wir auf der Erde mehr an die Farbe Blau gewöhnt sind, hat mit unserer Atmosphäre und ihrer Streuwirkung zu tun.

11 Natürlich ist die Sonne nicht untergegangen, nur hat sich die Erde so gedreht, dass wir die Sonne nicht mehr zu Gesicht bekommen.

12 Zu den seltsamen Befunden der Wissenschaftsgeschichte gehört der Nachweis, dass viele Sätze oder Thesen, die nach Personen benannt sind, eigentlich nicht von diesen stammen. Die Mendelschen Regeln sind tatsächlich nicht von Mendel (wie wir noch sehen werden), und das Olberssche Paradoxon ist schon lange vor seiner Zeit formuliert worden. Man könnte dabei fast von einem Theorem der Wissenschaftsgeschichte sprechen.

13 Einstein, Albert: *Über spezielle und allgemeine Relativitätstheorie*. Nachdruck der Ausgabe von 1916. Hamburg 1997.

14 Genauer müsste man von der Lichtgeschwindigkeit im Vakuum sprechen, und noch genauer müsste erwähnt werden, dass die vierte Dimension nicht so wirklich vorhanden ist wie die übrigen drei; mathematisch wird dies berücksichtigt, indem man sie imaginär macht – also mit der imaginären Einheit i multipliziert.

15 Dabei sprechen die Physiker von der elektromagnetischen Induktion; als sie Michael Faraday 1831 zum ersten Mal gelungen war und er sie voller Stolz vorführte, fragte man ihn, was nun der Nutzen sei. Faraday wies zwar zuerst die Frage als dumm zurück – wer fragt schon nach dem Nutzen eines Kindes? –, gab aber schließlich hartnäckigen Interessenten den Hinweis, dass sie dadurch eines Tages Steuervorteile hätten. Faraday wusste nämlich, dass er das Prinzip entdeckt hatte, mit dem sich Wechselstrom erzeugen lässt.

16 Absolute Ruhe kann natürlich auch in Bezug auf den Hörsinn gemeint sein. Wer nichts hört, braucht tatsächlich einen ungeheuren Willen und viel Mitgefühl, um nicht krank zu werden.

17 Wer sich von der Größe dieser Zahl ein Bild machen will, soll sich ein Glas vorstellen, das mit Wasser gefüllt ist. Man verschüttet das Wasser und wartet so lange, bis es gleichmäßig über die Welt verteilt ist – über die Meere, die Wolken, die Flüsse, die Wüsten und Wälder, die Schwimmbecken, und so weiter. Wenn das Wasser wirklich überall ist, nimmt man erneut das Glas und füllt es irgendwo wieder mit Wasser. Jetzt kann man fragen: Wieviele Wassermoleküle aus dem ersten Glas sind erneut im zweiten? Man würde meinen: Keines. Doch die Antwort lautet: Es sind 1000 Stück.

6 Eine verschränkte Welt – Die Lektion der Atome

1 Als der Nobelpreis eingerichtet wurde, galt es, die Fortschritte in einzelnen wissenschaftlichen Disziplinen zu fördern. Heute gilt es, interdisziplinäre Vorgehensweisen zu ermutigen, und es würde dem Preiskomitee in Stockholm gut zu Gesicht stehen, wenn sie ihre Vergabepolitik entsprechend ändern würden. Dies wäre sicher im Sinne des Stifters Alfred Nobel.
2 Biographische Erzählungen über die beteiligten Wissenschaftler kann man in meinen Büchern *Aristoteles, Einstein & Co.* (München 1995) und *Leonardo, Heisenberg & Co.* (München 2000) finden.
3 Übrigens: Viele Menschen meinen, die Farbe Schwarz bedeute, ein Körper sende kein Licht aus. Sie denken nach dem Motto: Weiße Körper reflektieren alles Licht, schwarze Körper keins. So einfach ist die Lage nicht, und zwar deshalb nicht, weil die Farben – einschließlich der unbunten Varianten Schwarz und Weiß – vom Auge vermittelt werden und im Kopf entstehen. Da ist die Physik weit weg, und nur um die geht es hier.
4 Keinen wird die Behauptung wundern, dass ein Gehirn rechnet. Dass es auch malt, zeigen die Ergebnisse der Hirnphysiologie, die klar machen, wie eine gesehene Szene zerlegt wird – nämlich in Linien, Winkel, Kreise und viele ähnliche elementare Einheiten, aus denen das Gehirn das Bild zusammensetzen muss, das wir dann sehen. Wenn ein Bild aus den genannten Elementen entsteht, dann kann man sagen, dass es gezeichnet oder gemalt wird.
5 Der Dialog zwischen Bohr und Einstein gehört zu den philosophisch spannendsten Texten, die das 20. Jahrhundert hervorgebracht hat. Charakteristisch für die Unbildung unserer Eliten ist die Tatsache, dass die meisten nicht einmal wissen, dass es ihn gegeben hat.
6 Siehe zum Beispiel: Zeilinger, Anton: »Quantum Entanglement Bits Step Closer to IT«. *Science 289* (2000), S. 405.
7 Delbrück, Max: *Wahrheit und Wirklichkeit.* Hamburg 1985.
8 Greene und viele Kollegen durcheilen auf diese Weise das Denkschema, dass unter dem Namen Dialektik populär geworden ist und in einfachster Weise sagt, dass aus These und Antithese eine Synthese werden kann, die dann alles erklärt und die Physik abschließt. Die Idee der Komplementarität geht da vorsichtiger vor. Als eine Art qualitativer Dialektik erkennt sie These und Anti-

these an, um fortan in einer Spannung zwischen beiden Polen den Blick und die Wissenschaft offen zu halten.
9 Zitiert nach: Burkert, Walter: *Kulte des Altertums*. München 1998.

7 Was ist Leben?

1 Vielleicht fragen einige Leser, wann denn endlich von Schrödingers Katze die Rede ist, die in der philosophischen Diskussion der Quanten eine Rolle spielt und vielen Büchern zu ihrem Titel verholfen hat. Die Katze wird hier nicht erscheinen, weil sie zum einen am Leben bleiben soll und weil ich sie zum zweiten ausführlich in meinem Schrödinger-Porträt in *Leonardo, Heisenberg & Co.* (München 2000) vorgestellt habe.
2 Diese und andere Beispiele beschreibt Werner Bartens in seinem sehr empfehlenswerten Buch *Die Tyrannei der Gene* (München 1999).
3 An dieser Stelle wird oft eingewendet, dass das Schichtenmodell weniger mit der Natur und mehr mit den Menschen zu tun hat, die damit die Natur einfangen wollen. Dabei wird Kant zitiert, dem zufolge wir der Natur ihre Gesetze vorschreiben. Mir scheint, dass im lebendigen Rahmen nur umgekehrt ein Schuh daraus werden kann. Es ist doch so, dass unser Gehirn in Anpassung an die Welt entstanden ist.
4 Details zu diesem Thema in meinem Buch *Das Schöne und das Biest* (München 1997).
5 Mulisch, Harry: *Die Prozedur*. München 1999.
6 Von seinem Namen leitet sich das Verb »mendeln« ab.
7 So funktioniert Wissenschaft oft: Sie erklärt etwas, das man sieht, durch etwas, das man nicht sieht. Sie erklärt zum Beispiel das Fallen von Körpern durch die Schwerkraft und die Samenform durch Gene.
8 Kay, Lily E.: *The Molecular Vision of Life*. Oxford 1993, S. 45.
9 Nietzsche wirft Darwin vor, den »Kampf ums Dasein« zu proklamieren. Hätte der deutsche Philosoph sich einmal bemüht, das englische Original anzuschauen, wäre ihm aufgefallen, dass da viel harmloser von einem »struggle for life« die Rede ist.
10 Deutsch unter dem Titel: *Abhandlung über die Methode des richtigen Vernunftgebrauchs und der wissenschaftlichen Wahrheitsforschung.*
11 Falls es einen Kern gibt – nicht alle Zellen verfügen über solch

eine Struktur. Dazu gehören zum Beispiel die Bakterien, deren genetisches Material als normaler Bestandteil der Zelle ohne eigenes Kompartiment vorliegt.

12 Wer will, kann im Hintergrund dieser dogmatischen Reihe eine andere Folge sehen, und vielleicht sollte man das Dogma um das erweitern, was man heute kennt: DNS-Sequenz → RNS-Struktur → Protein-Funktion.

13 Übrigens, das Dogma wird heute täglich mehr durchlöchert. Neulich stand »die letzte Version« der alten Regel in einer angesehenen Zeitung zu lesen. Sie lautete: DNS macht RNS macht Protein, aber manchmal kann RNS auch DNS und ein andermal RNS auch RNS machen, welche wiederum andere Proteine macht als jene, die entstehen würden, wenn RNS nur von DNS gemacht würde.

14 Herbert, Alan und Alexander Rich: »RNA Processing and the Evolution of Eukaryotes«. *Nature genetics 21* (1999), S. 265–269.

15 Botstein, David; White, Raymond et al.: »Construction of a Genetic Linkage Map in Man Using Restriction Fragment Polymorphisms«. *American Journal of Human Genetics 32* (1980), S. 314–331.

8 Der Ursprung des Lebens

1 »The unanswered question« (Die unbeantwortete Frage) ist der Titel einer Komposition des Amerikaners Charles Ives. Leonard Bernstein hat einmal eine Reihe von Vorlesungen über die Bedeutung der Musik unter diesem Titel gehalten und dies als seine »unanswered question« bezeichnet. Bernstein beendete die Veranstaltung mit der Bemerkung, dass er leider die Frage vergessen hätte und nur noch die Antwort kennen würde. Sie lautet: Ja.

2 Mann, Thomas: *Der Zauberberg*. Stockholmer Ausgabe. Frankfurt 1981, S. 378.

3 Delbrück, Max: *Wahrheit und Wirklichkeit*. Hamburg 1985.

4 Befürworter der Invasion aus dem Weltall könnten auf den Witz hinweisen, in dem ein Betrunkener unter dem Licht einer Laterne nach einem Schlüssel sucht. Er hat ihn an dieser Stelle zwar nicht verloren, aber da kann er wenigstens etwas sehen. Wir können natürlich nur auf der Erde etwas sehen, aber betrunken sind wir doch nicht. Und wir wissen nur, dass wir in der Schwärze des Alls nichts verloren haben.

5 Die Theorie der Kontinentalverschiebung und die Konzepte der

Plattentektonik werden in dem Kapitel angesprochen, in dem es um Revolutionen in der Wissenschaft geht.
6 Eigen, Manfred: *Stufen zum Leben*. München 1987, S. 34.
7 Inzwischen wird sogar vermutet, »The Ribosome is a Ribozyme«, vgl. dazu Thomas Czech in *Science 289* (2000), S. 878–879; die Ausgabe des amerikanischen Wissenschaftsmagazins vom 11. 8. 2000 ist voller Beiträge, die die Struktur so genannter Ribosomen zeigen und deren Funktion erörtern.
8 1999 ist eine erweiterte Neuausgabe des englischen Originals *Origins of Life* erschienen (Cambridge).
9 Wir haben in diesem Kapitel immer angenommen, dass sich das Leben aus einer Art organischer Suppe entwickelt, die heiß oder kalt sein kann. Inzwischen wächst unter einigen Forschern die Tendenz, etwas anderes zu versuchen und es einmal mit dem Gedanken zu probieren, dass Leben einen hydrothermischen Ursprung hat und sich nach und nach chemische Strukturen unter der Beteiligung von Schwefel und Eisen gebildet haben. Also nicht mehr nur »Ordnung aus dem Chaos«, sondern eher »Mehr Ordnung aus weniger Ordnung aus noch weniger Ordnung«. Siehe zum Beispiel »Life as we don't know it« von G. Wächtershäuser, *Science 289* (2000), S. 1307–1308. Der letzte Gedanke wird in dem Artikel etwas anders und auf Englisch vorgestellt. Er heißt dort »order out of order out of order.« Hoffentlich ist dieser Ansatz nicht »out of order«. Im chemischen Detail sieht der Versuch gut aus, das Leben mit chemischer Notwendigkeit beginnen zu lassen, um anschließend dem biologischen Zufall seine Chance zu geben. Mit ihm dringt das Leben dann in immer neue chemische Räume vor.

9 Die Idee der biologischen Evolution

1 Ein Porträt von Darwin findet sich in meinem Buch *Aristoteles, Einstein und Co.* (München 1996).
2 Es gibt Übersetzungen, die aus dem »struggle for life« ein »Ringen um die Existenz« machen; »struggle« drückt ein entschlossenes und zielbewusstes Vorgehen aus; es meint ein sich Abmühen, wie wir es aus dem Alltag kennen. Leben macht zwar Mühe, aber es muss nicht unbedingt ein Kampf mit Siegern und Verlierern sein.
3 Zitiert nach der Ausgabe, die 1998 in Stuttgart erschienen ist (S. 98 f.). Die Übersetzung von Carl W. Neumann stammt aus dem Jahre 1963.

4 Die schlimmste Verirrung der Evolutionsidee ist Hitlers verbrecherische Biopolitik.
5 Platon liebte die Geometer, und in diesem Fach kann man seine Dreiecke so schön zeichnen wie man will, sie werden nie so schön wie die Idealform. Platons Geist wirkt bei den Lehrern nach, die im Geometrieunterricht die Devise ausgeben, es komme darauf an, mit Hilfe von hässlichen Figuren elegante Beweise zu führen.
6 Zitiert nach: Delbrück, Max: *Wahrheit und Wirklichkeit*. Hamburg 1986, S. 336.

10 Wie weit trägt der evolutionäre Gedanke?

1 Zuletzt ist erschienen *Ein Dinosaurier im Heuhaufen*. Frankfurt 2000.
2 Die Evolution ist offenkundig kein kontinuierlich ablaufender Vorgang, sondern ein Geschehen, das plötzliche Umbrüche und katastrophenartige Erneuerungen kennt, die in lange Perioden geruhsamen Wandels einbrechen. Entscheidende (zufällige) Einflüsse auf die Evolution können von außen kommen. Das bekannteste Beispiel ist der »apokalyptische Planet«, der vor rund 65 Millionen Jahren im Gebiet des heutigen Mexiko eingeschlagen sein soll und mit dem offenbar das Ende der Dinosaurier zusammenhängt. Auf jeden Fall sind den Schätzungen zufolge fast 70 Prozent aller damals lebenden Arten verschwunden. Der Zusammenstoß hat wahrscheinlich für monatelange Dunkelheit gesorgt und das Magnetfeld der Erde beeinflusst. Es wird vermutet, dass es im Laufe der Erdgeschichte mehrere solcher Einschläge gegeben hat und dass es sie auch in Zukunft geben kann.
3 Gould, Stephen J.: a. a. O., S. 426.
4 Dieses Programm einer »New Science of Darwinian Medicine« haben zum ersten Mal Randolph Nesse und George Williams in ihrem Buch *Evolution and Healing* (London 1995) durchgeführt, das auf Deutsch unter dem Titel *Warum werden wir krank?* (München 1999) erschienen ist. Die folgenden Abschnitte über die evolutionäre Medizin beziehen ihr Material aus diesem Buch.
5 Vollmer, Gerhard: *Evolutionäre Erkenntnistheorie*. Stuttgart 1975, ³1981, S. 102.
6 Boltzmann, Ludwig: *Populäre Schriften*. Braunschweig 1979.
7 Lorenz, Konrad: »Die angeborenen Formen möglicher Erfahrung«. *Zeitschrift für Tierpsychologie* 5 (1943), S. 352.

8 Simpson, George G.: »Biology and the Nature of Science«. *Science* 139 (1963), S. 84.
9 Rensch, Bernhard: *Homo sapiens*. Göttingen 1970.
10 Vgl. dazu den Bestseller von Richard Dawkins *Das egoistische Gen* (Heidelberg 1994).
11 Es gehört zu den auffallenden Versäumnissen des Nobel-Komitees, Hamilton bislang übergangen zu haben. Dies hängt zum einen damit zusammen, dass es für die Biologie keinen eigenen Preis gibt, und hat zum anderen damit zu tun, dass man immer noch Skepsis gegenüber rein theoretischen Arbeiten in der Biologie hat. Der Nobelpreis ist mehr auf praktische Erfolge ausgerichtet. Einstein musste zum Beispiel fast 20 Jahre warten, bis man in Stockholm merkte, was da jemand ziemlich scharfsinnig gedacht hatte.
12 Rose, Michael: *Darwin's Spectre*. Princeton 1998, S. 68.

11 Revolutionen in der Naturwissenschaft

1 Das Wort »Durchbruch« (englisch »breakthrough«) stammt aus dem Bereich des Militärs. Für das Fortschreiten der Wissenschaft ist es in den sechziger Jahren des 20. Jahrhunderts in Gebrauch gekommen, als es noch Spaß machte, mit den Mitteln der Wissenschaft die Natur zu besiegen. Wir reden heute immer noch gedankenlos von Durchbrüchen, statt nach geeigneteren Ausdrücken zu suchen. Statt von einem Durchbruch reicht es doch zum Beispiel, von einer Öffnung zu sprechen.
2 Wie kompliziert das Rätsellösen ist, kann sich jeder klarmachen, der nach den Ursachen des Ozonlochs oder nach Nebenwirkungen von Medikamenten fragt und kein Talkshowgerede, sondern eine wissenschaftliche Auskunft erwartet. Die Forschung in diesen Bereichen will die Wissenschaft nicht revolutionieren, sondern nur genaue Antworten geben. Ein schwieriges Unterfangen, das höchste Qualität der (normalen) Forschung verlangt.
3 Das Wort stammt vom lateinischen *humor*, das Feuchtigkeit bzw. Flüssigkeit meint und uns auch als »Humor« geläufig ist, also als Gelassenheit gegenüber den Unzulänglichkeiten der Menschen und der Welt. »Humor ist, wenn man trotzdem lacht.« (O. J. Bierbaum)
4 Man könnte auch fragen, ob die zur Zeit laufenden Bemühungen, zahlreiche Magenerkrankungen durch ein bösartiges Bakterium *(Helicobacter pylori)* zu erklären, nicht durch das große Paradigma bedingt sind, das für die Säuren keinen Platz mehr hat,

durch die früher Geschwüre erklärt wurden. Schließlich handelt es sich dabei um Säfte, und sie galten nur etwas im Denken der alten Zeit.
5 »Es ist die so genannte Wissenschaftliche Revolution, die alles in den Schatten stellt, was nach dem Aufstieg des Christentums passiert ist, und die Renaissance und die Reformation zu bloßen Episoden reduziert, zu bloßen internen Verschiebungen innerhalb des christlichen Systems des Mittelalters. Es könnte gesagt werden, dass der Verlauf des 17. Jahrhunderts eine der großen Episoden in der Erfahrung des Menschen darstellt und unter die epischen Abenteuer zu reihen ist, mit deren Hilfe die menschliche Rasse das geworden ist, was sie ist.«
6 Damals dankte König Jakob II. ab, und der Prinz und die Prinzessin von Oranien (Wilhelm und Maria) besteigen den Thron. Damit übernimmt eine protestantische Linie die Monarchie. Wie der König und seine Nachfolger zu ihrer Macht kommen, wird in der »Declaration of Rights« niedergelegt, die eine Deklaration der Rechte des Parlaments war. Damit war eine Revolution im Wortsinne gelungen. Das Königtum hatte sich um sich selbst gedreht, um die Engländer besser dastehen zu lassen.
7 Hier kann auf das Konzept der »ewigen Wiederkehr« hingewiesen werden, das den Philosophen Friedrich Nietzsche fasziniert hat und an dem alle seine Jünger bis auf den heutigen Tag festhalten. Offenbar steckt die Revolution tief im Inneren der Menschen.
8 Abgedruckt in dem Band *Der Pauli-Jung-Dialog und seine Bedeutung für die moderne Wissenschaft,* der von H. Atmanspacher et al. herausgegeben worden ist (Heidelberg 1995).
9 Cohen, I. Bernard: *Revolutionen in der Naturwissenschaft.* Frankfurt 1994; die folgenden Beispiele aus der Geschichte der Wissenschaft werden in diesem Buch ausführlich abgehandelt.
10 Genaueres hierzu findet sich in meinem Buch *An den Grenzen des Denkens* (Freiburg 2000).
11 Abgedruckt in dem von C. A. Meier herausgegebenen Briefwechsel zwischen Pauli und Jung (Heidelberg 1992).
12 Die Zeilen stammen aus Keplers *Harmonices Mundi.* Zitiert nach: Jung, Carl G. und Pauli, Wolfgang: *Naturerklärung und Psyche.* Zürich 1952, S. 120 f.

12 Besonderheiten der Wissenschaft im 20. Jahrhundert

1. Hilberts Wettern gegen ein Ignorabimus (»Wir werden es nicht wissen«) ist ein spätes Eingehen auf den berühmt gewordenen Vortrag, in dem der Physiologe Emil du Bois-Reymond 1873 »Über die Grenzen des Naturerkennens« gesprochen hatte. Der aus Berlin stammende du Bois-Reymond hatte darin zum Beispiel gesagt, dass die Naturwissenschaften mit ihren physikalisch-chemischen Erklärungen das Bewusstsein niemals verstehen werden. »Wir wissen es nicht, wir werden es nicht wissen.« (Ignoramus, ignorabimus.) 1880 stellte du Bois-Reymond »sieben Welträtsel« vor, die er für unlösbar hielt. Darauf reagierte Ernst Haeckel, wie im Text beschrieben.
2. Nachdem das Duo James Watson und Francis Crick 1953 die berühmte Doppelhelix erkannt und beschrieben hatte, glaubten die beiden, dass von nun an niemand mehr in die Kirche gehen würde, denn es gab doch jetzt keine Geheimnisse mehr. Sie vertreten diese Meinung bis heute.
3. Müller-Seidel, Walter in Rilke, Rainer Maria: *Und ist es Fest geworden. 33 Gedichte mit Interpretationen.* Hg. v. Marcel Reich-Ranicki. Frankfurt 2000, S. 95.
4. Diesen Tatbestand haben viele Physiker erst spät bemerkt. Doch inzwischen ist ihnen diese Idee vertraut. So ist zum Beispiel 1989 ein Band erschienen, der im Titel zwischen *Speakable and Unspeakable in Quantum Mechanics* unterscheidet; der Autor ist John S. Bell (Cambridge 1989).
5. Bis 1890 hatte zum Beispiel die Forschung im großen Stil Einzug in die Industrieunternehmen gehalten, und dieser Schritt sollte in den kommenden Jahrzehnten die Prosperität der Wilhelminischen Epoche vorbereiten und ermöglichen, die bis zum Ausbruch des Ersten Weltkriegs anhielt und das Selbstbewusstsein der Nation stärkte.
6. Die folgenden Passagen orientieren sich an Berlin, Isaiah: »Die Revolution der Romantik«. *Wirklichkeitssinn.* Berlin 1998.
7. Siehe meine Bücher *Die aufschimmernde Nachtseite der Wissenschaft* (Lengwil 1995) und *An den Grenzen des Denkens* (Freiburg 2000).
8. Nicht alle Aufgaben kommen dafür in Frage, sondern nur solche, für die systematische Rechenverfahren – so genannte Algorithmen – existieren.

9 Dies scheint das Yin-Yang-Prinzip zu bestätigen, dem zufolge sich eine Gegenkraft bildet, wenn eine Tendenz sich anschickt zu dominieren. In den sechziger Jahren war der Fortschrittsglaube so stark wie nie, und viele Menschen waren von der technischen Machbarkeit überzeugt. Genau in dem Augenblick taucht die Gegenkraft im Bewusstsein der Wissenschaft auf.
10 Zitiert nach: Kosko, Bart: *fuzzy logisch*. Hamburg 1993, S. 180.
11 Ilya Prigogine, Nobelpreisträger für Chemie, zitiert in Klein, Stefan: *Die Tagebücher der Schöpfung*. München 2000.
12 Aus dem Artikel »Wie herrlich leichtet ihr der Natur«. *FAZ Nr. 164* (18. Juli 2000), S. 49.

13 Ausblick: Wissenschaft als Kunst denken

1 Goethe, Johann Wolfgang von: »Zur Farbenlehre«. *Sämtliche Werke*. Band 23/1. Frankfurt 1991, S. 604.
2 Portmann, Adolf: *Vom Lebendigen*. Frankfurt 1971.
3 Seit im antiken Griechenland versucht wurde, die Natur des Menschen zu bestimmen, gibt es im westlichen Denken zwei widersprüchliche Positionen, die mit den Namen Platon und Aristoteles verbunden sind und als idealistische und naturalistische Sicht unterschieden werden. Für Platon geht es um das sittliche Verhalten des Einzelnen, das durch die Übereinstimmung mit einem idealen Sittengesetz festgestellt werden kann. Und für Aristoteles geht es um das Wohlergehen aller Individuen, die ihr Verhalten als in Gemeinschaften lebende Wesen wählen müssen. Für Platon hat das Wohlergehen des Einzelnen den höchsten Wert, für Aristoteles zählt vor allem das Wohl aller. Offenbar enthalten beide Standpunkte tiefe Wahrheiten, die es aufrechtzuerhalten gilt. In der Stammzellendebatte der Gegenwart würde Platon wohl eher das individuelle Leben eines Embryos geschützt sehen wollen, während Aristoteles stärker die Chancen für die Gesundheitsversorgung der Gemeinschaft betonen dürfte, die aus der Forschung erwachsen.
4 Hans Jonas, *Das Prinzip Verantwortung*, Frankfurt 1984, S. 235.
5 Die Originalformulierung lautet: »Science is poetic, ought to be poetic, has much to learn from poets and should press good poetic imagery and metaphor into its inspirational service.«
6 Dieser Ausdruck stammt von Thomas Mann, der damit seine eigene Arbeit charakterisiert hat.

7 Root-Bernstein, Robert S.: »Art advances science«. *Nature* 407, 134 (2000).
8 Geodäsie ist die Wissenschaft, die sich mit der Vermessung der Erdoberfläche befasst.
9 Arasse, Daniel: *Leonardo da Vinci*. Köln 1999, S. 130.
10 Vgl. zum Beispiel: Marr, David: *Vision*. San Francisco 1972; Zeki, Semir: *A Vision of the Brain*. Oxford 1993.
11 Nooteboom, Cees: *Der Buddha hinter dem Bretterzaun. Eine Erzählung*. Frankfurt 1995.

Abbildungsnachweis

S. 34, 72, 74, 76, 78, 106, 121, 138, 144, 161, 177, 199, 201, 244, 245, 283, 375, 400: Leila und Kay Werthschulte; S. 56, 59: aus Károly Simonyi: *Kulturgeschichte der Physik*. Frankfurt: Harry Deutsch Verlag 1995; S. 94: © Springer Verlag, Heidelberg, aus *Der Pauli-Jung-Dialog*. Hg. v. Harald Atmanspacher et al. 1995; S. 105: Graphik von Martin Rothe, aus Helmut Hornung: *Astronomische Streiflichter*. © 2000 Deutscher Taschenbuch Verlag, München; S. 107: aus Peter Niehenke: *Astrologie. Eine Einführung* Leipzig: Reclam Verlag 1994; S. 113: Johannes Kepler: *Mysterium Cosmographicum* 1596; S. 119: http://starchild.gsfc.nasa.gov; S. 123, 124, 151: aus *Neue Horizonte 92/93* München: Piper Verlag 1993; S. 219, 409: aus *Mannheimer Forum 89/90* München: Piper Verlag 1990; S. 221: die Doppelhelix nach Watson/ Crick; S. 229: aus T. H. Morgan et al.: *The Genetics of Drosophila*. Amsterdam: Nijhoff, 1925; S. 279: nach Richard Fortey: *Leben. Eine Biographie*. München: C. H. Beck Verlag 1999; S. 287: aus Judith Wechsler: *On Aesthetics in Science* Cambridge: MIT Press, 1978; S. 289: nach Manfred Eigen: *Stufen zum Leben*. München: Piper Verlag 1987; S. 429: Foto von Istvan Hargittai und Magdolna Hargittai; S. 430: aus D'Arcy W. Thompson: *On Growth and Form*. Cambridge 1917.

Literatur zum Weiterlesen

1 Einblick: Wissenschaft als Fenster denken

Ball, Philip: *H₂O. Biographie des Wassers*. München 2001.
Deutsch, Andreas (Hg.): *Muster des Lebendigen*. Braunschweig 1994.
Fierz, Markus: *Naturwissenschaft und Geschichte*. Basel 1988.
Fischer, Ernst Peter: *Die zwei Gesichter der Wahrheit*. München 1990.
Ders.: *Aristoteles, Einstein & Co.* München 1995.
Ders.: *Leonardo, Heisenberg & Co.* München 2000.
Ders.: *Das Schöne und das Biest*, München 1997.
Gierer, Alfred: *Die gedachte Natur*. München 1991.
Klein, Stefan: *Die Tagebücher der Schöpfung*. München 2000.
Planck, Max: *Vorträge und Erinnerungen*. Darmstadt 1983.
Portmann, Adolf: *Vom Lebendigen*. Frankfurt 1973.
Ders.: *Biologie und Geist*. Zürich 1956.
Serres, Michel (Hg.): *Elemente einer Geschichte der Wissenschaften*. Frankfurt 1995.
Simonyi, Károly: *Kulturgeschichte der Physik*. Frankfurt 1995.
Stengers, Isabelle: *Wem dient die Wissenschaft?* München 1998.
Tarnas, Richard: *Idee und Leidenschaft*. München 1999.

2 Die doppelte Bildung

Fischer, Ernst Peter: »Wie viel Naturwissenschaft braucht der gebildete Mensch?«. *Universitas* (Oktober 1998), S. 974–981.
Fischer, Ernst Peter und Helmut Bachmaier (Hg.): *Glanz und Elend der zwei Kulturen*. Konstanz 1991.
Eigen, Manfred: *Jenseits von Ideologien und Wunschdenken*. München 1991.
Kreuzer, Helmut (Hg.): *Die zwei Kulturen*. München 1987.
Rifkin, Jeremy: *Entropie*. Frankfurt 1989.
Rothman, Tony: *Science à la mode*. Princeton 1989.
Snow, Charles Percy: *The Two Cultures and a Second Look*. Cambridge 1992.
Stengers, Isabelle und Ilya Prigogine: *Dialog mit der Natur*. München 1993.

3 Die Geburt der modernen Wissenschaft in Europa

Jäger, Michael: *Die Ästhetik als Antwort auf das Kopernikanische Weltbild*. Hildesheim 1984.
Popper, Karl: *Logik der Forschung*. Tübingen 1984.
Rossi, Paolo: *Die Geburt der modernen Wissenschaft in Europa*. München 1997.
Schultz, Uwe (Hg.): *Scheibe, Kugel, Schwarzes Loch. Die wissenschaftliche Eroberung des Kosmos*. Frankfurt 1996.

4 Die Aktualität der Alchemie und die Hartnäckigkeit der Astrologie

Becker, Udo (Hg.): *Lexikon der Astrologie*. Freiburg 1997.
Binswanger, Hans Christoph: *Geld und Magie*. Stuttgart 1985.
Di Trocchio, Federico: *Newtons Koffer*. Frankfurt 1998.
Fauvel, John et al. (Hg.): *Newtons Werk*. Basel 1993.
Gebelein, Helmut: *Alchemie. Die Magie des Stofflichen*. München 1996.
Priesner, Claus und Karin Figala (Hg.): *Alchemie. Lexikon einer hermetischen Wissenschaft*. München 1998.

5 Der Kosmos und seine Grenzen

Fischer, Ernst Peter: *Einstein*. Heidelberg 1996.
Fritzsch, Harald: *Die verbogene Raum-Zeit*. München 1997.
Harrison, Edward: *Darkness at Night*. Cambridge 1987.
Livio, Mario: *Das beschleunigte Universum*. Stuttgart 2001.
Saltzer, Walter et al. (Hg.): *Die Erfindung des Universums*. Frankfurt 1997.
Schilpp, Paul Arthur (Hg.): *Albert Einstein als Philosoph und Naturforscher*. Braunschweig 1983.

6 Eine verschränkte Welt – Die Lektion der Atome

Bohr, Niels: *Atomphysik und menschliche Erkenntnis*. Braunschweig 1985.
Davies, Paul et al. (Hg.): *Der Geist im Atom*. Frankfurt 1993.
Feynman, Richard P.: *QED. Die seltsame Theorie des Lichts und der Materie*. München 1997.

Fischer, Ernst Peter: *Die aufschimmernde Nachtseite der Wissenschaft*. Lengwil 1996.
Ders.: *An den Grenzen des Denkens*. Freiburg 2000.
Greene, Brian: *Das elegante Universum*. Berlin 1999.
Görnitz, Thomas: *Quanten sind anders*. Heidelberg 1999.
Heisenberg, Werner: *Der Teil und das Ganze*. München 1993.
Jauch, Josef M.: *Die Wirklichkeit der Quanten*. München 1973.
Neuser Wolfgang (Hg.): *Quantenphilosophie*. Heidelberg 1996.
Pauli, Wolfgang: *Wissenschaftlicher Briefwechsel mit Bohr, Einstein, Heisenberg u. a.* 4 Bde. Heidelberg seit 1979.
Ders.: *Physik und Erkenntnistheorie*. Braunschweig 1984.
Selleri, Franco: *Die Debatte um die Quantentheorie*. Braunschweig 1990.
Stehle, Philip: *Order, Chaos, Order*. New York 1994.
Zitscher, Helmuth: *Auf der Suche nach dem Innersten der Welt*. Kiel 1999.

7 Was ist Leben?

Beurton, Peter et al. (Hg.): *The Concept of the Gene in Development and Evolution*. Cambridge 2000.
Dawkins, Richard: *Das egoistische Gen*. Reinbek 1996.
Fischer, Ernst Peter: *Gene sind anders*. Hamburg 1988.
Fortey, Richard: *Leben. Eine Biographie*. München 1999.
Jacob, François: *Die Logik des Lebenden*. Frankfurt 1972.
Rose, Steven: *Lifelines*. London 1997.
Schrödinger, Erwin: *Was ist Leben?* München 1999.
Sloan, Phillip (Hg.): *Controlling Our Destinies. Perspectives on the Human Genome Project*. Notre Dame 2000.

8 Der Ursprung des Lebens

Cairns-Smith, A. G.: *Seven Clues to the Origin of Life*. Cambridge 1995.
Dyson, Freeman: *Die zwei Ursprünge des Lebens*. Hamburg 1988.
Eigen, Manfred: *Stufen zum Leben*. München 1987.
Küppers, Bernd-Olaf: *Der Ursprung biologischer Information*. München 1990.
Oparin, Aleksandr: *Die Entstehung des Lebens auf der Erde*. Berlin 1957.

9 Die Idee der biologischen Evolution

Gould, Stephen J.: *Ein Dinosaurier im Heuhaufen*. Frankfurt 2000.
Goodwin, Brian: *Der Leopard, der seine Flecken verliert*. München 1997.
Jones, Steve: *Wie der Wal zur Flosse kam*. Hamburg 1999.
Mayr, Ernst: *Die Entwicklung der biologischen Gedankenwelt*. Berlin 1984.
Müller, Burkhard: *Das Glück der Tiere. Einspruch gegen die Evolutionstheorie*. Berlin 2000.
Quammen, David: *Der Gesang des Dodo*. München 2000.
Ridley, Matt: *The Red Queen*. New York 1995.
Streit, Bruno (Hg.): *Die Evolution des Menschen*. Heidelberg 1995.
Williams, George C.: *Plan and Purpose in Nature*. London 1996.
Wilson, Edward O.: *Darwins Würfel*. München 2000.
Wuketits, Franz M.: *Evolution*. München 2000.

10 Wie weit trägt der evolutionäre Gedanke?

Babcock, Christopher: *Psychodarwinismus*. München 1999.
Diamond, Jared: *Der dritte Schimpanse. Evolution und Zukunft des Menschen*. Frankfurt 1998.
Ditfurth, Hoimar v.: *Der Geist fiel nicht vom Himmel*. München 1997.
Harris, Marvin: *Menschen*. München 1997.
Hrdy, Sarah B.: *Mutter Natur. Die weibliche Seite der Evolution*. Berlin 2000.
Nesse, Randolph M. und George C. Williams: *Warum wir krank werden*. München 1997.
Pinker, Steven: *Wie das Denken im Kopf entsteht*. München 1998.
Rose, Michael: *Darwins Schatten*. München 2001.
Smolin, Lee: *Warum gibt es die Welt?* München 1999.
Vollmer, Gerhard: *Evolutionäre Erkenntnistheorie*. Stuttgart 1998.
Ders.: *Was können wir wissen?* 2 Bde. Stuttgart 1995.
Weber, Thomas P.: *Darwin und die Anstifter*. Köln 2000.

11 Revolutionen in der Naturwissenschaft

Cohen, I. Bernard: *Revolutionen in der Naturwissenschaft*. Frankfurt 1994.
McAllister, James: *Beauty and Revolution in Science*. Ithaca 1996.

Kuhn, Thomas: *Die Struktur wissenschaftlicher Revolutionen*. Frankfurt 1997.
Shapin, Steven: *Die wissenschaftliche Revolution*. Frankfurt 1998.

12 Besonderheiten der Wissenschaft im 20. Jahrhundert

Delbrück, Max: *Wahrheit und Wirklichkeit*. Hamburg 1986.
Gell-Mann, Murray: *Das Quark und der Jaguar*. München 1998.
Gleick, James: *Chaos*. London 1993.
Kauffman, Stuart: *Der Öltropfen im Wasser*. München 1998.
Kosko, Bart: *Die Zukunft ist fuzzy*. München 1994.

13 Ausblick: Wissenschaft als Kunst denken

Bischof, Norbert: *Das Kraftfeld der Mythen*. München 1998.
Faraday, Michael: *Die Naturgeschichte einer Kerze*. Bad Salzdetfurth 1980.
Feyerabend, Paul: *Wissenschaft als Kunst*. Frankfurt 1994.
Kabermann, Friedrich: *Dunkle Zeiten*. Gernsbach 1990.
Sandvoss, Ernst R.: *Sternstunden des Prometheus. Vom Weltbild zum Weltmodell*. Frankfurt 1998.
Wechsler, Judith (Hg.): *On Aesthetics in Science*. Cambridge 1978.
Whitfield, Peter: *Landmarks in Western Science*. London 1999.

Hinweise zum Internet:

In der westlichen Welt gibt es zwei führende Wissenschaftsmagazine, *Science* in den USA und *Nature* in England. Über beide kann man sich im Internet informieren: www.sciencemag.org und www.nature.com. Wer sich vor allem für Genetik interessiert, kann unter www.genewatch.org oder www.accessexcellence.com nachsehen. Es gibt auch eine Adresse, bei der es um Kunst im Zeitalter der Genetik geht: www.geneart.org. Wer mehr zur Astronomie sucht, sei zum Beispiel auf www.eso.org verwiesen. Witzig ist die Seite www.badastronomy.com. Hier findet man eine Liste aller Fehler, die gewöhnlich in Zusammenhang mit den Sternen gemacht werden. Wer dabei auf den Geschmack kommt, wird noch mehr Freude an www.madsci.org haben, dem Ask-a-mad-scientist-Dienst.

Personenregister

Aristoteles 38, 68, 110, 156, 326-327, 391, 411-412
Aspect, Alain 185, 189

Bacon, Francis 14, 48, 50, 52, 61, 63-67, 372, 415
Barton, Catherine 91
Bell, John 187-188
Binswanger, Hans Christoph 85
Blumenberg, Hans 127
Bohr, Niels 15, 164, 173, 175-176, 178, 179, 182, 183-184, 187, 189, 226, 228, 241, 225, 396, 414
Boltzmann, Ludwig 31, 348-349
Borges, Jorge Luis 93
Born, Max 425
Botstein, David 264
Boyer, Herbert 262
Brahe, Tycho 48, 50
Brecht, Bertolt 71, 289
Brodsky, Joseph 95
Broglie, Louis-Victor, de 179
Butterfield, Herbert 371-372

Cantor, Georg 407
Chargaff, Erwin 226
Chase, Martha 247
Cohen, Stanley 262
Cohen, I. Bernhard 380, 385
Columbus, Christoph 103
Crick, Francis 221-222, 227, 248-249, 251-252, 261

Dalibard, Jean 189
Dalton, John 173
Darwin, Charles 16, 80, 235, 257, 287, 298, 300, 303-306, 309-313, 316, 318-321, 323, 326, 332, 347, 354, 362, 381
Davies, Ronald W. 264
Dawkins, Richard 332, 426
Delbrück, Max 27, 196, 241-242, 260-261, 276, 291, 296
Demokrit 173
Descartes, René 48, 51, 95, 173, 237, 372
Di Trocchio, Federico 91-93
Diderot, Denis 88
Dilthey, Wilhelm 40
Dirac, Paul 198-199
Ditfurth, Hoimar von 99-100
Dobzhansky, Theodosius 334
Döblin, Alfred 32-33, 36, 38
Dunn, Leslie 260
Dyson, Freeman 294-295, 297

Eigen, Manfred 288-291, 297
Einstein, Albert 10, 25, 27, 32, 33, 36-37, 39, 79, 96, 109, 132-134, 136, 137, 142-143, 145-148, 150, 156, 159-160, 162-164, 166-167, 171-172, 178, 182-185, 188, 211, 396
Eliot, T. S. 426
Eratosthenes 56, 59
Euklid 67, 113, 142

Feigenbaum, Mitchel 409-410, 432-433
Fermat, Pierre de 48, 51, 73, 75, 77
Feynman, Richard P. 25, 77, 79, 434
Fisher, Ronald 354
Fortey, Richard 286
Freud, Sigmund 58
Fuhrmann, Manfred 26
Fuller, Richard Buckminster 431

Galen 382
Galilei, Galileo 32, 48, 50-51, 69, 71, 73, 372, 419
Gassendi, Pierre 173
Gauß, Carl Friedrich 374
Geertz, Clifford 208
George, Stefan 98
Gilbert, William 50
Goethe, Johann Wolfgang von 17, 84-89, 96, 108, 180, 204, 238-239, 305, 418-419, 435
Gogh, Vincent van 428
Gould, Stephen J. 332-334, 345, 363
Gödel, Kurt 16, 407
Greene, Brian 102, 202
Grünbein, Durs 419

Habermas, Jürgen 28-29
Haeckel, Ernst 392
Hall, A. Rupert 371
Hamilton, W. D. 358-359
Hartmann, Nicolai 217
Harvey, William 48, 51, 382-383
Hawking, Stephen 25, 93
Heisenberg, Werner 35-36, 173, 182, 399
Helmholtz, Hermann von 40

Heraklit 326
Hershey, Alfred 247
Hertwig, Oscar 275
Hilbert, David 391
Hippokrates 101
Hubble, Edwin 123, 152
Humboldt, Alexander von 18, 46, 129, 426
Huxley, Julian 432
Huygens, Christiaan 48, 52, 173

Jeffreys, Alec 265
Johannes Paul II. 125
Johannsen, Wilhelm 229-232, 259
Joy, Billy 25
Jung, Carl Gustav 86, 386

Kafka, Franz 225
Kant, Immanuel 60, 117, 127, 135-137, 140, 181, 307-308, 324, 347, 381, 402
Kekulé, August 93-94
Kepler, Johannes 14, 37, 48, 50, 73, 82, 102-103, 110-111, 113, 114, 138-140, 148, 372, 388-389
Kitcher, Philip 260
Klein, Harry 215
Koch, Heinrich 46
Koeppen, Wolfgang 29
Kopernikus, Nikolaus 14, 48, 50, 53-55, 57-60, 62, 68, 110, 149, 382
Kopp, Hermann 83
Kues, Nikolaus von 150
Kuhn, Thomas 16, 366, 369-370, 379

Lamarck, Jean Baptiste 309, 312
Landau, Lew 425

Personenregister

Lavoisier, Antoine   381
Law, John   85
Leibniz, Gottfried Wilhelm von   48, 52, 170, 391, 395
Leukipp   173
Lichtenberg, Georg Christoph   80
Liebig, Justus von   84
Lorenz, Konrad   349
Lukrez   173

Mach, Ernst   210
Maddox, John   222
Malpighi, Marcelle   48, 51
Mann, Thomas   15, 274-275, 290, 295-296
Margulis, Lynn   286
Maxwell, James Clerk   161, 376
Mendel, Gregor   90, 93, 229-230, 242, 259, 319, 376
Mill, John Stuart   40
Miller, Stanley   283-285, 294, 297
Morgenstern, Christian   101
Moseley, Henry   173
Mozart, Wolfgang Amadeus   27
Mulisch, Harry   223-224, 226
Muller, Herman   260
Mullis, Kary   266

Newton, Isaac   32, 48, 52, 69, 80, 82, 90-92, 111, 136-140, 145, 147, 148, 152, 173, 180, 209, 313, 326-327, 367, 376, 380-381
Nietzsche, Friedrich   82, 163-164, 234-235, 305, 307, 392, 394-395, 404
Nooteboom, Cees   45, 434

Norman, Robert   50-51
Novalis   32, 39, 134

Olbers, Heinrich Wilhelm   126, 128
Oparin, Alexander I.   282, 285
Oppenheimer, Robert   425
Ostwald, Wilhelm   210
Ovid   67

Paracelsus   48, 50, 87, 115, 381-383
Parmenides   173
Pascal, Blaise   48, 51, 125
Pasteur, Louis   226, 272-273
Patrizi, Francesco   50
Pauli, Wolfgang   208-209, 376, 386-388, 397
Peirce, Charles S.   375
Perrin, Jean   210
Picasso, Pablo   31, 226
Pinker, Stephen   332
Planck, Max   166-172, 175, 182, 391, 396
Platon   52, 112, 307, 309, 365
Podolsky, Boris   185
Poe, Edgar Allan   129
Popper, Karl   64, 136-137, 369-370, 411
Portmann, Adolf   98, 419-420, 423
Price, George   359
Pythagoras   67, 70, 117, 203

Rensch, Bernhard   349
Rilke, Rainer Maria   17, 29, 140, 213, 393, 395
Roger, G.   189

464 Personenregister

Rosen, Nathan 185
Rossi, Paolo 48
Rutherford, Ernest 173

Sainte-Beuve, Charles-Augustin 424-425
Samos, Aristarch von 56-57
Sanderson, Robert 91
Sanger, Fred 250
Schiller, Friedrich 95, 108
Schopenhauer, Arthur 31
Schrödinger, Erwin 173, 189, 214-216, 220, 222, 228-229, 250, 399, 243
Schwanitz, Dietrich 10-11, 26
Schwedhelm, Karl 30
Searle, John 13
Shakespeare, William 31, 42, 226, 231, 423
Simonyi, Károly 57
Simpson, George G. 349
Skolnick, Mark 264
Smith, John Maynard 359
Snow, Charles Percy 31, 41
Sommerfeld, Arnold 173

Thales von Milet 109, 285
Thompson, D'Arcy W. 430, 432

Thomson, Joseph John 173
Torricelli, Evangelista 48, 51
Turing, Alan 407
Valéry, Paul 67
Vesalius, Andreas 382-383

Vico, Giambattista 40
Vigny, Alfred Comte de 424
Vinci, Leonardo da 66-68, 103, 433
Vollmer, Gerhard 351

Walser, Martin 25
Warburg, Otto 273-274
Waterston, John James 173
Watson, James D. 220-222, 224-227, 247-249, 260
Weber, Max 392
Wegener, Alfred 384
Weisskopf, Victor 27
White, Raymond 264
Windelband, Wilhelm 40
Winnacker, Ernst Ludwig 260
Wittgenstein, Ludwig 80
Wöhler, Friedrich 88-89

Zadeh, Lotfi 413
Zöllner, Frank 415